蛋鸡养殖500天全彩图解

文明星　季大平　王绍勇　主编

化学工业出版社
·北京·

内容简介

《蛋鸡养殖500天全彩图解》通过深入浅出的文字，400余幅精心选择的图片，详细叙述蛋鸡生产500天进程中，育雏（42天）、育成（98天）和产蛋（360天）三个阶段的饲养管理要点和特殊管理要求。介绍的操作方法都配有现场实拍图片，养殖户易懂、易学、易掌握、易操作。本书除了适合农村养殖场（户），也非常适合大型规模化蛋鸡养殖场的技术人员、服务人员以及大中专院校相关专业师生参考使用。

图书在版编目（CIP）数据

蛋鸡养殖500天全彩图解/文明星，季大平，王绍勇主编. —北京：化学工业出版社，2021.11（2024.1重印）

ISBN 978-7-122-39913-7

Ⅰ.①蛋… Ⅱ.①文…②季…③王… Ⅲ.①卵用鸡-饲养管理-图解 Ⅳ.①S831.4-64

中国版本图书馆CIP数据核字（2021）第188438号

责任编辑：张林爽　　文字编辑：汲永臻
责任校对：张雨彤　　装帧设计：张　辉

出版发行：化学工业出版社（北京市东城区青年湖南街13号　邮政编码100011）
印　　装：北京天宇星印刷厂
710mm×1000mm　1/16　印张19¾　字数404千字　2024年1月北京第1版第2次印刷

购书咨询：010-64518888　　售后服务：010-64518899
网　　址：http://www.cip.com.cn
凡购买本书，如有缺损质量问题，本社销售中心负责调换。

定　　价：138.00元

《蛋鸡养殖500天全彩图解》编写人员名单

主　　编　文明星　季大平　王绍勇

副 主 编　谭纪成　韦　峰　曹淑强

参编人员　李连任　许贵宝　王文娜
丁元增　袁村玉　冯培松
孙运娥　秦　伟　吴现时
胡　平　何西建　李长强
王立春　宋云龙　李　童

养蛋鸡，目标就是要鸡群健康不得病，产蛋多。要达到这个目标，需要有优良的蛋鸡品种、营养全面的日粮、适宜的养殖环境、科学的管理以及严格的防疫等，这些是养好蛋鸡必需的基本条件。本书通过深入浅出的文字，结合精心选择的400余幅实拍图片，根据蛋鸡各个阶段的生理特点，详细讲解蛋鸡生产500天进程中，育雏（42天）、育成（98天）和产蛋（360天）三个阶段的饲养管理要点和特殊管理要求。这样养起蛋鸡来，就会心中有数，信心十足。经常按照这些方法对照检查，可以及时发现和解决问题，不断改进饲养管理，从而使鸡群接近或达到应有的生产水平，获得最大的经济效益。

本书介绍的很多操作方法，特别是鸡病的诊断，都配有现场实拍图片，易于看图操作。本书语言简练，通俗易懂，各项技术简便易行，养殖户一看就懂，一学就会。本书除了适合农村蛋鸡养殖场户，也非常适合大型规模化蛋鸡养殖场的技术人员、服务人员以及大中专院校相关专业师生参考使用。

由于我国地域辽阔，各地情况不一，编写者对农村众多的养鸡场尚缺乏全面的实践经验，介绍的知识也不一定都适合各地鸡场，请读者结合自己的实际情况灵活掌握，参考使用。欠妥当的地方，敬请读者提出宝贵意见，以便今后修订改正。

编　者

第一篇　蛋鸡育雏42天（0～6周龄）

第三章 产蛋鸡的饲养管理 /121

第四篇 蛋鸡养殖500天疾病综合控制

第一篇

蛋鸡育雏42天（0 ~ 6周龄）

蛋鸡从出壳到42日龄，是育雏阶段。42天的管理，时间虽然短暂，但对于蛋鸡整个饲养期的养殖成功极其关键，尤其是母鸡被饲养到500天才淘汰。管理过程中，最好能制定一个检查表，逐项列出那些必须关注和可以提升的事项。对一个鸡群，良好的早期管理可以降低死亡率，减少发育不良鸡的比例。

蛋鸡育雏的目标主要有两个。一是育雏成活率高、均匀度好。健康雏鸡群成活率，1周龄达99% ～ 99.5%，6周龄时不低于98%；均匀度是指鸡群中个体体重在“平均体重 ±10%”内的鸡只数所占全群的百分比，均匀度在80% ～ 85%为合格鸡群，85% ～ 90%为良好鸡群，90%以上为优秀鸡群。二是体重达标、骨骼发育良好。5周龄体重与产蛋期各主要性能指标呈很强的正相关，即5周龄体重越大，产蛋期各生产性能指标越高、存活率越高。骨骼的发育指标以胫长为标志，体重与胫长双重标准的意义：若胫长长体重轻，或胫长短体重大，这些鸡都属于低产鸡；只有体重和胫长都达标的鸡才是高产鸡。

第一章 雏鸡的挑选和运输

第一节 蛋鸡的主要品种

现代化养鸡业远非传统的养鸡业所能比拟。其特点是：在人为控制的环境下，舍内高密度笼养代替了传统的散放饲养，喂给全价的配合饲料，像工厂的机器生产产品一样，把鸡当作活的机器，为人类生产蛋和肉，因而称为工厂化养鸡；经营上，实行专业化、配套化生产，也就是各部门单独经营，专门化生产，各得其益，互相配合，形成一个有机的整体，这样有利于提高技术，方便管理，降低生产成本，获得高的经济效益；生产管理过程实行机械化、自动化，缓解了工人繁重的手工劳动，因而大大地提高了劳动生产率；鸡的饲料营养从单一化过渡到按鸡的营养需要实行全价饲料，从而使鸡的遗传潜力得到充分发挥，商品鸡由纯种或杂交乱配的杂种转向普遍推广品系配套的高产杂交鸡，从而获得适于集约化条件下高产、稳产、低耗料、生活力好的商品杂交鸡，并使产品规格化；在鸡的保健上，由过去听天由命的状态，走向严格的科学的防疫消毒制度管理，从而保证鸡只顺利地渡过整个生产周期，有效地为人类生产产品。可以肯定地说，家禽育种家们在现代化养鸡业中做出了重大的贡献，培育和选育出了许多高产的鸡种。品种是蛋鸡高产的基础，没有这些优良的鸡种，也就没有集约化的养禽业出现。

一、白壳蛋鸡

白壳蛋鸡主要是以来航品种为基础育成的，是蛋用型鸡的典型代表。

白壳蛋鸡开产早，产蛋量高；无就巢性；体形小，耗料少，产蛋的饲料报酬高；饲养密度高，相对来讲，单位面积所得的总蛋数多；适应性强，各种气候条件下均可饲养；蛋中血斑和肉斑率很低。这种鸡最适于集约化笼养管理。它的不足之处是蛋重小，神经质，胆小怕人，抗应激性较差；好动爱飞，平养条件下需设置较高的围栏；啄癖多，特别是开产初期啄肛造成的伤亡率较高。我国白壳蛋比褐壳蛋价格稍低，在褐壳蛋多的情况下，白壳蛋不太受欢迎，消费者这种传统消费习惯，在短期内难以改变。

1.京白904

京白904为三系配套杂交鸡，是北京市种禽公司育成的北京白鸡系列中目前产蛋性能最佳的配套杂交鸡。父本为单系，母本两个系。这种杂交鸡的突出特点是早熟、高产、蛋大、生活力强、饲料报酬高。在“七五”国家蛋鸡攻关生产性能随机抽样测定中，京白904的产蛋成绩名列前茅，甚至超过引进的巴布可克B-300的生产性能。

经测定，其主要生产性能为：0～20周龄育成率92.17%；20周龄体重1.49千克；群体150日龄开产（产蛋率达50%），72周龄产蛋数288.5枚，平均蛋重59.01克，总蛋重17.02千克；每千克蛋耗料2.33千克；产蛋期存活率88.6%；产蛋期末体重2千克。由此表明，京白904最适合于密闭鸡舍饲养，在开放式鸡舍饲养时，产蛋性能发挥得就略差一些。

2.京白823

京白823是北京市种禽公司从1975年起，以引进的商品蛋鸡为素材，在科研院校育种专家的通力合作下育成的两系配套杂交鸡，是“六五”国家蛋鸡育种攻关的成果。在京白904问世之前，京白823是国内饲养量最大、地区分布最广的优秀蛋鸡品种，为我国蛋鸡业的发展做出了突出的贡献。

经随机抽样测定，其主要生产性能为：0～20周龄育成率96%；20周龄体重1.54千克；156日龄达50%产蛋率，72周龄产蛋255.6枚，平均蛋重58.4克，总蛋重14.93千克；每千克蛋耗料2.57千克；产蛋期末体重1.98千克；产蛋期存活率89.2%。

3.京白938

北京市种禽公司的科技人员为实现白壳蛋鸡羽速自别雌雄，减少翻肛鉴别公母带来的不利影响和费用，在原有京白823和904配套纯系的基础上，进行快羽和慢羽的选育，经多批次几十个组合的测定，最后筛选出可通过羽速自别雌雄的、品系配套的938高产白壳蛋鸡。

其主要生产性能指标是：0～20周龄育成率94.4%；20周龄体重1.19千克；72周龄产蛋303枚，平均蛋重59.4克，总蛋重18千克；产蛋期存活率90%～93%。目前它已成为公司的白鸡重点鸡种，逐步取代京白823和京白904。

4.滨白42

滨白42是东北农学院（东北农业大学前身）利用引进素材育成的两系配套杂交鸡，是目前滨白鸡系列中产蛋性能最好、推广数量最多、分布最广的高产蛋鸡。

在“六五”国家蛋鸡攻关生产性能主要指标随机抽样中测定的结果为：0～20周龄育成率96.9%；20周龄体重1.49千克；160日龄达50%产蛋率；72周龄产蛋量257.2枚，平均蛋重58克，总蛋重14.92千克，每千克蛋耗料2.72千克；产蛋期末体重1.96千克；产蛋期存活率85.3%。本品种适于东北地区的寒冷气候，关内也有分布，但数量不多。

5.滨白584

东北农业大学的专家从1986年起，引进海赛克斯白父母代作育种素材，与原有滨白鸡纯系进行杂交组合品系选育，经过6年的工作，1992年筛选出品系配套的滨白584高产蛋鸡。

其主要生产性能指标为：72周龄饲养日产蛋量281.1枚，平均蛋重59.86克，总蛋重16.83千克，料蛋比2.53 ：1，产蛋期存活率91.1%。目前在生产中滨白584已代替了滨白42，得到大规模推广，主要分布在黑龙江省境内。

6.星杂288

该杂交鸡是由加拿大雪佛公司育成的。星杂288早先为三系配套，目前为四系配套。该品种过去是誉满全球的白壳蛋鸡，世界上有90多个国家和地区饲养。该品种的产蛋遗传潜力为300枚，雪佛公司保证入舍鸡产蛋量260～285枚，20周龄体重1.25～1.35千克，产蛋期末体重1.75～1.95千克，0～20周龄育成率95%～98%，产蛋期存活率91%～94%。据比利时、法国、德国、瑞典和英国的测定，生产性能平均为：72周龄产蛋量270.6枚，平均蛋重60.4克，每千克蛋耗料2.5千克，产蛋期存活率92%。

7.海赛克斯白

该鸡系荷兰优利布里德公司育成的四系配套杂交鸡，以产蛋强度高、蛋重大而著称，被认为是当代最高产的白壳蛋鸡之一。

该鸡种135～140日龄见蛋，160日龄达50%产蛋率，210～220日龄产蛋高峰时产蛋率90%以上，总蛋重16～17千克。据英国、瑞典、德国、比利时、奥地利等国测定，平均资料为：72周龄产蛋量274.1枚，平均蛋重60.4克，每千克蛋耗料2.6千克；产蛋期存活率92.5%。

8.巴布可克B-300

该鸡系美国巴布可克公司育成的四系配套杂交鸡，世界上有70多个国家和地区饲养，其分布范围仅次于星杂288。

该鸡的特点是产蛋量高，蛋重适中，饲料报酬高。商品鸡0～20周龄育成率97%，产蛋期存活率90% ～ 94%，72周龄入舍鸡产蛋量275枚，饲养日产蛋量283枚，平均蛋重61克，总蛋重16.79千克，每千克蛋耗料2.5 ～ 2.6千克，产蛋期末体重1.6 ～ 1.7千克。

9.罗曼白

罗曼白系德国罗曼公司育成的两系配套杂交鸡，即精选罗曼SLS。由于其产蛋量高，蛋重大，受到了人们的青睐。

罗曼白商品代鸡0 ～ 20周龄育成率96% ～ 98%；20周龄体重1.3 ～ 1.35千克；150 ～ 155日龄达50%产蛋率，高峰产蛋率92% ～ 94%，72周龄产蛋量290 ～ 300枚，平均蛋重62 ～ 63克，总蛋重18 ～ 19千克，每千克蛋耗料2.3 ～ 2.4千克；产蛋期末体重1.75 ～ 1.85千克；产蛋期存活率94% ～ 96%。

10.海兰W-36

该鸡系美国海兰国际公司育成的配套杂交鸡。

海兰W-36商品代鸡：0 ～ 18周龄育成率97%，平均体重1.28千克；161日龄达50%产蛋率，高峰产蛋率91% ～ 94%，32周龄平均蛋重56.7克，70周龄平均蛋重64.8克，80周龄入舍鸡产蛋量294 ～ 315枚，饲养日产蛋量305 ～ 325枚；产蛋期存活率90% ～ 94%。海兰W-36雏鸡可通过羽速自别雌雄。

11.迪卡白

迪卡白系美国迪卡布公司育成的配套杂交鸡。

据测定，本品种500日龄产蛋299.5枚，平均蛋重61.1克，总蛋重18.26千克，每千克蛋耗料2.4千克；产蛋期存活率97.9%。

二、褐壳蛋鸡

由于育种的进展，褐壳蛋鸡由肉蛋兼用型向蛋用型发展，近年来在世界上有增长的趋势。一方面是由于消费者对褐壳蛋的喜爱，另一方面是由于产蛋量有了长足的提高。褐壳蛋鸡还有下列优点：蛋重大、刚开始产的蛋就比白壳蛋重；蛋的破损率较低，适于运输和保存；鸡的性情温顺，对应激因素的敏感性较低，好管理；体重较大，产肉量较高，商品代小公鸡生长较快，是肌肉的补充来源；耐寒性好，冬季产蛋率较平稳；啄癖少，因而死亡、淘汰率较低；杂交鸡可通过羽色自别雌雄。但褐壳蛋鸡体重较大，采食量比白壳蛋鸡多5 ～ 6克/天，每只鸡所占面积比白壳蛋鸡多15%左右，单位面积产蛋少5% ～ 7%；这种鸡有偏肥的倾向，饲养技术难度比白壳蛋鸡大，特别是必须实行限制饲养，否则过肥影响产蛋性能；体形大，耐热性较差；蛋中血斑和肉斑率高，感观不太好。

1.海兰褐

海兰褐是由美国海兰公司培育的蛋鸡品种，该品种适合我国各个地方饲养，具有育雏成活率高、饲料报酬高、产蛋多等特点。

商品代海兰褐蛋鸡主要生产性能见表1–1–1。

表 1-1-1　海兰褐商品蛋鸡主要生产性能

生长期成活率（17 周）/%	97
生长期体重 / 千克	1.41
生长期饲料消耗 / 千克	5.62
50% 产蛋率天数 / 天	140
高峰产蛋率 /%	94 ~ 96
80 周龄入舍鸡产蛋数 / 枚	354 ~ 361
80 周龄入舍鸡产蛋重 / 千克	22.0
平均日消耗饲料（18 ~ 80 周）/（克 / 只）	107
饲料转化率（20 ~ 60 周，料蛋比）	1.99
70 周龄体重 / 千克	1.97

2. 伊莎褐

伊莎褐是由法国伊莎公司培育的一个蛋鸡高产品种，该品种母鸡羽毛为褐色带有少量白斑，体形中等，耐病性强，在我国各地均有饲养。

商品代伊莎褐蛋鸡主要生产性能见表1–1–2。

表 1-1-2　伊莎褐商品蛋鸡主要生产性能

生长期成活率（17 周）/%	96
生长期体重 / 千克	1.47
生长期饲料消耗 / 千克	6.0
50% 产蛋率天数 / 天	145
高峰产蛋率 /%	92 ~ 96
80 周龄入舍鸡产蛋数 / 枚	355
80 周龄入舍鸡产蛋重 / 千克	23.2
平均日消耗饲料（18 ~ 80 周）/（克 / 只）	109
饲料转化率（20 ~ 60 周，料蛋比）	1.96
70 周龄体重 / 千克	1.94

3. 罗曼褐

罗曼褐是由德国罗曼公司培育的蛋鸡品种，具有适应性强、耗料少、成活率高、产蛋率高等优点，而且耐热、安静，在我国各个地区均有饲养。

罗曼褐商品代蛋鸡主要生产性能见表1–1–3。

表 1-1-3 罗曼褐商品蛋鸡主要生产性能

项目	指标
生长期成活率（17 周）/%	98
生长期体重 / 千克	1.44
生长期饲料消耗 / 千克	5.70 ～ 5.80
50% 产蛋率天数 / 天	145 ～ 150
高峰产蛋率 /%	92 ～ 94
80 周龄入舍鸡产蛋数 / 枚	354
80 周龄入舍鸡产蛋重 / 千克	22.6
平均日消耗饲料（18 ~ 80 周）（克 / 只）	112
饲料转化率（20 ~ 60 周，料蛋比）	2.0 ～ 2.2
70 周龄体重 / 千克	2.25

4.迪卡褐

迪卡褐是美国迪卡布公司育成的四系配套杂交蛋鸡。父本两系均为褐羽，母本两系均为白羽。商品代雏鸡可用羽色自别雌雄：公雏白羽，母雏褐羽。据该公司的资料，商品代蛋鸡：20周龄体重1.65千克；0 ～ 20周龄育成率97% ～ 98%；24 ～ 25周龄达50%产蛋率；高峰产蛋率达90% ～ 95%，90%以上的产蛋率可维持12周，78周龄产蛋量为285 ～ 310枚，蛋重63.5 ～ 64.5克，总蛋重18 ～ 19.9千克，每千克蛋耗料2.58千克；产蛋期存活率90% ～ 95%。

5.黄金褐

黄金褐是美国迪卡布公司培育的配套系蛋鸡，其特点是体形较小，外貌与迪卡褐蛋鸡无多大区别。本品种主要生产性能为：育成期育成率96% ～ 98%，产蛋期存活率94% ～ 96%。72周龄入舍鸡产蛋量290 ～ 310枚，平均蛋重63 ～ 64克，高峰产蛋率92% ～ 95%。料蛋比（2.07 ～ 2.28）：1。开产体重1.45 ～ 1.6千克，成年母鸡体重2.05 ～ 2.15千克。

6.罗斯褐

罗斯褐为英国罗斯公司育成的四系配套杂交蛋鸡。父本两系褐羽，母本两系白羽，商品代雏鸡可根据羽色自别雌雄。据罗斯公司的资料，罗斯褐商品代鸡：0 ～ 18周龄总耗料7千克，19 ～ 76周龄总耗料45.7千克；18周龄体重1.38千克，76周龄体重2.2千克；25 ～ 27周龄产蛋高峰，72周龄入舍鸡产蛋量280枚，76周龄产蛋量298枚，平均蛋重61.7克，每千克蛋耗料2.35千克。北京市进行的蛋鸡攻关生产性能统一测定中，罗斯褐商品鸡72周龄产蛋量271.4枚，平均蛋重63.6克，总蛋重17.25千克，每千克蛋耗料2.46千克；0 ～ 20周龄育成率99.1%，产蛋期死亡淘汰率10.4%。

7.农大褐

农大褐是北京农业大学（中国农业大学前身）以引进的素材为基础，利用合成系育种法育成的四系配套杂交鸡，是“七五”国家蛋鸡育种攻关的成果。父本两系均为红褐羽色，母本两系均为白羽色。其特点是父母代和商品代雏鸡都可用羽色自别雌雄。商品代母鸡产蛋性能高，适应性强，饲料报酬高，是目前国内选育的褐壳蛋鸡中最优秀的配套系。0～20周龄育成率96.7%；20周龄鸡的体重1.53千克；163日龄达50%产蛋率，72周龄产蛋量278.2枚，平均蛋重62.85克，总蛋重16.65千克，每千克蛋耗料2.31千克；产蛋期末体重2.09千克；产蛋期存活率91.3%。

8.星杂566

星杂566蛋鸡是加拿大雪佛公司培育的四系配套杂交鸡。上面提到的褐壳蛋鸡均通过金色基因与银色基因的伴性遗传达到羽色自别雌雄的目的，而星杂566是通过非条纹与条纹的原理羽色自别雌雄。该杂交鸡72周龄产蛋量245～265枚，平均蛋重64克，总蛋重15.7～17千克；每千克蛋耗料2.5～2.7千克。

9.B-6鸡

B-6鸡是国内选育的唯一黑羽的褐壳蛋鸡，是中国农科院畜牧研究所育成的两系配套杂交鸡，用引进的素材通过封闭群家系选育方法育成的。父本羽色红褐，母本鸡为斑纹洛克，俗称芦花鸡，商品代鸡可用羽色自别雌雄：公雏绒毛黑色，头顶上有一白色的亮斑，母雏绒毛也是黑色，但头顶上没有白色亮斑。公雏长大后羽毛呈杂色的斑纹，母雏长大后羽毛变成黑色或麻黑色、麻黄色。

其主要生产性能为：0～20周龄育成率93.5%；20周龄体重1.68千克；155日龄达50%产蛋率，72周龄产蛋量274.6枚，平均蛋重58.28克，总蛋重16.01千克，每千克蛋耗料2.54千克；产蛋期末体重2.1千克；产蛋期存活率82.7%。该鸡种体形偏大，蛋重偏小。公鸡带有色羽毛，生长快，肉质好，很受养殖者欢迎。

三、粉壳蛋鸡

粉壳蛋鸡是由洛岛红品种与白来航品种间正交或反交所产生的杂种鸡，其蛋壳颜色介于褐壳蛋与白壳蛋之间，呈浅褐色，严格地说属于褐壳蛋，国内群众都称其为粉壳蛋，也就约定俗成了。其羽色以白色为背景，有黄、黑、灰等杂色羽斑，与褐壳蛋鸡又不相同。因此，就将其分成粉壳蛋鸡一类。

1.星杂444

星杂444蛋鸡是加拿大雪佛公司育成的三系配套杂交鸡。据雪佛公司的资料显示，其72周龄产蛋量265～280枚，平均蛋重61～63克，每千克蛋耗料2.45～2.7千克。产蛋期存活率91.3%～92.7%。

2.农昌2号

农昌2号蛋鸡是北京农业大学育成的两系配套杂交鸡，父系为白来航品系，母系为红褐羽的合成系。商品雏可通过羽速自别雌雄。生产性能主要指标随机抽样测定结果为：0～20周龄育成率90.2%；开产体重1.49千克；161日龄达50%产蛋率，72周龄产蛋量255.1枚，平均蛋重59.8克，总蛋重15.25千克，每千克蛋耗料2.55千克；产蛋期末体重2.07千克；产蛋期存活率87.8%。

3.B-4鸡

B-4鸡是由中国农科院畜牧研究所以星杂444为素材育成的两系配套杂交鸡。父系为洛岛红品种，母系为白来航品种。该杂交鸡羽色灰白带有褐色或黑色羽斑，其生产性能随机抽样测定结果为：0～20周龄育成率93.4%；开产体重1.78千克；165日龄达50%产蛋率，72周龄产蛋254.3枚，平均蛋重59.6克，总蛋重15.16千克，料蛋比2.75∶1；产蛋期末存活率82.9%。产蛋期末体重1.86千克。几年来的实践证明，B-4鸡以抗病力强、适应性好、高产等表现而著称，饲养数量不断增加，覆盖面越来越广。

4.自别雌雄新型B-4鸡

中国农科院畜牧研究所在原B-4鸡的基础上经过几年选育，于1993年建立起纯快羽和纯慢羽的配套品系，实现了商品鸡自别雌雄的目标，既可羽速自别雌雄，也可部分羽色自别雌雄，这是新型B-4鸡的突出特点，自别雌雄准确率达98%以上。据测定结果显示，商品鸡0～20周龄育成率96%，155天达50%产蛋率，25周龄进入80%以上产蛋高峰期，其最高产蛋率96.3%，72周龄饲养日产蛋276.7枚，平均产蛋率76%，平均蛋重60.7克，总蛋重16.8千克，料蛋比2.51∶1，产蛋期末体重1.72千克，存活率87.7%。新型B-4鸡正逐渐取代原来的B-4鸡。

5.京白939

京白939蛋鸡是北京市种禽公司的科研人员在1993～1994年进行选育的粉壳蛋鸡配套系。父本为褐壳蛋鸡，母本为白壳蛋鸡。杂交商品鸡可羽速自别雌雄。生产性能测定结果为：0～20周龄育成率95%，产蛋期存活率92%，20周龄体重1.51千克，72周龄产蛋量302枚，平均蛋重62克，总蛋重18.7千克。目前京白939已得到广泛推广应用。

6.奥赛克（冀育自别）蛋鸡

冀育自别蛋鸡是由张家口高等农业专科学校与河北省秦皇岛市种鸡场合作选育出的新鸡种，1993年6月通过技术鉴定。该鸡种分产白壳蛋的冀育1号和产粉壳蛋的冀育2号，成立秦皇岛奥赛克家禽研究中心以后，就改名为奥赛克白蛋鸡和奥赛克粉蛋鸡。这两种商品蛋鸡可羽速自别雌雄，适应性强，产蛋性能高，饲料转化率高，已成为河北省的重要蛋鸡良种。据测试，冀育1号0～20周龄育成率90.2%，产蛋期存活率90.9%，开产日龄166天，开产体重1.43千克，43周平均蛋重57.8克，最高产蛋率93.3%，72周龄总产蛋量17.1千克。冀育2号0～20周龄育成率97.2%，产蛋期存活率92.4%，开产日龄168天，开产体重1.69千克，43周龄平均蛋重61.7克，最高峰产蛋率90.8%，72周龄总蛋重16.8千克。

四、绿壳蛋鸡

绿壳蛋鸡因产绿壳蛋而得名，其特征是所产蛋呈绿色，是我国特有禽种，被原农业部列为“全国特种资源保护项目”。该鸡种抗病力强，适应性广，喜食青草菜叶，饲养管理、防疫灭病和普通家鸡没有区别。绿壳蛋鸡体形较小，结实紧凑，行动敏捷，匀称秀丽，性成熟较早，产蛋量较高。成年公鸡体重3.2～4.5千克，母鸡体重1.9～3.1千克，年产蛋160～180枚。

第二节 雏鸡的选择与运输方法

雏鸡是指0～6周龄的鸡。雏鸡的培育工作是养鸡生产中艰巨的中心工作之一，它直接关系着后备鸡的生长发育、成活及将来的生产力和种用价值，与经济效益密切相关。

一、雏鸡的生理特点

1.雏鸡体温调节机能差

幼雏体温较成年鸡体温低3℃，雏鸡绒毛稀短、皮薄、皮下脂肪少、保温能力差，体温调节机能要在2周龄之后才逐渐趋于完善。所以维持适宜的育雏温度，对雏鸡的健康和正常发育是至关重要的。

2.生长发育迅速

蛋雏鸡1周龄时体重约为初生重的2倍，至6周龄时约为初生重的15倍，其前期生长发育迅速，在营养上要充分满足其需要。由于生长迅速，雏鸡的代谢很旺盛，单位体重的耗氧量是成鸡的3倍，在管理上必须满足其对新鲜空气的需要。

3.消化器官容积小，消化能力弱

幼雏的消化器官还处于发育阶段，每次进食量有限，同时消化酶的分泌功能还不太健全，消化能力差。所以配制雏鸡料时，必须选用质量好、容易消化的原料，配制高营养水平的全价饲料。

4.对环境的适应力差

幼雏由于对外界的适应力差，对各种疾病的抵抗力也弱，在饲养管理上稍有疏忽雏鸡即有可能患病。30日龄之内雏鸡的免疫机能还未发育完善，虽经多次免疫，自身产生的抗体水平还是难于抵抗强毒的侵扰，所以应尽可能为雏鸡创造一个适宜的环境。

5.敏感性强

雏鸡不仅对环境变化很敏感，由于生长迅速对一些营养素的缺乏也很敏感，容易出现某些营养素的缺乏症，对一些药物和霉菌等有毒有害物质的反应也十分敏感。所以在注意环境控制的同时，选择饲料原料和用药时也都需要慎重。

6.群居性强，胆小

雏鸡胆小、缺乏自卫能力，并且比较神经质，稍有外界的异常刺激，就有可能引起混乱炸群，影响正常的生长发育和抗病能力。所以育雏需要安静的环境，要防止各种异常声响、噪声以及新奇颜色入内，防止鼠、雀、害兽的入侵，同时在管理上要注意鸡群饲养密度的适宜性。

7.初期易脱水

刚出壳的雏鸡含水率在76%以上，如果在干燥的环境中存放时间过长，则很容易使雏鸡在呼吸过程中失去很多水分，造成脱水。育雏初期干燥的环境也会使雏鸡因呼吸失水过多而增加饮水量，影响消化机能。所以在出雏之后的存放期间、运输途中及育雏初期，保持湿度适宜就可以提高育雏的成活率。

8.怕热怕潮湿

鸡没有汗腺，主要依靠呼吸散热来调节体温，因此抗热能力较差，环境温度长期在35℃以上，就有热死的危险。当然，温度过低，一方面会影响鸡的生长发育和生产性能发挥，另一方面会增加饲料消耗，降低经济效益。鸡喜欢温暖干燥的环境，潮湿不利于鸡散热，易引发各种疾病。

9.喜群居，好争斗，爱模仿

鸡的合群性很强，一般不单独行动，刚出壳几天的鸡，就会找群，一旦离群就叫声不止。公鸡、母鸡都有很强的认巢能力，能很快适应新的环境、自动回到原处栖息。同时，拒绝新鸡进入，一旦新鸡来到，便会争斗不止，直到有一方斗败，公鸡尤甚。鸡爱模仿，集约化饲养时，若营养水平、饲养管理技术跟不上，因鸡群密度大，常会造成啄肛、啄羽的习性，各个鸡会纷纷效仿，如不及时采取措施，会有大批鸡被啄死的危险。

10.抗病力差

鸡的抗病力差表现在多个方面：鸡的肺脏较小，连接有许多气囊，而且体内各个部位包括骨腔内都存在着气囊，彼此连通，从而使某些经空气传播的病原体很容易沿呼吸道进入肺、气囊和体腔、肌肉、骨骼之中，所以，鸡的各种传染病大多经呼吸道传播，发病迅速，死亡率高，后患多，损失大。鸡的生殖道与排泄孔共同开口于泄殖腔，产出的蛋很容易受到粪尿污染，也易患输卵管炎。鸡的体腔中部缺少横膈膜，使腹腔感染很容易传至胸部的重要脏器。鸡没有成形的淋巴结，淋巴系统不健全，病原体在体内的流动传播不易被自身所控制，一旦感染，较易发病。所以，在同样的条件下，与鸭、鹅等比较起来，鸡的抵抗力差、成活率低。

二、雏鸡的选择

（一）蛋鸡饲养品种的选择

1.优良蛋鸡品种应该具备的特征

① 具有很高的产蛋性能，年平均产蛋率达75% ～ 80%，平均每只入舍母鸡年产蛋16 ～ 18千克。

② 有很强的抗应激能力，抗病力、育雏成活率、育成率和产蛋期存活率都能达到较高水平。

③ 体格强健，体力充沛，能维持持久的高产。

④ 蛋壳质量好，即使在产蛋后期和夏季仍然保持较小的破蛋率。

2.饲养蛋鸡品种的选择依据

（1）选择产蛋量高的品种　饲养蛋鸡的目的就是获得既多又好的鸡蛋。因此，在选择饲养品种时最重要的要看该品种的生产成绩，尤其是产蛋量。现代商品杂交鸡性成熟早，20周龄开始产蛋，25 ～ 26周龄进入产蛋高峰期，饲养管理条件好的情况下，90%以上产蛋率的时间可持续10周以上，年产蛋总质量每只蛋鸡可达18千克。如前面所述，目前各大育种公司的蛋鸡品种都有各自的生产性能介绍，有的还有产蛋量标准曲线描述，饲养者可根据需要进行选择。

（2）选择饲料报酬高的品种　饲料报酬可用料蛋比来表示，即每产1千克鸡蛋所需饲料的数量（千克）。显然，料蛋比越小，饲料报酬就越高，如果蛋鸡耗费较少的饲料就能产较多的蛋品，那么肯定会提高经济效益。目前国内外较大的育种公司的蛋鸡品种都有各自的料蛋比。因此，养殖者在选择优质品种时，应将产蛋量同饲料报酬结合起来综合考虑，争取找到一个比较理想的品种进行饲养。

（3）根据市场需求选择　选择蛋鸡品种要考虑所在地的市场需求。如果所在地市场盛行褐壳鸡蛋，那就选择褐壳蛋鸡，在中国乃至整个亚洲绝大多数消费者都喜欢食用褐壳鸡蛋。如果当地喜欢食用白壳蛋，那就要养白壳蛋鸡。

如果当地市场对个头大的鸡蛋较为青睐，并且大个鸡蛋比小个鸡蛋贵，那最好选择老罗曼蛋鸡，因为老罗曼蛋鸡比新罗曼、海兰褐等褐壳蛋鸡所产的蛋个头都大。小鸡蛋受欢迎的地区和鸡蛋以个计价销售的地区，可以养体形小、蛋重小的鸡种。

我国有些地方蛋鸡品种虽然产蛋量低，但是蛋的品质良好，很受消费者青睐，其价格高于引进蛋鸡所产鸡蛋的价格。尤其是最近几年，随着人们安全、绿色、环保、健康意识的增加，使得发展地方特色品种蛋鸡（土蛋鸡）有了很大的潜力。有条件的地方，可以放养土蛋鸡。

（4）根据当地的气候条件选择　选养品种时，要对该品种产地饲养方式、气候和环境条件进行分析，并与引入饲养地进行比较，从中选出生活力强、成活率高、适于当地饲养的优良品种。在引种过程中既要考虑品种的生产性能，又要考虑引入地环境条件与原产地是否有很大差异，如北方冬天寒冷，可选择体形较大、较耐寒的品种饲养；而南方夏天闷热易引起应激，可选择体形较小、抗热能力强的鸡种。

（5）根据自己的养殖水平确定　在饲养经验不足、鸡的成活率较低的地方，应该首选抗病力和抗应激能力比较强的鸡种。有一定饲养经验，并且鸡舍设计合理，控制鸡舍环境能力较强的农户，可以首选产蛋性能突出的鸡种。

选择蛋鸡品种还要看本人对各品种蛋鸡的熟悉程度及饲养习惯。比如原来一直饲养罗曼褐蛋鸡，对该品种的生活习惯、管理、疾病防治等都非常熟悉，最好还是选择罗曼褐蛋鸡来进行饲养。

（二）雏鸡孵化场家的选择

优质健康的雏鸡来源于优良的种鸡场，所以在计划购进雏鸡时，做好多方调查和实地考察，无论选购什么样的鸡种，必须在有生产许可证、有相当经验、有很强技术力量、规模较大、没发生严重疫情的种鸡场购雏。管理混乱、生产水平不高的种鸡场，很难提供具有高产能力的雏鸡。

三、1日龄雏鸡的挑选

（一）优质健康雏鸡应满足的条件

优质健康雏鸡必须达到以下基本要求：

（1）体格标准达标　体重和均匀度要控制在适宜的范围之内；

（2）微生物学达标　不携带特定的病原菌；

（3）血清学达标　具有均衡的母源抗体水平；

（4）过程可监督、产品可追溯；

（5）全程服务达标。

此外，优质雏鸡还必须符合本品种特征，弱雏比例不大于0.1%，1周内成活率不低于99.5%，雏鸡鉴别率99%，马立克氏病保护率98%以上。

（二）检查雏鸡体格

1.体重达标

出壳体重控制在本品种适宜范围之内，以孵化场抽检为标准（育雏场可根据运输距离远近折算失水率）。

雏鸡体重达标，说明种鸡产种蛋的日龄适宜，孵化场孵化管理过程良好，雏鸡在运输过程中环境舒适。

2. 均匀度达标

雏鸡均匀度要达到80%以上。

3. 体长达标

抽样平均体长应控制在标准体长的 ±2% 以内。体长较大的雏鸡，心脏、肝脏和法氏囊等内脏器官的重量较大，活力较强。

4. 卵黄囊重量达标

1日龄优质雏鸡的卵黄应保持在体重的8% ～ 10%。

5. 十项感官标准达标

评价1日龄雏鸡的质量，需要对雏鸡个体进行感官检查，然后做出判断，对雏鸡进行挑拣分级（图1–1–1），并剔除弱雏和病雏（图1–1–2）。1日龄雏鸡个体检查的主要内容见表1–1–4。

图 1-1-1　雏鸡挑拣分级

图 1-1-2　剔除弱雏和病雏

表 1-1-4　1 日龄雏鸡个体检查的主要内容

雏鸡个体检查的内容	健康雏鸡（A 雏）	弱雏（B 雏）
反射能力	把雏鸡放倒，它可以在 3 秒内站起来（图 1–1–3）	雏鸡疲惫，3 秒后才可能站起来
眼睛	清澈，睁着眼，有光泽	眼睛紧闭，迟钝
肚脐	脐部愈合良好，干净	脐部不平整，有卵黄残留物，脐部愈合不良，羽毛上沾有蛋清
脚	颜色正常，不肿胀	跗关节发红、肿胀，跗关节和脚趾变形
喙	喙部干净，鼻孔闭合	喙部发红，鼻孔较脏、变形
卵黄囊	胃柔软，有伸展性	胃部坚硬，皮肤紧绷
绒毛	绒毛干燥有光泽	绒毛湿润且发黏
整齐度	全部雏鸡大小一致	超过 20% 的雏鸡体重高于或低于平均值
体温	体温应在 40 ～ 40.8℃	体温过高，高于 41.1℃，体温过低，低于 38℃，雏鸡到达后 2 ～ 3 个小时内体温应为 40℃

表1–1–4中，雏鸡个体检查的内容可概括为以下10项：

（1）眼大有神　优质健康的雏鸡（A雏）活泼健壮，眼大明亮有神（图1–1–4）；那些闭目阖眼，缩脖子，萎靡不振的一定是弱雏（B雏）。

（2）大小均匀　均匀一致的外观和体重（图1–1–5）。

B雏鸡比A雏鸡体形小，而且体质较弱的原因：

① 种蛋太小。种蛋小雏鸡就小。

② 孵化过程中温度过高。如果孵化过程中温度长期过高，给胚体发育造成不良影响，其中主要是胚体发育加速，使尿囊早期萎缩，出现过早啄壳现象。

③ 孵化过程中湿度过低。正常孵化的头10天中，鸡胚通过蒸发水分散热的量超过了其产热量。如果孵化器内的湿度过低，使蛋内的水分大量蒸发，胚胎就会受凉，而且妨碍了胚胎的生长发育。

雏鸡大小不均匀的原因：

① 大、小蛋混合孵化。均匀的种蛋或分级很关键（当然，即使采用最先进的孵化或其他设备，也很难避免由蛋重差异较大所造成的不利影响）。

② 不同日龄种蛋混合孵化。种鸡群的大小很关键。

③ 同品种或品系的种蛋混合孵化。同源引种很关键。

④ 孵化或出雏期温度不匀。孵化硬件很关键。

⑤ 问题种蛋。种鸡健康状况很关键。

（3）爪要粗壮　腿部粗壮有光泽，不干瘪、无脱水，且跗关节不红肿，站立平稳，是雏鸡健康的主要标志之一（图1–1–6）。

（4）脐无钉印　雏鸡脐带收缩良好，脐

图 1-1-3　健康的雏鸡（即使是把雏鸡放倒，它也会在 3 秒内自行站立）

图 1-1-4　健康雏鸡眼大明亮有神

图 1-1-5　外观、体重均匀一致

图 1-1-6　爪要粗壮

图 1-1-7　脐带斑大，脐带炎

图 1-1-8　雏鸡脐部检查

带斑直径不超过2毫米，脐部不潮湿发红、不发黑或绿。在过高的孵化温度和不良的卫生条件下，雏鸡出壳会相对提前，造成肚脐周围敞开的皮肤在膜内容物进入身体之前闭缩，钉脐、黑脐、线脐等增多（图1–1–7）。环控正常的前提下雏鸡前期死亡率超50%与卵黄囊感染有关。

检查脐部（图1–1–8），看是否有闭合不良的情况，如有卵黄囊未完全吸收，会造成脐部无法完全闭合。这些脐部闭合不良的雏鸡发生感染的风险较高，死亡率也高。必须留意接到的雏鸡中脐部闭合不良的比例有多高，及时与孵化场进行沟通。若无堵塞物，脐部随后还可以闭合。

雏鸡肛门上有深灰色水泥样凝块（图1–1–9），通常是由于细菌如沙门菌感染或是肾脏机能失调造成的，应该立即淘汰这些雏鸡。腹膜炎会影响肠道蠕动，造成尿失禁，一旦干燥，就会形成水泥样包裹，通常在雏鸡应激时发生。雏鸡肛门上有深灰色铅笔样形状糊肛（图1–1–10），目前看还没有太坏的影响。

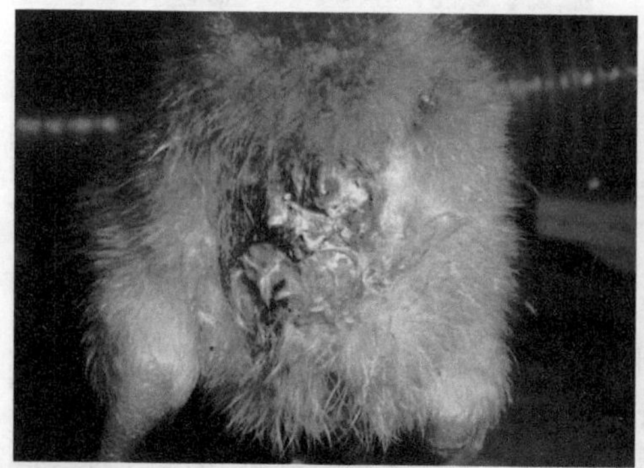
图 1-1-9　有明显糊肛的雏鸡

图 1-1-10　有深灰色铅笔样糊肛的雏鸡

（5）腹部收紧　腹部收缩良好并富有弹性（图1–1–11），软如棉花、腹大胀气和僵硬的视为残次鸡。如果种蛋的失水率过低，则雏鸡的肚子较大，跗关节红肿，脐带愈合不良，反之则表现为脱水。

（6）颈喙无痕　免疫接种和断喙无不良反应，颈和喙部无外伤、感染，颈部不僵硬，无遗漏的液体（图1–1–12）。

图 1-1-11　腰部收紧

图 1-1-12　颈喙无外伤

（7）体无异样　无歪嘴、歪脖（图1–1–13）、瞎眼、瘸腿、多腿、卷趾等畸形。

（8）毛色光亮　羽毛长短适中，油光发亮（图1–1–14），无火烧毛、绒毛黏着等。根据羽毛发育情况可判断出壳时间的长短。

图 1-1-13　剔除歪嘴、歪脖雏鸡

图 1-1-14　羽毛长短适中，油光发亮

（9）肛要无便　肛门周围干净不潮湿，不粘有粪便或其他污物（图1–1–15）。

（10）叫声“洪亮”　健雏叫声清脆洪亮（40分贝左右）、精神饱满、呼吸正常（图1–1–16）。

图 1-1-15 肛门周围干净不潮湿

图 1-1-16 叫声“洪亮”

（三）异常雏鸡的主要表现

1.绒毛粗而短

异常雏鸡的绒毛表现为比正常的雏鸡又短又粗，缺乏绒毛，这主要是营养不良引起的。当种鸡饲养不当，种蛋内多种营养成分同时缺乏或不足时，即可发生，其中又以蛋白质含量过低或品质不良，各种氨基酸比例失常较常见。此外，胆碱与锰等物质的不足也可引起此症状。

2.足肢粗短或畸形

异常幼雏表现为两腿较正常鸡雏短，而且粗，所以又叫“骨短粗症”，此为综合性营养不良引起的。

雏鸡脚趾畸形规律性发生，可能是由于遗传，但更可能是B族维生素缺乏，或是出雏器温度过高造成的。

3.羽毛、皮肤有色素沉着，或伴有干眼病

这主要是维生素A缺乏引起的。由于种鸡饲料中维生素A含量不足，种蛋在孵化初期死胚多，能继续发育者生长缓慢。闷死或出壳的幼雏，羽毛与皮肤有色素沉着。有时有干眼病，表现为眼干燥、无光泽。呼吸道、消化道和泌尿生殖器官的上皮可发生角化，雏鸡对传染病的抵抗力明显降低。

4.呈“观星状”

异常幼雏表现以跗关节和尾部着地，坐着或侧倒头向背后极度弯曲呈角弓反张。原因：一是由翻蛋造成的；二是由于种鸡的饲料中硫胺素被硫胺酶（新鲜鱼、虾、软体动物的内脏含有）破坏，造成维生素B_1缺乏。

5.腿外张

异常雏鸡趴伏在地，两腿向身体两侧伸出，像空中飞翔鸟儿的翅膀。主要原因：一是出壳盘太滑，雏鸡两腿在盘中不停划动不易站立，时间长了雏鸡趴伏在地，两腿

向外张开；二是孵化器内湿度过大，妨碍了蛋内水分的蒸发，使胚胎受热，又因尿囊的液体蒸发缓慢，水分占据蛋内的空隙，妨碍了胚胎的生长发育。

6.多条腿

异常雏鸡长有三条腿或四条腿。这主要是由于种蛋搬运不当以及孵化中翻蛋不当造成的。

7.跗关节红肿

异常幼雏的跗关节发红肿胀。这是由于孵化时温度过低造成的。

8.脑疝

异常雏鸡无颅畸形，表现无头皮、无颅骨、脑子裸露等。这是由于孵化时二氧化碳浓度过高或孵化温度过高造成的。

9.开脐

异常幼雏的肚脐愈合不良。主要是孵化时高温、高湿造成的。

10.脐炎

异常幼雏的肚脐周围有炎性水肿，局部皮下充满胶样浸润及黏液，有时有出血性浸润；病灶附近的腹壁皮下结缔组织水肿。

11.胫部、喙色变红

有时见到雏鸡的胫部发红，多是因出雏器温度过高造成的；雏鸡的喙色变红，多因雏鸡希望早些脱离高温环境并且试图将头伸出塑料筐的缝隙造成。

四、雏鸡的运输

雏鸡是比较适合运输的动物，因在出雏的2天内，雏鸡仍处于后发育状态。在实际生产中，我们经常会发现，在孵化场内放置24小时的雏鸡，看起来比刚出雏不久的雏鸡精神状况更好。雏鸡脐部在72小时内是暴露在外部的伤口，72小时后会自己愈合并结痂脱落。雏鸡卵黄囊大约重5 ～ 7克，内含有供雏鸡生命所需的各种营养物质，雏鸡靠它能存活5 ～ 7天。雏鸡开始饮水、采食越早，卵黄吸收越快。研究显示，青年种母鸡的后代和成年或老龄种母鸡的后代相比，在育雏的温度尤其是湿度上要得到更好的保证。

雏鸡的接运是一项技术性强的细致工作，要求迅速、及时、安全、舒适地到达目的地。

1.接雏时间

雏鸡出壳后1小时即可运输。一般在雏鸡绒毛干燥可以站立至出壳后36小时前这段时间为佳，最好不要超过48小时，以保证雏鸡按时开食、饮水。

图 1-1-17　雏鸡专用运雏箱

图 1-1-18　将运雏箱装入车中（箱间要留有间隙，码放整齐，防止运雏箱滑动）

图 1-1-19　雏鸡盒放到鸡舍后要平摊在地上

2. 装运工具

运雏时最好选用专门的运雏箱或运雏盒（如硬纸箱、塑料箱、木箱等），规格一般为60厘米×45厘米×20厘米，内分4个格，箱壁四周适当设通气孔，箱底要平而且柔软，箱体不得变形（图1-1-17）。在运雏前要注意雏箱的清洗消毒，根据季节不同，每格放20～25只雏鸡，每箱可装80～100只雏鸡。也可用专用塑料筐。运输工具可选用车、船、飞机等。

3. 装车运输

主要考虑防止缺氧闷热造成窒息死亡或寒冷冻死，防止感冒腹泻。将运雏箱装入车中，箱间要留有间隙，码放整齐，防止运雏箱滑动（图1-1-18）。确保通风。夏季运雏要注意通风防暑，避开中午运输，防止烈日曝晒发生中暑死亡。冬季运输要注意防寒保温，防止雏鸡感冒及冻死，同时也要注意通风换气，不能包裹过严，防止雏鸡闷死。春、秋季节运输气候比较适宜，春、夏、秋季节运雏要备有防雨用具。如果天气不适而又必须运雏时，则要加强防护措施，在途中还要勤检查，观察雏鸡的精神状态是否正常，以便及时发现问题，及时采取措施。无论采用哪种运雏工具，都要做到迅速、平稳，尽量避免剧烈震动，防止急刹车，尽量缩短运输时间，以便及时开食、饮水。

4. 接雏程序

① 不论春夏秋冬，要在进雏前1～2天预温鸡舍，接雏时鸡舍温度为28～30℃即可，放完鸡后，再慢慢升至规定温度。

② 雏鸡运到鸡场后，要迅速卸车。雏鸡盒放到鸡舍后，不能码放，要平摊在地上（图1-1-19），同时要随手去掉雏鸡盒盖，并在半小时内将雏鸡从盒内倒出，散布

均匀。

③ 有的客户在接到雏鸡后要检查质量和数量，最好把要检查的雏鸡盒卸下车，并摊开放置，再指派专人去查。不能在车内抽查或在鸡舍内全群检查，这样往往会造成热应激而得不偿失。雏鸡临界热应激温度是35℃，研究显示，夏季运雏车停驶1分钟，雏鸡盒内温度升高0.5℃。

笼养育雏将雏鸡装入笼内称为上笼。开始上笼时幼雏很小，为便于集中管理，多层笼育的可将雏鸡放在温度较高又便于观察的上面一二层（图1–1–20），上笼时先装入健雏，弱雏另笼养育。平面育雏的按育雏器的容鸡数将健雏均匀放入每一栏，弱雏单独养育。雏鸡安放好后，保持舍内安静，观察鸡群状态和睡眠情况，同时将途中死亡和淘汰雏鸡拿到舍外妥善处理，将雏鸡箱搬出育雏舍，集中烧毁（图1–1–21）。

图 1-1-20　将雏鸡放在上层

图 1-1-21　雏鸡箱搬出育雏舍，集中烧毁

第二章 雏鸡的饲养房舍及设备

第一节 育雏常用设备及用具

一、育雏舍

育雏舍是饲养出壳到6周龄雏鸡的专用鸡舍，是雏鸡昼夜生活的小环境，其建筑是否合理，直接影响雏鸡的生长发育。雏鸡体温调节能力差，雏鸡舍建筑的重要特点是有利于保温。建筑育雏舍时应注意房舍要矮些，墙壁要厚，地面干燥，屋顶应设天花板。此外，要注意合理通风，做到既保证空气新鲜，又不影响舍温，若为立体笼育雏，其最上层笼与天花板间的距离应为1.5米左右。

育雏舍有开放式和密闭式两种，可根据气候条件及资金状况等选择。对于实行全年育雏的大型鸡场，应选用密闭式育雏舍，即无窗（设应急窗）鸡舍，舍内实行机械通风和灯光照明，通过调节通风量在一定程度上控制舍温及舍内湿度，育雏效果好。对于中小型鸡场，尤其气候炎热地区，可采用开放式育雏舍。这种鸡舍应坐北朝南，跨度为5～6米，高度2米左右，舍内采用水泥地面，鸡舍南面设运动场，面积约为房舍面积的1～2倍，地面必须排水良好，周围种植树冠高大的落叶乔木，以保持冬暖夏凉、空气新鲜。但如受地方限制，也可不设运动场。

二、育雏器

育雏器是使雏鸡在育雏阶段处于特定的适宜温度环境下的必需设备，一般分为育雏笼和育雏伞两大类型，前者适用于笼养，后者适用于平养。

（一）育雏笼

标准化规模养殖蛋鸡育雏多使用四层电热育雏笼。四层电热育雏笼由加热笼、保温笼、活动笼三部分组成，各部分之间为独立结构，可以进行各部分的组合，如在温度高或采用全室加温的育雏舍，可专门使用活动笼组，在温度较低的情况下，可适当减少活动笼组数，而增加加热和保温笼组，因此该设备具有较好的适应能力。

图 1-2-1 四层重叠育雏笼

总体结构采用四层重叠育雏笼（图1-2-1），每层高度为333毫米，每笼面积700毫米×1400毫米，层与层之间有两个700毫米×700毫米的粪盘，全笼总高度为1720毫米。该育雏器的配置常采用一组加热笼、一组保温笼、四组活动笼，外形尺寸为4400毫米×1450毫米×1720毫米，总占地面积6.38平方米，可育15日龄雏鸡1600只，30日龄雏鸡1200只，45日龄雏鸡800只，总功率1.95千瓦，并配备料槽40个，饮水器12个，加湿槽4个。

1.加热笼组

加热笼组在每层笼的顶部装有350瓦远红外加热板一片，在底层粪盘下部还装有一只辅助电热管，每层均采用乙醚膨胀饼自动控温，并装有照明灯和加湿槽。该笼四周除一面与保温笼相接外，其他三面基本采用封闭的形式，以防热量散失，底部采用底网，以使鸡粪落入粪盘。

2.保温笼组

保温笼组使用时必须和加热笼组连接，而在与活动笼组相接的一面需装有帆布帘以便保温，同时也可使小鸡自由出入。

3.活动笼组

活动笼组没有加热和保温装置，是小鸡自由活动的笼体，主要放有料槽和饮水器，各面均由钢丝点焊的网格组成，并且是可以拆卸的，底部采用筛网和承粪盘。

（二）育雏伞

育雏伞也称为伞形育雏器，是养鸡场给幼雏保温广泛使用的常规设备，有电热和红外线热源之分。

1.电热育雏伞

育雏伞（图1–2–2）以电热作热源，并与温度控制仪配合使用效果较好。但热源的取材和安装部位的不同，其耗电差异很大。有的育雏伞的电热丝安装于伞罩内，使热量从上向下辐射，而有的育雏伞则是将电热线埋藏于伞罩地面之下，形成温床。根据热传播的对流原理，加热时将热源放在底部最为合理。

图 1-2-2 地面育雏用的保温伞

在网上或地面散养雏鸡时，采用电热育雏伞具有良好的加热效果，可以提高雏鸡体质和成活率。电热育雏伞的伞面由隔热材料组成，表层为涂塑尼龙丝。保温性能好，经久耐用。伞顶装有电子控温器，控温范围0～50℃，伞内装有埋入式远红外陶瓷管加热器，同时设有照明灯和开关。电热育雏伞外形尺寸有直径1.5米、2米和2.5米三种规格，可分别育雏300只、400只和500只。

2.红外线育雏器

红外线育雏器是使用红外线作为热源的伞形育雏器，分为红外线灯泡和远红外线加热器两种。

（1）红外线灯泡　普通的红外线取暖灯泡，可向雏鸡提供热量。红外线灯泡的规格为250瓦，有发光和不发光两种，使用时用4个灯泡等距连成一组，悬挂于离地面40～60厘米高处，随所需温度进行保温伞的高度调节。

用红外线灯泡育雏，因温度稳定、垫料干燥，育雏效果良好，但耗电多，灯泡容易老化，以致成本较高。

（2）远红外线加热器　应用远红外加热是20世纪70年代发展起来的一项新技术。它是利用远红外发射源发出远红外辐射线，物体吸收远红外辐射而升温，达到加热的目的。

远红外线加热器是通过电热丝的热能激发红外涂层，使其发出一种波长为700～1000000纳米不可见的红外光，而这种红外光也是一种热能。远红外线加热器作为畜牧生产培育幼畜、雏禽的必需设备，目前已被普遍推广。它不仅能使室内温度升高，空气流通，环境干燥，并且具有杀菌及促进动物体内血液循环，促进新陈代谢，增强抗病能力的作用。加热板由金属氧化物或碳化物远红涂层、碳化硅基材、电热丝、硅酸铝保温层、铝反射板及外壳组成。

3.新款育雏保温伞

本款育雏保温伞是一种悬挂式新型保温伞，四个面上有风扇，能将热量均匀散发使整个室内整体升温，散热均匀，采用全自动控温设计，使用非常方便，无污染，有条件的养殖户可选择此款产品进行育雏，加热育雏效果好。

三、喂料设备

喂料设备主要有料盘、料桶、料槽等。大型鸡场还采用喂料机。

1.料盘

料盘适用于雏鸡饲养，有方形、圆形等不同形状。料盘面积大小视雏鸡数量而定，一般每60 ～ 80只雏鸡配1个。圆形开食盘直径为35厘米或45厘米。

2.料桶

料桶由1个圆桶和1个料盘构成。圆桶内装上饲料，鸡吃料时，饲料从圆桶内流出。适用于平养中鸡、大鸡。它的特点是一次可添加大量饲料，储存于桶内，供鸡只不停地采食。料桶材料一般为塑料和镀锌板，可承重3 ～ 10千克。容量大，可以减少喂料次数，减少对鸡群的干扰，但由于布料点少，会影响鸡群的均匀度。容量小，喂料次数和布料点多，可刺激食欲，有利于增加雏鸡采食量和增重，但会增加工作量。

3.料槽

料槽便于鸡的采食，鸡只不能进入料槽，可防止鸡的粪便、垫料污染饲料。料槽多采用铁皮或木板制成。雏鸡用的料槽两边斜，底宽5 ～ 7厘米，上口宽10厘米，槽高5 ～ 6厘米，料槽底长70 ～ 80厘米；中鸡或大鸡用料槽，底宽10 ～ 15厘米，上口宽15 ～ 18厘米，槽高10 ～ 12厘米，料槽底长110 ～ 120厘米。

饲槽的大小规格因鸡龄不同而不一样，育成鸡饲槽应比雏鸡饲槽稍深、稍宽。

四、饮水设备

随着家禽养殖业的发展和我国劳动成本的增加，养殖成本不断增加。在规模化养殖不断发展的今天，以乳头水线为主的饮水设备逐步取代了普拉松饮水器、水槽饮水器等一些费时费力的饮水设备。以乳头水线为例，关注饮水对鸡群健康的重要性。

（一）乳头水线饮水可以节省劳动力

一些开放式的饮水设备如普拉松饮水器、水槽饮水器和杯形饮水器每天都需要清洗和消毒。这些烦琐的工作占用了饲养员很大一部分时间，而且也使饲养员比较劳累。而乳头水线处于封闭状态，空气中的污染物不会直接污染饮水，减少了细菌污染的机会，只需定期消毒和冲洗水线。

（二）乳头水线普及的同时也带来了许多问题

乳头饮水水线的普及使用大大节约了人力的同时，也带来了许多问题，以水线水管的藏污纳垢尤其是饮水给药或维生素后造成的细菌滋生和水线的漏水问题最为突出。由于水线是全封闭状态，再加上一些药物的特殊性和电解多维的影响直接为细菌滋生创造了环境条件。水是鸡只生长过程中所必需的物质。为了保证鸡群的健康必须不定期清理水线。

（三）水线的维护保养

当鸡舍有鸡时，水线要定期维护。维修人员要定期对饮水系统进行检修，检修要在晚间进行，不要影响鸡只的生产。水线不平、水线堵塞的都要进行更换；水线乳头安装不合理漏水的也要进行更换。水线在进行消毒时，确保药物浓度，避免人为过失导致药物残留，造成对鸡只的影响或损坏水线。

1.调平水线，保持水压平衡

水线在调平前，首先要保证水线安装合适。如果地面不平坦，就要经常调节饮水系统的高度和平衡度，这是保持水压平衡的关键点。在饲养过程中，水线每周都要调整、调升。建议采用固定水线的钢丝绳到水线的距离为衡量标准，这样就保证了水线高度的相对一致，而调升水线时，应以棚架到水线乳头的距离为准。

2.调整水线压力

根据鸡群生长和日龄变化随时调整水线压力。在育雏期水线压力高度以3厘米为基础浮动，育成期以5厘米为起点调节，产蛋期根据饮水情况实际调整，水线压力高度以水线末端乳头出水连滴为宜。水线压力的高低也是随着温度的变化而变化的，气温升高鸡的饮水量增大，由于鸡没有汗腺依靠喘气散热，同时也损失了水分，所以气温升高适当调高水压。若温度下降，供水量要随之降低，水线压力也要随着降低。鸡的饮水量是基本恒定的，若此时供水水压与气温较高时保持一致，会导致饮水器供水过多而弄湿垫料，从而引发其他问题。

3.注重饮水消毒，保证水质合格

高质量的饮水是种鸡健康、正常生长发育最基本的条件。饮水应清洁干净，无任何有机物或悬浮物，应监测饮水，确保水质适合饮用，饮水中不应检测出假单胞菌类，每毫升水样中的大肠杆菌数不得超过1个。5%以上的检测水样中不能含有大肠杆菌。如果发现细菌含量较高，应尽快查明原因并采取处理措施。

所处地区饮用水较硬时，会造成饮水器阀门和水管堵塞。所以在水线进水端安装过滤器，过滤器每周都要清洗，防止过滤器堵塞，导致断水。用饮水系统饲喂过维生素、电解多维及一些水溶性差的药物后，要及时对水线进行高压反冲洗，必要时可以添加消毒药进行浸泡消毒，时间不小于4小时，之后用清水冲洗干净。

第二节　育雏舍的建造及要求

一、鸡舍建造应避免的误区

1.为节省占地，鸡舍布置不合理、间距小，把鸡场建成“迷宫”

随着养殖规模扩大，没有全盘考虑合理规划，把育雏舍、青年鸡舍放置在蛋鸡舍的下风位置或与之距离太近，造成免疫后不发病但散毒的产蛋成年鸡向雏鸡、青年鸡传播疫病。还有的鸡舍之间间隔很近，给光照、通风、环境自我净化带来困难（正常鸡舍间距是高度的2～3倍，确保冬至那天的9点到下午3点6个小时后面的鸡舍前墙是满日照）。这种鸡舍在养殖场密集的山东、河北、江苏随处可见，这种养殖效益很低。

2.鸡舍高度不够，像“低矮的箱子”

相对于人等哺乳动物，鸡对于氧气的需要和空气质量要求更高。为了省钱把蛋鸡舍建得不到2.8米（鸡舍地面到前房檐距离，俗称“柱头”）；为方便保温把育雏舍建得更低。由于鸡舍内空气流动不畅，造成呼吸道疫病多发。一般而言蛋鸡舍柱头最好3.2～3.5米，雏鸡舍原则上不低于2.8米，这样的鸡舍鸡呼吸道疫病会少很多。

3.盲目模仿，把鸡舍建成不透气的“坟墓”

盲目模仿全封闭现代化鸡舍，只有一个现代化鸡舍的外表，却没有现代化鸡场的核心设施。比如盲目建设100米以上的超长鸡舍，模仿人家在每间鸡舍上部安置不可开启的小窗户，却省略了人家的侧风窗，以及相对应的低温情况下的横向风机。整个鸡舍除了一侧的风机外，没有其他的通风口和控制温度的多级自动通风系统，这在寒冷季节不能开启较大功率风机纵向通风情况下，难以解决空气质量问题，使得鸡群很容易发生呼吸道疫病。这样鸡舍既丧失了开放半开放鸡舍方便通风的便利，也失去了密闭鸡舍隔离较好、鸡群生产性能稳定的优势，是不伦不类的蛋鸡“坟墓”。

4.为了防暑降温，把鸡舍建成“森林公寓”

为了在不装风机湿帘的情况下解决防暑降温问题，有的人把鸡舍建在树林内或在鸡舍周围栽种大量高大树木，把鸡舍建成了“森林公寓”（图1–2–3），

图 1-2-3　把鸡舍建成“森林公寓”

这些树木在起到遮阴防暑的同时，不仅引来了容易传播禽流感、新城疫等烈性传染病的鸟类，而且落下的树叶极不容易清理，成了大量病原微生物的庇护所，使得阳光紫外线和消毒剂的杀菌效应得不到发挥，鸡场很容易被污染，且污染后长期不能净化，疫病纠缠不清。

5.为了省钱，把鸡舍建成了“蔬菜大棚”

为了“多干快上”，使用铁板、塑料布、油毡布做蛋鸡舍，完全忽视了鸡的生理特性。由于这些材料保温不透气、透气不保温，在不能很好解决夏季防暑、降温和冬季通风换气的情况下，还是少用为好。鸡舍没有好坏之分，根据自己的经济实力，只要建造的鸡舍满足通风、保温、防暑、防鸟、防鼠、光照等诸多鸡赖以生存的条件都是好鸡舍，也不论泥巴做的还是彩钢做的。这种大棚式鸡舍垒砌起外墙，在侧面和屋顶开启通风窗（口）比什么都重要。

6.舍得建蛋鸡舍，不舍得建雏鸡舍，雏鸡舍多数是“小马拉大车”

蛋鸡35天定终生，育雏、育成对开产后的效益影响达90%以上。不少新起步的养殖户急功近利，为了省钱自己不盖雏鸡舍而购买别人代育的育雏、育成鸡，由于受育雏、育成鸡质量的限制，虽然蛋鸡舍条件、管理水平、饲料质量都不错，但并没有取得好的经济效益。而有的老养殖户随着蛋鸡存栏增加，育雏舍没有相应地扩建，育雏密度越来越大，出现养鸡多了效益不仅没有提高，反而落得疫病难以控制的结果。育雏、育成的不同阶段鸡的发育重点不一样，1～3周以脑神经等发育为主；4～5周以内脏器官发育为主；6～12周以骨骼、肌肉发育为主。在此期间一旦错过发育的最佳时期，会造成一生难以弥补的后果。比如6～8周是骨骼发育迅速的时期，但这个阶段往往是转群之前密度最大的时刻，常常影响骨骼的良好发育，容易把鸡养成体重达标而胫骨（跖骨）不达标的小短腿、小胖鸡，这样的鸡一定开产晚、脱肛多、啄肛多、死淘率高。

二、育雏舍建造要求

（一）2000～5000只产蛋鸡舍及配套育雏舍建设参考

刚进入养鸡行业或有2～3年养殖经验的农户，推荐饲养规模为2000～5000只。

1.鸡舍建设的基本规划

（1）场址选择　避开养殖密集区，水质较好。

（2）饲养模式　育雏育成和产蛋两阶段笼养。

（3）鸡舍建筑　2000～3000只饲养规模推荐采用：半开放式鸡舍；两列三层全阶梯式饲养；水泥地面；墙面白水泥批白；自然通风，设天窗、地窗；人工或机械清粪；人工喂料。

5000只饲养规模推荐采用：密闭式鸡舍；三列三层全阶梯式饲养；水泥地面；墙面白水泥批白；机械通风；人工或机械清粪；人工或机械喂料。

（4）鸡舍土建

① 墙体。包括墙面厚度和墙体高度。墙体厚度：南方地区为24墙；北方地区37墙或24墙加10厘米厚保温层（图1-2-4）。墙体高度：高出最上层鸡笼1～1.5米；一般高度为2.6～3.0米。

(a) 推荐鸡舍

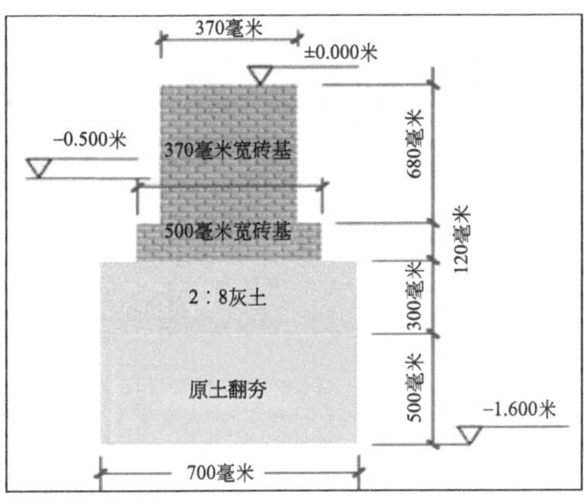

(b) 墙体剖面图

图1-2-4 墙体示意图

注：基础埋深应在地冻线以下，图中数值为参考值；墙体高度见剖面图；山墙按370毫米厚实心墙施工；蛋鸡舍外标高为-0.500米，育雏舍为-0.300米。

② 屋顶。推荐使用彩钢保温板或石棉瓦+泡沫板+塑料布。南方地区采用石棉瓦（图1-2-5）+泡沫板+塑料布；北方地区采用10～15厘米厚彩钢板或石棉瓦+泡沫板+塑料布（图1-2-6）。

图1-2-5 石棉瓦屋顶

图1-2-6 彩钢板屋顶

2. 2000 ～ 3000只规模蛋鸡舍具体设计及设备选型

（1）鸡舍建筑（以3000只为例） 两列鸡笼三个过道，鸡舍建筑面积：37.96米 × 7.34米=279米²。

① 鸡舍长和宽。鸡舍长37.96米，其中储料间3米、前过道2米、后过道1.5米，单列笼长30.72米（16组笼，单笼长1.92米）；鸡舍宽7.34米，其中粪沟宽1.8米，过道宽1米，粪沟前部深20厘米，后部深30厘米（图1-2-7、图1-2-8）。

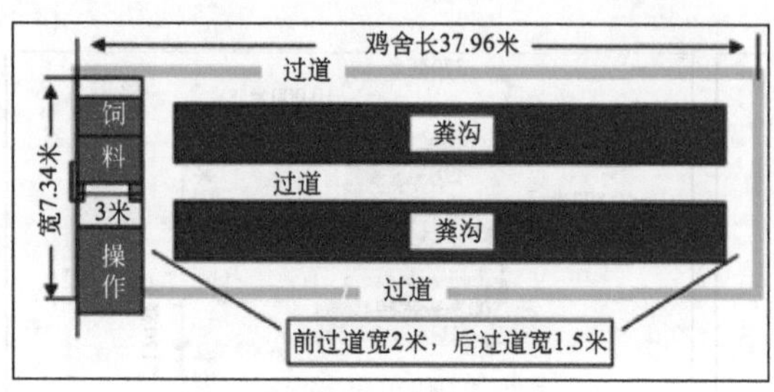

图 1-2-7 鸡舍剖面图　　图 1-2-8 鸡舍切面图

② 窗户（自然通风）。见图1-2-9、图1-2-10。

图 1-2-9 自然通风窗（一）

图 1-2-10 自然通风窗（二）

自然通风窗户设置情况见表1-2-1。

表 1-2-1 自然通风窗户设置情况

地区	窗户间距	窗户尺寸	窗户位置	备注
南方地区	1.0 ～ 1.5 米	长 1.2 米 × 高 1.6 米	两侧都设窗户，窗户下沿离地面高 1 米	鸡舍可设天窗，确保鸡舍空气流动畅通。地窗大小为：长 50 厘米 × 宽 30 厘米，间距 2 米；天窗大小为：长 1.0 米 × 宽 0.5 米，天窗设顶帽，间距 5 米
北方地区	1.5 ～ 2.0 米	长 1.0 ～ 1.2 米 × 高 1.2 ～ 1.5 米		

③ 光照。灯泡应高出顶层鸡笼50厘米，位于过道中间（图1-2-11）和两侧墙上。灯泡间距2.5 ～ 3.0米，灯泡交错安装（图1-2-12），两侧灯泡安装在墙上。

图 1-2-11　灯泡位于过道中间

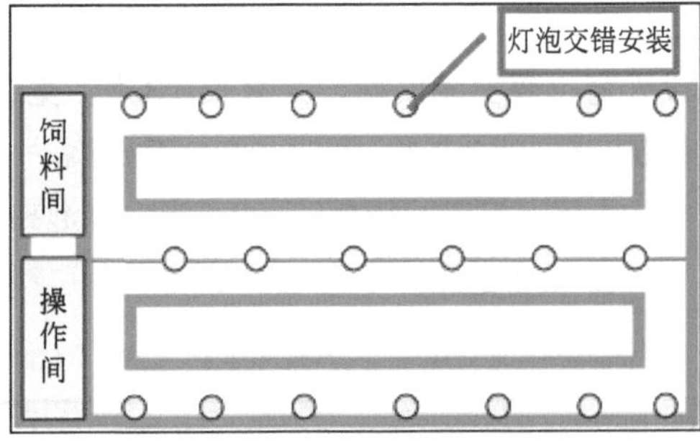

图 1-2-12　灯泡交错安装

（2）设备选型　参考表1–2–2。

表 1-2-2　3000 只规模蛋鸡舍设备选型

设备名称	标准	低档设备	中高档设备
鸡笼	430 厘米^2/ 只	冷镀锌	热镀锌
饮水	12 厘米 / 只	水槽	乳头饮水器，电磁阀自动控制开关水
料槽	12 厘米 / 只	塑料料槽	镀锌铁质料槽
光照	20 ～ 30 勒克斯	手动光照	自动光照

3. 3000 ～ 5000只规模蛋鸡育雏舍推荐模式

（1）推荐饲养模式　推荐农户采用“育雏育成”和“产蛋鸡”两阶段的饲养方式，其优势如下：

① 利于防疫。单独的育雏育成鸡舍可以远离蛋鸡舍，避免了同一院内大小鸡群混养造成的交叉感染，传染病发生的概率较混养模式下降80%。

② 利于鸡群稳定。“育雏育成为一体”的饲养模式利于雏鸡舍的保温，避免雏鸡从育雏舍转到育成舍的温差应激，同时减少转群带来的人为应激，提高鸡群质量。

③ 利于提高养殖效益。相比育雏、育成和产蛋鸡三阶段饲养，两阶段饲养模式能够将雏鸡从1日龄饲养到10 ～ 13周龄后再转到蛋鸡笼，大大地提高了笼位的利用效率，降低了养殖成本。

（2）3000 ～ 5000只规模雏鸡舍具体设计及设备选型

① 基本设计。半开放式鸡舍；两列四层重叠式饲养；水泥地面；墙面白水泥批白；自然通风，设天窗、地窗；人工喂料；粪板人工清粪。

5000只鸡舍建筑：推荐两列四层三个过道，鸡舍长25.34米，其中储料间2.5米、前过道1.5米、后过道1米，单列笼长19.6米（8组笼，单笼长0.7米，三笼为一组，每组笼间隔0.4米）；鸡舍宽6米，其中过道宽0.82米，鸡笼宽1.4米；鸡舍高2.6米，屋脊高1米；建筑面积152.04平方米。

窗户：间距1.0～1.5米，长0.8米，高1.0米；鸡舍两侧墙都设窗户；鸡舍屋顶设天窗，要安装顶帽，天窗长0.3米，宽0.3米，间距3米；鸡舍两侧墙根部设地窗，长0.5米，宽0.3米，间距2.0～2.5米。

光照：灯泡间距2.5～3.0米；灯泡高于顶层笼30～50厘米。

② 设备选型。参考表1-2-3。

表1-2-3 3000～5000只规模雏鸡舍设备选型

设备名称	标准	低档设备	中高档设备
鸡笼	50～60只/米^2	冷镀锌	热镀锌
通风	风机		安装风机
饮水	育雏（1～3周）：真空饮水器；育成乳头饮水器或水槽		
料槽	2周内用塑料料盘；2周后用塑料料槽或镀锌铁质料槽		
光照		手动光照	自然光照
取暖		煤炉	暖风或水暖

（二）规模化、专业化育雏育成舍具体土建及设备选型

（1）适合养殖农户的群体　适合于有4年以上蛋鸡养殖经验，有较强的经济基础，技术、管理能力和市场意识较强的养殖农户。

（2）规模化、专业化育雏育成舍（场）建设的基本规划

① 场址选择。避开养殖密集区，水质较好，若与蛋鸡舍在同一场区，则应离蛋鸡舍100米以上。

② 饲养模式。“育雏育成”一段式饲养模式，饲养周期为16～17周。

③ 鸡舍建筑。推荐每栋鸡舍饲养量1～2万只，密闭式鸡舍，四列三层阶梯式笼养，水泥地面，墙面白水泥批白，采用锅炉集中供暖，乳头饮水，自动喂料、通风、光照、清粪等系统。

（3）标准化育雏育成舍建筑设计（以每栋舍1.6万只为例）　推荐采用四列三层五个过道，实际笼位16000只，鸡舍建筑面积804.6平方米。

鸡舍长62.18米（净长61.44米），其中前过道2.0米，后过道1.5米，机头1.5米，机尾1.0米，单列笼长55.44米；28组笼，单笼长1.98米（包括笼架）；鸡舍宽12.94米（净宽12.20米），其中粪沟长59.44米（舍内），舍外延长3.5米，宽1.8米；过道宽1米；鸡舍屋檐高2.7米，屋脊比屋檐高1.2米。

（4）标准化鸡舍土建

① 地基。冻土层以下，基础深1.2米（北方），打钎拍底，混凝土垫层，混凝土

C15，砖基础砌筑砂浆M7.5，基础砌砖由50厘米宽经两步放脚到37墙，鸡舍内外高差0.3米。

② 墙体（包括墙体厚度和墙体高度）。墙体厚度：石家庄以北推荐37墙加5厘米厚保温层，砖混结构，砌筑砂浆M5。墙体高度2.7米，高出最上层鸡笼0.8～0.9米。

墙体沿墙每高50厘米设置一道拉结筋3ϕ6。构造柱400毫米×360毫米，混凝土为C25，配筋6ϕ12ϕ6@200（纵向通长筋即主筋直径12毫米6根，箍筋为直径6毫米间距200毫米），构造柱在混凝土底板处生根。墙体在2.45米处设混凝土圈梁一道，配筋5ϕ12ϕ6@250。门窗口设过梁。圈梁过梁混凝土柱为C25。

③ 屋面结构。屋面为双坡式100毫米彩钢板屋顶；大柁跨度为12.57米，间距5.5米；柁的上弦为20工字钢，中间用20厘米×20厘米、厚1厘米的钢板将工字钢两面对帮焊，下弦为直径1.8厘米的钢筋，中间用花篮螺栓连接；檩条为100C型钢，单坡檩条7根。

④ 舍内土建。粪沟宽度1.8米，走道宽度1.0米。粪沟垫层C15混凝土，粪沟前面深0.27米，粪沟3‰向后放坡，后面粪沟深0.45米，粪沟与地面水泥砂浆面层。鸡舍内部墙面、走道表面、粪沟表面要力求平整，不留各种死角，以减少细菌的残留为原则。因舍内经常要消毒冲刷，因此，地面与墙面的面层要坚固、耐用，墙面批白水泥。

⑤ 密闭式通风系统。采用通风小窗＋湿帘＋温控系统的纵向负压通风方式。

通风口：在侧墙上安装通风小窗（小窗大小0.63米×0.18米），小窗中心间距3米，小窗安装在墙体圈梁以下，下沿与顶层鸡笼上部保持平行，距离地面1.9米。小窗在鸡舍两侧安装必须要求对称，小窗上沿必须安装导风板，导风板切忌水平安装，否则会对两侧鸡群造成严重的应激。

风机：在后山墙安装风机7台（其中4台风机尺寸1.37米×1.37米，功率1.1千瓦；3台风机直径0.7米，功率0.75千瓦），风机轴心与鸡笼中心持平，离地面高度为大风机25厘米，小风机60厘米。

水帘降温系统：在鸡舍前端安装水帘，水帘安装在鸡舍前山墙内部（不要镶嵌在框内），水帘高2.55米，宽度与鸡舍前山墙同宽，分三小块，水帘厚度为150毫米。前山墙安装10厘米厚彩钢复合板门，用于冬季保暖。

温控系统：采用AC2000简版温控器。

⑥ 锅炉供暖系统。鸡舍采用100毫米热镀锌翅片暖气管道供暖，管道要均匀安装在鸡笼下层，每列为一个循环，两侧墙高50厘米处各安装一组翅片暖气管道。供暖水流方向和通风方向一致。

⑦ 密闭式光照系统。灯泡应高出顶层鸡笼45厘米，位于过道中间和两侧墙上。灯泡距地面2.4米，间距3.0米，灯泡交错安装，两侧灯泡安装墙上。

（5）规模化鸡舍设备选型　可参考表1-2-4。

表 1-2-4 规模化鸡舍设备选型

设备名称	安装要求	标准
鸡笼	每栋 28 组 4 列笼架，三层阶梯式笼位，下层笼底离地面 10 厘米，上层笼顶离地面 1.9 米	单笼长 65 厘米，深 62 厘米，高 39 厘米，18 周龄单笼饲养 8 ～ 9 只
自动喂料系统	机械上料，行车喂料。玻璃钢料塔	
自动饮水系统	自动加药器 + 可提升式饮水线的乳头饮水器	2 只乳头 / 单笼
光照系统	节能灯，定时钟自动开关系统	20 ～ 30 勒克斯
清粪系统	自动清粪装置（刮粪板、钢丝绳、减速机）	减速机 2 台，刮粪板 4 个，安装小粪车
供暖系统	锅炉，翅片暖气管道供暖	舍内温度能够达到 40℃以上
环境控制系统	AC2000 简版温控器（通风小窗、风机、水帘）	空气新鲜，舍内温度能够控制在 18 ～ 25℃

第三章 雏鸡的营养需要与饲养标准

第一节 雏鸡需要的营养物质及饲料营养要求

一、雏鸡需要的营养物质

（一）水分

水是鸡只生长发育不可或缺的物质之一。水在机体消化和代谢过程中起着重要作用，各种营养物质的消化吸收、运输，废物的排出，以及体温的调节也全靠水来完成。所以水是极其重要的。一旦造成鸡只缺水，雏鸡会发生肾病、腿部皮肤干枯；产蛋鸡会出现卵巢坏死、产蛋量下降、蛋重减轻等。实践证明，产蛋鸡在24小时得不到饮水的情况下，产蛋率会下降30%，需要25～30天才能恢复正常产蛋。

鸡对水分的需求量因饮水位置配置的合理性、温度变化、年龄、品种、饲料的营养成分、采食量、产蛋率以及健康状况等的不同而异。

饮水位置配置的合理性会影响饮水量。在鸡只饲养过程中，要确保有效的饮水位，乳头饮水器在蛋鸡出壳后第0～15周为8～12只鸡一个乳头，16周至淘汰为6～10只鸡一个乳头。育雏期饮水器摆放位置要合理，保证雏鸡在到场24小时之内1米范围之内饮到水。育成期要注意饲养的密度，避免因为密度过大而造成饮水位偏少而影响鸡只生产性能。在产蛋期要避免人为过失造成鸡缺水。在产蛋期要每天养成开关水线的习惯，同时检查水线的完整性。

饮水的温度变化影响饮水量。正常鸡的饮水量会比采食量高1.5～2.5倍，水料比值冬季约为2：1，夏季比例约为3：1，饮水的温度变化直接导致了饮水量的变化。蛋鸡饮水最合理的水温为10～14℃，雏鸡育雏前3～5天要求水预温到26～28℃，有利于预防腹泻。水温低于5℃，饮水量非常低，高于30℃，饮水量也逐步下降。

为了及时准确监测鸡群每日的饮水状况，可在水线安装的时候安装水表，以便及时优化管理。同时，鸡的饮水要求清洁、无色、无臭、不浑浊。必要时，可加些明矾使其杂质沉淀或加漂白粉消毒。水温不能过高或过低。

（二）蛋白质

蛋白质是形成鸡肉、鸡蛋、内脏、羽毛、血液等的主要成分，是维持鸡的生命，保证生长和产蛋极其重要的营养物质。蛋白质的作用，不能用其他营养成分来代替。如果饲料中缺少蛋白质，雏鸡生长缓慢，蛋鸡的产蛋率降低，蛋变小，严重时体重降低，甚至引起死亡。

蛋白质由20多种氨基酸组成。氨基酸又可分成两大类，即在鸡体内可以合成的氨基酸（非必需氨基酸）和在鸡体内不能合成，必须由饲料中摄取的氨基酸（必需氨基酸）。现在已经知道的鸡的必需氨基酸有13种：精氨酸、赖氨酸、组氨酸、蛋氨酸、胱氨酸、色氨酸、苯丙氨酸、酪氨酸、亮氨酸、异亮氨酸、苏氨酸、甘氨酸和缬氨酸。其中配合鸡饲料时通常考虑的是赖氨酸、蛋氨酸、胱氨酸。

除了必需氨基酸外，在氨基酸分类中还有限制性氨基酸一说。因为动物对各种氨基酸的需要量之间有固定的比例，当有些氨基酸缺乏时，其他氨基酸也只能按照比例利用一部分，另一部分会白白浪费，这些容易缺乏的氨基酸被称为限制性氨基酸，它们限制了其他氨基酸的利用。在养鸡常用的玉米–豆粕型日粮中第一限制性氨基酸为蛋氨酸，第二限制性氨基酸为赖氨酸，因此在配制日粮时要特别注意这两种氨基酸。

（三）脂肪

脂肪在体内分解后，产生热量，用以维持体温和供给体内各器官运动时所需要的能量。脂肪是体细胞的组成成分，也是脂溶性维生素A、D、E、K的携带者。所以它有着重要的生理功能。一般养鸡所用的饲料，不会引起脂肪缺乏。脂肪过多时，会使鸡变肥，产蛋率降低。

（四）碳水化合物

碳水化合物是植物性饲料的主要成分。碳水化合物（主要是淀粉和糖类）在鸡体内被分解后，产生热量。它和脂肪一样，用以维持体温和供给体内各器官活动时所需的能量。饲料中碳水化合物不足，会影响鸡的发育和产蛋；过多，会使鸡变肥。由于饲料在鸡消化道内停留时间短，肠内微生物又少，所以鸡几乎不能利用纤维，但纤维可以促进肠胃蠕动，帮助消化，缺乏纤维时，会引起便秘，并降低其他营养物质的消化率。纤维过多，也会降低其他营养物质的营养价值。

（五）无机物

无机物也叫矿物质。它对维持各器官的正常生理功能起着重要作用。鸡必需的矿物质有钙、磷、钠、钾、镁、铁、锰、硫、碘、铜、钴、锌、硒等。

钙：鸡体内70%以上的矿物质是钙。钙在体内大部分和磷结合，是骨骼的主要成分。钙也是蛋壳的主要成分。钙和磷有着密切的关系，二者必须按适当比例才能被吸收、利用。一般雏鸡的钙磷供给比例应为（1～1.5）：1，产蛋鸡应为（5～6）：1。

磷：分有机态和无机态两种。谷物及其副产品中的磷，约一半以上是有机态的，骨粉、磷酸钙等含的是无机态磷。鸡对有机态的磷利用率很低。除应按适当比例供给钙、磷外，还应供给充足的维生素D，才能使钙磷被充分吸收、利用。钙磷不足或钙磷比例不当时造成雏鸡骨骼病变，表现为佝偻病；蛋壳粗糙，易破损，严重时产软皮蛋，甚至停产；母鸡的翅骨易折断。

钠和氯：一般都以食盐的形式供给。饲料中不加食盐，则适口性降低，因而降低鸡的食欲及对各种营养物质的吸收利用率。

锰：影响鸡的生长和繁殖，也是一种重要的矿物质。饲料中如缺锰，则性成熟推迟，产蛋率和孵化率下降，雏鸡还会引起骨短粗症或称滑腱症。

铁：形成血红蛋白所必需的，它同时与血液中氧的运输有关，是各种氧化酶的组成部分，同时与细胞内的生物氧化过程有关。缺铁时，雏鸡患贫血症，下痢，生长停滞。

铜：对家禽机体作用最广泛，缺铜时可引起贫血，也可导致佝偻病和骨质疏松，同时对鸡的羽毛色泽及中枢神经都有影响。

锌：参与一系列生理过程，是多种酶的成分。缺锌会使鸡生长受阻，羽毛发育异常，关节肿大，产蛋量减少，孵化率降低，对繁殖机能产生严重影响。

硒：雏鸡缺硒主要症状是脑软化症及皮下出现大块水肿，心肌损伤，心包积水。

（六）维生素

维生素是一种特殊的有机物质。鸡对维生素的需要量虽然很少，但维生素对保持鸡的健康，促进其生长发育，提高产蛋率和饲料利用率的作用却是很大的。所以鸡饲料中，必须有足够量的维生素。

维生素的种类很多，约有20多种，大体上可分为两大类：一类是水溶性维生素，包括维生素B族及维生素C等；另一类是脂溶性维生素，包括维生素A、维生素D、维生素E、维生素K等。鸡的饲料中需要10多种维生素。青饲料中含有较多的各种维生素，应给鸡不断地供给青饲料。但实行工厂化饲养时，由于饲喂青饲料花费劳力大，所以应在饲料内添加人工合成的多种维生素，以补充饲料内维生素的不足。

维生素A：主要功能是促进生长发育，保护消化道、呼吸道和生殖道的黏膜，增强对疾病的抵抗力。如果缺少维生素A，会引起神经障碍，使鸡患夜盲症、干眼病，生长迟缓，产蛋率和孵化率下降。

维生素D：与钙、磷的吸收、利用有关。如果缺少维生素D，就会引起软骨症，雏鸡瘫痪，产蛋率、孵化率降低，蛋壳变薄，破蛋率增加等。

维生素E：是有效的抗氧化剂，对消化道和机体组织中维生素A有保护作用，能提高鸡的繁殖性能，调节细胞核的代谢机能。维生素E不足时则出现白肌病，雏鸡发生脑软化症，种公鸡繁殖机能紊乱，母鸡产蛋率、种蛋受精率降低，孵化时胚胎死亡率提高。

维生素K：主要是催化合成凝血酶原。缺乏维生素K时皮下出血形成紫斑，而且轻伤则导致出血，血液不易凝固，流血不止以致死亡。

维生素B_1（硫胺素）：主要作用是开胃助消化，有利于糖类代谢。硫胺素不足时，出现多发性神经症状，头向后仰，羽毛蓬乱，肌肉衰弱变性，瘫痪倒地不起。

维生素B_2（核黄素）：它是黄素蛋白的成分，主要构成细胞黄酶辅基，参与碳水化合物和蛋白质的极化、代谢，提高饲料利用率。缺乏维生素B_2时雏鸡生长缓慢，呈现趾弯曲、麻痹型的瘫痪，患鸡胫环关节着地行走，趾向内弯曲成拳状，后期伸腿卧地，消化障碍，严重下痢，蛋鸡则产蛋下降，种蛋孵化率低，胚胎死亡。

维生素B_3（泛酸）：是辅酶A的组成部分，与碳水化合物、脂肪和蛋白质代谢有关。雏鸡缺乏泛酸则生长受阻，羽毛粗糙，骨变短粗，眼有分泌物流出，使眼睑边有粒状分泌物，把上下眼睑粘到一起，口角和肛门有硬痂，脚爪有炎症。

维生素pp（烟酸）：对机体碳水化合物、脂肪、蛋白质代谢起主要作用，有助于制造色氨酸。鸡缺乏烟酸时发生“黑舌病”，食道上皮及舌发生炎症。雏鸡生长停滞，羽毛粗乱，趾底发炎。产蛋鸡降低产蛋率、种蛋孵化率。

维生素B_6：与蛋白质代谢有关。缺乏维生素B_6时雏鸡表现异常兴奋，不能控制地奔跑，痉挛，直至死亡。成年鸡表现为食欲废止，体重下降，产蛋率、孵化率下降以致死亡。

生物素：是中间代谢过程中催化羧化作用的多种酶的辅酶，与各种有机物质的代谢都有关系。生物素缺乏时，家禽发生皮炎，生长速度降低，脚弱症，种蛋孵化率降低，胚胎畸形。

胆碱：与脂肪代谢有关，胆碱不足则引起脂肪代谢障碍，使笼养产蛋鸡患脂肪肝，产蛋率显著下降。

叶酸（维生素B_{11}）：可防治恶性贫血，对肌肉、羽毛生长有促进作用。叶酸缺乏时雏鸡生长发育不良，羽毛不正常，贫血、骨短粗症，种蛋孵化时死亡率高。

维生素B_{12}：有助于提高造血机能，提高日粮中蛋白质的利用率。维生素B_{12}不足时，鸡表现为生长停滞，羽毛粗乱，后肢共济失调，发生肌胃黏膜炎症，出现薄壳蛋和软皮蛋，孵化率降低，胚胎后期死亡。

二、雏鸡饲料营养要求

1.优质全价的饲料

由于雏鸡在育雏期生长快，代谢旺盛，如蛋用型雏鸡2周龄的体重约为出生时体重的2倍，6周龄就可达到10倍，因而供给它的氨基酸、维生素、微量元素等营养物质不仅数量上要满足需要，而且还应质量好，营养物质平衡，否则由于雏鸡敏感性强，营养物质不平衡时则机体很快反映出病态。

2.高水平蛋白及能量饲料

雏鸡在育雏期，由于生长速度快，蛋白质代谢较快，体内沉积的蛋白质也较多，因而需要高水平蛋白质及能量。

3.饲料适口性好、粒度要适宜

育雏期使用粗屑饲料较为理想，粗屑饲料即为颗粒料加以粉碎，可提高饲料的消化率。

第二节 常用饲料原料及选择

一、能量饲料

能量饲料指饲料干物质中粗纤维含量低于18%，粗蛋白含量低于20%的谷实类饲料。包括玉米、大麦、高粱、燕麦等谷类籽实以及加工副产品等，主要含有淀粉和糖类，蛋白质和必需氨基酸含量不足，粗蛋白含量一般为8%～14%，特别是赖氨酸、蛋氨酸和色氨酸含量少，钙的含量一般低于0.1%，而磷含量可达0.314%～0.45%，缺维生素A和维生素D，在日粮配合时，注意与优质蛋白质饲料搭配使用。

（一）玉米

① 含可利用能值高，无氮浸出物高达74%～80%，粗纤维仅有2%，消化率高达90%以上，代谢能为14.05兆焦/千克（鸡）。

② 不饱和脂肪酸含量较高（3.5%～4.5%），是小麦、大麦的2倍，玉米的亚油酸含量高达2%，为谷类饲料之首。一般禽日粮要求亚油酸量为1%，如日粮玉米用量超过50%，即可达到需求量。由于含脂肪高，粉碎后的玉米粉易酸败变质，不宜久藏，最好以整颗储存，并要求含水量不得超过14%。

③ 蛋白质含量低，品质差。玉米含粗蛋白为7.0%～9.0%，赖氨酸、色氨酸、

蛋氨酸、胱氨酸较缺。在日粮配合时，注意与优质蛋白质饲料搭配使用。对于无鱼粉日粮需增加赖氨酸或蛋氨酸用量，提高预混料中烟酸的用量，以提高色氨酸的有效利用率。

④ 黄玉米中的胡萝卜素较丰富，维生素B_1和维生素E亦较多，维生素D、维生素B_2、泛酸、烟酸等较少。每千克玉米含1毫克左右的β-胡萝卜素及22毫克叶黄素，这是麸皮及稻米等所不能比的。这种黄玉米提供的色素可加深蛋黄颜色，对蛋鸡皮肤、脚趾及喙的着色起作用。

⑤ 玉米中矿物质含量低，含钙少，仅0.02%左右，含磷约0.25%（表1-3-1），其中植酸磷占50%～60%，铁、铜、锰、锌、硒等微量元素的含量也低。

⑥ 玉米可占混合料的45%～70%。

表 1-3-1　玉米的养分含量

单位：%

养分	期望值	范围	平均值
干物质	87.0	—	86.0
粗蛋白	8.8	8.0～9.5	9.4±1.2
粗脂肪	4.0	4.0～5.0	3.9±0.7
粗纤维	2.0	2.0～4.0	2.0±0.2
无氮浸出物	—	—	69.3±1.9
灰分	1.0	1.2～2.0	1.3±0.2
钙	0.02	0.01～0.05	—
磷	0.25	0.20～0.55	—

（二）小麦麸皮

① 蛋白质含量高，但品质较差（表1-3-2）。

表 1-3-2　小麦麸的营养成分含量

成分	干物质/%	粗蛋白/%	粗脂肪/%	粗纤维/%	无氮浸出物/%	粗灰分/%	消化能/（兆焦/千克）	代谢能/（兆焦/千克）
含量	87.0	15.0±2.3	3.7±1.0	9.5±2.2	—	4.9±0.6	9.38±1.34	6.8±0.96

② 维生素含量丰富，特别是富含B族维生素和维生素E，但烟酸利用率仅为35%。

③ 矿物质含量丰富，特别是微量元素铁、锰、锌较高，但缺乏钙，磷含量高。含有适量的粗纤维和硫酸盐类，有轻泻作用，可防便秘。

④ 可作为添加剂预混料的载体、稀释剂、吸附剂和发酵饲料的载体。可占混合料的5%～30%。

（三）高粱

高粱的粗脂肪含量稍高（3.0%左右），亚油酸约为1.13%，蛋白质含量为9%左右（表1–3–3）。氨基酸组成的特点和玉米一样，也缺少赖氨酸、蛋氨酸、色氨酸和异亮氨酸。矿物质含量低，存在钙少磷多现象。高粱中维生素D和胡萝卜素较缺，B族维生素与玉米相近，烟酸略高些。因高粱的种皮中含较多的单宁，口味较涩，饲喂过多会使鸡便秘，可占混合料的10%左右。

表 1-3-3 高粱的养分含量

养分	期望值	范围
水分 /%	12.0	10.0 ～ 15.0
粗蛋白 /%	9.0	7.0 ～ 12.0
粗脂肪 /%	3.0	2.5 ～ 3.8
粗纤维 /%	2.5	1.7 ～ 3.0
灰分 /%	1.5	1.2 ～ 1.8
钙 /%	0.03	0.03 ～ 0.05
磷 /%	0.30	0.25 ～ 0.40
代谢能（鸡）/（兆焦 / 千克）	12.31 ± 1.01	—

（四）小麦

小麦代谢能值仅次于玉米、糙米和高粱，略高于大麦和燕麦，约为12.72兆焦/千克，蛋白质含量高于玉米、糙米、碎米、高粱等谷类饲料，氨基酸组成中苏氨酸和赖氨酸不足。小麦含B族维生素和维生素E多，而维生素A、维生素D、维生素C极少，小麦的亚油酸含量一般为0.8%。在矿物质微量元素中，锰、锌含量较高，但钙、铜、硒等元素含量较低（表1–3–4）。

表 1-3-4 小麦的养分含量

养分	实测值
干物质 /%	87.0
粗蛋白 /%	13.9 ± 1.5
粗脂肪 /%	1.7 ± 0.5
粗纤维 /%	1.9 ± 0.5
粗灰分 /%	1.9 ± 0.3
钙 /%	0.17 ± 0.07
磷 /%	0.41 ± 0.07
代谢能（鸡）/（兆焦 / 千克）	12.72 ± 0.50

（五）米糠

由于加工米糠的原料和所采用的加工技术不同，米糠的组成成分并不完全一样（表1-3-5）。一般来说，米糠常作为辅料，在鸡饲料中不宜超过8%。在蛋鸡日粮中加入适量碳酸锌，可适量提高日粮中米糠的使用量。

表 1-3-5　米糠和脱脂米糠的营养成分

单位：%

成分	米糠		脱脂米糠	
	期望值	范围	期望值	范围
水分	10.5	10.0 ～ 13.5	11.0	10.0 ～ 12.5
粗蛋白	12.5	10.5 ～ 13.5	14.0	13.5 ～ 15.5
粗脂肪	14.0	10.0 ～ 15.0	1.0	0.4 ～ 1.4
粗纤维	11.0	10.5 ～ 14.5	14.0	12.0 ～ 14.0
粗灰分	12.0	10.5 ～ 14.5	16.0	14.5 ～ 16.5
钙	0.10	0.05 ～ 0.15	0.10	0.1 ～ 0.2
磷	1.60	1.00 ～ 1.80	1.4	1.1 ～ 1.6

二、蛋白质饲料

蛋白质饲料是指饲料干物质中粗纤维含量低于18%、粗蛋白含量在20%以上的豆类、饼粕类饲料等。根据来源不同，蛋白质饲料可分为植物性蛋白质饲料和动物性蛋白质饲料等。

（一）植物性蛋白质饲料

此类饲料的共同特点是粗蛋白含量高，一般可达30% ～ 50%，主要包括豆类籽实以及油料作物籽实加工副产品。

1. 大豆饼（粕）

大豆饼（粕）的蛋白质含量为40% ～ 50%，粗纤维含量为5%左右（表1-3-6），是蛋鸡良好的蛋白质饲料。大豆饼（粕）中所含有的氨基酸足以平衡蛋鸡的营养。但要注意大豆饼中含有抗胰蛋白酶、血细胞凝集素、皂角苷和脲酶，生榨豆饼不宜直接饲用。

表 1-3-6　大豆饼（粕）的常规成分含量

单位：%

成分	豆饼	豆粕	脱皮大豆粕
水分	10.0	10.5	10.0
粗蛋白	42.0	45.5	49.0
粗脂肪	4.0	0.5	0.5
粗纤维	6.0	6.5	3.0

续表

成分	豆饼	豆粕	脱皮大豆粕
粗灰分	6.0	6.0	6.0
钙	0.25	0.25	0.20
磷	0.60	0.60	0.60

2.花生饼（粕）

花生饼（粕）的饲用价值仅次于大豆饼（粕），蛋白质含量高（表1–3–7），可利用能含量也较高，但花生粕蛋白质中赖氨酸和蛋氨酸的含量较低，分别为1.35%和0.39%，而精氨酸和甘氨酸含量却分别为5.16%和2.15%。因此在使用时宜与含精氨酸低的饲料如菜籽粕、鱼粉等搭配使用，同时，还必须补充维生素B_{12}和钙。花生饼（粕）的粗纤维、粗脂肪含量较高，易发生酸败。

表 1-3-7　花生饼（粕）的营养成分　　单位：%

成分	花生饼		花生粕		带壳花生粕
	期望值	范围	期望值	范围	
水分	9.0	8.5 ~ 11.0	9.0	8.5 ~ 11.0	11.4
粗蛋白	45.0	41.0 ~ 47.0	47.0	42.5 ~ 48.0	29.33
粗脂肪	5.0	4.0 ~ 7.0	1.0	0.5 ~ 2.0	9.89
粗纤维	4.2	—	—	—	27.9
粗灰分	5.5	4.0 ~ 6.5	5.5	5.5 ~ 7.0	6.3
钙	0.20	0.15 ~ 0.30	0.20	0.15 ~ 0.30	0.26
磷	0.5	0.45 ~ 0.65	0.60	0.45 ~ 0.65	0.29

3.棉籽饼（粕）

棉籽饼（粕）的营养价值相差较大（表1–3–8），主要原因是棉籽脱壳程度及制油方法的差异。完全脱壳的棉仁制成的棉仁饼（粕），粗蛋白可达40%；而不脱壳的棉籽直接榨油生产出的棉籽饼粗纤维含量达16% ~ 20%，粗蛋白仅20% ~ 30%。棉籽饼（粕）蛋白质组成不平衡，精氨酸含量高（3.6% ~ 3.8%），赖氨酸含量低（1.3% ~ 1.5%），蛋氨酸也不足，约0.4%。赖氨酸是棉籽饼（粕）的第一限制性氨基酸。棉籽饼（粕）中含有棉酚，鸡过量摄取或摄取时间较长，可导致生长迟缓、繁殖性能及生产性能下降，甚至导致死亡。

表 1-3-8　棉籽饼（粕）的营养成分

营养成分	土榨饼	螺旋压榨饼	浸出粕
粗蛋白 /%	20 ~ 30	32 ~ 38	38 ~ 41
粗脂肪 /%	5 ~ 7	3 ~ 5	1 ~ 3

续表

营养成分	土榨饼	螺旋压榨饼	浸出粕
粗纤维 /%	16～20	10～14	10～14
粗灰分 /%	6～8	5～6	5～6
代谢能 /（兆焦 / 千克）	< 7	8.2	7.9

4.菜籽饼（粕）

菜籽饼（粕）的蛋白质含量为36%左右，蛋氨酸含量较高，与大豆饼（粕）配合使用可以提高日粮中蛋氨酸含量，精氨酸含量较低，与棉籽粕配合可改善赖氨酸与精氨酸的比例。由于其粗纤维含量较高，可利用能量较低（表1-3-9），适口性差，不宜作为蛋鸡的唯一蛋白质饲料。

表 1-3-9　菜籽饼（粕）常规成分

种类	干物质 /%	粗蛋白 /%	粗纤维 /%	粗脂肪 /%	粗灰分 /%	消化能 /（兆焦 / 千克）	代谢能 /（兆焦 / 千克）	钙 /%	磷 /%
菜籽饼	88.0	34.3	11.6	9.3	7.7	2.88	1.95	0.64	1.02
菜籽粕	88.0	38.0	12.1	1.7	7.9	2.43	1.77	0.75	1.13

（二）动物性蛋白质饲料

动物性蛋白质饲料包括牛奶、奶制品、鱼粉、蚕蛹、蚯蚓等。

1.主要特点

① 粗蛋白含量高、品质好，必需氨基酸齐全，特别是赖氨酸和色氨酸含量很丰富。

③ 含碳水化合物很少，几乎不含粗纤维，因而鸡的消化率高。

③ 矿物质中钙磷含量较多，比例恰当，鸡能充分利用，另外微量元素含量也很丰富。

④ B族维生素含量丰富，特别是维生素B_6含量高，还含有一定量脂溶性维生素，如维生素D、维生素A等。

⑤ 动物性蛋白质饲料还含有一定的未知生长因素，它能提高鸡对营养物质的利用率，促进鸡的生长和产蛋。

2.鱼粉

鱼粉（表1-3-10）生物学价值较高，是一种富含蛋白质、优质的动物蛋白质，可占混合料的5%～10%。

表 1-3-10　鱼粉的养分含量

单位：%

种类	干物质	粗蛋白	粗脂肪	粗灰分	钙	磷
国产鱼粉	88	45～55	5～12	6～25	1.0～5.0	1.0～3.0
进口鱼粉	89	60～67	7～10	5～15	3.9～4.5	2.5～4.5

三、矿物质饲料

（一）矿物质的类型

矿物质通常分为常量元素和微量元素两大类。常量元素系指在动物体内的含量占到体重的0.01%以上的元素，包括钙、磷、钠、氯、钾、镁、硫等；微量元素系指含量占动物体重0.01%以下的元素，包括钴、铜、碘、铁、锰、钼、硒和锌等（表1-3-11）。饲养实践中，通常常量元素可自行配制，而微量元素需要量微小，且种类较多，需要一定的比例配合以及特定机械搅拌，因而建议通过市售商品预混料提供。

表 1-3-11 产蛋鸡对常量矿物质元素和微量矿物质元素的最低需要量

常量矿物质元素	钙	磷	钠	氯	钾	镁	硫	
蛋鸡需要量 /%	3.5	0.6	0.15	0.20	0.50	0.05	0.10	
微量矿物质元素	铁	锰	锌	铜	硒	碘	钴	钼
蛋鸡需要量 /（毫克 / 千克）	40	60	40	5	0.20	0.30	0.05	0.10

（二）矿物质饲料的类型

蛋鸡饲料中需添加的常量矿物质饲料主要有：

1. 食盐

食盐在畜禽配合饲料中用量一般为0.25% ～ 0.5%，食盐不足可引起食欲下降，采食量降低，生产性能下降，并导致异食癖。采食过量，饮水不足时，可能出现食盐中毒，若雏鸡料中含盐达0.9%以上则会出现生长受阻，严重时会出现死亡现象。因此，使用含盐量高的鱼粉、酱渣等饲料时应特别注意。

2. 含钙饲料

石粉为天然的碳酸钙，含钙在35%以上，同时还含有少量的磷、镁、锰等。一般来说，碳酸钙颗粒越细，吸收越好。用于蛋鸡产蛋期以粗粒为好，产蛋鸡料用量在7%左右。贝壳粉主要成分为碳酸钙，一般含碳酸钙96.4%，折合含钙量为36%左右。贝壳粉用于蛋鸡、种鸡饲料中，可增强蛋壳强度。贝壳粉价格一般比石粉贵1 ～ 2倍，所以饲料成本会因之上升，特别是产蛋鸡、种鸡料需钙含量高，用贝壳粉会比石粉明显增加成本。优质蛋壳粉含钙可达34%以上，还含有粗蛋白7%、磷0.09%。蛋壳粉用于蛋鸡、种鸡饲料中，可增加蛋壳硬度，其效果优于使用石粉。有资料报道，蛋壳粉生物利用率甚佳，是理想的钙源之一。

3. 含磷饲料

磷酸二氢钠含磷在26%以上，含钠为19%，重金属（以铅计）不应超过20毫克/千克。其生物利用率高，既含磷又含钠，适用于所有饲料。

4.钙磷平衡饲料

骨粉是以家畜（多为猪、牛、羊）骨骼为原料，经蒸汽高压灭菌后干燥粉碎而制成的产品，按其加工方法不同，可分为蒸制骨粉、脱胶骨粉和焙烧骨粉。骨粉含钙24%～30%，含磷10%～15%，蛋白质10%～13%。由于原料质量变异较大，骨粉质量也不稳定。在鸡的配合饲料中的使用量为1%～3%。

磷酸氢钙（磷酸二钙），含钙量不低于23%，含磷量不低于18%，是优质的钙、磷补充料，在鸡饲料中的使用量为1.2%～2.0%。

磷酸钙（磷酸三钙）含钙38.69%、磷19.97%。其生物利用率不如磷酸氢钙，但也是重要的补钙剂之一。

磷酸二氢钙（磷酸一钙）为白色结晶粉末，含钙量不低于15%，含磷不低于22%。其水溶性、生物利用率均优于磷酸氢钙，是优质钙、磷补充剂，利用率优于其他磷源。

钙、磷及其二者之间的平衡，是蛋鸡日粮配合中最重要的部分（表1–3–12）。蒸汽灭菌后的骨粉钙、磷比例平衡，利用率高，是蛋鸡最佳的钙、磷补充料，一般可占混合料的1%～2.5%。贝壳粉主要补充钙质的不足，可占混合料的1%～7%，产蛋母鸡宜多用，其他鸡宜少用。磷酸氢钙等，也是优质的钙、磷补充剂。

表1-3-12　鸡对钙、磷的需要量

单位：%

项目	雏鸡（0～6周）	生长鸡（7～18周）	产蛋鸡	种鸡
钙	0.8	0.7	3.5	3.4
总磷	0.70	0.6	0.6	0.6
有效磷	0.4	0.35	0.33	0.33

四、维生素饲料

作为饲料添加剂的维生素主要有：维生素D_3、维生素A、维生素E、维生素K_3、硫胺素、核黄素、维生素B_{12}、氯化胆碱、尼克酸、泛酸钙、叶酸、生物素等（表1–3–13）。维生素饲料应随用随买，随配随用，不宜与氯化胆碱以及微量元素等混合储存，也不宜长期储存。

表1-3-13　商品维生素推荐量（Lesson和Summers，1997）

维生素	肉雏鸡饲料（每千克日粮）		产蛋鸡饲料（每千克日粮）	
	NRC饲养标准	商品推荐量	NRC饲养标准	商品推荐量
维生素A/国际单位	1500	6500	3000	7500
维生素D_3/国际单位	200	3000	300	2500
维生素E/国际单位	10	30	5	25

续表

维生素	肉雏鸡饲料（每千克日粮）		产蛋鸡饲料（每千克日粮）	
	NRC 饲养标准	商品推荐量	NRC 饲养标准	商品推荐量
维生素 K/ 毫克	0.5	2.0	0.5	2.0
硫胺素 / 毫克	1.8	4.0	0.7	2.0
核黄素 / 毫克	3.6	5.5	2.5	4.5
烟酸 / 毫克	35	40	10	40
泛酸 / 毫克	10	14	2	10
吡哆醇 / 毫克	3.5	4.0	2.5	3.0
叶酸 / 毫克	0.55	1.0	0.25	0.75
生物素 / 微克	150	200	100	150
维生素 B_{12}/ 微克	10	13	4	10
胆碱 / 毫克	1300	800	1050	1200

五、添加剂饲料

（一）营养性添加剂

营养性添加剂包括微量元素、维生素和氨基酸等。这类添加剂的作用是增加日粮营养成分，使其达到营养平衡和全价性。

1. 微量元素添加剂

日粮中一般添加的微量元素有铁、锌、铜、硒、锰、碘、钴。最常用的化合物有硫酸亚铁、硫酸铜、氯化锌、硫酸锌、硫酸锰、氧化锰、亚硒酸钠、碘化钾等。

2. 维生素添加剂

亦即维生素饲料，依据蛋鸡生长发育与生产需要在日粮中添加一定数量的维生素，其种类如前所述。

3. 氨基酸添加剂

主要用于弥补日粮中不足的必需氨基酸，以提高蛋白质的利用效率。

（二）非营养性添加剂

这一类添加剂，虽然本身不具备营养作用，但有延长饲料保质期、可以驱虫保健或改善饲料的适口性、提高采食量等功效，包括抗氧化剂、促生长剂（如酵母等）、驱虫保健剂、防霉剂以及调味剂、香味剂等。在应用过程中，须考虑符合无公害食品生产的饲料添加剂使用准则。最好应用生物制剂，或无残留污染、无毒副作用的绿色饲料添加剂。国家允许使用的饲料添加剂品种目录见表1-3-14。

表 1-3-14　国家允许使用的饲料添加剂品种目录

类别	饲料添加剂名称
饲料级氨基酸 7 种	L- 赖氨酸盐酸盐；DL- 蛋氨酸；DL- 羟基蛋氨酸；DL- 羟基蛋氨酸钙；*N*- 羟甲基蛋氨酸；L- 色氨酸；L- 苏氨酸
饲料级维生素 26 种	*β*- 胡萝卜素；维生素 A；维生素 A 乙酸酯；维生素 A 棕榈酸酯；维生素 D_3；维生素 E；维生素 E 乙酸酯；维生素 K_3（亚硫酸氢钠甲萘醌）；二甲基嘧啶醇亚硫酸甲萘醌；维生素 B_1（盐酸硫胺）；维生素 B_1（硝酸硫胺）；维生素 B_2（核黄素）；维生素 B_6；烟酸；烟酰胺；D- 泛酸钙；DL- 泛酸钙；叶酸；维生素 B_{12}（氰钴胺）；维生素 C（L- 抗坏血酸）；L- 抗坏血酸钙；L- 抗坏血酸 -2- 磷酸酯；D- 生物素；氯化胆碱；L- 肉碱盐酸盐；肌醇
饲料级矿物质、微量元素 43 种	硫酸钠；氯化钠；磷酸二氢钠；磷酸氢二钠；磷酸二氢钾；磷酸氢二钾；碳酸钙；氯化钙；磷酸氢钙；磷酸二氢钙；磷酸三钙；乳酸钙；七水硫酸镁；一水硫酸镁；氧化镁；氯化镁；七水硫酸亚铁；一水硫酸亚铁；三水乳酸亚铁；六水柠檬酸亚铁；富马酸亚铁；甘氨酸铁；蛋氨酸铁；五水硫酸铜；一水硫酸铜；蛋氨酸铜；七水硫酸锌；一水硫酸锌；无水硫酸锌；氧化锌；蛋氨酸锌；一水硫酸锰；氯化锰；碘化钾；碘酸钾；碘酸钙；六水氯化钴；一水氯化钴；亚硒酸钠；酵母铜；酵母铁；酵母锰；酵母硒
饲料级酶制剂 12 类	蛋白酶（黑曲霉，枯草芽孢杆菌）；淀粉酶（地衣芽孢杆菌，黑曲霉）；支链淀粉酶（嗜酸乳杆菌）；果胶酶（黑曲霉）；脂肪酶；纤维素酶（木霉）；麦芽糖酶（枯草芽孢杆菌）；木聚糖酶（腐质霉）；*β*- 葡聚糖酶（枯草芽孢杆菌，黑曲霉）；甘露聚糖酶（缓慢芽孢杆菌）；植酸酶（黑曲霉，米曲霉）；葡萄糖氧化酶（青霉）
饲料级微生物添加剂 12 种	干酪乳杆菌；植物乳杆菌；粪链球菌；屎链球菌；乳酸片球菌；枯草芽孢杆菌；纳豆芽孢杆菌；嗜酸乳杆菌；乳链球菌；啤酒酵母菌；产朊假丝酵母；沼泽红假单胞菌
饲料级非蛋白氮 9 种	尿素；硫酸铵；液氨；磷酸氢二铵；磷酸二氢铵；缩二脲；异亚丁基二脲；磷酸脲；羟甲基脲
抗氧剂 4 种	乙氧基喹啉；二丁基羟基甲苯（BHT）；没食子酸丙酯；丁基羟基茴香醚（BHA）
防腐剂、电解质平衡剂 25 种	甲酸；甲酸钙；甲酸铵；乙酸；双乙酸钠；丙酸；丙酸钙；丙酸钠；丙酸铵；丁酸；乳酸；苯甲酸；苯甲酸钠；山梨酸；山梨酸钠；山梨酸钾；富马酸；柠檬酸；酒石酸；苹果酸；磷酸；氢氧化钠；碳酸氢钠；氯化钾；氢氧化铵
着色剂 6 种	β- 阿朴 -8′- 胡萝卜素醛；辣椒红；β- 阿朴 -8′- 胡萝卜素酸乙酯；虾青素；β，β- 胡萝卜素 -4，4- 二酮（斑蝥黄）；叶黄素（万寿菊花提取物）
调味剂、香料 6 种（类）	糖精钠；谷氨酸钠；5′- 肌苷酸二钠；5′- 鸟苷酸二钠；血根碱；食品用香料均可作饲料添加剂
黏结剂、抗结块剂和稳定剂 13 种（类）	α- 淀粉；海藻酸钠；羧甲基纤维素钠；丙二醇；二氧化硅；硅酸钙；三氧化二铝；蔗糖脂肪酸酯；山梨醇酐脂肪酸酯；甘油脂肪酸酯；硬脂酸钙；聚氧乙烯 20 山梨醇酐单油酸酯；聚丙烯酸树脂Ⅱ
其他 10 种	糖萜素；甘露低聚糖；肠膜蛋白素；果寡糖；乙酰氧肟酸；天然类固醇萨洒皂角苷（YUCCA）；大蒜素；甜菜碱；聚乙烯聚吡咯烷酮（PVPP）；葡萄糖山梨醇

第三节　雏鸡的饲养标准与日粮配合

一、蛋雏鸡的饲养标准

动物营养学家通过长期的饲养研究，根据蛋鸡不同生长阶段，科学地规定出每只鸡应当喂给的能量及各种营养物质的数量和比例，这种按蛋鸡的不同情况规定的营养指标，就称为饲养标准（表1–3–15）。饲养标准是以鸡在生长发育、繁殖、生产等生理活动中每天对能量、蛋白质、维生素和矿物质等营养物质的需要量制定的。

表 1-3-15　生长蛋鸡饲养标准（NY/T 33—2004）

营养指标	单位	0～8周龄	9～18周龄	19周龄至开产
代谢能	兆焦/千克（兆卡/千克）	11.91（2.85）	11.70（2.80）	11.50（2.57）
粗蛋白	%	19.0	15.1	17.0
蛋白能量比	克/兆焦（克/兆卡）	15.95（66.67）	13.25（55.30）	14.78（61.82）
赖氨酸能量比	克/兆焦（克/兆卡）	0.84（3.51）	0.58（2.43）	0.61（2.55）
赖氨酸	%	1.00	0.68	0.70
蛋氨酸	%	0.37	0.27	0.34
蛋氨酸＋胱氨酸	%	0.74	0.55	0.64
苏氨酸	%	0.66	0.55	0.62
色氨酸	%	0.20	0.18	0.19
精氨酸	%	1.18	0.98	1.02
亮氨酸	%	1.27	1.01	1.07
异亮氨酸	%	0.71	0.59	0.60
苯丙氨酸	%	0.64	0.53	0.54
苯丙氨酸＋酪氨酸	%	1.18	0.98	1.00
缬氨酸	%	0.37	0.60	0.62
甘氨酸＋丝氨酸	%	0.82	0.68	0.71
钙	%	0.90	0.80	2.00
总磷	%	0.70	0.60	0.55
非植酸磷	%	0.40	0.35	0.32
钠	%	0.15	0.15	0.15
氯	%	0.15	0.15	0.15
铁	毫克/千克	80	60	60

续表

营养指标	单位	0～8周龄	9～18周龄	19周龄至开产
铜	毫克/千克	8	6	8
锌	毫克/千克	60	40	80
锰	毫克/千克	60	40	60
碘	毫克/千克	0.35	0.35	0.35
硒	毫克/千克	0.30	0.30	0.30
亚油酸	%	1	1	1
维生素A	国际单位/千克	4000	4000	4000
维生素D	国际单位/千克	800	800	800
维生素E	国际单位/千克	10	8	8
维生素K	毫克/千克	0.5	0.5	0.5
硫胺素	毫克/千克	1.8	1.3	1.3
核黄素	毫克/千克	3.6	1.8	2.2
泛酸	毫克/千克	10	10	10
烟酸	毫克/千克	30	11	11
吡哆醇	毫克/千克	3	3	3
生物素	毫克/千克	0.15	0.10	0.10
叶酸	毫克/千克	0.55	0.25	0.25
维生素	毫克/千克	0.010	0.003	0.004
胆碱	毫克/千克	1300	900	500

注：根据中型体重鸡制定，轻型鸡可减少10%；开产日龄按5%产蛋率计算。

目前，鸡的饲养标准有多种，在具体应用过程中受到鸡的品种、饲料来源（产地）、饲料加工调制、饲料分析方法、环境气候条件及饲养方式等许多因素的影响。有了饲养标准，可以避免实际饲养中的盲目性，对饲粮中的各种营养物质能否满足鸡的需要，与需要量相比有多大差距，可以做到心中有数，不至于因饲粮营养指标偏离鸡的需要量或比例不当而降低鸡的生产水平，蛋鸡养殖要重点考虑蛋白质、能量、矿物质、维生素、食盐以及钙和磷的营养需要，以最大限度地促进鸡的生长、产蛋。

二、饲料配方设计

（一）饲料配方设计标准

要了解市场，做好市场调研，满足市场需求，确立饲料配方设计标准。

饲料配方应用营养学方面的一个重要趋向是从最低成本配方向最大收益模型的发展，如最低成本配方、参数配方、最大收益配方等。现代化饲料企业目前还利用饲料配方优化技术包括影子价格，指导饲料原料的采购和饲料在企业内合理使用，指导新技术、新工艺的开发利用，从而提高企业的效益与竞争力。现代化技术与现代经营管理相结合，这也是饲料工业发展的总趋势。

由于每个地区的饲养蛋鸡品种、饲养方式不同，所以设计饲料配方时，首先要做市场调查，明确蛋鸡种类，尽量根据品种建议量设计配方。如有育种公司提供的营养标准，就应尽量根据育种公司提供的标准设计配方。

（二）配方设计原则

第一要适应市场需求，有市场竞争力；第二要有科学先进性，在配方中运用动物营养领域的新知识、新成果；第三要有经济性，在保证畜禽营养的前提下，饲料配方成本最低；第四要有可操作性，满足市场需求的前提下，根据企业自身条件，充分运用多种原料，保证饲料质量稳定；第五要求配方要有合法性，不用国家明确不准添加的饲料添加剂。

（三）饲料配方的设计与调整

1. 饲料配方计算方法

以往的饲料配方计算是采用简单的试差法、十字法、对角线法等方法。

试差法是一种实用的饲料配方方法，对于初养鸡者以及没有学习过饲料配方的人员较容易掌握，只要了解饲料原料主要特性并且合理利用饲养标准，就可在短时间内配制出实用、廉价、效果理想的饲料配方。下面以试差法为例，简单介绍饲料配方的计算方法。

制定饲料配方，至少需要两方面的资料：蛋鸡的营养需要量和常用饲料原料营养成分含量。

假设养殖场有玉米、豆粕、花生粕、棉粕、鱼粉、麦麸、磷酸氢钙、石粉、食盐、赖氨酸（98%）、蛋氨酸（99%）、0.5%复合预混料等原料，为0～8周龄的罗曼蛋雏鸡设计配合饲料。

（1）查标准，定指标　查罗曼蛋鸡的饲养标准，确定0～8周龄的罗曼蛋雏鸡的营养需要量。蛋鸡的营养需要中考虑的指标一般有代谢能、粗蛋白、钙、有效磷、蛋氨酸+胱氨酸、赖氨酸（表1–3–16）。

表 1-3-16　0 ～ 8 周龄的罗曼蛋雏鸡的饲养标准

代谢能 /（兆焦 / 千克）	粗蛋白 /%	钙 /%	总磷 /%	有效磷 /%	（蛋氨酸 + 胱氨酸）/%	赖氨酸 /%
11.91	18.50	0.95	0.7	0.45	0.67	0.95

（2）根据原料种类，列出所用饲料原料的营养成分　在我国一般直接选用《中国饲料成分及营养价值表》中的数据即可。对照各种饲料原料列出其营养成分含量（表1–3–17）。

表 1-3-17　饲料原料的营养成分含量

饲料原料	代谢能 /（兆焦 / 千克）	粗蛋白 /%	钙 /%	总磷 /%	有效磷 /%	（蛋氨酸 + 胱氨酸）/%	赖氨酸 /%
玉米	13.56	8.7	0.02	0.27	0.1	0.38	0.24
麦麸	6.82	15.7	0.11	0.92	0.3	0.39	0.58
豆粕	9.83	44.0	0.33	0.62	0.18	1.30	2.66
花生粕	10.88	47.8	0.27	0.56	0.33	0.81	1.40
棉粕	8.49	43.5	0.28	1.04	0.36	1.26	1.97
鱼粉	12.18	62.5	3.96	3.05	3.05	2.21	5.12

（3）初拟配方　参阅类似配方或自己初步拟定一个配方，配比不一定很合理，但原料总量接近100%。根据饲料原料的具体情况，初拟饲料配方并计算营养物质含量。

根据实践经验，雏鸡饲料中各类饲料的比例一般为：能量饲料65%～70%，蛋白质饲料25%～30%，矿物质饲料等3%～3.5%（包括0.5%复合预混料）。初拟配方时，蛋白质饲料按27%估计，棉粕适口性差并含有毒素，占日粮的3%，花生粕定为2%，鱼粉价格较高，占日粮的3%，豆粕则为19%（27%-3%-2%-3%）；玉米充足，占日粮的比例较高65%；小麦麸粗纤维含量高，占日粮的5%；矿物质饲料等占3%。

一般配方中营养成分的计算种类和顺序是：能量→粗蛋白→钙→磷→食盐→氨基酸→其他矿物质→维生素。计算配方中各种营养成分的含量方法：各种原料某营养成分的含量 × 原料配比，然后把每种原料的计算值相加得到某种营养成分在日粮中的浓度。先计算代谢能与粗蛋白的含量（表1-3-18）。

表 1-3-18　日粮中代谢能与粗蛋白的含量

原料	日粮中比例 /%	代谢能 /（兆焦 / 千克）		粗蛋白 /%	
		原料中	日粮中	原料中	日粮中
玉米	65	13.56	13.56 × 0.65 ＝ 8.814	8.7	8.7 × 0.65 ＝ 5.66
麦麸	5	6.82	6.82 × 0.05 ＝ 0.341	15.7	15.7 × 0.05 ＝ 0.785
豆粕	19	9.83	9.83 × 0.19 ＝ 1.868	44	44 × 0.19 ＝ 8.36
花生粕	2	10.88	10.88 × 0.02 ＝ 0.218	47.8	47.8 × 0.02 ＝ 0.956
棉粕	3	8.49	8.49 × 0.03 ＝ 0.255	43.5	43.5 × 0.03 ＝ 1.305
鱼粉	3	12.18	12.18 × 0.03 ＝ 0.365	62.5	62.5 × 0.03 ＝ 1.875
合计	97		11.86		18.94
标准			11.92		18.5
与标准的差值			-0.06		+0.44

以上饲粮和饲养标准相比，代谢能偏低，需要提高代谢能，降低粗蛋白。

（4）调整配方　方法是用一定比例的某一种原料替代同比例的另外一种原料。计算时可先求出每代替1%时，饲粮能量和蛋白质改变的程度，然后根据初拟配方中求出的与标准的差值，计算出应该代替的百分数。用含能量高和粗蛋白低的玉米代替豆粕，每代替1%可使能量提高（13.56−9.83）×1% = 0.0373兆焦/千克，粗蛋白降低（44−8.7）×1% = 0.353%。要使粗蛋白含量与标准中的18.5%相符，需要降低豆粕比例为（0.44/0.35）×1% = 1.3%，玉米相应增加1.3%。调整配方后代谢能与粗蛋白的含量见表1−3−19。

表 1-3-19　调整配方后代谢能与粗蛋白的含量

原料	比例 /%	代谢能 /（兆焦 / 千克）		粗蛋白 /%	
		原料中	日粮中	原料中	日粮中
玉米	66.3	13.56	13.56×0.663 = 8.99	8.7	8.7×0.663 = 5.768
麦麸	5	6.82	6.82×0.05 = 0.341	15.7	15.7×0.05 = 0.785
豆粕	17.7	9.83	9.83×0.177 = 1.74	44	44×0.177 = 7.78
花生粕	2	10.88	10.88×0.02 = 0.218	47.8	47.8×0.02 = 0.956
棉粕	3	8.49	8.49×0.03 = 0.255	43.5	43.5×0.03 = 1.305
鱼粉	3	12.18	12.18×0.03 = 0.365	62.5	62.5×0.03 = 1.875
合计	97		11.91		18.47
标准			11.92		18.5
与标准的差值			−0.01		−0.03

（5）计算矿物质和氨基酸含量　用表1−3−19中的计算方法得出矿物质和氨基酸含量，见表1−3−20。

表 1-3-20　矿物质和氨基酸含量

原料	比例 /%	钙 /%	总磷 /%	有效磷 /%	（蛋氨酸 + 胱氨酸）/%	赖氨酸 /%
玉米	66.3	0.0133	0.179	0.0663	0.2519	0.1591
麦麸	5	0.0055	0.046	0.015	0.0195	0.029
豆粕	17.7	0.0584	0.1097	0.0318	0.2301	0.4708
花生粕	2	0.0054	0.0112	0.0066	0.0162	0.028
棉粕	3	0.0084	0.0312	0.0108	0.0378	0.0591
鱼粉	3	0.1188	0.0915	0.0915	0.0663	0.1536
合计	97	0.21	0.468	0.222	0.6218	0.8996
标准		0.95	0.7	0.45	0.67	0.95
与标准的差值		−0.74	−0.232	−0.228	−0.0482	−0.0504

和饲养标准相比，钙、磷、蛋氨酸+胱氨酸、赖氨酸都不能满足需要，都需要补充。钙比标准低0.74%；磷比标准低0.232%；蛋氨酸+胱氨酸比标准低0.0482%；赖氨酸比标准低0.0504%。因磷酸氢钙中含有钙和磷，先用磷酸氢钙补充磷，需要磷酸氢钙0.232%÷16%=1.45%。1.45%的磷酸氢钙可为饲粮提供21%×1.45%=0.305%的钙，钙还差0.74%−0.305%=0.435%，用含钙36%的石粉补充，需要石粉0.435%÷36%=1.2%。市售的赖氨酸实际含量为78.8%，添加量为0.0504%÷78.8%=0.06%；商品原料DL−蛋氨酸的纯度为99%，添加量为0.0482%÷99%=0.05%。

（6）补充各种添加剂　预配方中，各种矿物质饲料和添加剂总量为3%，食盐按0.3%，复合预混料按0.5%添加，再加上（磷酸氢钙+石粉+赖氨酸+蛋氨酸）的总量为3.56%，比预计的多出0.56%，可以将麸皮减少0.56%。

（7）确定配方　最终配方见表1−3−21。

表 1-3-21　最终配方及主要营养指标

原料	比例 /%	营养指标	含量
玉米	66.3	代谢能 /（兆焦 / 千克）	11.91
麦麸	4.44	粗蛋白 /%	18.5
豆粕	17.7	钙 /%	0.95
花生粕	2	总磷 /%	0.7
棉粕	3	有效磷 /%	0.45
鱼粉	3	（蛋氨酸 + 胱氨酸）/%	0.67
石粉	1.2	赖氨酸 /%	0.95
磷酸氢钙	1.45		
食盐	0.30		
蛋氨酸	0.05		
赖氨酸	0.06		
预混料	0.5		
合计	100		

现在饲料厂大都采用计算机设计饲料配方，不仅计算效率大大提高，还可以全面考虑营养与成本的关系，资源利用率提高，饲料成本下降。

2. 饲料配方中环保问题的处理

作为饲料生产者应在优化饲料配方、正确选用饲料原料及添加剂方面保持不损害生态环境的忧患意识。

（1）按照可消化氨基酸含量和理想蛋白质模式　按照可消化氨基酸含量和理想蛋白质模式给鸡配合平衡日粮，使其中各种氨基酸含量与动物的维持与生产需要完全符合，则饲料转化效率最大，营养物质排出可减至最少，从而减轻环境污染。实践证明，按可消化氨基酸含量和理想蛋白质模式计算并配制的产蛋鸡饲料，可降低日粮蛋白质水平2.5%，而生产性能不减，鸡粪中氮含量减少20%。

（2）选用其他促生长类添加剂替代抗生素

① 酶制剂。酶制剂能加速营养物质在动物消化道中的降解，并能将不易被动物吸收的大分子物质降解为易被吸收的小分子物质，从而促进营养物质的消化和吸收，提高饲料的利用率。值得一提的是植酸酶，它可以利用饲料原料中的植酸磷，从而减少动物粪便对环境的磷污染。

② 益生素。益生素是一种通过改善动物消化道菌群平衡而对动物产生有益作用的微生物饲料添加剂，它能抑制和排斥大肠杆菌、沙门菌等病原微生物的生长和繁殖，促进乳酸菌等有益微生物的生长和繁殖，从而在动物的消化道确立以有益微生物为主的微生物菌群，降低了动物患病的机会，促进动物生长。

③ 中草药添加剂。中草药添加剂是我国特有的中医中药理论长期实践的产物，具有顺气消食、镇静定神、驱虫除积、消热解毒、杀菌消炎等功能，从而可以促进动物新陈代谢、增强动物的抗病能力，提高饲料转化率。中草药没有化学残留和特定的抗药性等不良反应，因而有很大的应用价值和发展前途。

3.饲料配方的季节性调整

（1）夏季饲料配方的调整　首先要调整配方中的营养水平。炎热的夏季，由于气温高，致使产蛋鸡采食量下降，应适当提高饲料营养成分浓度，增加幅度要依采食量减少程度而定，一般增加5% ～ 10%。如产蛋高峰期蛋白质和代谢能水平应分别从16.5%及11.5兆焦/千克，调整为17.6%及12.3兆焦/千克，其他营养成分浓度调整比例大致同此。

其次，要注意原料的选用。炎夏产蛋鸡饲料中最好加入少量油脂，这不仅可提高代谢能值，而且可促进采食，减少体增热，促进营养物质的吸收，提高饲料的利用效率。有条件的地方可用质量可靠的贝粉替代石粉，也可将石粉、贝粉混合使用，使贝粉与石粉的比例为1 ：（3 ～ 4），贝粉中除含钙外，尚含少量氨基酸、多糖，有促进采食及有益消化的作用。有异味的肉骨粉、血粉及肠羽粉要慎用或不用。不含蛋白质和能量的原料，如沸石粉、麦饭石粉要少用，添加量不宜超过3%。

另外，可以使用天然饲料添加剂，确保蛋鸡安全度夏。允许在常规饲料中使用杆菌肽锌，但应限制使用抗生素药物。其他常用的饲料添加剂，如维生素C、碳酸氢钠、氯化钾及复合酶制剂等均有裨益，但使用后会大幅增加饲料成本。合理选择天然饲料添加剂，不仅可确保产蛋鸡安全度夏，而且不会增加饲料成本，无药残及耐药菌株产生。常用的天然饲料添加剂有：

① 大蒜。研究表明大蒜素（精油）对多种球菌、痢疾杆菌、大肠杆菌、伤寒杆菌、真菌、病毒、阿米巴原虫、球虫和蛲虫均有抑制或杀灭作用，特别对于菌痢和肠炎有较好疗效，并有促进采食、助消化、促进产蛋、改善产品风味和饲料防霉作用。另外大蒜素可与维生素 B_1 结合，可防止后者遭破坏，故可增加有效维生素 B_1 的吸收。大蒜素还对动物免疫系统有激活作用。天然大蒜可直接（连皮）在产蛋鸡饲料中按1% ～ 2% 比例添加。

② 生石膏。研细末，按饲料0.3% ～ 1.0% 比例混饲，有解热清胃火之效。还可以增加血清中钙离子浓度，降低骨骼肌兴奋性，缓解肌肉痉挛，对动物暑热症及热应激症颇为适用。

（2）冬季饲料配方的调整　在北方的晚秋、冬季，由于玉米等能量饲料水分较高，蛋鸡生产场家应将高水分玉米换算成标准水分玉米后再饲喂。

4. 饲料药物添加剂应用原则

应用饲料药物添加剂时要有针对性，应随蛋鸡品种、生产阶段、环境、季节、区域的不同而不同，做到有的放矢。

5. 饲料配方保真

在饲料生产中常出现成品质量与配方设计之间有一定差异，达不到配方设计的要求。对原料营养成分变异、粉碎粒度、混合均匀度、配料精度、制料工艺、成品水分、物料残留、采样化验八方面影响成品质量的每一因素进行分析，以使理论值与实际相吻合。达到饲料配方保真的效果。

6. 浓缩饲料配制的注意事项

饲料厂通常设计20% ～ 40% 的浓缩料，比例太低，用户需要配合的饲料种类增加，成本显得过高，饲料厂不容易控制最终产品质量；比例太高，就会失去浓缩的意义。通常情况蛋雏鸡设计30% ～ 50% 的浓缩料，育成鸡为30% ～ 40%，产蛋鸡为35% ～ 40%。其计算方法有以下两种：一是由配合饲料推算；二是由设定比例推算，再按照此比例配制。用户应用浓缩料时，应按照饲料厂推荐配方使用，这样容易进行质量控制。用户因原料变化，应重新进行配比计算，满足主要指标。

三、常规饲料原料配制0 ～ 42日龄蛋雏鸡饲料配方

蛋鸡0 ～ 42日龄为育雏期。此阶段雏鸡消化系统发育不健全，采食量较小，消化力低，营养需求上要求比较高，需要高能量、高蛋白、低纤维含量的优质饲料，并要补充较高水平的矿物质和维生素。设计配方时可使用玉米、鱼粉、豆粕等优质原料。

使用常规饲料原料配制0 ～ 42日龄蛋雏鸡的饲料配方，可参考表1-3-22。

表 1-3-22　0 ~ 42 日龄蛋雏鸡日粮常规饲料原料配方

项目		配方 1	配方 2	配方 3	配方 4
原料 /%	玉米	64.75	63.37	63.50	65.00
	小麦麸	4.46	7.48	3.94	7.00
	大豆饼	18.00	14.35	15.50	—
	菜籽饼	3.00	—	—	—
	大豆粕	—	—	—	15.00
	玉米蛋白粉	—	—	—	4.00
	向日葵仁粕	—	4.00	8.00	—
	鱼粉	7.00	8.00	6.00	5.00
	碳酸氢钙	0.66	0.51	0.72	1.00
	石粉	0.92	0.98	1.00	1.00
	食盐	0.15	0.11	0.14	0.80
	蛋氨酸	0.06	0.10	0.10	0.10
	赖氨酸	—	0.10	0.10	0.10
	预混料	1.00	1.00	1.00	1.00
	总计	100.00	100.00	100.00	100.00
饲料成分	代谢能 /（兆焦 / 千克）	11.93	11.93	11.93	12.06
	粗蛋白 /%	19.32	19.00	19.08	19.15
	钙 /%	0.90	0.90	0.90	0.93
	非植酸磷 /%	0.49	0.48	0.47	0.50
	钠 /%	0.15	0.15	0.15	0.39
	氯 /%	0.17	0.15	0.16	0.55
	赖氨酸 /%	1.00	1.05	1.00	1.00
	蛋氨酸 /%	0.43	0.47	0.47	0.45
	含硫氨基酸 /%	0.74	0.76	0.77	0.77

第四章 雏鸡的饲养管理技术

第一节 雏鸡对环境条件的要求

在育雏阶段的环境条件中，需要满足雏鸡对温度、相对湿度、通风换气、光照、饲养密度和环境卫生等条件的需要。

一、温度

温度是培育雏鸡需首要考虑的环境条件，温度控制得好坏直接影响育雏效果。观察温度是否适宜，除看温度计外（注意：温度计要挂在鸡活动区域里，高度与鸡头水平），主要看雏鸡的表现。当雏鸡在笼内（或地面、网上）均匀分布，活动正常，采食、饮水适中时，则表示温度适宜；当雏鸡远离热源，两翅张开，卧地不起，张口喘气，采食减少，饮水增加，则表示温度高，应设法降温；当雏鸡紧靠热源，互相挤压，吱吱叫，则为温度低，应升温。进入6周龄，开始训练脱温，以便转群后雏鸡能够适应育成舍的温度，当发现鸡群体质较差、体重不足时，应适当推迟脱温的时间。建议育雏温度见表1-4-1。

近年来养鸡场（户）广泛采用高温育雏。所谓高温育雏，就是在雏鸡1～2周龄采用比常规育雏温度高2℃左右的给温规定。即第1周龄33～34℃，第2周龄30～32℃（常规育雏温度：第1周龄30～32℃，第2周龄29～30℃）。实践证明，高温育雏能有效地控制雏鸡白痢病的发生和蔓延，对提高雏鸡成活率效果明显。

表 1-4-1　建议的育雏温度

日龄 / 天	育雏温度 /℃	
	笼养育雏	平面育雏
2	32	27
3 ～ 6	31	25
7 ～ 13	30	24
14 ～ 20	27	24
21 ～ 27	24	22
28	21	20

注：表中温度是指雏鸡活动区域内鸡头水平高度的温度。

二、相对湿度

育雏要有合适的温湿度，雏鸡才会感觉舒适，发育正常。一般育雏舍的相对湿度是：1 ～ 10日龄为60% ～ 70%，10日龄以后为50% ～ 60%。随着雏鸡日龄增长，至10日龄以后，呼吸量与排粪量也相应增加，室内容易潮湿，因此要注意通风，勤换垫料，经常保持室内干燥清洁。

三、通风换气

通风换气的目的是排出室内污浊的空气，换进新鲜的空气，并调整室内的温度和湿度。

通风换气方法：选择晴暖无风的中午开窗换气或安装排风扇进行通风。空气的新鲜程度以人进入舍内感到较舒适，即不刺眼、不呛鼻、无过分臭味为宜。值得注意的是，不少鸡场为了保持育雏舍温度而忽略通风，结果是雏鸡体弱多病，死亡数增多，更有严重的是有的鸡场将取暖煤炉盖打开，企图达到提高室温的目的，结果造成煤气中毒事故。为了既保持室温，又有新鲜空气，可先提高室温，然后进行通风换气，但切忌过堂风、间隙风，以免雏鸡受寒感冒。

四、饲养密度

饲养密度是指育雏舍内每平方米所容纳的雏鸡数。饲养密度对于雏鸡的正常生长和发育有很大影响。密度过大，生长则慢，发育不整齐，易感染疾病和发生恶癖，死亡数也增加。因此要根据鸡舍的构造、通风条件、饲养方式等具体情况而灵活掌握饲养密度。育雏期不同育雏方式雏鸡的饲养密度可参考表1–4–2。

表 1-4-2 不同育雏方式雏鸡的饲养密度

地面平养		立体笼养		网上平养	
周龄	密度/(只/米^2)	周龄	密度/(只/米^2)	周龄	密度/(只/米^2)
0～6	10～20	0～1	60	0～6	20～24
		1～3	40		
		3～6	34		
6～12	5～10	6～11	24	6～18	14～20
12～20	5	11～20	14		

五、光照

光照对雏鸡的生长发育是非常重要的，1～3日龄每天可光照23小时，有助于雏鸡饮水和寻食的一种光照方法是4～5日龄每天光照改为20小时，6～7日龄每天光照15～16小时。以后每周把光照递减20分钟，直到20周龄时每天只有9小时光照。这是一种渐减光照制度。另一种光照方法是采用固定不变的形式，即从4日龄至20周龄每天固定8～9小时光照。光的颜色以红色或白炽灯色光照为好，能防止和减少啄羽、啄肛、殴斗等恶癖发生。

1周龄的小鸡要求光照强度适当强一点，每平方米3.5～4瓦，1周龄以后光照强度以弱些为宜。一般可用15瓦或25瓦灯泡，按灯高2米，灯与灯的间距为3米来计算。

六、环境卫生

雏鸡体小，抗病力差，饲养密集，一旦感染疾病，难以控制，并且传染快、死亡率高、损失大。因此，育雏中必须贯彻预防为主的方针。在实行严格消毒，经常保持环境卫生的同时，还要按时做好各种疫苗的防疫注射工作，制定防疫和消毒制度，并认真贯彻执行。育雏室、用具、饲槽等要实行全面清扫消毒，彻底消灭一切病菌。这些都是保持雏鸡健康的重要措施。

雏鸡入舍前的准备工作

进雏前通常是指育雏开始前14天。进雏前的首要工作就是制订工作计划和对全部员工尤其是饲养员进行全面技术培训，对养殖流程、操作细节、规范化的日常工作等进行培训，使饲养员熟悉设备操作和养殖流程。

一、制订育雏计划

根据本场的具体条件制订育雏计划，每批进雏数应与育雏舍、成鸡舍的容量大体一致。一般是育雏舍和成鸡舍比例为1 ∶ 2。

二、设施设备检修

为了进鸡后各项设备都能正常工作，减少设备故障的发生率，进鸡前第五天开始对舍内所有设备重新进行一次检修，主要有：

1.供暖设备、烟囱、烟道

要求把供暖设备清理干净，检查运转情况，保证正常供暖；烟囱、烟道接口完好，密封性好，无漏烟漏气现象。

2.供水系统

主要检查压力罐、盛药器、水线、过滤器。要求压力罐压力正常，供水良好；水线管道清洁，水流通畅；过滤网过滤性能完好；水线上调节高度的转手能灵活使用，水线悬挂牢固、高度合适、接口完好、管腔干净，乳头不堵、不滴、不漏。

3.检查供料系统

料线完好，便于调整高度，打料正常，料盘完好，无漏料现象。

4.通风系统

风机电机、传送带完好，转动良好，噪声小；风机摆叶完整，开启良好；电路接口良好，线路良好，无安全隐患。

5.清粪系统

刮粪机电机、链条、牵引绳子、刮粪板完好、结实，运转正常，刮粪机出口挡板关闭良好。

6.供电系统

照明灯干净明亮、开关完好。其他供电设备完好，正常工作。

7.鸡舍

门窗密封性好，开启良好，无漏风现象，并在入舍门口悬挂好棉被。

三、育雏方式的选择

育雏的方式可概括分为平面和立体两大类。

（一）平面育雏

只在室内一个平面上养育雏鸡的方式，称为平面育雏，主要分为地面平养和网上育雏。

1. 地面平养

采用垫料，将料槽（或开食盘）和饮水器置于垫料上，用保温伞或暖风机送热或生炉子供热，雏鸡在地面上采食、饮水、活动和休息（图1–4–1、图1–4–2）。

图 1-4-1　地面平养场地

图 1-4-2　地面平养供热锅炉

地面平养简单直观，管理方便，特别适宜农户饲养。但因雏鸡长期与粪便接触，容易感染某些经消化道传播的疾病，特别易暴发球虫病。地面平养占地面积大，房舍利用不经济，供热中消耗能量大，选择准备垫料工作量大。所以农户都趋于采用网上平养育雏。

2. 网上育雏

网上育雏即用网面代替地面来育雏。一般情况网面距地面高度随房舍高度而定，多为60～100厘米。网的材料最好是铁丝网，也可是塑料网。网眼大小以育成鸡在网上生活适宜为宜，网眼一般为1.25厘米×1.25厘米（图1–4–3、图1–4–4）。

图 1-4-3　网上育雏场地

图 1-4-4　网上育雏

网上育雏的优点是可节省大量垫料；雏鸡不与粪便接触，可减少疾病传播的机会。但同时由于鸡不与地面接触，也无法从土壤中获得需要的微量元素，所以提供给鸡的营养要全价足量，不然易产生某种营养缺乏症。由于网上平养的饲养密度要比地面平养增加10%～15%，故应注意舍内的通风换气，以便及时排除舍内的有害气体和多余的湿热，加热采用热水管或热风，也可用前面所述的各种热源（图1–4–5）。

图 1-4-5　室内砖砌烟道供热

（二）立体育雏

立体育雏也称笼育雏，就是用多层育雏笼或多层育雏育成笼养育雏鸡（图1–4–6、图1–4–7）。育雏笼一般为3～5层，多采用叠层式。随着饲养方式的规模化、集约化，现代养鸡场一般都采用立体育雏。每层笼子四周用铁丝、竹竿或木条制成栅栏。饲槽和饮水器可排列在栅栏外，雏鸡通过栅栏吃食、饮水，笼底多用铁丝网或竹条，鸡粪可由空隙掉到下面的承粪板上，定期清除。育雏室的供温一般采取整体供暖。

图 1-4-6　立体育雏笼

图 1-4-7　改造的育雏笼

立体育雏除具备网上育雏的优点和缺点外，就是能更有效地利用育雏室的空间，增加育雏数量，充分利用热源，降低劳动强度，容易接近和观察鸡群，可有效控制鸡白痢与球虫病的发生与蔓延。当然立体育雏需较高的投资，对饲料和管理技术要求也更高。

四、全场消毒

在养鸡生产中，进雏前消毒工作的彻底与否关系到鸡只能否健康生长发育，所以广大养殖场（户）进雏前应做好彻底消毒工作。

1.清扫

进雏前7～14天，将鸡舍内粪便及杂物清除干净，清扫天棚、墙壁、地面、塑料网等处。

图 1-4-8 高压水枪冲洗

图 1-4-9 喷雾消毒

图 1-4-10 酒精喷灯进行火焰消毒

2.水冲

用高压水枪对鸡舍内部及设施进行彻底冲洗（图1-4-8）。同时，将鸡舍内所有饲养设备如开食盘、料桶、饮水器等用具都用清水洗干净，再用消毒水浸泡半小时，然后用清水冲洗2～3次，放在鸡舍适当位置风干备用。

3.消毒

待鸡舍风干后，可用2%～3%的火碱溶液对鸡舍进行喷雾消毒（图1-4-9）。消毒液的喷洒次序应该由上而下，先房顶、天花板，后墙壁、固定设施，最后是地面，不能漏掉被遮挡的部位，喷洒不留空白。注意消毒药液要按规定浓度配制。鸡舍角落及物体背面，消毒药液喷洒量至少是每平方米3毫升。消毒后，最好空舍2～3周。

墙壁可用20%石灰乳加2%的火碱粉刷消毒。鸡舍的墙壁、地面、笼具等不怕燃烧的物品，对上面残存的羽毛、皮屑和粪便，可用酒精喷灯进行火焰消毒（图1-4-10）。如果采用地面平养，应该在地面风干后铺上7～10厘米厚的垫料。

4.熏蒸

在进雏前3～4天对鸡舍、饲养设备、鸡舍用具以及垫料进行熏蒸消毒。具体消毒方法是将鸡舍密封好，在鸡舍中央位置，依据鸡舍长度放置若干瓷盆，同时注意盆周围不可堆积垫料，以防失火。对于新鸡舍，可按每立方米空间用高锰酸钾14克、福尔马林28毫升的药量；对污染严重的鸡舍，用量加倍。将以上药物准确称量后，先将高锰酸钾放入盆内，再加等量的清水，用木棒搅拌湿润，然后小心地将福尔马林倒入盆内，操作人员迅速撤离鸡舍，关严门窗。熏蒸24小时以后打开门窗、天窗、排气孔，将舍内气味排净。注意消毒时要使鸡舍温度达20℃以上、相对湿度达到70%左右，这样才能取得较好的消毒效果。在秋冬季节气温较低时，在消毒前，应先将鸡舍升温、增湿，再进行消毒。消毒过的鸡舍应将门窗关闭。

五、鸡舍内部准备

（一）铺设垫料，安装水槽、料槽

至少在雏鸡到场一周前在育雏地面上铺设5～7厘米厚的新鲜垫料（图1–4–11），以隔离雏鸡和地板，防止雏鸡直接接触地板而造成体温下降。鸡舍垫料，应具有良好的吸水性、疏松性，干净卫生，不含霉菌和昆虫（如甲壳虫等），不能混有易伤鸡的杂物，如玻璃片、钉子、刀片，铁丝等。

图 1-4-11　铺好垫料的育雏舍

网上育雏时，为防止鸡爪伸入网眼造成损伤，要在网床上铺设育雏垫纸、报纸或干净并已消毒的饲料袋（图1–4–12）。

图 1-4-12　育雏网上铺好已消毒的饲料袋

装运垫料的饲料袋（图1–4–13），可能进过许多鸡场，有很大的潜在传染性，不能掉以轻心，绝对不能进入生产区内。

图 1-4-13　装运垫料的饲料袋

育雏期最少需要的饲养面积或长度见表1–4–3。

表 1-4-3　育雏期最少需要的饲养面积或长度（0～4周龄）

项目	要求
饲养面积： 垫料平养	11只/米^2
采食位： （链式）料槽 圆形料桶（42厘米） 圆形料盘（33厘米）	 5厘米/只 8～12只/桶 30只/盘

续表

饮水位： 水槽 乳头饮水器 钟形饮水器	 2.5 厘米 / 只 8 ～ 10 只 / 个 1.25 ～ 1.5 厘米 / 只

（二）正确设置育雏围栏（隔栏）

鸡的隔栏饲养法（图1–4–14、图1–4–15）有很多好处，主要表现在：

图 1-4-14　做好隔栏　　　图 1-4-15　雏鸡在隔栏内饲养

① 一旦鸡群状况不好，便于诊断和分群单独用药，减少用药应激。

② 有利于控制鸡群过大的活动量。

③ 便于观察区域性鸡群是否有异常现象，利于淘汰残、弱雏。

④ 当有大的应激出现时（如噪声、喷雾等），可减少由应激所造成的不必要损失。

⑤ 接种疫苗时，小区域隔栏可防止人为造成鸡雏扎堆、热死、压死等现象发生。

⑥ 做隔栏的原料可用尼龙网或废弃塑料网，高度为30 ～ 50厘米（与边网同高），每500 ～ 600只鸡设一个隔栏。

⑦ 可避免鸡的大面积扎堆、压死鸡现象的发生，减少损失。

若使用电热式育雏伞，围栏直径应为3 ～ 4米；若使用红外线燃气育雏伞，围栏直径应为5 ～ 6米。用硬卡纸板或金属制成的坚固围栏可较好地保护雏鸡不受贼风侵袭，使雏鸡围护在保温伞、饲喂器和饮水器的区域内（图1–4–16）。

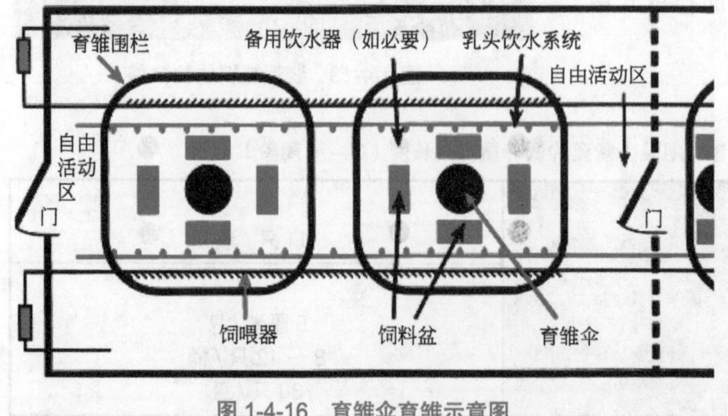

图 1-4-16　育雏伞育雏示意图

（三）鸡舍的升温

雏鸡入舍前，必须提前把鸡舍温度升高到合适的水平，对雏鸡早期的成活率至关重要。提前升温还有利于排除鸡舍残余的甲醛气体和潮气。育雏舍地表温度可用红外线测温仪测定（图1－4－17、图1－4－18）。

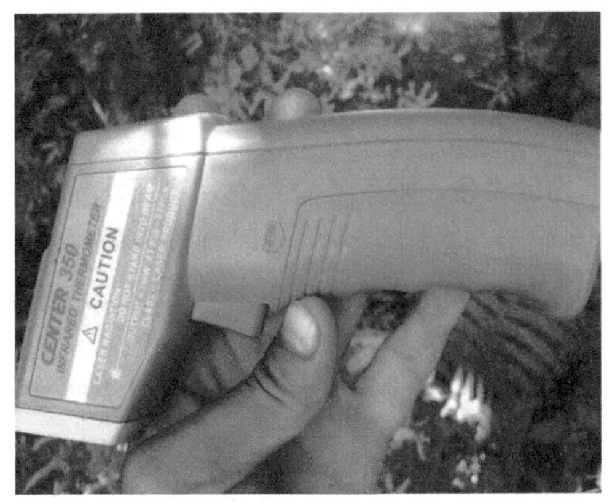

图 1-4-17　用红外线测温仪测定鸡舍温度

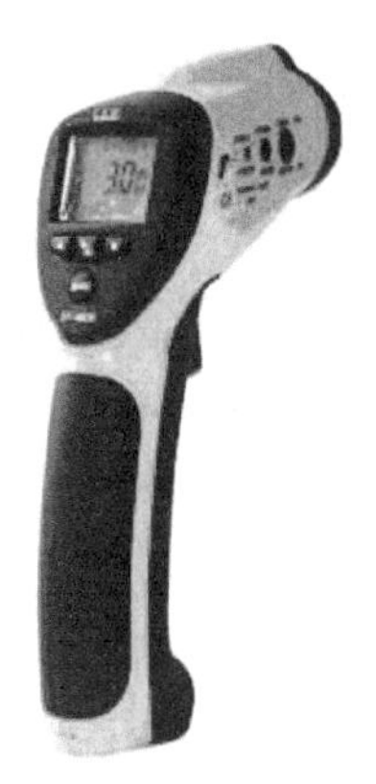
图 1-4-18　红外线测温仪

一般情况下，建议冬季育雏时，鸡舍至少提前3天（72小时）升温；而夏季育雏时，鸡舍至少提前一天（24小时）升温，有利于鸡舍地面、墙壁、垫料等在雏鸡到达前有足够的时间吸收热量。若同时使用保温伞育雏，则建议至少在雏鸡到场前24小时开启保温伞，并使雏鸡到场时，伞下垫料温度达到29～31℃。

使用足够的育雏垫纸或直接使用报纸（图1－4－19）或薄垫料隔离雏鸡与地板，可以保护小鸡的脚，防止脚陷入网眼而受伤（图1－4－20）。

图 1-4-19　使用报纸堵塞网眼

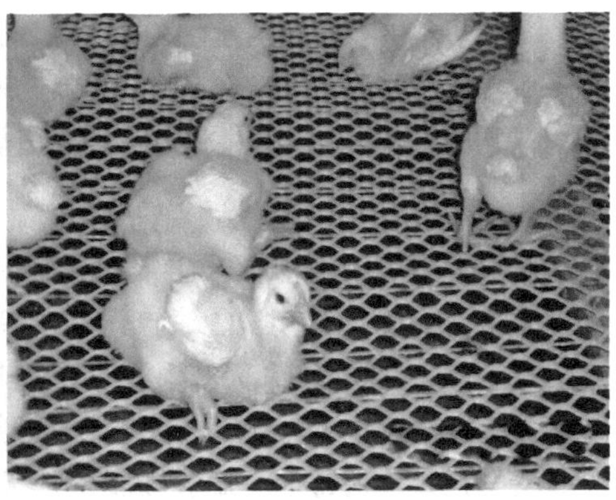
图 1-4-20　雏鸡脚进入网眼易损伤

六、饮水的清洁与升温

保证雏鸡的饮水清洁至关重要。检查饮水加氯系统，确保饮水加氯消毒，开放式饮水系统应保持3毫克/升水平，封闭式系统在系统末端的饮水器处应达到1毫克/升水平。因为育雏舍已经升温，温度较高，因此，在雏鸡到达的前一天，将整个水线中已经注满的水更换掉，以便雏鸡到场时，水温可达到25℃，而且保证新鲜。

七、具体工作日程

1.进雏前14天

舍内设备尽量在舍内清洗；清理雏鸡舍内的粪便、羽毛等杂物；用高压水枪冲洗鸡舍、网架、储料设备等。冲洗原则为由上到下，由内到外。清理育雏舍周围的杂物、杂草等；并对进风口、鸡舍周围地面用2%火碱溶液喷洒消毒；鸡舍冲洗、晾干后，修复网架等养鸡设备；检查供温、供电、饮水系统是否正常。

初步清洗整理结束后，对鸡舍、网架、储料设备等消毒一遍，消毒剂可选用季铵盐、碘制剂、氯制剂等，为达到更彻底的消毒效果，可对地面等进行火焰喷射消毒。如果上一批雏鸡发生过某种传染病，需间隔30天以上方可进雏，且在消毒时需要加大消毒剂剂量；计算好育雏舍所能承受的饲养能力；注意灭鼠、防鸟。

2.进雏前7天

将消毒彻底的饮水器、料盘、粪板、灯伞、小喂料车、塑料网等放入鸡舍；关闭门窗，用报纸密封进风口、排风口等，然后用甲醛熏蒸消毒；进雏前3天打开鸡舍，移出熏蒸器具，然后用次氯酸钠溶液消毒一遍；鸡舍周围铺撒生石灰并洒水，起到环境消毒的作用；调试灯光，可采用60瓦白炽灯或13瓦节能灯，高度距离鸡背部50～60厘米为宜。

准备好雏鸡专用料（开口料）、疫苗、药物（如支原净、恩诺沙星等）、葡萄糖粉、电解多维等；检查供水、照明、喂料设备，确保设备运转正常；禁止闲杂人员及没有消毒过的器具进入鸡舍，等待雏鸡到来。

采购的疫苗要在冰箱中保存（按照疫苗瓶上的说明保存）。

3.进雏前1天

进雏前1天，饲养人员再次检查育雏所用物品是否齐全，比如消毒器械、消毒药、营养药物及日常预防用药、生产记录本等；检查育雏舍温度、湿度能否达到基本要求，春、夏、秋季提前1天升温，冬季提前3天升温，雏鸡所在的位置能够达到35℃；鸡舍地面洒适量的水，或舍内喷雾，保持合适的湿度。

鸡舍门口设消毒池（盆），进入鸡舍要洗手、脚踏消毒池（盆）；地面平养蛋鸡，铺好垫料。

第三节　0～42日龄雏鸡的饲养管理

0～42日龄称为育雏期，是培育优质蛋鸡的初始和关键阶段，需要通过细致、科学的饲养管理，培育出符合品种生长发育特征的健壮合格鸡群，为以后蛋鸡阶段生产性能的充分发挥打下良好基础。

一、饲养管理的总体目标

① 鸡群健康，无疾病发生，育雏期末存活率在99.0%以上。

② 体重周周达标，均匀度在85%以上，体型发育良好。

③ 育雏期末，新城疫抗体均值达到6lg2，禽流感H5抗体值5lg2，H9抗体值6lg2，抗体离散度2～4，法氏囊抗体阳性率达到100%（注：育雏期末与刚出壳雏鸡抗体水平有差异）。

二、饲养管理关键点

（一）饮水管理

饮水管理的目标是：保证饮水充足、清洁卫生。

1.初饮

雏鸡到达后要先饮水后开食。初饮最好选择18～20℃的温开水。初饮时要仔细观察鸡群，对没有喝到水的雏鸡进行调教（图1-4-21）。

雏鸡卵黄囊内各种营养物质齐全（包括水），能保证雏鸡3天内正常生命活动需要，所以不要担心雏鸡在运输途中脱水，在雏鸡出壳最初1～2天的饮水中添加电解质、维生素或所谓开口药是没有必要的。除非雏鸡出雏超过72小时或在运输途中超过48小时，且又长时间处在临界热应激温度中，在接雏后的第二遍饮水中，可添加一些多维、电解质，每次饮水2小时为限，每天一次，2天即可，如果雏鸡已开食了，就不需要了。

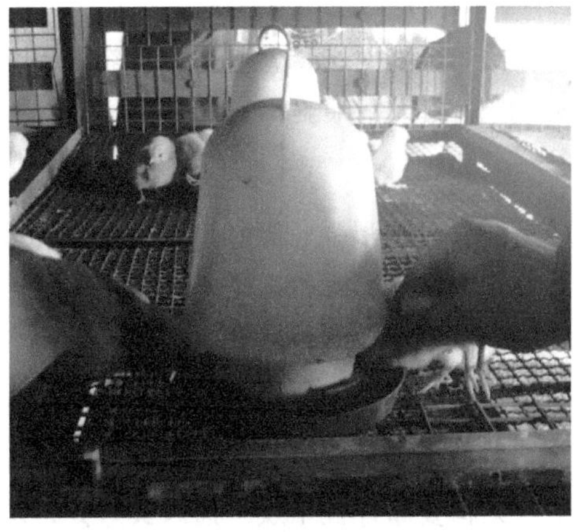
图1-4-21　教雏鸡学会饮水

如果不喂开口药心里不踏实，或者为

了净化雏鸡肠道内的大肠杆菌和沙门菌，预防白痢和脐炎发生，提高成活率，也可选择抗生素类药物作为开口药。但是，要在说明书推荐用量的基础上，再加倍兑水稀释，而不是加倍加药，每天喂的时间不应超过2小时，喂2天即可。雏鸡开口药禁用喹诺酮类药物（如氧氟沙星、环丙沙星、诺氟沙星等）。此类药物损害雏鸡的骨骼，影响雏鸡的生长发育，严重者可造成雏鸡瘫腿，且氧氟沙星、诺氟沙星等已于2016年12月31日起禁用。氯霉素及磺胺类药物（如氟苯尼考、甲砜霉素等）可抑制母源抗体，用了这类药物可导致过早出现新城疫和法氏囊炎，不宜作为开口药使用。氨基糖苷类药物（如庆大霉素、卡那霉素等）有肾毒性，此类药物损害雏鸡的肾脏和神经系统，也不宜作为开口药使用。

近年来，雏鸡因喂开口药中毒事件很多。原因：①由于竞争激烈，药厂为增加卖点，把电解质、维生素与抗生素混合在一起，这种含抗生素少，含食盐、葡萄糖多的混合制剂价格便宜，诱惑性大；② 这种混合制剂当抗生素用没什么效果，通过药厂的宣传，养殖户拿它当药用，并且习惯于加大剂量；③说明书模糊不清，夸大药效，没有考虑到雏鸡在最初几天内是全天光照、饮水、喂料。

2.饮水工具

前3～4天使用真空饮水器，然后逐渐过渡到乳头饮水器。要及时调整饮水管高度，一般3～4天上调一次，保证雏鸡饮水方便。

3.饮水卫生

使用真空饮水器时每天清洗一次，饮水管应半个月冲洗消毒一次。建议建立饮水系统清洗、消毒记录。

（二）喂料管理

喂料管理的总体要求是：营养、卫生、安全、充足、均匀。

1.饲料营养

雏鸡开食时选择营养全面、容易消化吸收的饲料，建议前10天饲喂幼雏颗粒料，第11～42天饲喂雏鸡开食料。

2.雏鸡开食

开食时饲喂强化颗粒料，每次每只鸡喂1克料，每2～3小时喂一次，将料潮拌后均匀地撒到料盘上。第4天开始使用料槽，使用料槽后应注意：及时调整调料板的高度，方便雏鸡采食；每天饲喂2～4次，至少匀料3～4次，保证每只鸡摄入足够的饲料，开灯时需匀一遍料，喂料不均匀易造成个别鸡发育不好。

3.饲料储存

饲料要储存在干燥、通风良好处，定期对储料间进行清理，防止饲料发霉、污染和浪费。

4.监测和记录

监测和记录鸡群的日采食量（雏鸡的采食量可参考表1-4-4），详细了解鸡群的采食情况。

表 1-4-4　蛋用型雏鸡饲料需要量

周龄	每天每只料量 / 克	每周每只料量 / 克	累计料量 / 千克
1	10	70	0.07
2	18	126	0.19
3	26	182	0.38
4	33	231	0.60
5	40	280	0.88
6	47	329	1.21
7	52	364	1.58
8	57	399	1.98
9	61	427	2.40
10	64	448	2.85
11	66	462	3.31
12	67	469	3.78
13	68	476	4.26
14	69	483	4.74
15	70	490	5.23
16	71	497	5.73
17	72	504	6.23
18	73	517	6.75
19	75	525	7.27
20	77	539	7.81

（三）光照管理

科学正确的光照管理，能促进后备鸡骨骼发育，适时达到性成熟。对于初生雏，光照主要影响其对饲料的摄取和休息。雏鸡光照的原则是：让雏鸡快速适应环境、避免产生啄癖。

出壳头3天雏鸡的视力弱，为了保证采食和饮水，一般采用每昼夜24小时光照，也可采用每昼夜23小时连续光照、1小时黑暗的办法，以便使雏鸡能适应万一停电时的黑暗环境。第1周光照强度应控制在20勒克斯以上，可以使用60瓦白炽灯。从第4天起光照时间每天减少1小时。为防止啄癖发生，2～3周龄后光照强度要逐渐过渡到5勒克斯（5瓦节能灯）。

（四）温度管理

适宜的温度是保证雏鸡健康和成活的首要条件。育雏期温度不平稳或者出现冷应激，会降低鸡群的免疫力，进而诱发感染多种疾病，造成死淘率增高或进入产蛋期后难以实现鸡群产蛋量上高峰。因此育雏阶段做好鸡舍的温度控制对于预防疾病的发生具有非常重要的意义。

1.鸡舍温度控制

温度设定应符合鸡群生长发育需要，通过对鸡舍通风和供暖设备的控制，实现对鸡舍温度的调控，保证温度的适宜、稳定和均匀。

（1）不同育雏法的温度管理

① 温差育雏法。就是采用育雏伞作为育雏区域的热源进行育雏。前3天，在育雏伞下保持35℃，此时育雏伞边缘温度为30～31℃，而育雏舍其他区域只需要有25～27℃即可。这样，雏鸡可根据自己的需要，在不同温层下进进出出，有利于刺激其羽毛的生长，将来脱温后雏鸡将很强壮并且很好养。

随着雏鸡的长大，育雏伞边缘的温度应每3～4天降1℃左右，直到3周龄后，基本降到与育雏舍其他区域的温度相同（22～23℃）即可。此后，可以停止使用育雏伞。

雏鸡的行为和鸣叫声将表明鸡只舒适的程度。如果育雏期内雏鸡过于喧闹，说明鸡只不舒服。最常见的原因是温度不太适宜。

育雏伞下温度是否合适，可通过观察雏鸡的分布情况来判断（图1-4-22）。

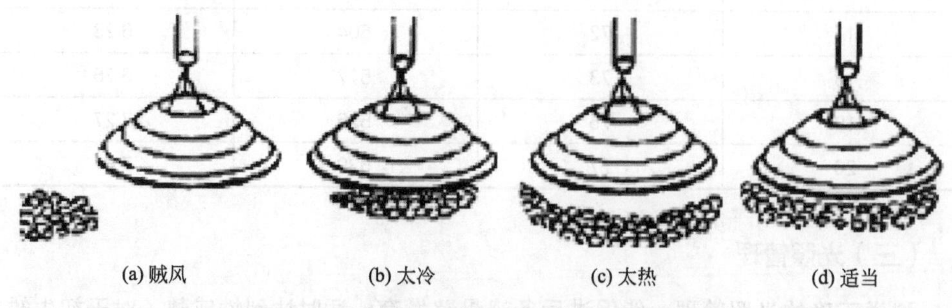

图 1-4-22　育雏伞下育雏时温度变化与雏鸡表现

雏鸡受冷应激时，会堆挤在育雏伞下，如育雏伞下温度太低，雏鸡就会堆挤在墙边或鸡舍支柱周围，雏鸡也会乱挤在饲料盘内，肠道和盲肠内物质呈水状和气态，排泄的粪便较稀且出现糊肛现象。育雏前几天，雏鸡因育雏温度不够而受凉，会导致死亡率升高、生长速率降低、均匀度差、应激大、脱水以及较易发生腹水症的后果。

雏鸡受热应激时，会俯卧在地上并伸出头颈张嘴喘气。雏鸡会寻求舍内较凉爽、贼风较大的地方，特别是远离热源沿墙边的地方。雏鸡会拥挤在饮水器周围，使全身湿透。饮水量会增加。嗉囊和肠道会由于过多的水分而膨胀。脱水可导致死亡率高，出现矮小综合征和鸡群均匀度差；饲料消耗量降低，导致生长速率和均匀度差；最严重的情况下，由于心血管衰竭（猝死症）导致死亡率较高。

② 整舍取暖育雏法。与温差育雏法（也叫局域加热育雏法）不同的是，整舍取暖育雏法采用锅炉作为热源，在舍内通过暖气片（或热风机）散热供暖；或者采用热风炉作为热源供暖。因此，整舍取暖育雏法也叫中央供暖育雏法。

由于不使用育雏伞，鸡舍内不同区域没有明显的温差，所以利用雏鸡的行为作温度指示有点困难。这样雏鸡的叫声就成了雏鸡不适的仅有指标。只要给予机会，雏鸡愿意集合在温度最适合其需要的地方。在观察雏鸡的行为时要特别小心。雏鸡可能集中在鸡舍内的某个地方，显示出成堆集中的现象，但别以为这就是因为鸡舍内温度过低的缘故，有时候，这也可能是因为鸡舍其他地方太热了。一般来说，如果雏鸡均匀分散，就表明温度比较理想。

在采用整舍取暖育雏时，前3天，在育雏区内，雏鸡高度的温度应保持在29～31℃。温度计（或感应计）应放在离地面6～8厘米的位置，这样才能真实反映雏鸡所能感受的温度。以后，随着雏鸡的长大，在雏鸡高度的温度应每3～4天降1℃左右，直到3周龄后，基本降到21～22℃即可。

以上两种育雏法的育雏温度可参考表1-4-5执行。

表1-4-5　不同育雏法育雏温度参考值

整舍取暖育雏法		温差育雏法		
日龄	鸡舍温度/℃	日龄	育雏伞边缘温度/℃	鸡舍温度/℃
1	29	1	30	25
3	28	3	29	24
6	27	6	28	23
9	26	9	27	23
12	25	12	26	23
15	24	15	25	22
18	23	18	24	22
21	22	21	23	22

（2）看鸡施温　“看鸡施温”对于育雏来说非常重要。由于鸡群饲养密度、鸡舍结构、鸡群日龄不同和外界气候复杂多变，一个温控程序并不能适合每批鸡，不能适合每个饲养阶段，需要根据鸡群的实际感受及时调整。尤其在外界天气突然变化和免疫接种后，雏鸡往往会有所反应，作为饲养人员应仔细观察鸡群变化（图1-4-23）。

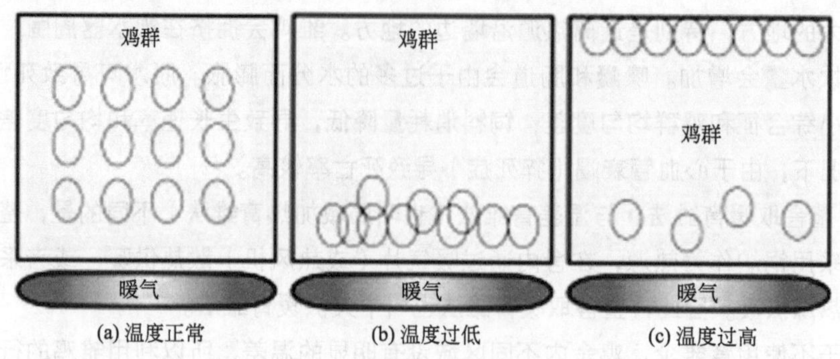

图 1-4-23　不同温度下鸡群的行为信号

2. 保证源头上稳定

（1）进鸡顺序　进鸡顺序为按照距离锅炉房由远到近的顺序进行。

（2）制定供暖设备温度管理程序　要制定切合实际的供暖设备温度管理程序（表1–4–6）。供暖的稳定性直接影响鸡舍温度的稳定，最好采用自动控温锅炉或者加热器，降低人为因素造成的温度波动，而且可以很大程度上降低人员劳动强度。

表 1-4-6　推荐供暖设备温度管理程序

进鸡时间	锅炉回水温度 /℃	一天内温差
第一周	55 ～ 50	锅炉回水温度一天变化≤ 5℃，鸡舍气温一天变化≤ 1℃
第二周	50 ～ 52	
第三周	52 ～ 49	
第四周	49 ～ 46	
第五周	46 ～ 43	
第六周	43 ～ 40	

3. 保证空间上均匀

通过对各组暖气、通风方式的调控，以及对鸡舍漏风部位的管理，实现鸡舍不同位置温度的均匀一致。标准是鸡舍各面、上下温差在0.5℃之内，前后温差在1℃之内。每栋鸡舍悬挂8块以上温度计，每天记录各部位温度值，出现温差超过标准时及时反馈和调整；并且在每次调整暖气、风机、进风口后关注各点温度变化。

常见的鸡舍温度不均匀的原因见表1–4–7。

表 1-4-7　鸡舍温度不均匀的原因分析

内容	原因分析
前面温度低	门板缝隙漏风；操作间漏风；前面窗户开得多
前面温度高	暖气开得多；前面窗户关得多
后面温度低	风机开得时间长；窗户开得大；后面窗户开得多；后面粪沟、后门、风机漏风
后面温度高	风机开得时间短；窗户开得小；后面窗户关得多

续表

内容	原因分析
上下温差大	暖气开得少；风吹不到中间
各面温度不匀	暖气开启不合理；通风不均

（1）漏风部位及时补救，确保鸡舍密闭性　在进鸡前对鸡舍粪沟的插板进行修补，粪沟外安装帘子；对门板缝隙较大的地方用胶条密封，鸡舍的前门、后门悬挂门帘，以此来阻挡贼风；对于暂不使用的风机，入口处用泡沫板密封。通过以上措施达到既可保温、又可阻挡贼风的目的。

（2）进鸡之前，对各栋鸡舍风机的转速进行测定　检查风机的皮带是否松弛；对各鸡舍的风机转速进行实际测定，因为风机设备的老化、磨损，各栋鸡舍的风机转速是稍有差异的，也会导致各鸡舍的温度不一致。

（3）进鸡前，对侧墙的进风口进行维修　目的是将冷空气喷射到鸡舍中央天花板附近，与舍内的热空气充分混合均匀后吹向鸡群。可在进鸡之前，把各栋鸡舍小窗松动的加以固定；校对小窗导流板的角度，确保每个小窗的开启大小一致。

上述两项工作在鸡舍整理的过程中容易被忽略。小窗的松动会导致进风口风向的改变，喷射不到鸡舍中央天花板，再加之小窗导流板的角度不一致，导致凉风吹过中央天花板直接落到对面，冷风直接吹向鸡群，鸡群容易受到冷应激。

（4）校对舍内温度计，使其显示的温度准确　实际生产管理中，管理者往往忽略上述事项。而正是温度计不能准确地显示温度，造成管理者判断上的失误，对鸡群健康造成危害。

在规模化育雏场，采用供暖设备集中供暖，通过控制锅炉温度实现鸡舍温度稳定，是实现雏鸡前期健康的一个好的方法。在进雏前，为供暖设备制定一个温度程序，对风机转速、鸡舍密闭性、窗户开启大小、导流板角度进行全面检查，及时维修，确保育雏温度适宜、均匀和稳定，为雏鸡群健康打好基础。

（五）湿度管理

湿度是创造舒适环境要关注的另一个重要因素，适宜的湿度和雏鸡体重增长密切相关。湿度管理的目标是：前期防止雏鸡脱水；后期防止呼吸道疾病。舍内湿度合适时，人感到湿热、不口燥，雏鸡胫趾润泽细嫩，活动后无过多灰尘。

雏鸡进入育雏舍后，必须保持适当的相对湿度，最少55%。不同的相对湿度下需达到相对应的温度（表1-4-8）。寒冷季节，当需要额外的加热时，假如有必要，可以安装加热喷头，或者在走道泼洒些水，效果较好（图1-4-24）；当湿度过高时，可使用风机通风。

图1-4-24　在走道里洒水提高湿度

表 1-4-8　在不同的相对湿度下达到标准温度所对应的干球温度

日龄 / 天	目标温度 /℃	相对湿度（范围）/%	不同相对湿度下的温度（理想温度）/℃			
			50%	60%	70%	80%
0	29	65 ～ 70	33.0	30.5	28.6	27.0
3	28	65 ～ 70	32.0	29.5	27.6	26.0
6	27	65 ～ 70	31.0	28.5	26.6	25.0
9	26	65 ～ 70	29.7	27.5	25.6	24.0
12	25	60 ～ 70	27.2	25.0	23.8	22.5
15	24	60 ～ 70	26.2	24.0	22.5	21.0
18	23	60 ～ 70	25.0	23.0	21.5	20.0
21	22	60 ～ 70	24.0	22.0	20.5	19.0

（六）通风管理

风速适宜、稳定，换气均匀。保证鸡舍内充足的氧气含量；排热、排湿气；减少舍内灰尘和有害气体的蓄积。

① 0 ～ 4周龄，以保温为主、通风为辅，确保鸡群正常换气；5周龄以后以通风为主，保温为辅。以鸡群需求换气量为基础，做好进气口和排风口的匹配。

② 育雏前期，采用间歇式排风，安排在白天气温较高时进行，通风前要先提高舍温1 ～ 2℃。

③ 进风口要添加导流装置，使进入鸡舍的冷空气充分预温后均匀吹向鸡群；要杜绝漏风，防止贼风吹鸡；检查风速，育雏前4周风速不能超过0.15米/秒，否则容易吹鸡造成发病。

（七）体重管理

育雏期要求体重周周达标，均匀度达到80%，变异系数在0.8以内。

育雏期各阶段鸡的体重和均匀度是衡量鸡群生长发育好坏的重要指标，应重点做好雏鸡体重测量工作。

1.称测时间

从第1周龄开始称重，每周称重一次，每次称测时间应固定，在上午鸡群空腹时进行。

2.选点

每次称测点应固定，称测时每层每列的鸡笼都应涉及，料线始末的个体均应称重。

3.措施

体重称测后，如果出现发育迟缓、个体间差异较大等问题，应立即查找原因，制定管理对策使其恢复成正常鸡群。对不同体重的鸡群采用不同的饲喂计划，促进鸡群整体均匀发育。

（八）断喙

导致啄癖的原因有很多，如日粮不平衡、饲养密度过大、温度过高、通风不良、光照强、断水或缺料等，除解决以上问题外，目前防止啄癖普遍采用的主要措施就是断喙。断喙既可防止啄癖，又节约饲料，促进雏鸡的生长发育。一般进行两次断喙，在6～9日龄进行第一次断喙，此时断喙对雏鸡的应激小，若雏鸡状况不太好时可以往后推迟。断喙时，将上喙断去1/2～2/3（指鼻孔到喙尖的距离），下喙断去1/3，呈上短下长状（图1-4-25、图1-4-26）。具体方法：待断喙器的刀片烧至褐红色，用食指扣住雏鸡喉咙，上下喙同时断，断喙的时间为1～2秒；若发现有个别鸡断后出血，应再行烧烙。

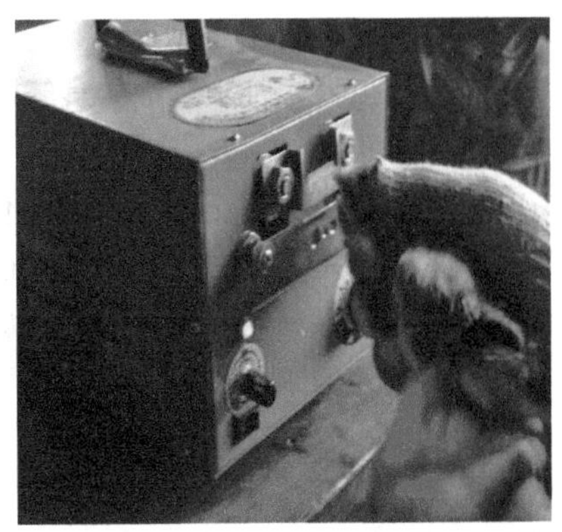

图 1-4-25　雏鸡断喙

图 1-4-26　断喙前后的雏鸡

第二次断喙在青年鸡转入鸡笼时进行，对第一次断喙时个别不成功的鸡再修整一次。断喙后料槽应多添饲料，以免雏鸡取食到槽底，创口疼痛，为避免出血，可在每千克饲料中添加2毫克维生素K。

在给雏鸡断喙时应注意：鸡群受到应激时不要断喙，如刚接种过疫苗的鸡群等，待恢复正常时才能进行；在用磺胺类药物时不要断喙，否则易引起流血不止；在断喙前后一天饲料中可适当添加维生素K（4毫克/千克）有利于凝血；断喙后2～3天内，料槽内饲料要加得满些，以利雏鸡采食，减少碰撞槽底，断喙后要供应充足的清凉饮水，加强饲养管理；断喙时应注意不能断得过长或将舌尖断去，以免影响雏鸡采食。

（九）日常管理

1.检查雏鸡的健康情况

① 经常检查饲槽、水槽（饮水器）的采食饮水位置是否够用，规格是否需要更换，并通过喂料的机会，观察雏鸡对给料的反应、采食的速度、争抢的程度、饮水的情况，以了解雏鸡的健康情况。一般雏鸡减食或不食有以下几种情况：饲料质量下降；饲料品种或喂料方法突然更换；饲料发霉变质或有异味；育雏温度经常波动；饮水供给不足或饲料中长期缺少砂粒；鸡群发生疾病等。

② 经常观察雏鸡的精神状态，及时剔除鸡群中的病、弱雏。病、弱雏常表现出离

群、闭眼呆立、羽毛蓬松不洁、翅膀下垂、呼吸有声等。经常检查鸡群中有无恶癖，如啄羽、啄肛、啄趾及其他异食等现象，检查有无瘫鸡、软脚等，以便及时判断日粮中营养是否平衡。

③ 每天早晨要注意观察雏鸡粪便的颜色和形状是否正常，以便判定鸡群是否健康或饲料的质量是否发生问题。雏鸡正常的粪便应该是：刚出壳尚未采食的幼雏排出的胎粪为白色和深绿色稀薄液体，采食以后粪便呈圆柱形、条状，颜色为棕绿色，粪便的表面有白色的尿酸盐沉着，有时早晨单独排出盲肠内的粪便呈黄棕色糊状，这也属于正常粪便。

病理状态的粪便可能有以下几种情况：肠炎腹泻，排出黄白色、黄绿色附有黏液、血液等的恶臭粪便（多见于新城疫、霍乱、伤寒等急性传染病时）；尿酸盐成分增加，排出白色糊状或石灰浆样的稀粪（多见于雏鸡白痢、传染性法氏囊炎等）；肠炎、出血，排出棕红色、褐色稀便，甚至血便（多见于球虫病）等。

④ 采用立体笼育的要经常检查有无跑鸡、别翅、卡脖、卡脚等现象。要经常清洁饲料槽，每天冲洗饮水器，垫料勤换勤晒，保持舍内清洁卫生。保持空气新鲜，无刺激性气味。

2.适时分群

由于雏鸡出壳有迟有早，体质有强有弱，开食有好有坏以及疾病等的影响，使雏鸡生长有快有慢、参差不齐，必须及时将弱小的雏鸡分群管理，使群内雏鸡生长一致，提高成活率。按时接种疫苗，检查免疫效果。

3.定期称重

① 各育种公司都制定了自己商品蛋鸡的标准体重与日采食量（表1–4–9），如果雏鸡在培育过程中，各周都能按标准体重增长，就可能获得较理想的生产成绩。

表 1-4-9 商品蛋鸡标准体重与日采食量

周龄	周末体重 / 克	日采食量 / 克
1	75	12
2	125	18
3	195	24
4	275	32
5	365	42
6	450	44

② 测重和记录体重增长情况和采食量的变化，可反映出饲养管理好坏及鸡群是否健康，每日必须记录采食量，每一二周必须抽测一次雏鸡的体重。一般在周末的下午2点或鸡空腹时称重，可将鸡群围上100 ～ 200只或抽测鸡群的3% ～ 5%，逐只称重，这样可以随时掌握鸡群的情况（表1–4–10）。

表1-4-10　海兰褐壳蛋鸡育雏期给料量与体重指标

周龄	日耗量/克	累计/克	体重/克
1	13	91	55
2	20	231	105
3	25	406	170
4	29	609	260
5	33	840	360
6	37	1099	480

③ 雏鸡由于长途运输、环境控制不适宜、各种疫苗的免疫、断喙、营养水平不足等因素的干扰，一般在育雏初期较难达到标准体重。除了尽可能地减轻各种因素的干扰，减少雏鸡的应激外，必要时可提高雏鸡料的营养水平，而在雏鸡体重没达到标准之前，即使过了6周龄，也应使用营养水平较高的育雏鸡料。

雏鸡喂料的标准，因不同品种、饲料营养等不同而不同，一般饲料营养水平稍低或是在冬季，雏鸡的日采食量应该大一些。

将抽样的雏鸡逐只称重，取其平均数与标准体重对比，若相差太大，应及时查明原因，采取措施，保证雏鸡正常生长发育。

4.及时转群

一些鸡场在鸡群雏鸡满42日龄后，需要转入育成鸡舍。

（1）转群的方法

① 准备好育成舍。鸡舍和设备必须进行彻底清扫、冲洗和消毒，在熏蒸后密闭3～5天再使用。

② 调整饲料和饮水。转群前后2～3天内增加饲喂多种维生素1～2倍或供饮电解质溶液；转群前6小时应停料；转群后，根据体重和骨骼发育情况逐渐更换饲料。

③ 清理和选择鸡群。将个体不整齐的鸡群，根据生长发育程度分群分饲，淘汰体重过轻、有病、有残的鸡只，彻底清点鸡数，并适当调整饲养密度。

（2）转群时注意的问题

① 鸡舍除应该提前做好清洗消毒外，还需注意温度，特别是在秋季、冬季和开春时节，必须将舍温升到与当时育雏舍相当的程度，不得低于育雏舍4℃以上，否则可能会引发呼吸道病和其他疾病。

② 转群可以用转群笼或用手提雏鸡双腿转移，用手提时一次不可太多，每只手里不应超过5只，动作一定要轻缓，不可粗暴。

③ 为减少应激，夏季应在清晨开始转群，午前结束；冬季应在较温暖的午后进行，避开雨雪天和大风天。

④ 为避免刚转群的鸡互啄打架，转群后的2天内，应使舍内光照弱些，时间稍短

些，待相互熟悉后再恢复正常光照。

⑤ 转群后进入一个陌生的环境，面对不熟悉的伙伴，对鸡来说是个很大的应激，采食量的下降也需2～3天才能恢复。如果鸡群状况不太好，不要同时进行免疫、断喙，以免加重鸡的应激。

⑥ 转群后第一天的饲喂量降低为原喂量的70%，待鸡情绪稳定后，再逐渐增加饲喂量，这样可以减少鸡群因转群引起的应激，减少病死鸡。

三、育雏成绩的判断标准

1. 育成率

育成率的高低是个重要指标，良好的鸡群应该有98%以上的育雏成活率（即育成率）。

2. 体型与体重

检查体型结构是否良好，即体重是否符合要求，体型是否合格达标，良好的鸡群平均体重应基本上按标准体重增长，但平均体重接近标准的鸡群中也有可能部分鸡体重偏小，也有部分鸡超标。

3. 鸡群均匀度

每周末定时在雏鸡空腹时称重，称重时随机抓取鸡群的3%或5%，也可围圈100～200只雏鸡，逐只称重，然后计算鸡群的均匀度。计算方法是先算出抽样鸡群的平均体重，再将平均体重分别乘0.9和1.1得到两个数字，体重在这两个数字之间的鸡数占全部称重鸡数的比例就是这群鸡的均匀度。如果鸡群的均匀度在80%以上，就可以认为这群鸡的体重是比较均匀的，如果不足70%则说明相当部分的鸡长得不好，鸡群的生长不符合要求。如果鸡群的均匀度低则必须追查原因，采取措施。鸡群在发育过程中，各周的均匀度是变动的，当发现均匀度比上一周差时，过去一周的饲养过程中一定有某种因素产生了不良的影响，及时发现问题，可避免造成大的损失。

4. 抗体水平

鸡群健康，新城疫等疾病的抗体水平较高。

四、育雏失败的原因

1. 第一周死亡率高

（1）细菌感染　大多是由种鸡垂直传染，或种蛋保管过程及孵化过程中卫生管理上的失误引起的。为避免这种情况造成较大损失，可在进雏后正确投服开口药。

（2）环境因素　第一周的雏鸡对环境的适应能力较弱，温度过低鸡群扎堆，部分雏鸡被挤压窒息死亡，某段时间在温度控制上的失误，雏鸡也会腹泻得病。因此，要加强环境控制。

2.体重落后于标准

（1）应激多，体重不达标　现在的饲养管理手册制定的体重标准都比较高，育雏期间多次免疫，还要进行断喙，应激因素太多，所以难以完全按标准体重增长。

（2）体重落后于标准太多时应多方面追查原因

① 饲料营养水平太低。

② 环境管理失宜。育雏温度过高或过低都会影响采食量。活动正常的情况下，温度稍低些，雏鸡的食欲好，采食量大。舍温过低，采食量会下降，并能引发疾病。通风换气不良，舍内缺氧时，鸡群采食量下降，从而影响增重。

③ 鸡群密度过大。鸡群内秩序混乱，生活不安定，情绪紧张，长期生活在应激状态下，影响生长速度。

④ 照明时间不足，雏鸡采食时间不足。

（3）雏鸡发育不齐

① 饲养密度过大，生活环境恶化。

② 饮食位置不足。群体内部竞争过于激烈，使部分鸡体质下降，增长落后于全群。

③ 疾病的影响。感染了由种鸡带来的白痢、支原体等病或在孵化过程被细菌污染的雏鸡，即使不发病，增重也会落后。

（4）饲养环境控制失误　如局部地区温度过低，部分雏鸡睡眠时受凉或通风换气不良等因素，产生严重应激，生长会落后于全群。

（5）断喙失误　部分雏鸡喙留得过短，严重影响采食导致增重受阻，所以断喙最好由技术熟练的工人操作。

（6）饲料营养不良　饲料中某种营养物质缺乏或某种成分过多，造成营养不平衡，由于鸡个体间的承受能力不同，增长速度会产生差别。即使是营养很全面的饲料，如果不能使鸡群中的每只鸡都同时采食，那么先采食的鸡抢食大粒的玉米、豆粕等，后采食的鸡只能吃剩下的粉面状饲料，由于粉状部分能量含量低、矿物质含量高，营养很不平衡，自然严重影响增重，使体重小的鸡越来越落后。

（7）未能及时分群　如能及时挑出体重小、体质弱的鸡，将其放在竞争较缓、更舒适的环境中培养，也能逐步赶上大群雏鸡的体重。

五、雏鸡死淘率高的原因与对策

雏鸡死淘率高，关键是饲养管理存在疏漏。开始几周的死淘率特征可以清晰地反映出饲养管理的质量。前3天的死淘率与1日龄雏鸡的质量高度相关。3天以后的死淘率就取决于饲养管理水平。小鸡的泄殖腔周围羽毛肮脏，说明曾经遭受应激。这个问题在本饲养周期无法补救。对这批鸡，应尽量减少应激造成的损失，并争取在下一批鸡的饲养过程中进行针对性的改进。

分析每日死淘率高，可提示以下管理不良信号：

1.育雏设备简陋，温度掌握不好

“育雏如育婴”，保温是关键。鸡胚在孵化期间的环境温度高达38℃左右，刚出壳的雏鸡由于身体弱小，绒毛稀短，体温调节机能还不健全，如果环境温度骤然降低，雏鸡就会因缺乏御寒能力而感冒、腹泻，甚至挤堆压死。

2.饲料单一，营养不足

育雏时如果不使用全价饲料，营养不足，不能满足雏鸡生长发育需要，雏鸡生长缓慢、体质弱，易患营养缺乏症及白痢、气管炎、球虫病等各种病而导致死淘率过高。

3.不注重疾病防治

防疫不及时，漏免，防治工作做不好，容易造成雏鸡患病死亡。

4.1日龄雏鸡质量太差

谈到质量必然涉及标准，据了解，目前我国尚未制定雏鸡的国家或行业标准，要控制和检验雏鸡质量，就必须有看得见摸得着的标准。可参考如下标准。

（1）体重　由于雏鸡品系的不同，对雏鸡初生重（从出雏器捡出后2～3小时内称重）会有不同要求。

（2）均匀度85%以上　即随机抽取若干雏鸡（每批不少于100只），逐只称重，计算平均值，用体重在平均值±10%范围内的总只数，除以总抽样数，乘以100%，得到均匀度。

（3）感官　雏鸡羽毛颜色、体形符合本品种特征，绒毛清洁、干燥，精神活泼、反应灵敏，肢体、器官无缺陷，无大肚、黑脐、糊肛，叫声清脆，握雏鸡有较强的挣脱力。

（4）微生物检查　同一种鸡来源的雏鸡，每周各取10只健雏、10只弱雏和10只死胚，无菌采取卵黄，分别接种在普通培养基和麦康凯培养基中，在任意一个培养基中只要发现细菌，就说明这只鸡被感染。感染率（感染只数/取样总只数）标准为：健雏0%，弱雏≤20%，死胚≤30%为合格。

（5）母源抗体　每周对来源于一个种鸡场的雏鸡检测一次，其母源抗体水平应达到要求。其中新城疫：8～10lg2，禽流感H9：8～9lg2、禽流感H5：7l～8lg2。

（6）鸡白痢　父母代种鸡场鸡白痢阳性率小于0.2%。

（7）死亡率　雏鸡到达养殖户，排除运输原因和饲养管理不当、中毒、突发疫病、饲料等因素，1周内死亡率控制在1%以下。

第二篇

蛋鸡育成98天（7～20周龄）

7～20周龄是蛋鸡的育成期。虽然98天的育成期仅仅是母鸡寿命的1/5左右，但育成期是母鸡一生很重要的阶段，所有内脏器官的发育，如心脏、肺脏、肾脏等，都要在这段时间内完成。任何在育成期管理上的疏漏都不能在以后的产蛋期进行改正和调整，并将严重影响产蛋性能，如应激会造成发育迟缓，并对之后的产蛋期产生不良影响。

育成期管理目标是：鸡群健康，体重和均匀度周周达标，体成熟和性成熟同步，适时开产。管理重点是：合理地控制好体成熟和性成熟。

好的准备工作始于制定一个完善的育成期工作程序，甚至在鸡尚未入舍时就应该制定好。首先要确定的问题是：是否要母鸡早开产，产蛋量多，但蛋重较小；还是推迟一些开产，但蛋重较大。控制母鸡体重是达到不同目标的重要手段。另外，季节也是必须要考虑的重要因素。在顺季开始育成期的母鸡比逆季开始育成期的母鸡开产早些，即使是遮光的人工控制光照鸡舍，也是同样的结果。

第一章 蛋鸡育成期的生理特点与管理的一般要求

一、蛋鸡育成期的生理特点与管理的一般要求

① 具有健全的体温调节能力和较强的生活能力，对外界环境的适应能力和疾病的抵抗能力明显增强。

要做好季节变化和转群两个关键时期的鸡群管理，防止鸡群发生呼吸道病、大肠杆菌病等环境条件性疾病。

② 消化能力强，生长迅速，是肌肉和骨骼发育的重要阶段。整个育成期体重增幅最大，但增重速度不如雏鸡快。

③ 育成后期鸡的生殖系统发育成熟。在光照管理和营养供应上要注意这一特点，顺利完成由育成期到产蛋期的过渡。

二、优质育成蛋鸡的质量标准要求

优质母鸡的育成期，要求未发生或蔓延烈性传染病，体质健壮，体形紧凑似“V”字形，精神活泼，食欲正常，体重和骨骼发育符合品种要求且均匀一致，胸骨平直而坚实，脂肪沉积少而肌肉发达，适时达到性成熟，初产蛋重较大，能迅速达到产蛋高峰且持久性好。20周龄时，高产鸡群的育成率应能达到96%。

三、做好向育成期的过渡

由育雏到育成阶段，饲养管理上有一系列变化，这些变化要逐步进行，避免突然改变。

1.脱温

3周龄的雏鸡体温调节机能已相当发达，气候暖和的季节，育雏室可由取暖过渡到不取暖，这叫脱温。急剧的温度变化对雏鸡是一种打击，要求降温缓慢，故需4～6天的时间。脱温要求稳妥，使雏鸡慢慢习惯于室温后才能完全脱温。最初，暖和的中午停止给温，而夜间仍给温，以后逐渐改变为夜间也停止给温。脱温还应考虑季节性，早春育雏，往往已到脱温周龄，但室外气温还比较低，而且昼夜温差也较大，就应延长给温时间，一般情况下，昼夜温度如果达到18℃以上，就可脱温。脱温后如果遇到降温天气，仍应给温，待天气转好后，再次脱温，并要观察夜间鸡群状态，减少意外事故的发生。

2.换料

各阶段鸡对饲料中营养物质的需要不同，以及各地养鸡受饲料条件的限制，为了节省饲料和促进雏鸡生长，需要多次换料。换料越及时，经济效益越高。但更换饲料对雏鸡来说是一种应激，易造成生长紊乱，轻者食欲降低，严重者发育受阻，因此，换料要有一个逐步过渡阶段，不可突然全换，使雏鸡对新的刺激有一个适应过程。一般可采用5天换料法。

不管采取哪种换料方法，均应本着逐渐更换的原则，另外，两种饲料要拌均匀，使雏鸡感受不到饲料的改变。

3.转群

有条件的鸡场，可转入专门的育成鸡舍，也可在育雏舍内降低饲养密度，改变环境，渡过育成期。一些小型鸡场，将雏鸡由网上笼养改为育成阶段的地面散养，为的是加强育成鸡的运动，这就有一个下笼过程，开始接触地面，雏鸡不太习惯，有害怕表现，容易引起密集拥挤，应防止扎堆压死，并应供应采食和饮水的良好条件，下笼后，应仔细观察鸡群，同时在饲料中加入抗球虫药，严防球虫病的发生。

改为地面散养后，鸡舍内应设栖架，栖架可用木棍或竹竿制作。从育成阶段就应训练雏鸡夜间上架休息，以减轻地面潮湿对鸡的不良影响，有利于骨骼的发育，避免龙骨弯曲。

大中型鸡场，转群是一项很大的工作，搞不好影响鸡的生长发育。可改在夜间进行，因黑暗条件下，鸡较安静，不致引起惊群，抓鸡省时省力。

四、育成鸡舍设施设备与环境控制

（一）育成鸡舍设施与设备

育成鸡舍为饲养7～20周龄的育成鸡所用。现代鸡种以体重划分育雏期和育成期，一般雏鸡要在6～8周龄体重达到标准要求后才转入育成鸡舍。为了减少转群使鸡产生应激和充分利用房舍，很多鸡场都采用育雏育成在同一鸡舍进行。

育成鸡舍条件要求比育雏鸡舍低，不需要供温设备，但舍内仍要布置照明电路。房屋高度3米左右，跨度7～10米，长度50～100米。育成鸡舍也可作蛋鸡舍或种鸡舍用。若平面饲养可隔成小间，地面铺上垫料即可养鸡。笼养可不隔成小间。

育成设备可根据饲养方式而定。

1.平养

地面铺上清洁干燥的垫料。料槽或料桶、饮水器均匀分布在舍内。鸡吃料和饮水的距离以不超过3米为宜。平养密度：垫料平养10～14只/米^2，网上平养18～20只/米^2。平均所需饲槽长度为5～7厘米/只。

2.笼养

育雏育成笼是指雏鸡从初生至育成结束使用同一种鸡笼，但是要随鸡龄增大调整鸡群密度和随时调高饲槽、水槽位置，保证鸡群能吃到料和饮到水。笼养育雏期饲养密度为20～30只/米^2，饲槽长度5～10厘米/只，水槽长度2.5～5厘米/只。

育成笼也有采用定型三层笼的。育成笼与蛋鸡笼相似，只是笼底是平的，底网为2厘米条栅间隙。每笼饲养育成鸡3～4只，每组笼饲养育成鸡90～120只，采用饲槽喂料和长流水或乳头饮水。

育成舍内育成笼的安排可按三排鸡笼四个走道或两排鸡笼三个走道布局，每排鸡笼宽2米，走道宽0.7米。

育成舍要求通风良好，地面干燥，可以多开窗户。为减少转群引起的应激，一般中雏和大雏鸡均在同一鸡舍，中雏鸡每笼4只，大雏鸡（12周龄以内的鸡）每笼减少为3只，养至转群到产蛋鸡舍。

（二）育成鸡饲养的环境控制

育成鸡的健康成长与生长发育以及性成熟等无不受外界环境条件的影响，特别是现代养禽生产，在全舍饲、高密度条件下，环境问题变得更为突出。

1.密度

为使育成鸡发育良好，整齐一致，须保持适中的饲养密度，密度大小除与周龄和饲养方式有关外，还应随品种、季节、通风条件等而调整。饲养密度见表2-1-1。

表2-1-1　育成鸡的饲养密度　　单位：只/米^2

周龄	地面平养	网上平养	半网栅平养	立体笼养
6～8	15	20	18	26
9～15	10	14	12	18
16～20	7	12	9	14

注：笼养所涉及的面积是指笼底面积。

2.光照

在饲料营养平衡的条件下，光照对育成鸡的性成熟起着重要作用，必须掌握好，特别是10周龄以后，要求光照时间应短于光照阈12小时，并且时间只能缩短而不能增加，强度也不可增强，具体的控制办法见雏鸡的管理部分。

3.通风

鸡舍空气应保持新鲜，使有害气体减至最低量，以保证鸡群的健康。随着季节的变换与育成鸡的生长，通风量也要随之改变（表2–1–2）。

此外，要保持鸡舍清洁与安静，坚持适时带鸡消毒。

表 2-1-2 育成鸡的通风量（1000 只鸡）

周龄	平均体重 / 克	最大换气量 /（米^3/ 分钟）	最小换气量 /（米^3/ 分钟）
8	610	79	18
10	725	94	23
12	855	111	26
14	975	127	29
16	1100	143	33
18	1230	156	36
20	1340	174	40

第二章 育成蛋鸡的营养需要与限制饲喂

针对育成鸡的生理特点，饲养管理的关键是促进育成鸡体成熟的进程，保障育成鸡健壮的体质；控制性成熟的速度，避免性早熟；合理饲喂，防止脂肪过早沉积而导致鸡只过肥。

一、育成蛋鸡的饲养方式

育成鸡的饲养方式有地面平养、板条（金属网）和地面平养结合、全板条（金属网地面）及笼养。

二、育成蛋鸡的营养需要与日粮配制

育成鸡7～14周龄阶段需要较多的能量、蛋白质和维生素；15～20周龄阶段饲料养分浓度可适当降低，即饲料可以“粗”一些，育成鸡日粮适当减少蛋白含量，增加粗纤维的含量。

① 育成期饲料粗蛋白含量应逐渐减少：即6周龄前饲料粗蛋白占19%，7～14周龄占16%～16.5%，15～20周龄占14%～15%。通过低水平营养控制鸡的早熟、早产和体重过大，这对提高产蛋阶段的产蛋量和维持产蛋持久性有好处。

② 育成期饲料中矿物质含量要充足，钙磷比例应保持在（1.2～1.5）：1，同时饲料中各种维生素及微量元素比例要适当。地面平养100只鸡每周喂砂砾0.2～0.3千克，笼养可按饲料的0.5%添加。育成期食槽必须充足。

育成鸡的营养需要见表2-2-1。

表 2-2-1　育成鸡的营养需要

7 ~ 14 周龄阶段育成鸡营养需要		15 ~ 20 周龄阶段育成鸡营养需要	
代谢能	11.72 兆焦 / 千克	代谢能	11.08 ～ 11.29 兆焦 / 千克
粗蛋白	16% ～ 16.5%	粗蛋白	14% ～ 15%
粗纤维	小于 5%	粗纤维	7% ～ 8%

常规饲料原料配制7～18周龄生长蛋鸡饲料配方见表2-2-2。

表 2-2-2　常规饲料原料配制 7 ~ 18 周龄生长蛋鸡饲料配方

项目		配方 1	配方 2	配方 3	配方 4	配方 5
原料 /%	玉米	68.21	69.01	69.22	67.21	70.60
	小麦麸	7.27	7.60	7.53	7.69	8.00
	米糠饼	3.00	—	—	—	—
	苜蓿草粉	—	1.00	—	—	—
	花生仁饼	—	1.00	—	2.00	—
	芝麻饼	—	—	—	2.00	—
	棉籽蛋白	—	—	2.00	—	—
	大豆粕	9.00	12.00	—	—	—
	大豆饼	—	—	14.00	14.00	10.00
	菜籽粕	3.00	—	—	—	—
	向日葵仁粕	4.00	5.00	—	—	—
	麦芽根	—	—	—	—	2.00
	玉米蛋白粉	—	—	—	—	2.00
	玉米胚芽饼	—	—	2.00	—	—
	玉米 DGGS	—	—	—	2.00	—
	蚕豆粉浆蛋白粉	0.38	0.09	—	—	2.00
	鱼粉	2.00	1.00	2.00	2.00	2.00
	氢钙	0.69	0.82	0.78	0.84	1.00
	石粉	1.19	1.18	1.15	1.00	1.00
	食盐	0.24	0.26	0.27	0.22	0.27
	蛋氨酸	—	0.01	0.04	—	0.03
	赖氨酸	0.02	0.02	—	0.04	0.10
	预混料	1.00	1.00	1.00	1.00	1.00
	总计	100.00	100.00	100.00	100.00	100.00

续表

项目		配方1	配方2	配方3	配方4	配方5
饲料成分	代谢能(兆焦/千克)	11.72	11.72	11.70	11.72	11.83
	粗蛋白/%	15.50	15.56	15.55	15.50	15.50
	钙/%	0.80	0.80	0.80	0.80	0.80
	非植酸磷/%	0.35	0.35	0.37	0.39	0.41
	钠/%	0.15	0.15	0.15	0.15	0.15
	氯/%	0.20	0.21	0.21	0.19	0.22
	赖氨酸/%	0.68	0.68	0.70	0.70	0.76
	蛋氨酸/%	0.27	0.27	0.31	0.28	0.30
	含硫氨基酸/%	0.56	0.55	0.55	0.55	0.56

三、限制饲喂

限制饲喂就是有意识地控制饲料供给量，并限制饲料的能量和蛋白质水平，以防止蛋鸡育成阶段体重过大，成熟过早，成年后产蛋量减少的一种饲喂方法。

（一）限制饲喂的意义

限饲的目的是控制蛋鸡生长发育速度，保持其体重的正常增长；延迟性成熟，提高进入产蛋期后的生产性能；节省饲料，降低饲养成本；降低产蛋期间的死亡率。

（二）限制饲喂的方法

分为限量法和限质法。

1.限量法

限制饲喂量为正常采食量的80%～90%。

2.限质法

如饲喂低能量、低蛋白和低赖氨酸日粮都会延迟性成熟。

具体限制饲喂方法见表2-2-3。

表2-2-3　蛋鸡常用限制饲喂的方法

名称	具体方法	备注
限量法	日喂料量按自由采食量的90%左右喂给	日喂料量减少10%左右，但必须保证每周增重不低于标准体重。若达不到标准体重，易导致产蛋期产蛋量减少，死亡率增加
限质法	日粮能量水平降低至9.2兆焦/千克，粗蛋白降至10%～11%，同时提高日粮中粗纤维的含量，使之达到7%～8%	配制日粮时，适当限制某种营养成分的添加量，造成日粮营养成分的不足。例如，低能量日粮、低蛋白质日粮或低赖氨酸日粮等，减少鸡只脂肪沉积。该方法管理容易，无须断喙和称重，但鸡的体重难以控制

（三）限饲对象和限饲时间

1.限饲对象

体重高于标准体重的育成鸡，分群后体重超过标准体重的大鸡及体重偏重的中型品种鸡，在育成阶段采取限制饲喂。

2.限饲时间

一般从8～10周龄开始，直到17～18周龄结束。

（四）限制饲喂的注意事项

限饲方式可根据季节和品种进行调整，如炎热季节由于能量消耗较少，可采用每天限饲法，矮小型蛋鸡的限饲时间一般不超过4周。

限饲前，必须对鸡群进行选择分群，将病鸡和弱鸡挑选出来；限饲期间，必须有充足的料槽、水槽。若有预防接种、疾病等应激发生，则停止限饲。若应激为某些管理操作所引起，则应在进行该操作前后各2～3天给予鸡只自由采食。采用限量法限饲时，要保证鸡只饲喂营养平衡的全价日粮。定期抽测称重，一般每隔1～2周随机抽取鸡群的1%～5%进行空腹称重，通过抽样称重检测限饲效果。若超过标准体重的1%，下周则减料1%；反之，则增料1%。

第三章 蛋鸡育成期管理的重点

一、体重和均匀度管理

体重达标是鸡群发挥良好生产性能的基础，能够客观反映鸡群发育水平；均匀度是建立在体重发育基础上的又一指标，反映了鸡群的整体质量。如果鸡群性成熟时体重达标整齐、骨骼发育良好，则鸡群开产整齐，产蛋高峰高，产蛋高峰期维持时间长。

（一）体重管理

目标：体重周周达标，为产蛋储备体能。

1.育成期不同阶段体重管理重点

① 7～8周龄称为过渡期。重点是通过转群或分群，使鸡只饲养密度由30只/米^{2}增加到20只/米^2，在转群或分群过程中，注意保持舍内环境的稳定。转群前建议投饮多维，减小对鸡群的应激。

② 9～12周龄为快速生长期。该阶段鸡只周增重100～130克，重点是确保鸡群健康和体重快速增长；周体增重最好超过标准，如果不达标，后期体重将很难弥补上来。

③ 13～18周龄为育成后期。体重增长速度随着日龄增加而逐渐减慢。鸡群体形逐渐增大，笼内开始变得拥挤；并且该时期免疫较多，对鸡群应激大，所以该时期要密切关注体重和均匀度变化趋势。

2.确保体重达标的管理措施

① 确保环境稳定、适宜，特别在转群前后和季节转换时期要密切关注；②及时分群，确保饲养密度适宜，不拥挤；③控制饲料质量，确保营养全价、均衡；④由雏鸡

舍转育成鸡舍后，如果鸡只体重不达标，可增加饲喂量和匀料次数，仍然不达标时，可推迟更换育成期料，但最晚不超过9周龄。

（二）均匀度管理

目标：每周均匀度达到85%以上。

提高鸡群均匀度的管理措施：

① 做好免疫与鸡群饲养管理，确保鸡群健康，保持鸡只的正常生长发育。

② 喂料均匀，保证每只鸡获得均衡、一致的营养。

③ 采取分群管理。6周龄末根据体重大小将鸡群分为三组：超重组（超过标准体重10%）、标准组、低标组（低于标准体重10%）。对低标组的鸡群在饲料中可增加多维或添加0.5%的植物油脂，对超标组的鸡群限制饲喂。

二、换料管理

1.换料种类及时间

7～8周龄将雏鸡料换成育成鸡料，16～17周龄将育成鸡料换成产蛋前期饲料。

2.换料注意事项

换料时间以体重为参考标准。在6周龄、16周龄末称量鸡只体重，达标后更换饲料，如果体重不达标，可推迟换料时间，但不应晚于9周龄末和17周龄末。

注意过渡换料，换料至少要有一周的过渡时间。参照以下程序执行：第1～2天，2/3的原饲料+1/3待更换饲料；第3～4天，1/2原饲料+1/2待更换饲料；第5～7天，1/3原饲料+2/3待更换饲料。

三、光照管理

1.光照对性成熟的影响

调整光照是控制蛋鸡性成熟的主要方式，前8周龄光照时间和强度对鸡只的性成熟影响较小，8周龄以后影响较大，尤其是13～18周龄的育成后期，鸡体的生殖系统包括输卵管、卵巢等进入快速发育期，会因光照的渐增或渐减而使性成熟提早或延迟，因此好的饲养管理，配合正确的光照程序，才能得到最佳的产蛋结果。

2.育成期光照管理基本原则

① 育成期光照时间不能延长，建议实施8～10小时的恒定光照程序。

② 进入产蛋前期（一般18周龄）增加光照后，光照时间不能缩短。

3.光照程序

（1）能利用自然光照的开放鸡舍　对于从4月至8月间引进的雏鸡，由于育成后期的日照时间是逐渐缩短的，可以直接利用自然光照，育成期不必再加人工光照。

对于9月中旬至来年3月引进的雏鸡，由于育成后期光照时间逐渐延长，需要利用自然光照加人工光照的方法来防止其过早开产。具体方法有两种。

一是光照时数保持稳定法：即查出该鸡群在20周龄时的自然日照时数，如是14小时，则从育雏开始就采用自然光照加人工补充光照的方法，一直保持每日光照14小时至20周龄，再按产蛋期的要求，逐渐延长光照时间。

二是光照时间逐渐缩短法：先查出鸡群20周龄时的日照时数，将此数再加上4小时，作为育雏开始时的光照时间。如20周龄时日照时数为13.5小时，则加上4小时后为17.5小时，在4周龄内保持这个光照时间不变，从4周龄开始每周减少15分钟的光照时间，到20周龄时的光照时间正好是日照时间，20周龄后再按产蛋期的要求逐渐增加光照时间。

（2）密闭式鸡舍　密闭鸡舍不透光，完全是利用人工照明来控制光照时间，光照的程序就比较简单。一般1周龄为22～23小时的光照，之后逐渐减少，至6～8周龄时降低到每天10小时左右，从18周龄开始再按产蛋期的要求增加光照时间。

育成末期的光照原则：鸡群达到开产体重时，方可增加光照时间，不能过早加光。过早增加光照时间则极易导致产蛋率低、产蛋高峰维持时间短、蛋重小。如褐壳罗曼蛋鸡只有体重达到1400克时，方可增加光照而刺激鸡群开产。如果达到开产日龄而体重却不达标，也不能加光，而要等到体重达标时方可加光。

四、温度管理

① 育成期将温度控制在18～22℃，每天温差不超过2℃。

② 夏季高温季节，提高鸡舍内风速，通过风冷效应降低鸡群体感温度；推荐安装水帘降温系统，将温度控制在30℃以内，防止高温影响鸡群生长，尤其是在密度逐渐增大的育成后期。

③ 冬季为了保证鸡只的正常生长和舍内良好的通风换气，舍内温度要控制在13～18℃，最低不低于13℃；如果有条件可以安装供暖装置，将舍温控制在18℃左右，确保温度适宜和良好换气。

④ 在春、秋季节转换时期，要防止季节变化导致的鸡舍温度剧烈变化或风速过大引起的冷应激。春季要预防刮大风和倒春寒天气；秋季要提前做好舍内降温工作，以利于鸡只适应外界气温的变化。

五、疫病控制

1.免疫管理

蛋鸡育成期的免疫接种较多，要根据当地的流行病制定免疫程序，选择质量过关的疫苗和适宜的接种方法。免疫时要减少鸡群的应激，免疫后注意观察鸡群情况并在免疫后7～14天检测抗体滴度，确保保护率达标，一般新城疫抗体血凝平板凝集试验不低于7，禽流感H5株、H4株不低于6，H9株不低于7，各种抗体的离散度均在4以内。

2.消毒

消毒时要内外环境兼顾，舍内消毒每天一次，舍外消毒每天两次，消毒前注意环境的清洁以保证消毒效果。消毒药严格按照配比浓度要求配制并定期更换消毒药。

3.鸡群巡视及治疗

每天要认真观察鸡群，发现病弱鸡及时隔离，并尽快查找原因，决定是否进行全群治疗，避免疾病在鸡群中蔓延。选药时要用敏感性强、高效、低毒、经济的药物。

六、防止推迟开产

实际生产中，5～7月份培育的雏鸡容易出现开产推迟的现象，主要原因是雏鸡在夏季期间采食量不足，体重落后于标准，在培育过程中可采取以下措施：

① 育雏期间夜间适当开灯补饲，使鸡的体重接近于标准。

② 在体重没有达到标准之前持续用营养水平较高的育雏料。

③ 适当地提高育成后期饲料的营养水平，使育成鸡16周后的体重略高于标准。

④ 在18周龄之前开始增加光照时间。

七、日常管理

① 鸡群的日常观察。发现鸡群的精神、采食、饮水、粪便等有异常时，要及时请有关人员处理。

② 经常淘汰残次鸡、病鸡。

③ 经常检查设备运行情况，保持照明设备的清洁。

④ 每周或隔周抽样称量鸡只体重，由此分析饲养管理方法是否得当，并及时改进。

⑤ 制定合理的免疫计划和程序，进行防疫、消毒、投药工作，培育前期尤其要重视法氏囊炎的预防。法氏囊炎的发生不仅影响鸡的生长发育，而且会造成鸡的免疫力降低，对其他疫苗的免疫应答能力下降，如新城疫、马立克氏病等。切实做好鸡白痢、球虫病、呼吸道病等疾病的预防以减少由于疾病造成的体重不达标和大小不匀。

⑥ 补喂砂砾。为了提高育成鸡只的消化机能及饲料利用率，有必要给育成鸡添喂砂砾，砂砾可以拌料饲喂，也可以单独放入砂砾槽饲喂。砂砾的喂量及规格可以参考表2-3-1。

表 2-3-1 砂砾的喂量及规格

育成鸡周龄	砂砾数量 /［千克 /（千只 · 周）］	砂砾规格 / 毫米
4～8	4	3
8～12	8	4～5
12～20	11	6～7

育成鸡的饲养管理可简单总结为表2-3-2。

表 2-3-2 育成鸡的饲养管理简表

<table>
<tr><th rowspan="2">周龄</th><th rowspan="2">日龄 / 天</th><th rowspan="2">饲养密度 /（只 / 米²）</th><th colspan="2">平均每只每天耗料量 / 克</th><th colspan="2">平均每只周末体重 / 克</th><th rowspan="2">管理要点</th><th rowspan="2">防疫措施</th></tr>
<tr><th>轻型母雏</th><th>中型母雏</th><th>轻型母雏</th><th>中型母雏</th></tr>
<tr><td>7</td><td>43～49</td><td>14</td><td>39.0</td><td>45.4</td><td>490</td><td>670</td><td>做好饲料更换工作，淘汰病、弱、小、残母雏</td><td>鸡疫苗免疫接种</td></tr>
<tr><td>8</td><td>50～56</td><td>14</td><td>40.8</td><td>47.6</td><td>580</td><td>790</td><td></td><td></td></tr>
<tr><td>9</td><td>57～63</td><td>8</td><td>40.8</td><td>49.9</td><td>660</td><td>870</td><td>开始控制体重，减小饲养密度</td><td>地面平养鸡要驱蛔虫，每千克体重0.25克驱蛔灵，拌入饲料中服用</td></tr>
<tr><td>10</td><td>64～70</td><td>8</td><td>45.4</td><td>52.2</td><td>740</td><td>970</td><td>如果6～10日龄未断喙可在10～12周龄进行</td><td>2月龄后可用新城疫Ⅰ系苗注射免疫</td></tr>
<tr><td>11</td><td>71～77</td><td>8</td><td>49.9</td><td>54.4</td><td>810</td><td>1050</td><td rowspan="2">强化饲养管理工作，观察鸡群、鸡粪便的变化情况，预防球虫病的发生</td><td rowspan="2">养鸡数量多者可用新城疫Ⅵ系苗饮水或气雾免疫</td></tr>
<tr><td>12</td><td>78～84</td><td>8</td><td>49.9</td><td>56.7</td><td>880</td><td>1130</td></tr>
<tr><td>13</td><td>85～91</td><td>8</td><td>54.4</td><td>59.0</td><td>950</td><td>1210</td><td rowspan="2">可以适当降低饲料营养成分</td><td rowspan="2"></td></tr>
<tr><td>14</td><td>92～98</td><td>8</td><td>54.4</td><td>61.2</td><td>1020</td><td>1280</td></tr>
<tr><td>15</td><td>99～105</td><td>8</td><td>59.0</td><td>63.5</td><td>1080</td><td>1360</td><td rowspan="3">如果蛋鸡笼养，可在17～20周龄期间转群、上笼，一般夜间进行为好</td><td rowspan="3">4月龄后鸡只上笼时，可再用新城疫Ⅰ系苗免疫</td></tr>
<tr><td>16</td><td>106～112</td><td>8</td><td>59.0</td><td>65.8</td><td>1130</td><td>1430</td></tr>
<tr><td>17</td><td>113～119</td><td>8</td><td>63.5</td><td>68.0</td><td>1180</td><td>1500</td></tr>
</table>

续表

<table>
<tr><th rowspan="2">周龄</th><th rowspan="2">日龄/天</th><th rowspan="2">饲养密度/(只/米²)</th><th colspan="2">平均每只每天耗料量/克</th><th colspan="2">平均每只周末体重/克</th><th rowspan="2">管理要点</th><th rowspan="2">防疫措施</th></tr>
<tr><th>轻型母雏</th><th>中型母雏</th><th>轻型母雏</th><th>中型母雏</th></tr>
<tr><td>18</td><td>120 ～ 126</td><td>8</td><td>63.5</td><td>70.3</td><td>1220</td><td>1560</td><td rowspan="3">在 18 ～ 19 周龄可根据光照情况每月增加 1 小时。转群前对断喙不合格者再行断喙；转群时称重，测定鸡群均匀度；淘汰病、弱、小、残母雏</td><td rowspan="3">做好转群的预防应激工作，饲料中可添加土霉素和多种维生素。鸡群数量大时，可用新城疫Ⅱ系苗饮水或气雾免疫，以后每隔三个月免疫一次</td></tr>
<tr><td>19</td><td>127 ～ 133</td><td>6</td><td>68.0</td><td>72.6</td><td>1260</td><td>1620</td></tr>
<tr><td>20</td><td>134 ～ 140</td><td>6</td><td>68.0</td><td>74.8</td><td>1290</td><td>1680</td></tr>
</table>

第三篇

蛋鸡产蛋360天（21周龄至淘汰）

从育成鸡舍转群到产蛋鸡舍的头几个星期（地面平养系统），当鸡产第一枚蛋后，要打开产蛋箱，并定期收集窝外蛋（开灯后快速收集，且每1～2小时收集一次）。从开产到产蛋高峰，如果产蛋率或者采食量持续较低，要提供更多的高浓度营养物质（鱼粉、奶粉），增加开启料线的次数，且提供足够的光照，保证鸡每3天清空一次料槽。产蛋高峰之后，鸡体重越大，蛋壳质量越差，此时需要转换饲料类型，适当降低饲料的营养浓度，增加饲料中钙质的比例（石灰石或砂砾），注意避免营养不良和啄羽。

第一章 产蛋鸡饲养方式与鸡场鸡舍建设

一、蛋鸡大规模网上平养技术

（一）概述

欧美国家已广泛应用蛋鸡网上大规模、全自动平养技术，该技术要求鸡舍选址离主干道和居民生活区及其他畜禽养殖区域1千米以上。单栋饲养规模在5万～10万只。鸡舍采用全封闭负压通风全自动环境控制系统，通过对舍内温度、湿度的自动实时监测，在低温时通过自动调节升温系统进行升温，高温时通过自动调节湿帘、风机等工作状态实现降温。自动控制系统可自动控制鸡舍内通风和光照。网板的高度以便于鸡粪的传输清理系统和鸡蛋中央自动集蛋系统的设置为准，可根据实际生产操作的需要进行设计。该技术采用自动链式送料、自动乳头式饮水、自动集蛋式蛋箱、自动传送带清粪。

产蛋鸡的适宜温度范围是13～25℃。网上平养密度以每平方米8～10只为宜。从20周龄开始，每周延长光照0.5小时，使产蛋期的光照时间逐渐增加至14～16小时，然后稳定在这一水平上，一直到产蛋结束。在全密闭鸡舍完全采用人工光照的鸡群，可从凌晨4点开始光照至20～21点结束。按照所饲养品种产蛋阶段的营养需要配制日粮。采用乳头式饮水线，每个饮水器喂10只鸡左右；自动盘式喂料，不限料，每个料盘喂45只鸡左右。禁止产蛋鸡在产蛋箱过夜，晚上熄灯前将产蛋箱关闭，早上开灯前开启产蛋箱。洁净、无尘、干燥的疏松材料都可用作产蛋箱的垫料。在鸡群开产前一周要打开产蛋箱，并铺上垫料，让母鸡逐渐熟悉产蛋箱。要对产蛋箱进行遮光使箱内幽暗，产蛋箱每平方米供120只鸡。

集蛋系统包括产蛋箱（图3-1-1）、中央输送系统和包装机。鸡蛋由各纵向排列的产蛋箱输送带传送至横向的中央输送系统，最后传送至自动包装机进行装盘。自动清粪系统由纵向鸡粪收集传送带及末端的横向传送带组成。在各养殖单元的塑料网板下安装纵向的鸡粪收集传送带，定期将鸡粪传送至末端的横向传送带，再由横向传送带输送到封闭的厢式货车运至有机肥处理厂。

图 3-1-1　产蛋箱

（二）特点

蛋鸡全封闭大规模网上全自动平养技术有几个特点：第一，蛋鸡处在最佳的温度、湿度和通风等环境条件下，全封闭，防疫隔离条件好，为蛋鸡提供了最佳的生物安全条件，使其能够充分发挥产蛋遗传潜能，呈现最佳的生产性能；第二，通过全自动送料、送水、集蛋和清粪，节省大量劳动力资源，适应国内日趋紧张的劳动力供给状况；第三，该技术满足蛋鸡在地面自由活动，符合动物福利的要求；第四，鸡蛋从鸡舍直接通过自动集蛋系统收集、装盘，最大限度地减少了转运过程中的破损；第五，粪便自动清理收集制成有机肥，最大限度减少大规模蛋鸡饲养带来的环保压力，使鸡粪得到资源化利用。

（三）成效

采用该技术饲养蛋鸡，可以让蛋鸡在最舒适的环境条件下稳定发挥遗传潜能，实现动物福利，每只鸡72周龄可产蛋21千克，比目前传统笼养条件下的15千克提高40%，死淘率比传统条件下降低10%～15%，也大大减少饲料浪费，实现鸡蛋生产全过程的质量安全控制。同时，该技术大大节省劳动力，养10万只蛋鸡仅需2～3个工人，仅为传统笼养或平养的10%。经济、社会和生态效益都十分可观。

二、西北地区规模养鸡场建设模式

（一）概述

我国西北地域辽阔，包括陕西、甘肃、宁夏回族自治区（以下简称宁夏）、青海、新疆维吾尔自治区，面积304.3万平方千米，占国土陆地面积的31.7%。西北地区地处亚欧大陆腹地，大部分地区降水稀少，全年降水量多数在500毫米以下，属干旱半干旱地区，冬季严寒、夏季高温，气候干旱是西北地区最突出的自然特征。同时，西北地区也属于经济欠发达地区，因此鸡场设计既要综合考虑资金、技术、人员配备、环保、节能等方面因素，又要考虑鸡舍冬季保温、夏季降温的问题，结合西北蛋鸡养殖实际及未来发展，西北地区不同规模鸡场以适合农户群体（1万～5万只）、中等规模群体（5万～10万只）、集约化养殖（20万只以上）3种模式为主。

1.鸡场设计的原则

（1）场址选择　鸡场选址不得位于《畜牧法》明令禁止的区域。应遵循节约土地，尽量不占耕地，利用荒地、丘陵山地的原则；远离居民区与交通主干道，避开其他养殖区和屠宰场。

① 地形地势。应选择在地势高燥非耕地地段，在丘陵山地应选择坡度不超过20度的阳坡，排水便利。

② 水源水质。具有稳定的水源，水质要符合《畜禽饮用水水质》标准。

③ 电力供应。采用当地电网供应，且备有柴油发电机组作为备用电源。

④ 交通设施。交通便利，但应远离交通主干道，距交通主干道不少于1000米，距居民区500米以上。

（2）场区规划

① 饲养模式。采用“育雏育成”和“产蛋”两阶段饲养模式。

② 饲养制度。采用同一栋鸡舍或同一鸡场只饲养同一批日龄的鸡，全进全出制度。

③ 单栋鸡舍饲养量。建议半开放式小型鸡场每栋饲养5000只以上，大中型鸡场密闭式鸡舍单栋饲养1万只、3万只或5万只以上。

（3）布局

① 总体原则。结合防疫和组织生产，场区布局为生活区、办公区、辅助生产区、生产区、污粪处理区。

② 排列原则。按照主导风向、地势高低及水流方向依次为生活区→办公区→辅助生产区→生产区→污粪处理区。地势与风向不一致时，则以主导风向为主。

图3-1-2　人员入场冲洗消毒设施

生活区：在整个场区的上风向，有条件最好与办公区分开，与办公区距离最好保持在30米以上。

办公区：鸡场的管理区，与辅助生产区相连，要有围墙相隔。

辅助生产区：主要有消毒过道、人员入场冲洗消毒设施（图3-1-2）、饲料加工车间及饲料库、蛋库、配电室、水塔、维修间、化验室等。

生产区：包括育雏育成鸡舍、蛋鸡

舍。育雏育成鸡舍应在生产区的上风向，与蛋鸡舍保持一定距离。一般育雏育成鸡舍与蛋鸡舍按1 ∶ 3配套建设。

污粪处理区：在鸡场的下风向，主要有焚烧炉、污水和鸡粪处理设施等。

③ 鸡场道路。分净道和污道。净道作为场内运输饲料、鸡群和鸡蛋的道路；污道用于运输粪便、死鸡和病鸡。净道和污道二者不能交叉。

2.鸡舍建筑设计

鸡舍建筑设计是鸡场建设的核心，西北地区在鸡舍设计上要考虑夏季防暑降温、冬季保暖的问题。

（1）鸡舍朝向及间距

① 鸡舍朝向。采用坐北朝南、东西走向或南偏东15度左右，有利于增强冬季鸡舍保温和减少夏季太阳辐射，利用主导风向改善鸡舍通风条件。

② 鸡舍间距。育雏育成舍10～20米，成鸡舍10～15米；育雏区与产蛋区要保持一定距离，一般在50米以上。

（2）鸡舍建筑类型　根据西北气候特点，应以密闭式和半开放式鸡舍为主。

① 密闭式鸡舍。鸡舍无窗，只有能遮光的进气孔，机械化、自动化程度较高，鸡舍内温湿度和光照通过调节设备控制。要求房顶和墙体要用隔热性能好的材料。

② 半开放式鸡舍。也称有窗鸡舍，南墙留有较大窗户，北墙有较小窗户。这类鸡舍全部或大部分靠自然通风、自然光照，舍内环境受季节的影响较大，舍内温度随季节变化而变化；如果冬季鸡舍内温度达不到要求，一般在舍内加火炉或火墙来提高温度。

（3）鸡舍结构要求

① 地基与地面。地基应深厚、结实，舍内地面应高于舍外，大型密闭式鸡舍水泥地面应做防渗、防潮、平坦处理，利于清洗消毒。

② 墙壁。要求保温隔热性能好，墙体外加保温板（图3–1–3），能防御风雨雪侵袭；墙内面用水泥挂面，以便防潮和利于冲洗消毒。

③ 屋顶。密闭式鸡舍一般采用双坡式，屋顶密封不设窗户，采用H型钢柱、钢梁或C型钢檩条，屋面采用10厘米厚彩钢保温板。

④ 门窗。全密闭式鸡舍门一般设在鸡舍的南侧，不设窗户，只有通风孔，在南北墙两侧或前端工作道墙上设湿帘。半开放式鸡舍门一般开在净道一侧工作间，双开门大小1.8米×1.6米。窗户一般设在南北墙上，一般为1.2米×0.9米（双层玻璃窗），便于采光和通风。

图 3-1-3　墙体外加保温板

图 3-1-4　空心砖作湿帘

通过多年的摸索，宁夏一些鸡场在夏季防暑降温上大胆创新，采用空心砖作为湿帘（图3-1-4），应用效果较好，主要是西北地区风沙比较大，对纸质湿帘的使用寿命有影响，在冬季用保温板覆盖或用泥涂抹后即可解决鸡舍保温问题。

⑤ 鸡舍跨度、长度和高度。鸡舍的跨度、长度和高度依鸡场的地形、采用的笼具和单栋鸡舍存栏而定。例如密闭式鸡舍，存栏1万只，采用3列4道4阶梯，跨度11.4～13.8米，长度65米、高度3.6米（高出最上层鸡笼1～1.5米）。半开放式鸡舍存栏5000只，采用3列4道3阶梯式，鸡舍长40米，跨度10.5米，高度3.6米。

3.鸡舍设备

① 鸡笼成阶梯式或层叠式。

② 自动喂料系统。行车式，半开放式鸡舍也可采用人工喂料。

③ 自动饮水系统。乳头式。

④ 自动光照系统。节能灯、定时开关系统。

⑤ 清粪系统。刮粪板、钢丝绳、减速机。

（二）特点

标准化规模养殖是今后一个时期我国蛋鸡养殖的发展方向，它在场址选择、布局上要求较高（图3-1-5），各功能区相对独立且有一定距离，生产区净道和污道分开，不能交叉，采用全进全出的饲养模式，有利于疫病防控。同时，密闭式鸡舍由于机械化、自动化程度高（图3-1-6），需要较大的资金投入，造价

图 3-1-5　标准化蛋鸡场的选址

图 3-1-6　标准化笼养鸡舍自动化程度高

高，但舍内环境通过各种设备控制，可减少外界环境对鸡群的影响。提高了饲养密度，可节约土地，并能够提高劳动效率。半开放式鸡舍与密闭式相比，土建和鸡舍内部设备投资相对较少，造价低，但外部环境对鸡群的影响较大。

（三）成效

标准化规模养鸡场的建设，在鸡场场址选择、布局、鸡舍建设、鸡舍内部设施以及附属设施建设上要求较高，必须严格按照标准进行，同时采取了育雏育成期和产蛋期两阶段的饲养模式，实施“全进全出”的饲养管理制度，有效地阻断了疫病传播，提高了鸡群健康水平。全自动饲养设备，配套纵向通风湿帘降温系统和饮水、喂料、带鸡消毒等自动化工艺，先进的自动分拣、分级包装设备，极大地提高了劳动效率。采用全自动设备养鸡，使鸡舍小环境得到有效控制，蛋鸡的生产性能得到充分发挥，主要表现在育雏育成期成活率高达97%以上，产蛋期成活率在94%以上；77周龄淘汰，料蛋比2.20 ∶ 1。

三、华南丘陵地区开放式蛋鸡舍建设模式

（一）概述

我国南方广大地区，夏季气温高、持续时间长，属于湿热性气候。7月份平均气温为28 ～ 31℃，日平均温度高于25℃的天数，每年有75 ～ 175天。盛夏酷暑太阳辐射强度高达每平方米390 ～ 1047瓦。据资料分析，南方开放式鸡舍在酷热期间，饲料消耗量下降15% ～ 20%，产蛋率下降15% ～ 25%，而耗水量却上升50% ～ 100%，同时对各种疾病的抵抗能力也下降。如何克服夏季高温对鸡只生产的影响一直是南方高密度养鸡的一大技术难题。在夏天，当舍内温度较高时，鸡舍通风是实现鸡舍内降温的有效途径，在通风降温的同时，可排出舍内的潮气及二氧化碳、氨气、硫化氢等有害气体，也可将鸡舍内的粉屑、尘埃、菌体等有害微生物排出舍外，对净化舍内空气，起到了有利作用。

当前在推动蛋鸡标准化养殖的过程中，多数养殖者倾向采用纵向通风水帘降温的机械通风方式，这种方式已被证明是南方炎热地区夏季降低鸡舍内温度的有效方式。但机械通风耗能大，生产成本相对较高。实际上如果能充分利用地形地貌，因地制宜，巧妙规划设计开放式鸡舍的自然通风，则可充分利用自然热压与风压，从而大大节约机械通风所需的能源，极为经济。基于良好的生产管理，自然通风鸡舍同样能取得良好的生产成绩。

1.鸡场的选址

场地选择是否得当，关系到卫生防疫、鸡只的生长以及饲养人员的工作效率，关系到养鸡的成败和效益。场地选择要考虑综合性因素，如面积、地势、土壤、朝向、

交通、水源、电源、防疫条件、自然灾害及经济环境等，一般场地选择要遵循如下几项原则。

（1）有利于防疫　养鸡场地不宜选择在人烟稠密的居民住宅区或工厂集中地，不宜选择在交通来往频繁的地方，不宜选择在畜禽贸易场所附近；宜选择在较偏远而车辆又能达到的地方。这样的地方不易受疫病传染，有利于防疫。

（2）场地宜在高燥、干爽、排水良好的地方　鸡舍应当选择地势高燥、向阳的地方，避免建在低洼潮湿的水田、平地及谷底。鸡舍的地面要平坦而稍有坡度，以便排水，防止积水和泥泞。地形要开阔整齐，场地不要过于狭长或边角太多，交通水电便利，远离村庄及污染源。

在山地丘陵地区，一般宜选择南坡，倾斜度在20度以下，这样的地方便于排水和接纳阳光，冬暖夏凉。而本技术的关键之一是因地制宜，充分利用丘陵地区的自然地形地貌，如利用林带树木、山岭、沟渠等作为场界的天然屏障，将鸡舍建在山顶，达到防暑降温的目的。

（3）场地内要有遮阴　场地内宜有竹木、绿树遮阴。

（4）场地要有水源和电源　鸡场需要用水和用电，故必须要有水源和电源。水源最好为自来水，如无自来水，则要选在地下水资源丰富、适合于打井的地方，而且水质要符合人饮用的卫生要求。

（5）下风处　应选在村庄居民点的下风处，地势低于居民点，但要离开居民点污水进出口，不应选在化工厂、屠宰场等容易造成环境污染企业的下风处或附近。

（6）位置　要远离交通要道（如铁路、国道）和村庄至少300～500米，要和一般道路相隔100～200米距离。

2.鸡舍的建筑标准

（1）鸡舍规格　建成鸡舍高2.4米（即檐口到地面高度），宽8～12米，长度依地形和饲养规模而定。每4米要求对开2个地脚窗，其大小为35厘米×36厘米。鸡舍不能建成有转弯角度。鸡舍周围矮墙护栏采用扁砖砌成，要求高40～50厘米（即4～5个侧砖高），不适宜过高，过高导致通风不良。四周矮墙以上部分的塑料卷帘或彩条布要分两层设置，即上层占1/3宽，下层占2/3宽或设计成由上向下放的形式，以便采用多种方式进行通风透气及遮挡风雨。一幢鸡舍间每12米要开设瓦面排气窗一个，规格为1.5米×1.5米，高30厘米，排气窗瓦面与鸡舍瓦面抛接位要有40厘米。

（2）鸡舍朝向　正确的鸡舍朝向不仅有助于舍内自然通风、调节舍温，而且能使鸡场整体布局紧凑，充分利用土地。鸡舍朝向主要依据当地的太阳辐射特征和主导风向这两个因素加以确定。

① 我国大多数地区夏季日辐射总量东西向远大于南北向；冬季则为南向最大，北向最小。因此从防寒、防暑考虑，鸡舍朝向以坐北朝南偏东或偏西45度以内为宜。

② 根据通风确定鸡舍朝向，若鸡舍纵墙与冬季主风向垂直，对保温不利；若鸡舍

纵墙与夏季主风向垂直，舍内通风不均匀。因此从保证自然通风的角度考虑，鸡舍的适宜朝向应与主风向成30～45度。

（3）鸡舍的排列　场内鸡舍一般要求横向成行，纵向成列。尽量将建筑物排成方形，避免排成狭长形状而造成饲料、粪污运输距离加大，管理和工作不便。一般选择单列式排列。

3.材料选择及建筑要求

① 鸡舍使用砖瓦结构，支柱不能用竹、木，必须用水泥柱或扁三余砖柱。

② 地面用水泥铺设。在铺水泥地面之前采用薄膜纸过底。水泥厚4～5厘米，舍内地面要比舍外地面高30厘米左右。

③ 鸡舍四周矮墙以上部分的薄膜纸、塑料卷帘或彩条布要分两层设置，即上层占1/3宽，下层占2/3宽或设计成由上向下放的形式。

④ 鸡舍屋顶最低要求采用石棉瓦盖成，最好采用彩钢瓦加泡沫隔热层，不得采用沥青纸。

（二）特点

充分利用华南地区丘陵地形地貌，因地制宜，巧妙规划设计开放式鸡舍的自然通风，从而大大节约机械通风所需的能源，极为经济。

（三）成效

巧妙利用丘陵地区的地形地貌设计建造开放式鸡舍饲养蛋鸡（如罗曼粉壳蛋鸡），在良好的生产管理条件下，产蛋高峰期产蛋率可达97%，其中90%以上产蛋率可维持6～8个月。相对于纵向通风水帘降温的密闭式鸡舍，开放式鸡舍最大的优势是大大降低了能源成本。此外，它还具有如下优点：

① 鸡只能充分适应自然条件，可延长产蛋期，产蛋期死亡率较低。

② 由于鸡只适应自然环境变化，淘汰鸡在抓鸡、运输等过程中的应激适应性强，死亡率低，深受淘汰鸡销售客户的欢迎。在广东地区开放式鸡舍养殖的蛋鸡其淘汰鸡出场价每500克比密闭式鸡舍的鸡只高1.0元以上。

四、产蛋鸡鸡舍建造的总体要求

（一）空气质量标准的总体要求

鸡场周围环境通风良好，空气质量符合畜禽场环境标准NY/T 388。

（二）房屋建筑的标准要求

① 墙壁、屋顶及地面，保温隔热性能好，两侧温差变化≤1℃/10分钟。

② 墙壁、屋顶及地面，坚固结实，耐高压（≥0.5兆帕）冲洗。

③ 鸡舍密闭性能好，保持静态压力≥80帕。

（三）满足鸡群供暖的标准要求

供暖设备必须能够提供足够的热量；供热时热量必须均匀分配到整个鸡舍（图3-1-7）；供热时不能同时消耗舍内的氧气；供热时不能产生对鸡群健康有害的影响。

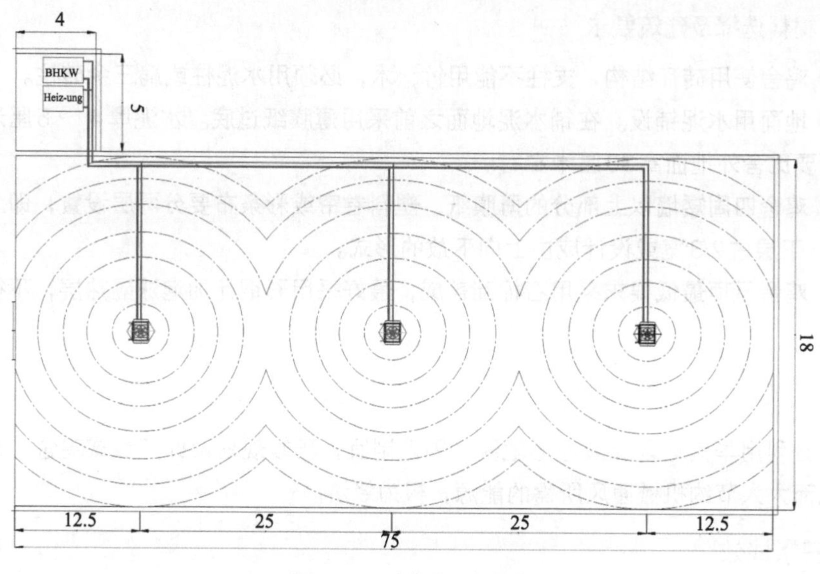

图 3-1-7　鸡舍内均匀供热

（四）满足鸡群通风的标准要求

1. 高温季节

1分钟内换完舍内的全部空气，采用纵向通风模式。

2. 寒冷季节

按鸡群最低需要量通风［0.0155～0.028米^3/（分钟・千克体重）］，采用横向通风模式，设置侧墙进风口1.4米^2/283米^{3}风量。

3. 跨度和长度

鸡舍的跨度按3的倍数设计，鸡舍长度按跨度的偶数倍设计。

五、产蛋鸡鸡舍建造例析

（一）5000只蛋鸡饲养规模鸡舍建造

推荐使用半开放式鸡舍，两列三层全阶梯式笼养方式，水泥地面，墙面白水泥批白，自然通风，设地窗、天窗，人工或机械清粪，人工喂料。

1.鸡舍长宽

鸡舍长38.8米，前过道2米，后过道1.50米，单列笼长34.56米，18组笼，单笼长1.92米，鸡舍宽10.14米，其中粪沟宽1.80米，过道宽1米。

2.窗户

安装通风系统，窗户上沿略高于鸡笼顶笼或持平。

3.风机（机械纵向通风）

直径1.4米风机2台，直径0.80米风机2台，交叉使用在鸡舍正对过道的后墙上，风机的轴心与第二层鸡笼持平。

4.降温系统

安装水帘，屋脊高1.0米。

5.光照

灯泡应高于顶层鸡笼50厘米，位于过道中间，灯泡间距2.5～3米，四列灯泡交错安装，两侧灯泡安装在两侧墙上。

（二）1万只蛋鸡饲养规模鸡舍建造

1.产蛋鸡舍

坐北朝南，长65米，跨度11.4米，双坡式屋顶结构，屋顶密封不设窗，顶层加保温隔热层，建筑外檐高3.6米，侧墙开窗，37墙体加保温隔热板层，墙体表面的内外均有水泥、白灰抹面。前端工作道（净道端）宽3米，尾端工作道（污道端）宽2米，笼具间走道宽1.0米。3列4走道，4层阶梯笼，每列28组，共84组，单列笼长56米，鸡笼架跨度2.4米，单栋饲养量可达10080只。

鸡舍净道端外部的南侧设料塔，北侧设储蛋间，每间耳房各9米^2；鸡舍污道端外部设粪沟，长8米，宽1.5米，深1米，舍内粪沟深40～60厘米。

2.产蛋鸡笼

选用9LDT-4120型4层阶梯式牵引行车喂料蛋鸡笼，规格（长×宽×高）为2米×2.4米×1.9米，饲养量为120只。每条单笼尺寸（长×宽×高）为1.96米×0.350米×（0.38～0.35）米，每条单笼包括5个门，每门可养殖3只鸡，每只鸡占457厘米^2。

六、产蛋鸡鸡舍的环境要求

传统鸡舍，自然开放，冬凉夏暖，环境恶劣，有时育雏和产蛋舍共处一室，产蛋适宜环境难以调控，蛋鸡生产效率低下，容易染病（图3-1-8～图3-1-11）。

图 3-1-8　传统鸡舍自然开放

图 3-1-9　鸡舍内环境恶劣

图 3-1-10　设备落后，无标准

图 3-1-11　设施简陋

高产蛋鸡最适宜的环境要求如下。

1. 饲养密度

产蛋期蛋鸡的饲养密度因品种、饲养方式不同而异，见表3–1–1。

表 3-1-1　不同平养方式蛋鸡的饲养密度

饲养方式	轻型鸡		中型鸡	
	米²/只	只/米²	米²/只	只/米²
厚垫料	0.16	6.2	0.19	5.3
60% 网面 +40% 垫料	0.14	7.1	0.16	6.2
网上平养	0.09	11.1	0.11	9.1

2. 料位与水位

笼养蛋鸡适宜的料位、水位见表3–1–2。

表 3-1-2　笼养蛋鸡适宜的料位、水位

品种	料槽宽度/（厘米/只）	乳头饮水器/（只/个）	需要的空间/（米^2/只）	饲养密度/（只/米^2）
轻型蛋鸡	8	4	0.0380	26.3
中型蛋鸡	5	4	0.0481	20.8

3.鸡舍温度

温度对蛋鸡的生长、产蛋、蛋重、蛋壳品质、种蛋受精率及饲料报酬等都有较大影响。蛋鸡适宜的温度范围为5～28℃，产蛋适宜温度为13～20℃，其中13～16℃产蛋率最高，15.5～20℃饲料报酬最好。综合考虑各种因素，产蛋鸡舍的适宜温度为13～23℃，最适温度为16～21℃；最低温度不能低于7.8℃，最高温度不应超过28℃。否则，对蛋鸡的产蛋性能影响较大。

4.湿度

蛋鸡适宜的相对湿度为60%左右，但相对湿度为45%～70%，对蛋鸡生产性能影响不大。鸡舍内湿度太低或太高，对鸡的生长发育及生产性能危害较大。当鸡舍内湿度太低时，空气干燥，鸡的羽毛膨乱、皮肤干燥、饮水量增加，鸡舍尘埃飞扬，易使鸡发生呼吸道疾病。遇到这种情况，可向地面洒水，或把水盆、水壶放在炉子上使水分蒸发，以提高室内湿度。

生产中往往遇到的不是鸡舍内湿度太低而是鸡舍内湿度太高。当舍内湿度太高时，鸡的羽毛污秽，稀薄的鸡粪四溢，此种情况多发于冬季，舍内外温差大，通风换气不畅，鸡群易患慢性呼吸道病等。在这种情况下，应该通过加大通风量、经常清粪、在鸡舍内放一些吸湿物等办法来降低湿度。

5.通风换气

通风换气的目的在于调节舍内温度，降低湿度，排除污浊空气，减小有害气体、灰尘和微生物的浓度和数量，使舍内保持空气清新，供给鸡群足够的氧气。

为达到通风的目的，在建造鸡舍时，应合理设置进气口与排气口，使气流能均匀流过全舍而无贼风。即使在严寒季节也要进行低流量或间断性通风。进气口须能调节方位与大小，天冷时进入舍内的气流应由上而下不直接吹向鸡体。机械通风的装置应能调节通风量，根据舍内、外温差调节通风量与气流速度的大小。

6.光照

蛋鸡光照的原则是在产蛋率上升期光照时间只能增加不能减少，在产蛋高峰来临前的2～3周，每天的最长光照时间要达到16～16.5小时并一直恒定不变，在产蛋后期，每天可增加0.5小时，至17小时。

密闭式鸡舍的光照应在原来每天8小时的基础上每周增加1小时。连增两周后，改为每周增加半小时，直至每天光照16～16.5小时，维持恒定不变。开放式鸡舍，

主要是利用自然光照，不足部分用人工光照来补充。因此产蛋期光照，应根据当地日照时间的变化来调节，日照短于规定光照时数的差数，应采取人工光照补充。增加光照时间，以天亮前和日落后各补一半为宜。较为简单的方法是：保证规定的光照时间，早晚各开、关灯一次。若每天光照16小时，则可在早上4：30开灯，日出后关灯；晚上日落后开灯，20：30关灯。这样每天的开关灯时间不变，便于管理，不易错乱。

人工补充光照一般采用不大于60瓦的清洁白炽灯，并使用灯罩，注意保持灯罩完好，每周擦拭灯泡1次。用40瓦灯泡时，灯泡离地面1.5～2米，灯间距在3米左右，若安装25瓦灯泡，其灯间距应为1.5米，食槽、饮水器尽量放在灯泡下方，以便于鸡的采食和饮水。

蛋鸡产蛋期间的光照强度以20勒克斯为好，它有利于蛋的形成和蛋壳钙化。光照过强会引起鸡的不安，神经敏感，导致破蛋率增加。

7.尽量避免应激因素发生

应激是指对鸡健康有害的一些症候群。应激可能是气候的、营养的、群居的或内在的（如由于某些生理机能紊乱，病原体或毒素的作用）。

鸡应激的特征为：垂体前叶和肾上腺增大，腺上素胆固醇耗竭，血浆皮质酮水平升高，胸腺萎缩及雏鸡腔上囊萎缩，循环白细胞数及血糖和血浆游离脂肪酸浓度变化，生长迟缓，体重减轻，生产性能下降等。

任何环境条件的突然改变，都可能引起鸡发生应激反应。养鸡生产中，应激因素是不可避免的，如称重、免疫、转群、断喙、换料、噪声、舍温过高或过低、饲养密度过大、通风不良、光线过强、光照制度的突然改变、饲料营养成分缺乏或不足、断料停水、饲养人员及作业程序的变换、陌生人入舍、鼠、狗、猫等窜入鸡舍等。防止应激反应的发生，尽量减少应激因素的出现，创造一个良好、稳定、舒适的鸡舍内外环境，是产蛋鸡管理尤其是产蛋高峰期管理的重要内容。

应激是有害的，但在生产中又是不可避免的，减少应激源，把危害降低到最低程度在蛋鸡生产中是可以做到的。减少应激因素除采取针对性措施外，应严格制定和认真执行科学的鸡舍管理程序，并注意以下问题：保持鸡舍内外环境安静，严防噪声和大声喧哗，操作时动作要轻；除饲养人员、技术人员之外，其他人员严禁进入鸡舍，严禁鸟、猫、狗等动物进入鸡舍，抓鸡、转群、免疫尽量安排在晚上进行，以减轻对鸡群的惊扰；尽量控制好蛋鸡所需的环境条件，温度、湿度、密度适宜，通风良好，光照制度严格执行，料位、水位充足；日常作业程序一经确定，不要轻易改变，尽量保持其固定性；更换饲料时要逐步进行，应有1周的过渡期；对于像注射、转群、断喙等较大的应激，在饮水或饲料中添加一些抗应激物质，如维生素A、维生素E、维生素C等。

第二章 蛋鸡产蛋期的营养需要与饲料配制

一、产蛋期的生理特点

（一）冠、髯等第二性征变化明显

单冠来航血统的品种蛋鸡，从10周龄至17周龄冠高由1.32厘米增长为2.06厘米，7周增长了0.74厘米。至20周龄时冠高达2.65厘米，3周增长了0.59厘米。到22周龄时冠高已达4.45厘米，2周增长了1.8厘米。冠、髯颜色由黄变粉红，再变至鲜亮的红色。据研究，冠、髯的长度、颜色的变化，不仅和生殖系统发育密切相关，与体重的增长也存在着很高的相关性，相关系数为0.518。

（二）体重的变化

体重是鸡各功能系统重量的总和，所以可将体重视为生长发育状况的综合性指标。蛋鸡各品种都有各自不同阶段的体重标准，转入产蛋阶段，不同品种的要求不尽相同。轻型蛋用品种，18～20周龄体重多在1.3～1.5千克；重型蛋用品种，18～20周龄体重多在1.5～1.7千克；此期蛋鸡体重达到72周体重的75%～80%。在管理产蛋鸡时要定期（4周左右）抽样测定鸡群的体重。根据体重的变化情况及时调整饲料和其他饲养管理措施，使鸡只体况始终处于良好的状态，保证鸡群的高产和高成活率。

（三）生殖机能的变化

生殖机能的成熟与完善是产蛋期与育成期鸡只生理机能最显著的不同之处。生理机能的成熟与完善主要发生在产蛋前期。据研究指出，生长发育正常的来航血统的鸡，在18周龄时卵巢平均重量约为2克。此时卵巢中的初级卵泡开始发育生长，逐渐形成大小不一的生长卵泡，其中有4～6个卵泡生长特别快，经过9～14天便可发育为成熟卵泡。20周龄时卵巢重量达到25克左右，发育成熟的卵泡开始排卵。在卵巢快速生长发育的同时，输卵管、子宫也在快速发育生长，具有了接纳卵子和分泌蛋白、膜壳的机能。卵巢排出的卵子被输卵管伞部接纳，进入输卵管，在输卵管蛋白分泌部裹上蛋白，经峡部时形成内、外两层壳膜，然后进入子宫，形成硬蛋壳。当蛋壳完全形成后，再被覆盖上胶质膜，这样一个蛋便完全形成，并很快被产出体外。

每个蛋产出的间隔时间，不同品种、系有所不同；同品种、系的高产个体与低产个体也不同，高产个体产蛋间隔23～25小时，低产鸡则需30个小时以上；同一只鸡，在一个产蛋周期内的阶段不同，其产蛋间隔时间也有差别。

到24周龄时，鸡的卵巢重量达60克左右，与生殖有关的激素分泌机能进入最为活跃的时期。其外在表现是产蛋率快速上升，整个鸡群进入产蛋高峰期。

（四）鸣叫声的变化

快要开产和开产日期不太长的鸡，经常发出“咯——，咯——”悦耳的长音叫声，鸡舍里此叫声不绝，说明鸡群的产蛋率会很快上升了。此时饲养管理要更精心细致，特别要防止突然应激现象的发生。

（五）皮肤色素的变化

产蛋开始后，鸡皮肤上的黄色素呈现逐渐有序的消退现象。其消退顺序是眼周围—耳周围—喙尖—喙根—胫爪。

高产鸡黄色素消退得快，低产鸡黄色素消退得慢，停产的鸡黄色素会逐渐再次沉积。所以根据鸡皮肤黄色素消退情况，可以判断产蛋性能的高低。

（六）产蛋的变化规律

产蛋情况的变化是生理变化的表现，直接地反映出鸡的生理状况。现代蛋用品种鸡的产蛋性能在正常的饲养管理情况下都很高，各品种之间的差异不大，开产时间、产蛋数量、总蛋重也很相近。在体形、体重和平均产蛋量等方面，褐壳和白壳蛋鸡品种间有一定的差异，粉壳品种介于两者之间。白壳蛋鸡体形较小，成年鸡平均体重一般在1.5千克左右，平均蛋重在60克左右。褐壳品种体形较大，成年鸡体重一般在1.7千克左右，平均蛋重63～64克。粉壳品种介于两者之间。

1.开产时间

开产时间一般是对群体而言，指鸡群产蛋率达到50%的时间。现代蛋用品种鸡开产时间在150～160日龄之间。开产日龄过早或过晚，都是饲养管理有问题所造成的。随着育种技术的不断发展，现代蛋用品种鸡的开产日龄逐渐提前。只要鸡群体重、体尺达标，整齐度好，提早开产是提高产量的有效途径之一。

2.产蛋枚数和蛋重

在21～72周龄鸡的第一个产蛋周期内，不论是褐壳、粉壳还是白壳品种的蛋鸡，可能达到的平均产蛋数多在280～312枚之间，总蛋重在17.5～19千克之间。全程平均蛋重：褐壳品种62克左右；粉壳品种61克左右；白壳品种60克左右。

二、产蛋期阶段的划分

一般地，从21周龄至72周龄淘汰是蛋鸡的产蛋期。现代商品蛋鸡品种，如在育成期鸡群管理得当，19～20周龄就能见蛋，到21周龄初正常开产。这一时期按产蛋率高低分为产蛋前期、产蛋高峰期和产蛋后期。

（一）产蛋前期

产蛋前期是指开始产蛋到产蛋率达到80%之前，通常是从21周龄初到28周龄末。少数品种的鸡开产日龄及产蛋高峰都前移到19～23周龄。这个时期的特点是产蛋率增长很快，以每周20%～30%的幅度上升。鸡的体重和蛋重也都在增加。体重平均每周仍可增长30～40克，蛋重每周增加1.2克左右。

（二）产蛋高峰期

28周龄末，当鸡群的产蛋率上升到80%时，即进入了产蛋高峰期。80%产蛋率到最高峰值时的产蛋率仍然上升得很快，通常3～4周便可升到92%～95%。90%以上的产蛋率一般可以维持10～20周，然后缓慢下降。当产蛋率降到80%以下，产蛋高峰期便结束了，这时一般在48周龄。现代蛋用品种鸡的产蛋高峰期通常可维持6个月左右，即便到了72周龄时，仍能保持65%左右的产蛋率。

（三）产蛋后期

从周平均产蛋率80%以下至鸡群淘汰，称为产蛋后期，通常指48周龄到淘汰（72周龄左右）的时段。产蛋后期周平均产蛋率下降幅度要比高峰期下降幅度大一些。

三、各阶段的营养需要

1.产蛋前期

这一阶段，由于蛋鸡的体重、蛋重、产蛋率都在增加，蛋鸡的负担较重，对蛋白质的需要量随产蛋率的提高而增加。此外，蛋壳的形成需要大量的钙，因此对钙的需要量也增加。蛋氨酸、维生素、微量元素等营养指标也应适量提高，确保营养成分供应充足，力求延长产蛋高峰期，充分发挥其生产性能。含钙原料应选用颗粒较大的贝壳粉和粗石粉，便于挑食。尽可能少用玉米蛋白粉等过细饲料原料，以免影响采食。

2.产蛋高峰期

产蛋高峰期，蛋鸡体重几乎不增加，产蛋率维持在较高的水平上，营养需求较高。到40周龄以后或产蛋率由80%至90%的高峰期过后，产蛋率又开始缓慢下降，营养需求较40周龄前略有降低。但由于蛋重增加，饲粮中的粗蛋白质水平不可降得太快，应采取试探性降低蛋白质水平较为稳妥。

3.产蛋后期

48周龄以后或产蛋率降至80%以下，这一时期的产蛋率持续下降。由于鸡龄增加，对饲料中营养物质的消化和吸收能力下降，蛋壳质量变差，饲粮中应适当增加矿物质饲料的用量，以提高钙的水平。产蛋后期随产蛋量下降，母鸡对能量的需要量相应减少，在降低粗蛋白水平的同时不可提高能量水平，以免使鸡变肥而影响生产性能（表3–2–1）。

表 3-2-1　产蛋鸡营养需要

营养指标	单位	开产～高峰期	高峰后期	种鸡
代谢能	兆焦/千克(千卡/千克)	11.29（2.70）	10.87（2.65）	11.29（2.70）
粗蛋白	%	16.5	15.5	18.0
蛋白能量比	克/兆焦（克/千卡）	14.61（61.11）	14.26（58.49）	15.94（66.67）
赖氨酸能量比	克/兆焦（克/千卡）	0.64（2.67）	0.61（2.54）	0.63（2.63）
赖氨酸	%	0.75	0.70	0.75
蛋氨酸	%	0.34	0.32	0.34
蛋氨酸＋胱氨酸	%	0.65	0.56	0.65
苏氨酸	%	0.55	0.50	0.55
色氨酸	%	0.16	0.15	0.16
精氨酸	%	0.76	0.69	0.76
亮氨酸	%	1.02	0.98	1.02
异亮氨酸	%	0.72	0.66	0.72
苯丙氨酸	%	0.58	0.52	0.58
苯丙氨酸＋酪氨酸	%	1.08	1.06	1.08
组氨酸	%	0.25	0.23	0.25
缬氨酸	%	0.59	0.54	0.59
甘氨酸＋丝氨酸	%	0.57	0.48	0.57
可利用赖氨酸	%	0.66	0.60	—
可利用蛋氨酸	%	0.32	0.30	—
钙	%	3.5	3.5	3.5

续表

营养指标	单位	开产～高峰期	高峰后期	种鸡
总磷	%	0.60	0.60	0.60
非植酸磷	%	0.32	0.32	0.32
钠	%	0.15	0.15	0.15
氯	%	0.15	0.15	0.15
铁	毫克／千克	60	60	60
铜	毫克／千克	8	8	6
锌	毫克／千克	80	80	60
锰	毫克／千克	60	60	60
碘	毫克／千克	0.35	0.35	0.35
硒	毫克／千克	0.30	0.30	0.30
亚油酸	%	1	1	1
维生素A	国际单位／千克	8000	8000	10000
维生素D	国际单位／千克	1600	1600	2000
维生素E	国际单位／千克	5	5	10
维生素K	毫克／千克	0.5	0.5	1.0
硫胺素	毫克／千克	0.8	0.8	0.8
核黄素	毫克／千克	2.5	2.5	3.8
泛酸	毫克／千克	2.2	2.2	10
烟酸	毫克／千克	20	20	30
吡哆醇	毫克／千克	3	3.0	4.5
生物素	毫克／千克	0.10	0.10	0.15
叶酸	毫克／千克	0.25	0.25	0.35
胆碱	毫克／千克	500	500	500

注：根据中型体重鸡制定，轻型鸡可减少10%；开产日龄按5%产蛋率计算。

四、确定使用营养标准

设计产蛋鸡饲料配方，首先要确定好使用的营养标准。产品标准是设计饲料配方的依据。多数饲料厂采用的是国家标准，有的采用育种公司标准或国外的营养标准（如NRC标准），许多较大的饲料厂制定了适合自己情况的企业标准。

（一）饲料厂家饲料营养标准

一般饲料厂采用的是国家标准，较大的饲料厂制定了适合自己情况的企业标准。

1.采用国家标准

国家对产蛋鸡浓缩饲料（NY/T 903—2004）实行的是推荐性标准；对产蛋后备鸡、产蛋鸡配合饲料（GB/T 5916—2008）实行的也是推荐性标准；蛋雏鸡、育成蛋鸡浓缩饲料既没有国家标准，也没有行业标准。这样，设计饲料配方时，就不好参考。同时由于科学技术的进步，部分国家标准已经不适应目前实际情况，如植酸酶的应用，使得饲料中的植酸磷得以释放，被动物体利用，减少了无机磷的用量和对环境的污染，标准中的总磷指标就不适合现在的情况。新颁布实施的《饲料标签》（GB 10648—2013），也对饲料标准提出了更高的要求，对产品的分析保证值要求也高了，如浓缩饲料要标示氨基酸、主要微量元素和维生素含量，而国家标准没有这些指标的数值。因此，国家标准有一定的局限性，应灵活使用。

2.采用企业标准

由于国家标准和国外的营养标准（NRC标准）的局限性，许多企业制定了适合自身发展的企业标准。企业标准的制定，有国家标准的必须以国家标准为指导，指标不得低于国家标准。《饲料卫生标准》企业不得自己制定，属于强制性标准，必须遵照《饲料卫生标准》（GB 13078—2001）执行。

（二）蛋鸡场家的饲料营养标准

每个育种公司每推出一个产蛋鸡新品种，就会有一整套的标准相应推出。一般来讲育种公司为其自身利益考虑，制定的饲料标准相对而言往往较高。蛋鸡场家可以根据当地实际情况，做适当调整，确立相应的饲料营养标准。

五、饲料配方设计

饲料配方设计的方法，参考本书第一篇第三章第三节“二、饲料配方设计”。

六、产蛋鸡饲料配方实例

1.常规饲料原料配制19周龄至开产蛋鸡饲料配方（表3-2-2）

表3-2-2　常规饲料原料配制19周龄至开产蛋鸡饲料配方

项目		配方1	配方2	配方3	配方4	配方5
原料/%	玉米	64.99	59.90	60.88	59.11	62.97
	高粱	—	—	—	10.00	3.00

续表

项目		配方1	配方2	配方3	配方4	配方5
原料/%	小麦麸	3.88	—	—	—	—
	大麦（裸）	—	7.00	7.00	—	—
	麦芽根	—	—	—	—	2.06
	米糠	—	5.00	—	—	—
	大豆粕	15.00	15.00	15.00	14.00	20.00
	棉籽饼	—	—	—	3.00	3.00
	向日葵仁粕	4.00	—	—	3.00	—
	蚕豆粉浆蛋白粉	—	—	—	4.00	—
	菜籽粕	3.00	3.00	—	—	—
	玉米胚芽粕	—	—	—	—	2.00
	玉米蛋白粉	—	—	3.87	—	—
	苜蓿草粉	—	—	4.00	—	—
	鱼粉	3.00	4.00	3.00	—	—
	碳酸氢钙	0.40	0.24	0.60	0.87	0.82
	石粉	4.49	4.47	4.23	4.62	4.64
	食盐	0.21	0.19	0.21	0.30	0.31
	蛋氨酸	0.04	0.10	0.10	0.10	0.10
	赖氨酸	—	0.10	0.10	—	0.10
	预混料	1.00	1.00	1.00	1.00	1.00
	总计	100.00	100.00	100.00	100.00	100.00
饲料成分	代谢能/（兆焦/千克）	11.51	11.65	11.59	11.77	11.50
	粗蛋白/%	17.02	16.94	17.00	17.04	16.83
	钙/%	2.00	2.00	2.00	2.00	2.00
	非植酸磷/%	0.32	0.32	0.36	0.32	0.32
	钠/%	0.15	0.15	0.15	0.15	0.15
	氯/%	0.19	0.17	0.20	0.23	0.24
	赖氨酸/%	0.78	0.88	0.83	0.79	0.86
	蛋氨酸/%	0.34	0.39	0.40	0.36	0.36
	含硫氨基酸/%	0.64	0.69	0.68	0.64	0.65

2.常规饲料原料配制开产至产蛋高峰蛋鸡饲料配方（表3-2-3）

表 3-2-3　常规饲料原料配制开产至产蛋高峰蛋鸡饲料配方

项目		配方 1	配方 2	配方 3	配方 4	配方 5
原料 /%	玉米	64.41	62.20	64.59	64.77	64.67
	小麦麸	0.55	0.40	—	0.78	0.37
	米糠饼	—	5.00	—	—	—
	大豆粕	12.00	15.00	18.00	13.89	16.00
	菜籽粕	3.00	—	—	—	3.00
	麦芽根	—	—	1.28	—	—
	花生仁粕	—	3.00	—	—	—
	向日葵仁粕	3.00	—	—	—	—
	玉米胚芽饼	—	—	1.66	—	—
	玉米 DGGS	—	—	—	3.00	—
	啤酒酵母	—	—	—	4.00	—
	玉米蛋白粉	3.00	—	—	—	3.00
	鱼粉	3.62	4.00	4.00	3.00	2.24
	碳酸氢钙	1.13	1.08	1.09	1.31	1.39
	石粉	8.00	8.00	8.00	8.00	8.00
	食盐	0.19	0.19	0.20	0.15	0.24
	蛋氨酸	0.06	0.10	0.09	0.09	0.07
	赖氨酸	0.05	0.03	0.10	—	0.02
	预混料	1.00	1.00	1.00	1.00	1.00
	总计	100.00	100.00	100.00	100.00	100.00
饲料成分	代谢能 /（兆焦 / 千克）	11.30	11.30	11.30	11.30	11.30
	粗蛋白 /%	16.50	16.50	16.50	16.50	16.50
	钙 /%	3.50	3.50	3.50	3.50	3.50
	非植酸磷 /%	0.49	0.49	0.49	0.50	0.50
	钠 /%	0.15	0.15	0.15	0.15	0.15
	氯 /%	0.18	0.18	0.19	0.16	0.20
	赖氨酸 /%	0.75	0.81	0.90	0.80	0.75
	蛋氨酸 /%	0.36	0.38	0.37	0.38	0.36
	含硫氨基酸 /%	0.65	0.65	0.65	0.65	0.65

第三章

产蛋鸡的饲养管理

第一节 产蛋前期的饲养管理

一、产蛋前期蛋鸡自身生理变化的特点

1. 内分泌功能的变化

18周龄前后鸡体内的促卵泡激素、促黄体生成素开始大量分泌，刺激卵泡生长，使卵巢的重量和体积迅速增大。同时大、中卵泡中又分泌大量的雌激素、孕激素，刺激输卵管生长、耻骨间距扩大、肛门松弛，为产蛋做准备。

2. 法氏囊的变化

法氏囊是鸡的重要免疫器官，在育雏育成阶段在抵抗疾病方面起到很大作用，但是在接近性成熟时由于雌激素的影响而逐渐萎缩，开产后逐渐消失，其免疫作用也消失。因此，这一时段是鸡体抗体青黄不接的时候，比较容易发病。因此要加强各方面的饲养管理（主要是环境、营养与疾病预防）。

3. 内脏器官的变化

除生殖器官快速发育外，心脏、肝脏的重量也明显增加，消化器官的体积和重量增加得比较缓慢。

二、产蛋前期的管理目标及工作重点

（一）管理目标

让鸡群顺利开产，并快速进入产蛋高峰期；减少各种应激，尽可能地避免意外事件的发生；储备鸡体抗病能力。

（二）管理工作的重点

1.做好转群工作

此阶段鸡群由后备鸡舍转入产蛋鸡舍，转群是这个阶段最大的应激因素。

（1）环境过渡要平稳　鸡群在短时间能够适应环境变化，顺利进行开产前体能的储备。转群工作如果控制不好，应激过大，往往造成转群后鸡群体质下降，增重减缓，严重时甚至有条件性疾病的发生，影响产蛋水平。

转群前做好空舍消毒工作，保证空舍时间在15天以上，切断病原在上下批次蛋鸡中的传播。对于发生过鸡病的栋舍更应彻底做好空舍、栋内原有物品、周围环境的消毒工作。转群前还要做好设备检修、人员配备、抗应激药物使用等环节的工作。

关于转群时机，由于近年来选育的结果，鸡的开产日龄提前，转群最好能在16周龄前进行，但注意此时体重必须达到标准。

（2）搞好环境控制　充分做好转群后蛋鸡舍与育成舍环境控制的衔接工作，认真了解鸡群在育成舍时的温度、湿度、风机开启数量、进风口面积及其他环境参数，尽可能减少转群前后环境差异造成的应激。冬季应当特别注意湿度对环境的影响，湿度过大（大于40%）造成风寒指数增高，鸡群受寒着凉，抵抗力下降，容易诱发条件性疾病。

（3）防疫、隔离卫生　产蛋前期的鸡群各项抗体水平还没有达到最高峰，由于转群、免疫等应激因素影响，鸡群抵抗力降低容易受到疾病（如新城疫、传染性支气管炎、禽流感等）的侵袭。一旦发生此类疾病，常造成开产延迟或达不到应有的产蛋水平。此阶段除做好日常饲养管理外，还要做好鸡群的各项防疫隔离措施，防止疾病的传入。

在转群前，鸡只最好接种新城疫油苗加活苗，产蛋下降综合征灭活苗及其他疫苗。转群后最好进行一次彻底的驱虫工作。体表寄生虫如螨、虱等可用喷洒药物的方法去除。体内寄生虫可内服丙硫咪唑20～30毫克/千克体重，或用阿福丁（主要成分阿维菌素）拌入饲料中服用。转群、接种前后在饲料中应加入多种维生素、抗生素以减轻应激反应。

保持日常舍内卫生干净整洁，认真做好带鸡消毒工作，保持饲养人员的稳定。

2.适时更换产前料，满足鸡的营养需要

当鸡群在17～18周龄，体重达到标准时，马上更换产前料能增加体内钙的储备

和让小母鸡在产前体内储备充足营养和体力。实践证明，根据体重和性发育情况，较早些时间更换产前料对蛋鸡将来产蛋有利，过晚使用钙料会出现瘫痪，产软壳蛋的现象。

（1）从18周龄开始给予产前料　青年母鸡自身的体重、产蛋率和蛋重的增长趋势，使产蛋前期成了青年母鸡一生中机体负担最重的时期，这期间青年母鸡的采食量从75克逐渐增长到120克左右，由于种种原因，很可能造成营养的吸收不能满足机体的需要。为使小母鸡能顺利进入产蛋高峰期，并能维持较长久的高产，减少高峰期可能发生的营养上的负平衡对生产的影响，从18周龄开始应该给予较高营养水平的产前料，让小母鸡产前在体内储备充足的营养。

一般地，当鸡群产蛋率达到5%时应更换产前料。过早更换产前料容易造成鸡群腹泻，过晚更换会造成鸡只营养储备不足影响产蛋。产前料使用时间不超过10天为宜，进而更换为产蛋高峰料，为高产鸡群提供充足的营养。

产前料是高峰料和育成料的过渡，放弃使用产前料，由育成料直接过渡到高峰料的做法是不科学的。

（2）从18周龄开始，增加饲料中钙的含量　小母鸡在18周龄左右，生殖系统迅速发育，在生殖激素的刺激下，骨腔中开始形成骨髓，骨髓约占性成熟小母鸡全部骨骼重量的72%，是一种供母鸡产蛋时调用的钙源。从18周龄开始，及时增加饲料中钙的含量，促进母鸡骨骼的形成，有利于母鸡顺利开产，避免在产蛋高峰期出现瘫鸡，减少笼养鸡疲劳征的发生。

（3）夏季添加油脂　对产蛋高峰期在夏季的鸡群，更应配制高能高蛋白水平的饲料，如有条件可在饲料中添加油脂，当气温高至35℃以上时，可添加2%的油脂；气温在30～35℃范围时，可添加1%的油脂。油脂含能量高，极易被鸡消化吸收，并可减少饲料中的粉尘，提高适口性，对于增强鸡的体质，提高产蛋率和蛋重有良好作用。

（4）检查饲料是否满足青年母鸡营养需要　检查营养上是否满足鸡的需要，不能只看产蛋率情况。青年小母鸡，即使采食的营养不足，也会保持其旺盛的繁殖机能，完成其繁衍后代的任务。在这种情况下，小母鸡会消耗自身的营养来维持产蛋，所以蛋重会变得比较小。因此当营养不能满足需要时，首先表现在蛋重增长缓慢，蛋重小，接着表现在体重增长迟缓或停止增长，甚至体重下降；在体重停止增长或有所下降时，就没有体力来维持长久的高产，所以紧接着产蛋率就会停止上升或开始下降。产蛋率一旦下降，即使采取补救措施也难以恢复了。

3.创造良好的生活环境，保证营养供给

开产是小母鸡一生中的重大转折，是一个很大的应激，在这段时间内小母鸡的生殖系统迅速发育成熟，体重仍在不断增长，大致要增重400～500克，蛋重逐渐增大，产蛋率迅速上升，消耗母鸡的大部分体力。因此，必须尽可能地减少外界对鸡的进一步干扰，减轻各种应激，为鸡群提供安宁稳定的生活环境，并保证满足鸡的营养

需要。

凡是体重能保持品种所需要的增长趋势的鸡群，就可能维持长久的高产，为此在转入产蛋鸡舍后，仍应掌握鸡群体重的动态，一般固定30～50只鸡做上记号，1～2周称测一次体重。

在正常情况下，开产鸡群的产蛋率每月能上升3%～4%。

4.光照管理

产蛋期的光照管理应与育成阶段光照具有连贯性。

饲养于开放式鸡舍的鸡群，如转群处于自然光照逐渐增长的季节，且鸡群在育成期完全采用自然光照，转群时光照时数已达10小时或10小时以上，转入蛋鸡舍时不必补以人工照明，待到自然光照开始变短的时候，再加入人工照明予以补充，人工光照补充的进度是每周增加半小时，最多一小时，亦有每周只增加15分钟的，当自然光照加人工补充光照共计16小时时，则不必再增加人工光照；若转群处于自然光照逐渐缩短的季节，转入蛋鸡舍时自然光照时数有10小时，甚至更长一些，但在逐渐变短，则应立即加补人工照明，补光的进度是每周增加半小时，最多1小时，当光照总数达16小时时，维持恒定即可。

产蛋期的光照强度：产蛋阶段需要的光照强度比育成阶段强约一倍，应达20勒克斯。鸡获得的光照强度和灯间距、悬挂高度、灯泡功率、有无灯罩、灯泡清洁度等因素有密切关系。

人工照明的设置，灯间距2.5～3.0米，灯高（距地面）1.8～2.0米，灯泡功率为40瓦，行与行间的灯应错开排列，这样能获得较均匀的照明效果，每周至少要擦一次灯泡。

产蛋高峰期的饲养管理

鸡群产蛋率达到80%就进入产蛋高峰期，一般在28～48周龄。这个时期，大多数鸡只已经开产，当产蛋率达到90%后增长逐渐放缓，直到达到产蛋尖峰；产蛋率、体重、蛋重仍在增长，鸡只生理负担大，鸡群抗应激能力下降，对外界环境的变化较敏感，易发生呼吸道、大肠杆菌等条件性疾病；抗体消耗大，需要加强禽流感、新城疫等疾病的补充免疫。

一、饲喂管理

1.选择优质饲料

要选择优质饲料，确保饲料营养的全价与稳定，新鲜、充足。

2. 关注鸡只的日耗料量和每天的喂料量

鸡只日耗料量，即鸡只每天的采食量，是判断鸡群健康状况的重要数据之一。通过测定鸡只的日耗料量，可以准确掌握鸡只每天喂料的数量，满足鸡群采食和产蛋期营养需要，为产蛋高峰的维持打下基础。

监测日耗料量，可选取1%～2%的鸡只进行人工饲喂。每天喂料量减去次日清晨剩余料量后所得值除以鸡只数，即为鸡只日耗料量（克/天）。当前后两天日耗料量（或日耗料量与推荐标准日耗料量相比）相差10%以上时，要及时关注鸡群健康状况，采取针对性应对措施。

用鸡只日耗料量乘以鸡只饲养量，即为每天喂料量。饲喂时，要求定时定量，分批饲喂。建议每天至少饲喂三次，匀料三次。每天开灯后3～4小时，关灯前2～3小时是鸡群的采食高峰期，要确保饲料供给充足。

高温季节，鸡只采食量下降，营养摄取不足，进而影响生产性能的发挥。为保证夏季鸡只采食量的达标，推荐在夜间补光2小时，增加鸡只采食时间和采食量。补光原则为前暗区要比后暗区长，且后暗区不得小于2.5小时。

二、饮水管理

1. 注意饮水温度

开放式饲养的鸡群，一般中小型蛋鸡场的供水、供料都在运动场，小型饲养户的饮水用具也多在室外。夏季气温高时，应将饮水器放在阴凉处，水温要比气温略低，切忌太阳暴晒。按照鸡的习性，它们不喜欢饮温热的水，相比之下对温度较低的水却不拒饮。冬季天气寒冷，气温低，最好给鸡饮温水，温水鸡爱喝，也能减少体热损失，增强抗寒能力，对鸡的健康和产蛋都有利。给水温度不得低于5℃，以15℃为佳。

2. 保证饮水卫生

饮水必须清洁卫生，被病菌或农药等污染的水不能用。鸡的饮用水是有标准的，凡人能饮用的水，鸡也可饮用。影响水质的因素有：水源、蓄水池或盛水用具、水槽或饮水用具、带菌的鸡。因此，要定期对盛水用具进行消毒。若用槽式水具，应每天擦洗，这是一项简单而又很难做好的事情；第三层水槽较高，不易擦洗，须特别注意。

3. 适时供给饮水

鸡每天有三次饮水高峰期，即每天早晨8点、中午12点、下午6点左右。鸡的饮水时间大都在光照时间内。早上8点左右，鸡开始接受光照；中午12点左右，是鸡产蛋的高峰时间，母鸡产完蛋后，体内消耗较多的水分，感到非常口渴要喝水；下午6点左右，光照时间即将结束，鸡只准备开始休息，鸡要喝足水以备晚上体内利用。如果产蛋鸡在这三个需水高峰期内喝不到水或喝不足水，鸡的产蛋和健康就会受到影响。

4.适量供给饮水

通常情况下，每只鸡每天需水量及料水比为：春、秋季为200毫升左右，料水比1∶18；夏季为270～280毫升，料水比1∶3；冬季为100～110毫升，料水比1∶0.9，应根据季节调整供水量。用干料喂鸡时，饮水量为采食量的2倍；用湿料喂鸡，供水量可少些。当产蛋率升高时，需水量也随之增加。因为这时鸡产蛋旺盛，代谢加强，不仅形成蛋需要水分，而且随着鸡食量的增大，需水量也逐渐增加。

5.不断水、不跑水

有的饲养员身材高度不够，就踩在第一层笼上或料槽上擦第三层水槽，会引起水槽坡度改变，使水槽有些段水深，有些段水浅，甚至跑水。所以，调整水槽坡度是饲养员经常性的任务之一。水槽中水的深度应在1.5厘米以上，低于0.5厘米时，鸡饮水就很困难，且饮水量不够。使用乳头式饮水器时，要勤检查水质、水箱压力、乳头有无堵塞不供水或关闭不经常流水的情况。有的养鸡农户将水槽末端排水口堵塞，每天添几次水，这种供水方式容易造成断水和饮水量不足，这也是影响产蛋量的因素。

6.处理浸湿的饲料

水槽跑水或漏水，在养鸡生产中是不可避免的。可分几种情况对待：料槽中个别段落饲料被水浸湿，数量不多时，与附近的干料拌和即可；被浸湿饲料数量多但未变质，可取出与干料拌和后分散投在料线上喂给；酸败、发霉的饲料，应立即取出，并对污染的饲槽段进行防霉处理。前两种处理方法，一是不浪费饲料，二是使含水量多的饲料尽可能分散让更多的鸡分担，以便不影响干物质的进食量。

7.做好供水记录

鸡的饮水量除与气温高低有关外，还可以作为观察鸡群是否有潜在疾病或中毒的依据。鸡在发病时，首先表现饮水量降低，食欲下降，产蛋量有变化，然后才出现症状；有的急性病例根本看不到症状。而鸡中毒后则相反，是饮水量突然增加。养鸡一定要做到心中有数，如这群鸡一天饮几桶水，吃多少料，产多少蛋，心中应该有个谱。

三、体重管理

处于产蛋高峰期的鸡只，每10天平均生产9～9.5枚蛋，生产性能已经发挥到极致，体质消耗极大，如果体重不能达到标准，高峰期的维持时间则相应缩短。因此，这个时期，要确保体重周周达标，以保证高峰期的维持。

每周龄末，在早晨尚未给料鸡群空腹时，定时称测1%～2%的鸡只体重；所称的鸡只，要进行定点抽样，每次称测点应固定，每列鸡群点数不少于3个，分布均匀。

当平均体重低于标准30克以上时，应及时添加营养，如1%～2%植物油脂，连续潮拌4～6天。

四、环境控制

1.通风管理

通风管理是饲养管理的重中之重，产蛋高峰期一般采用相对谨慎的通风方式，在设定舍内目标温度、舍内风速控制等方面需谨慎。产蛋高峰期，产蛋鸡群舍内温度要控制在13～25℃，昼夜温差控制在3～5℃以内，相对湿度50%～65%，保持空气清新，风速适宜，冬季0.1～0.2米/秒，环境稳定。

春、秋季，鸡舍通风以维持温度的相对稳定为主。昼夜温差控制在3～5℃以内；舍温随季节变化时，每天温度调整幅度不超过0.5℃。建议春初、秋末时，使用横向通风方式，其他时间使用纵向通风方式。

到了炎热的夏季，通风以防暑降温为主，要求舍内温度控制在32℃以下，建议使用纵向通风方式。通过增大通风量，降低鸡只体感温度。有条件的养殖场（户），建议使用湿帘降温系统，根据不同风速产生的风冷效果，结合舍内实际温度，确定所需要的风速，然后根据所需风速确定风机启动个数。

冬季以防寒保温为主。要求舍内温度控制在13℃以上，建议采用横向通风方式。在满足鸡只最小呼吸量［计算依据：0.015米^3/（千克体重•分钟）］的基础上，尽量减少通风量；根据计算的最小通风量，确定风机启动个数和开启时间。

2.光照管理

合理的光照能刺激排卵，增加产蛋量。生产中应从蛋鸡20周龄开始，每周增加光照时间30分钟，直到每天达到16小时为止，以后每天光照16小时，直到产蛋鸡淘汰前4周，再把光照时间逐渐增加到17小时，直至蛋鸡淘汰。人工补充光照时，舍内地面以每平方米3～5瓦为宜。灯距地面2米左右，最好安装灯罩聚光，灯与灯之间的距离约3米，以保证舍内各处得到均匀的光照。

3.温度管理

产蛋鸡最适宜的温度是13～23℃，温度过高过低均不利于产蛋。要保持鸡舍有一个适宜的温度，在夏季应注意鸡舍通风，可以加大换气扇的功率，改横向通风为纵向巷道式通风，使流经鸡体的风速加大，带走鸡体产生的热量。如结合喷水、洒水，适当降低饲养密度，能更有效地降低舍内的温度。

4.湿度管理

产蛋鸡最适宜的相对湿度为60%～70%，如果舍内湿度过低，就会导致鸡羽毛膨乱，皮肤干燥，羽毛和喙、爪等色泽暗淡，并且极易造成鸡体脱水和引起鸡群的呼吸道疾病。如果舍内湿度过高，就会限制鸡呼吸时向空气中排散水分，鸡体污秽，病菌大量繁殖，易引发各种疾病，引起产蛋量的下降。因此生产中可通过加强通风，雨季采用室内放生石灰块等办法降低舍内湿度；通过空间喷雾提高舍内空气湿度。

五、防疫管理

处于产蛋高峰期的鸡群，体质与抗体消耗均比较大，抵抗力随之下降，为各种疾病感染提供了可乘之机，因此在产蛋高峰阶段应严抓防疫关，杜绝烈性传染病的发生，降低条件性疾病发生的概率。

（一）关注抗体水平

制订详细的新城疫和禽流感H9、H5抗体监测计划，建议每月监测一次，抗体水平低于保护值时，及时补免；推荐2个月免疫一次新支二联活疫苗，3～5个月免疫一次禽流感灭活疫苗。

（二）产蛋高峰期新城疫疫苗的使用

1.使用时间

母鸡在开产前120日龄左右，需注射新城疫Ⅰ系苗和新城疫油苗，Ⅰ系苗的毒力相对Ⅱ系、Ⅲ系、Lasota株、Clone-30株等较强，生成体液抗体及细胞免疫抗体较高，可抵抗新城疫野毒及强毒的侵袭；新城疫油苗注射21天后可产生坚强的体液免疫抗体，抗体维持时间可达半年以上。

2.加强免疫

生产实践中，Ⅰ系苗的抗体效力能维持两个月左右，之后新城疫黏膜抗体及循环抗体便会逐渐降低，不能抵抗新城疫强毒以及野毒的侵入，此时若群体内抗体不均匀或低下便会发病；所以母鸡在产蛋高峰期180日龄左右就必须加强免疫来提高新城疫黏膜抗体水平以及循环抗体水平，最晚不能到200日龄；加强免疫可选用新城疫弱毒苗Clone-30株或V4S株、VG/GA株等毒力较弱且提升均匀抗体能力强的毒株，既能提升抗体，对鸡群反应又较小。

180～200日龄免疫后，每隔一个月或一个半月，可根据鸡群状况做加强免疫，鸡群状况可根据蛋壳颜色、鸡冠变化做出判断。

也可以参考下列免疫程序：100～120日龄用新城疫Ⅳ系疫苗喷雾或点眼、滴鼻，用新城疫灭活苗注射免疫；170～200日龄用新城疫Ⅳ系或新威灵疫苗喷雾免疫一次，以后每隔一个月或一个半月用新城疫Ⅳ系疫苗或新威灵喷雾免疫一次；或根据当地流行病学及抗体监测情况，在140～150日龄再用新城疫单联油苗和活苗进行加强免疫，确保鸡群在整个产蛋高峰期维持高的抗体水平，保证鸡群平稳度过产蛋高峰期。

（三）产蛋高峰期的药物预防

加强对产蛋高峰期鸡群的饲养管理，提高机体抗病力。采用高品质饲料，保证营养充足均衡，饮水中添加适量的电解多维。提供适宜的环境条件，舍温应在14℃以上，防止舍内温度忽高忽低，合理通风，保持一定的湿度。根据天气情况及鸡群状态适量投服药物，控制沙门菌、大肠杆菌、支原体、球虫等疾病的发生，使机体保持较好的抗病力。

生产实践中证明，在各种疫苗免疫比较成功的前提下，如果能很好地控制大肠杆菌、沙门菌等细菌性疾病，有利于提高母鸡自身抵抗力，减少禽流感、新城疫、产蛋下降综合征等多种病毒性疾病的发生。

（四）定期驱虫

母鸡在青年期已经驱过两次蛔虫、线虫和多次球虫了，但进入产蛋高峰期后，仍应坚持定期驱虫，特别是经过夏天虫卵繁殖迅速季节的鸡，除应注意蛔虫、线虫、球虫外还应注意绦虫的发生；所以产蛋高峰期内，如发现鸡群营养不良或粪便内有白色虫体时，应注意驱虫，可以使用左旋咪唑、吡喹酮、阿维菌素等对产蛋没有影响或影响较小的药物。近年来，产蛋鸡隐性球虫的发生率有所增加，应注意加强预防。

六、应激管理

应激反应是指鸡群对外界刺激因素所产生的非特异性反应，应激主要包括停水、停电、免疫、转群、过热、噪声、通风不良等。鸡只处于应激期，将丧失免疫功能、生长与繁殖等非必需代谢基本功能，造成生长缓慢、产蛋量下降、饲料利用率降低等。

1. 制定预案

针对本场的实际情况，制定相应的各种应激事故预防预案，如转群管理应激控制预案，断水、断电应激控制预案，通风不良应激控制预案等。

对一些非可控应激因素，如免疫应激、夏季高温应激、转群应激等，建议投喂0.03%的维生素C、维生素E或其他抗应激药物，在饲料中添加或饮水投喂电解多维，可以减少和抵抗各种应激。

2. 员工培训

结合实际情况，加强宣传和教育工作，要让每一名员工了解应激的危害，进而约束个人行为（如大声喧哗、粗暴饲养等）；同时确保正常生产过程中遇到特殊情况（如转群、断电、免疫）时，员工能按要求进行正确应对，确保鸡群生产稳定。

组织全体人员特别是有关人员认真学习、掌握预案的内容和相关措施。定期组织演练，确保相关人员在工作的过程中尽量减少应激因素，同时对于突发的应激事故，可以有条不紊地开展事故应急处理工作。

七、产蛋高峰期鸡群健康状况的判断

（一）检查鸡冠，判断鸡群健康状况

鸡冠是鸡的第二性征，鸡冠的发育良好与否，与鸡只本身健康状况有很大关系。

鸡冠正常呈鲜红色，手捏质地饱满且挺直。鸡进入产蛋期后，由于营养物质的流失，特别是高产鸡，鸡冠都不同程度地有些发白和倾斜，这些是营养供应不足的表现。因为鸡冠是鸡的身体外缘，营养不足时它表现得最敏感。如鸡冠顶端发紫或呈深蓝色，则见于高热疾病，如新城疫、禽流感、鸡霍乱等；如见鸡冠上面有黑色坏死点，除鸡痘和蚊虫叮咬外，应考虑禽流感、非典型新城疫或鸡白痢等；如果鸡冠苍白、萎缩或颜色淡黄，手捏质地发软，则常见于禽流感、非典型新城疫、产蛋下降综合征、变异性传染性支气管炎；如果鸡冠萎缩得特别严重，那么输卵管也会萎缩；如鸡冠表面颜色淡黄且上面挂满石灰样白霜，则见于产蛋鸡白痢、大肠杆菌病等细菌性疾病；如鸡冠整个呈蓝紫色，且鸡冠发软，上面布满石灰样白霜，则基本丧失生产性能，属淘汰之列。

（二）观察蛋壳质量和颜色，判断鸡群健康状况

正常蛋壳表面均匀，呈褐色或褐白色。异常蛋壳的出现，如软壳、薄壳，多为缺乏维生素D_3或饲料中钙含量不足所致；蛋壳粗糙，多是饲料中钙、磷比例不当，或钙质过多引起；若蛋壳为异常的白壳或黄壳，则是大量使用四环素或某些带黄色易沉淀的物质所致；蛋壳由棕色变白色，应怀疑某些药物使用过多，或鸡患新城疫或传染性喉气管炎等传染病。

（三）观察鸡群外表，判断鸡群健康状况

正常的高产鸡鸡冠会随产蛋日期增长而微有发白，脸部呈红白色，嘴部变白，脚部逐渐由黄变白；肛门扁圆形湿润，摸裆部有四指或三指，腹部柔软，如出现裆部少于二指的鸡应挑选出来；如产蛋高峰期的鸡，鸡冠、脸鲜红色，鸡冠挺直，羽毛鲜亮，腿部发黄，则为母鸡雄性化的表现，不是高产鸡，应挑选、淘汰；如鸡群中有鸡精神沉郁，眼睛似睁似闭，则应挑出，单独饲养。

观察鸡群羽毛发育情况，如果鸡群头顶脱毛，且脚趾开裂，则为缺乏泛酸（维生素B_3）的症状；如脚趾开裂且整个腿部跗关节以下鳞片角化严重，则为锌缺乏症状，应及时补充。

（四）观察产蛋情况，判断鸡群健康状况

1.看产蛋量

产蛋高峰期的蛋鸡，产蛋量有大小日，每天产蛋量略有差异是正常的。但若波动较大，说明鸡群不健康：突然下降20%，可能是受惊吓、高温环境或缺水所引起；下降40%～50%，则应考虑蛋鸡是否患有产蛋下降综合征或饲料中毒等。

2.看蛋白

蛋白变粉红色，则是饲料中棉籽饼分量过高，或饮水中铁离子浓度偏高的缘故。蛋白稀薄是使用磺胺药或某些驱虫药的结果。蛋白有异味是对鱼粉的吸收利用不良。

蛋白有血斑、肉斑，多为输卵管发炎，分泌过多黏液与少量血色素混合的产物。蛋白内有芝麻状大小的圆点或较大片块，是蛋鸡患前殖吸虫病。

3.看产蛋时间

70%～80%的蛋鸡在上午12点前产蛋，余下20%～30%于下午2～4点前产完。如果发现鸡群中鸡只产蛋时间参差不齐，甚至有夜间产蛋，均属异常表现，说明鸡群中已有鸡只发病。

八、蛋鸡无产蛋高峰的主要原因

（一）饲养管理方面

1.饲养密度太大

由于受资金、场地、设备等因素的限制，或者饲养者片面追求饲养规模，养殖户育雏、育成的密度普遍偏高，直接影响育雏鸡、育成鸡的质量。

2.通风不良

育雏早期为了保暖，鸡舍门窗均封得很严，舍内的空气极为污浊，雏鸡生长在这样的环境中，流泪、打喷嚏、患关节炎等，处于一种疾病状态，严重影响生长发育，鸡的质量难以达标。

3.饲槽、饮水器有效位置不够，致使鸡群均匀度差

由于育雏的有效空间严重不足，早期料桶、饮水器的数量不可能很多，造成鸡群均匀度差。

4.同一鸡舍进入不同批次的鸡

个别养殖场（户）在同一鸡舍装入不同日龄的鸡群，不同的饲养管理，不同的疫病防治措施，不同的光照制度等因素，也是造成整栋鸡舍鸡产蛋不见高峰的原因之一。

5.开产前体成熟与性成熟不同步

一般分为两种情况，一种是见蛋日龄相对偏早，产蛋率攀升的时间很长，表现为产蛋高峰上不去，高峰持续时间短，蛋重轻，死亡淘汰率高；另一种是见蛋日龄偏迟，全期耗料量增加，料蛋比高。

6.产蛋阶段光照不稳定或强度不够

实践证明，蛋鸡每天有14～15小时的光照就能满足产蛋高峰期的需求。补光时一定要按时开关灯，否则就会扰乱蛋鸡对光刺激形成的反应。电灯应安装在离地面1.8～2米的高度，灯与灯之间的距离相等，40瓦灯泡，补充光照时间只宜逐渐延长，在进入高峰期时，光照要保持相对稳定，强度要适合。

7. 产蛋高峰期安排不合理

蛋鸡的产蛋高峰期大约在25～35周龄，这一时期蛋鸡产蛋生理机能最旺盛，必须有效利用这一宝贵的时期。若在早春育雏，鸡群产蛋高峰期就在夏季，由于天气炎热，鸡采食减少，多数鸡场防暑降温措施不得力，或者虽有一定的措施，但也很难达到鸡产蛋时期最适宜的温度。

（二）饲料质量问题

目前市场上销售的饲料由于生产地区、单位和批次的不同，其质量也参差不齐，存在掺杂使假或有效成分含量不足的问题。再者说，拿同一种料，养不同品种、不同羽色、不同体形的鸡，难以适合鸡群对代谢能、粗蛋白、氨基酸、钙、磷的需求。质量差的饲料，代谢能偏低，粗蛋白水平相对不低，但杂粕的比例偏高，饲料的利用率则会存在很大的差异，养殖户大多不注意这一点，不从总耗料、体增重、死淘率、产蛋量、料蛋比、淘汰鸡的体重诸方面算总账，而是片面地盲从于某种饲料的价格。

（三）疾病侵扰

传染病早期发病造成生殖系统永久性损害（如传染性支气管炎），使鸡群产蛋难以达到高峰。

蛋鸡见蛋至产蛋高峰上升期相当关键，大肠杆菌病、慢性呼吸道病最易发生，经常造成卵黄性腹膜炎、生殖系统炎症而使产蛋率上升停滞或缓慢，甚至下降。

第三节 产蛋后期的饲养管理

一、产蛋后期鸡群的特点

当鸡群产蛋率由高峰降至80%以下时，就转入了产蛋后期（48周龄至淘汰）的管理阶段。这个阶段，鸡群的生理特点是：

① 鸡群产蛋性能逐渐下降，蛋壳逐渐变薄，破损率逐渐增加。

② 鸡群产蛋所需的营养逐渐减少，多余的营养有可能变成脂肪使鸡变肥。

③ 由于产蛋后期抗体水平逐渐下降，对疾病的抵抗力也逐渐减弱，并且对各种应激比较敏感。

④ 部分寡产鸡开始换羽。

产蛋后期是鸡群生产性能平稳下降的阶段，这个阶段鸡只体重几乎没有变化，但是蛋重增大、蛋壳质量变差，且脂肪沉积，易患输卵管炎、肠炎。然而整个产蛋后期占到了产蛋期接近50%的比例，且部分鸡群在500多日龄淘汰时，产蛋率仍维持在

70% 以上的水平，所以产蛋后期生产性能的发挥直接影响养殖户的收益水平。

这些现象出现得早晚，与高峰期和高峰期前的管理有直接关系。因此应对日粮中的营养水平加以调整，以适应鸡的营养需求并减少饲料浪费，降低饲料成本。

二、产蛋后期鸡群的管理要点

（一）饲料营养调整

1. 适当降低日粮营养浓度

适当降低日粮营养浓度，防止鸡只过肥造成产蛋性能快速下降，加大杂粕类原料的使用比例。若鸡群产蛋率高于80%，可以继续使用产蛋鸡高峰期饲料；若产蛋率低于80%，则应使用产蛋后期料。喂料时，实施少喂、勤添、勤匀料的原则。料线不超过料槽的1/3；加强匀料环节，保证每天至少匀料三遍，分别在早、中、晚进行。

2. 增加日粮中钙的含量

产蛋高峰期过后，蛋壳品质往往很差，破蛋率增加，在每日下午3～4点，在饲料中额外添加贝壳砂或粗粒石灰石，可以加强夜间形成蛋壳的强度，有效地改变蛋壳品质。添加维生素D_3能促进钙磷的吸收。

后期饲料中钙的含量42～62周龄为3.60%，63周龄后为3.80%。贝壳、石粉和磷酸氢钙是良好的钙源，但要适当搭配，有的石粉含钙量较低，有的磷酸氢钙含氟量较高，要注意氟中毒。如全用石粉则会影响饲料的适口性，进而影响鸡的食欲，在实践中贝壳粉添2/3，石粉添1/3，不但蛋壳强度为最好，而且很经济。大多数母鸡都是夜间形成蛋壳，第2天上午产蛋。在夜间形成蛋壳期间母鸡会感到缺钙，如下午供给充足的钙，让母鸡自由采食，它们能自行调节采食量。因此下午3～4点是补钙的黄金时间，对于蛋壳质量差的鸡群每100只鸡每日下午可补充500克贝壳或石粉，让鸡群自由采食。

3. 产蛋后期体重监测

轻型蛋鸡（白壳蛋鸡）产蛋后期一般不必限饲。中型蛋鸡（褐壳蛋鸡）为防止产蛋后期过肥，可进行限饲，但限饲的最大量为采食量的6%～7%。限饲要在充分了解鸡群状况的条件下进行，每周监测鸡群体重，称重结果与所饲养的品种标准体重进行对比，体重超标了再进行限饲，直到体重达标。观测肥鸡、瘦鸡的比例，调整饲喂计划，及时淘汰寡产鸡。

在饲料中添加0.1%～0.15%的氯化胆碱，可以有效地防止产蛋高峰期过后鸡体肥胖和产生脂肪肝。

（二）加强日常管理

严格执行日常管理操作规范，特别是要防止鸡只过度采食变肥而影响后期产蛋。

1.控制好适宜的环境

环境的适宜与稳定是产蛋后期饲养管理的关键点。如：温度要保持稳定，鸡群适宜的温度是13～24℃，产蛋的适宜温度在18～24℃；保持55%～65%的相对湿度和新鲜清洁的空气。注意擦拭灯泡，确保光照强度维持在10～20勒克斯，严禁降低光照强度、缩短光照时间和随意改变开关灯时间。

2.加强鸡群管理，减少应激

及时检修鸡笼设备，鸡笼破损处及时修补，减少鸡蛋的破损；防止惊群引起的产软壳蛋、薄壳蛋现象。经常观察鸡群的采食、饮水、呼吸、精神和产蛋等情况，发现问题及时解决。做好生产记录，便于总结经验、查找不足。

随着鸡龄的增加，蛋鸡对应激因素愈来愈敏感。要保持鸡舍管理人员的相对稳定，提高对鸡群管理的重视程度，尽量避免陌生人或其他动物闯入鸡舍，避免停电、停水等应激因素的出现。

3.及时剔除弱鸡、寡产鸡

饲养蛋鸡的目的是为了得到鸡蛋。如果鸡不再产蛋应及时剔除，以减少饲料浪费，降低饲料费用。同时部分寡产鸡是因病休产的，这些病鸡更应及时剔除，以防疾病扩散，一般每2～4周检查淘汰一次。可从以下几个方面挑出病弱鸡、寡产鸡。

（1）看羽毛　产蛋鸡羽毛较陈旧，但不蓬乱，病弱鸡羽毛蓬乱，寡产鸡羽毛脱落，正在换羽或已提前换完羽。

（2）看冠、肉垂　产蛋鸡冠、肉垂大而红润，病弱鸡冠、肉垂苍白或萎缩，寡产鸡已萎缩。

（3）看粪便　产蛋母鸡排粪多而松散，呈黑褐色，顶部有白色尿酸盐沉积或呈棕色（由盲肠排出），病鸡有下痢且颜色不正常，寡产鸡粪便较硬，呈条状。

（4）看耻骨　产蛋母鸡耻骨间距（竖裆）在3指（35毫米）以上，耻骨与龙骨间距（横裆）在4指以上。

（5）看腹部　产蛋鸡腹部松软适宜，不过分膨大或缩小。有淋巴白血病、腹腔积水或卵黄性腹膜炎的病鸡，腹部膨大且腹内可能有坚硬的疙瘩，寡产鸡腹部狭窄收缩。

（6）看肛门　产蛋鸡肛门大而丰满，湿润，呈椭圆形。寡产鸡肛门小而皱缩，干燥，呈圆形。寡产鸡的体质、肤色、精神、采食、粪便、羽毛状况与高产鸡不一样。

4.减少破损，提高蛋的商品率

鸡蛋的破损给蛋鸡生产带来相当严重的损失，特别是产蛋后期更加严重。

（1）造成产蛋后期鸡蛋破损的主要因素

① 遗传因素。蛋壳强度受遗传影响，一般褐壳蛋比白壳蛋蛋壳强度高、破损率低，产蛋多的鸡比产蛋少的鸡蛋壳破损率高。

② 年龄因素。鸡开产后随鸡的年龄增长，蛋逐渐增大，随着蛋的增大，其表面积也增大，蛋壳因而变薄，蛋壳强度降低，蛋易破损，后期破损率高于全程平均数。

③ 气温和季节的影响。高温与采食量、体内的各种平衡、体质有直接的关系，从而影响蛋壳质量，导致强度下降。

④ 某些营养不足或缺乏。如果日粮中的维生素D_3、钙、磷和锰有一种不足或缺乏时，都会导致蛋壳质量变差而容易破损。

⑤ 疾病。鸡群患有传染性支气管炎、产蛋下降综合征、新城疫等疾病之后，蛋壳质量下降，软壳、薄壳、畸形蛋增多。

⑥ 鸡笼设备。当笼底网损坏时，易刮破鸡蛋。收蛋网角度过大时，鸡蛋易滚出集蛋槽摔破；角度较小时，鸡蛋滚不出笼易被鸡踩破。鸡笼安装不合理也易引起蛋被鸡啄食。每天拣蛋次数过少，常使先产的蛋与后产的蛋在笼中相互碰撞而破损。

（2）减少产蛋后期破损蛋的措施

① 查清引起破损蛋的原因。查清引起破损蛋的原因，掌握本场破损蛋的正常规律。发现蛋的破损率偏高时，要及时查出原因，以便尽快采取措施。

② 保证饲料营养水平。

③ 加强防疫工作，预防疾病流行。对鸡群定期进行抗体水平监测，抗体效价低时应及时补种疫苗。尽量避免场外无关人员进入场区。及时淘汰经常下破蛋的母鸡。

④ 及时检修鸡笼设备。鸡笼破损处及时修补，底网在安装时要认真按要求放置。

⑤ 及时收拣产出的蛋。每天拣蛋次数应不少于两次，拣出的蛋分类放置并及时送入蛋库。

⑥ 防止惊群。每天工作按程序进行，工作时要细心，尽量防止惊群引起的产软壳蛋、薄壳蛋现象。

5.做好防疫管理工作

（1）卫生管理　严格按照每周卫生清扫计划打扫舍内卫生。进入产蛋后期，必须保证舍内环境卫生及饮水的清洁卫生，避免条件性疾病的发生。饮水管或者饮水槽每1～2周消毒一次（可用过氧乙酸溶液或高锰酸钾溶液）。

（2）根据抗体水平的变化实施免疫　有抗体检测条件的根据抗体水平的变化实施免疫新城疫和禽流感疫苗；没有抗体检测条件的，新城疫每2个月免疫一次，禽流感每3～4个月免疫一次油苗。

（3）预防坏死性肠炎、脂肪肝等病的发生　夏季是肠炎的高发季节，除做好日常的饲养管理外，可在饲料中添加5～15毫克/千克安来霉素来预防；要做好疾病的预防与治疗。防止霉菌毒素、球虫感染损伤消化道黏膜而引起发病；保护肠道黏膜，减少预防性用药次数，增加用药间隔时间。

第四节 产蛋鸡不同季节的管理要点

一、春季蛋鸡的饲养管理

蛋鸡在一个产蛋周期的生产水平决定于其产蛋高峰所处的季节，一般立春前后上产蛋高峰的鸡群比立夏前后上高峰的鸡群平均饲养日产蛋数要多5～8枚。春季气温开始回升，鸡的生理机能日益旺盛，各种病菌易繁殖并侵害鸡体。因此，必须注意鸡的防疫和保健工作。

1. 关注鸡群产蛋率上升的规律，加强鸡群饲养管理

立春过后，外界气温逐渐回升，适合鸡群产蛋需要，当鸡舍温度上升至15℃时，产蛋高峰期和后期鸡群产蛋均有上升的趋势。但是，随着温度升高，鸡群的采食量会降低。因此，饲养管理者要认真做好鸡群的日常饲养管理工作，必须保证供给鸡群优质、营养均衡、新鲜充足的饲料，尤其处于产蛋高峰期的鸡群，必须让鸡吃饱、吃好，维持体能，以缓解产蛋对机体造成的消耗，为夏季做好储备；保证水质、水源的绝对安全，并保障鸡群充足的饮水，以免影响产蛋性能的发挥。

2. 关注温度对鸡群产蛋的影响，正确处理保温和通风的矛盾

寒冷的冬季，由于绝大多数产蛋鸡舍没有供暖设施，鸡舍的热源主要来自于鸡群自身所产生的热量。鸡舍要保持在13～18℃的产蛋温度范围内，昼夜温差不可超过3℃，每小时不超过0.5℃，鸡笼上下层、鸡舍前中后的温差不超过1℃。鸡舍一般采取最小通风模式，保证冬季鸡舍的最小换气量（采取间歇通风模式，风机开启时间为9.6小时）。特别注意根据气温的变化及时调整风机开关数量及通风口的大小，达到既满足换气的需要，又实现调节温度的目的。

春季昼夜温差大，尤其是“倒春寒”现象，导致外界温度变化剧烈，极容易造成鸡群产蛋的不稳定，鸡群产蛋率一周波动范围达到2%～3%，这就对管理者提出了很高的要求。遇到倒寒天气时，管理上要以换气为主、通风为辅，减少温度的波动，及时上调风机的控制温度，降低风机的工作频率，通过调整小窗大小来减少进风量，保证温度平稳、适宜，减少温度波动造成的应激；遇到大风或沙尘天气时，进风量与风速是主要的控制点，应合理控制小窗开启的距离、数量，以减少进风量、减缓风速，防止贼风侵袭和减少粉尘。

3. 关注产蛋鸡群抗体消长规律，做好免疫、消毒工作

春季万物复苏，细菌病毒繁殖速度加快，尤其是养鸡多年的场区，极易暴发传染性支气管炎、鸡新城疫、禽流感等疾病，对鸡产蛋造成不可恢复的影响。因此，春季

应关注产蛋鸡群传染性支气管炎、鸡新城疫、禽流感等病毒病抗体的消长规律，适时补免，以维持产蛋的稳定。

（1）保证均匀有效的抗体　根据本场的具体情况，制定详细的免疫程序，并且坚持保质地完成免疫，特别是禽流感和新城疫。由于春季是禽流感和新城疫的高发季节，建议新城疫免疫每两个月气雾免疫一次（可以新城疫－传支二联苗与新城疫Lasota系交替使用）；禽流感免疫每四个月注射免疫一次，并随时关注抗体变化。

加密抗体监测频率，在外界环境相对稳定的情况下，根据本场的具体情况可以一个月监测一次，如果外界环境不稳定，并且本场自身免疫程序不是很完善，则有必要每半个月监测一次。新城疫、传染性支气管炎、禽流感等病毒性疾病的抗体水平必须长期跟踪、时时关注。如遇到抗体变化异常，周围情况不稳定或有疫情发生时，要及时地采取隔离封锁，适时加免，全群紧急免疫等措施，以增加抗体水平，提高鸡群免疫力。

注意春季疾病的非典型症状的出现。例如非典型新城疫主要发生于免疫鸡群和有母源抗体的雏鸡。当雏鸡和育成鸡发生非典型新城疫时，往往常见呼吸道症状，表现为呼吸困难，安静时可听见鸡群发出明显的呼噜声，病程稍长的可出现神经症状，如头颈歪斜、站立不稳，如观星状。病鸡食欲减退，排黄绿色稀便。成年鸡因为接种过几次疫苗，对新城疫有一定的抵抗力，所以一般只表现明显的产蛋下降，幅度为10%～30%，半个月后开始逐渐回升，直至2～3个月才能恢复正常。在产蛋率下降的同时，软壳蛋增多，且蛋壳褪色、蛋品质量下降，合格率降低。

（2）控制微生物滋生，把握内外环境的消毒　一些养殖场（户）为避免春季不稳定因素给鸡群带来的疾病困扰，则选择了减少通风，注意保温的方法。恰恰由于这样，导致鸡舍内有害气体超标以及病原微生物大量滋生，给鸡群带来了更大的危害。

要养成白天勤开窗，夜间勤关窗，平时勤观察温度的习惯。当上午太阳出来气温上升时，可将通风小窗或者棚布适当打开，以保证舍内有足够的新鲜空气；而当傍晚气温下降时，再将小窗等通风设施关闭好，以保证夜间舍内温度。

同时要做好舍内外环境以及饮水管线的消毒工作，尽可能降低有害物质的含量。内环境消毒时，要选择对鸡只刺激性小的消毒药进行带鸡消毒。可每天带鸡消毒一次，条件不允许的情况下，也要保证每周三次的带鸡消毒；消毒药可选择戊二醛类或季铵盐类。外环境消毒时，可适当选择对病毒有一定杀灭作用的消毒药，例如火碱或碘制剂；在消毒过程中要选择两种或两种以上消毒药交替使用，这样可以有效地避免微生物耐药性的产生。要定期对饮水管线进行消毒，可每周消毒一次或每半月消毒一次，消毒药可选用高锰酸钾，消毒药的浓度一定要准确。

（3）适时预防投药　此时期根据鸡群状况可以采取预防性投药，特别是各种应激发生前后（如转群、免疫、天气发生急剧变化）应及时给予多维和抗生素的补充。尤其鸡群人工输精以后应当根据其输卵管状况、产蛋情况，适时地对输卵管进行预防性投药，防止输卵管炎的发生。

4.关注硬件设施对鸡群产蛋的影响

为了保证鸡群的产蛋性能在春季得到更好的发挥，要关注硬件设施设备的改进，以减少应激因素对鸡群的影响。

春季对鸡群的应激因素主要有昼夜温差大、“倒春寒”、日照时间长（对开放、半开放鸡舍的影响大）和条件性疾病的发生率高等几个方面。而这些因素的消除无不取决于鸡舍的硬件设施。春季是鸡群大肠杆菌病、呼吸道疾病等条件性疾病的高发季节，改善饲养管理条件、提高鸡舍卫生水平、做好换季时的通风管理，是降低发病率的有效措施。尤其是鸡舍硬件设施改进后，可以使通风更加科学合理、鸡群生存的环境更加舒适、卫生条件得以改善、降低了条件性疾病的发生概率，进而将季节因素对鸡群生产性能的影响降至最小。

5.关注春季光照管理

春季昼短夜长，自然光照不足，必须补充人工光照，以创造符合蛋鸡繁殖生理所需要的光照。要采取早晚结合补光法，补光时间相对固定，防止忽前忽后，忽多忽少。要保持蛋鸡的总光照时间为15～16小时。

二、夏季蛋鸡的饲养管理

1.调整日粮结构，提高营养浓度

（1）能量应该增加而不该减少　提高饲料中能量物质的含量可以改善热应激。该方式目前较为理想的方法是用脂肪来代替碳水化合物（玉米），脂肪可改变饲料的适口性，延长饲料在消化道内的停留时间，从而提高蛋鸡的采食量和消化吸收。热应激时脂肪在饲料中的添加量以2%～3%为宜，相应的玉米用量减少4%～6%，但是脂肪易氧化变质，所以日粮中添加脂肪的同时应添加抗氧化剂，如乙氧喹类。

（2）蛋白质原料总量应该减少而不是增加　在热应激时传统方式往往是通过提高饲料中粗蛋白原料的含量，弥补产蛋鸡蛋白质摄入的不足，但是蛋白质代谢产生热量远高于碳水化合物和脂肪，增加了机体内的代谢产热积累，所以在调整饲料配方时不应该提高蛋白质原料的含量，而要适当地减少。因此，建议减少日粮中杂粕等蛋白质利用率较低原料的用量，适当减少鱼粉等动物蛋白饲料的用量，增加豆粕等蛋白含量高、利用率高的原料，但不应增加总体蛋白质原料用量。

但是，为提高蛋白质的利用率，保证蛋鸡营养需要，要根据日粮氨基酸的情况添加必需氨基酸。有研究发现蛋氨酸、赖氨酸可以缓解热应激，它们是两种必须添加的基础氨基酸，一般在原有日粮基础上增添10%～15%，使它们的添加量达到每只鸡每天蛋氨酸360毫克、赖氨酸720毫克，并注意保持氨基酸的平衡。

（3）矿物质的调整　热应激能够影响蛋壳质量（蛋壳变薄、变脆），所以应根据采食量下降的幅度来调整夏季日粮配方中钙磷的比例。如果其他季节的钙、有效磷水平分别为3.5%、0.36%，则钙、有效磷水平应调整为3.8%、0.39%以上，原则上钙的调整水平不要超过4%，有效磷调整水平不要超过0.42%，因为过高水平的钙会造成肠道环境中高渗透压环境，导致腹泻。还应注意钙源的供应粒度，最好2/3为粒状（大小为小指甲盖的1/4），磷源最好也采用颗粒磷源。

另外，在热应激条件下，矿物质在粪尿中的排泄量会增加。热应激会影响锰、硫、硒、钴等离子的吸收，蛋鸡对它们的需要量增加，所以应按照日粮摄入量的减少幅度相应地提高其在饲料中的含量。

（4）维生素的调整　热应激对维生素E、维生素C和B族维生素的吸收影响较大，夏季添加量应调整为正常量的2～3倍。维生素C因与蛋壳形成有重要关系，日粮中应至少添加200克/吨，少了没有效果。

（5）调节电解质平衡　一般氯化钾的添加浓度为0.15%～0.30%。同时在饲料中添加0.3%～0.5%的小苏打，能减少次品蛋1%～2%，提高产蛋率2%～3%，使蛋壳厚度增加，提高日粮中蛋白质的利用率，但是要适当降低盐的用量。

（6）加喂抗应激药物　在饲料中添加0.004%杆菌肽锌，或0.1%丁酸二酯，或0.3%的柠檬酸均可以缓解热应激，提高产蛋率和饲料报酬，使鸡增加采食量和提高产蛋率；在饲料或饮水中添加0.1%延胡索酸等，能有效缓解热应激反应，使蛋鸡采食量增加，产蛋率提高。

2.向料槽中喷水，增加鸡群采食量

往料槽中喷水对饲料起到潮拌作用，特别是在炎热的夏季，喷水能够降低饲料温度，增强饲料适口性。建议在产蛋高峰到来之前和产蛋高峰期制订有规律的喷水计划。

（1）制订相应的计划　在炎热的夏季应该制订一个详细的喷水计划，并将营养药物和抗菌类药物相结合加入水中。如：每10天喷水一次（添加营养类药物），每次2～3天；每20天添加一次抗菌类药物，每次3～4天。要将对饲料和料槽的微生物监测计划列入喷水计划中，以便能够及时地掌握饲料和料槽中的微生物含量，控制饲料的卫生。

喷水的时间应在每天的11：00～11：30这个时间段，此时正是温度逐渐升高的时间，喷水可以缓解高温带来的应激，在正常喂料的情况下，让鸡很好地采食，满足生长和生产的需要。

（2）喷水前的准备工作　喷水前首先与驻场兽医进行沟通，水里要添加一些营养药物及抗生素预防肠炎的发生，例如多维素0.1%、维生素C 0.03%，并提高饲料的适口性，在兽医的指导下进行，要选择水溶性好的药物进行喷水。

喷水之前计算用水量，按照每10米长的料槽用0.5千克水计算；根据用水量的多少，确定用药量。药物要分开称量，并保证称量的准确性。

（3）正确喷水　首先要调节好泵的压力。用手去感觉喷出水的压力，尽可能将泵

的压力调到最小，使喷枪喷出的水呈雾状，喷出水的面积要小于或等于料槽底部的面积，以免造成药液的浪费。喷水开始，将喷枪枪头向后，与料槽距离为10厘米，枪体与料槽呈45度角，人体斜对料槽。喷水过程中，喷洒要均匀，走路速度要快而稳，并时刻观察喷在料上的水量，只需在料的表层喷洒一层即可，不能喷洒太多，水多会使湿料糊鸡嘴；同时，水量过大、喷洒时间过长会造成饲料发霉变质，给鸡群带来不良的影响。

喷水之前，要根据料槽中的剩料多少确定有无必要再进行一次喂料，若料槽中的剩余料多，在喷水之前进行一次匀料，保证每个笼前的料量是均匀的；若料槽中的料不足，喷水之前进行一次喂料，保证每只鸡都能够充足地采食，起到真正增加采食量的作用。喷洒的过程中禁止将水喷洒在地上、笼上或墙上，因为添加维生素等营养物质的水会加快细菌、微生物滋生，因此要时刻调整喷枪的压力和位置，确保正确操作，不造成浪费。喷洒完毕后，时刻观察鸡群的采食情况，在下一次喂料前检查所剩料的情况，有无湿料；若有，则及时清除，以免出现堆料现象，造成饲料浪费。喷水后增加匀料的次数，以免料槽底部的饲料发霉；将粘在料槽边缘部分的料渣儿和鸡毛等杂物用干毛巾擦走，以免给细菌创造滋生的环境。

喷水要不定期进行，以免鸡群产生依赖，导致在正常喂料时不能起到刺激采食的作用，反而起到负面的影响。

3.改善饲喂方法

改变饲喂时间，利用早晨、傍晚气温较低时多添料，此时温度比较适合蛋鸡，采食量容易提高，也比较容易形成采食习惯；改变适口性差的原料饲喂时间，将贝壳粉或石粉在傍晚时加喂，这样可以提高其他营养物质的摄入，而且傍晚是蛋鸡对钙需求最高的时候；改变饲料形态，可以把粉料变为颗粒饲料，加强饲喂以刺激采食；用湿拌料促进采食；夜间开灯1小时增加饮水等；提高饲料适口性，在饲料中添加香味剂、甜味剂、酸化剂、油脂等物质，提高蛋鸡采食欲望，以达到提高采食量的目的。

4.保证充足饮水

夏季一定要保证全天自由饮水，而且保证新鲜凉爽。经常见到一些养鸡户，由于农忙而造成水槽内缺水，或因鸡群粪便太稀而控制饮水，发生鸡中暑造成经济损失。

如果在炎热的夏季缺水时间过长，会影响鸡的生长及生产性能的发挥。为了保证每只鸡饮到足够的新鲜凉水，应放置足够的饮水器具，而且要高度合适、布局均匀，水温以10℃左右为宜，同时要注意保证饮水器具的清洁卫生，最好每天刷洗消毒一次，防止高温出现水污染现象。在保证充足饮水的同时，还应保持舍内地面的清洁，防止洒水、漏水造成舍内湿度过大。

5.加强环境管理，利用风冷效应和水帘直接降温，改善鸡舍内环境

对鸡舍外环境的管理，可在距离鸡舍周围2～3米处，种植生长快速的林木，在

树生长过程中必须修剪，让树冠高出房檐约1米，以遮挡直射舍内的阳光；还可以种植藤属攀缘植物如爬山虎、牵牛花等，以达到遮阴、吸收阳光、增加产氧量、改善小气候的目的；鸡舍顶部和墙壁应采用不吸热的白色材料或涂料，以反射部分阳光，减少热量吸收，实践证明，用白色屋顶可降低舍内温度2～3℃。

利用风速产生的风冷效应和水帘的直接降温，来降低舍内温度，改善鸡舍内环境，避免热应激的发生。

关闭鸡舍内所有进风小窗，根据温度控制风机运行个数，完全启动纵向通风系统，靠风速来降低鸡群体感温度。当温度达到32℃以上时，启动水帘系统，同时关闭其他进风口，保证过帘风速达到1.8～2.0米/秒（注意：风速不能过高，否则会引起鸡腹泻等条件性疾病），当舍内温度降至26℃以下时适当关闭部分湿帘，温度升高到32℃以上时再打开，如此循环。

高温高湿对鸡群的影响很大，在湿帘打开时，如果湿度大于70%且舍温达到35℃以上时，应关闭湿帘，开启全部风机，开启鸡舍前半部进风口（进风口面积是出风口面积的2倍），用舍内消毒泵对着鸡冠用冷水进行喷雾降温，每小时一次，每只鸡喷水80～100毫升。

三、秋季蛋鸡的饲养管理

秋季天气逐渐变凉，每天的温度和昼夜温差变化很大。所以，为保证鸡群舒适的生存环境，使鸡群的生产性能得到较好的发挥，在管理上应以稳定环境为重点。

1.合理通风，稳定环境

蛋鸡比较适宜的温度为18～25℃，相对湿度为50%～70%，过高和过低都会降低鸡的产蛋率。早秋季节，天气依然比较闷热，再加上雨水比较多，鸡舍内比较潮湿，易发生呼吸道和肠道传染病，为此必须加强通风换气。白天打开门窗，加大通风量，晚上适当通风，以降低温度和湿度，利于鸡体散热和降低鸡舍内有害气体含量。

随着季节的转换，中秋以后，昼夜温差大，此时鸡舍应由夏季的纵向负压通风逐渐过渡到横向负压通风，若过渡得不合理，就会诱发鸡群发生呼吸道疾病、传染性疾病，进而给鸡只产蛋带来影响。

（1）秋季通风管理的总体目标　鸡舍的房屋结构、风机设计模式、进风口的位置决定了通风所采取的方式，不论是横向通风还是纵向通风，通风管理最终要达到的目标是实现鸡舍要求的目标温度值，使舍内风速均匀，空气清新。通风管理即在考虑鸡舍饲养量、鸡群日龄的基础上，决定开启风机和进风口的数量与角度。

鸡舍内温度的相对稳定及舍内空气的清新，有利于最大限度地发挥鸡群的生产性能。在设计鸡舍的通风系统时，应根据当地的气候特点，考虑鸡舍的（夏季）最大通风量。如蛋鸡夏季最大的排风量为14米^3/（小时•只）。根据经验公式：n=［体重（千克）×饲养只数×7×1.15］/风机排风量（式中7为每只鸡呼吸量，1.15为损耗系数），计算出不同日龄鸡舍应安装的风机个数。

例如，一个长90米、宽12米，饲养16000只鸡的标准化蛋鸡舍，采用纵向通风+通风小窗模式时，后山墙安装6台50英寸（1英寸=0.0254米）、1.1千瓦轴流式风机，侧面山墙进风口每隔3米安装一个通风小窗（0.145米^2），前山墙湿帘面积40米^2，就可以满足夏季和其他季节的通风需要。夏季采取纵向负压通风和湿帘降温系统，秋季采用由纵向负压向横向负压过渡的通风方式，以减小昼夜温差。

（2）秋季通风管理关键点

① 设定鸡舍的目标温度值。鸡只生产和产蛋最适宜温度是18～25℃。但是，在生产实际中，受外界气候的影响，鸡舍内不可能维持理想的温度值，要根据季节的变化进行调整。秋季通风的管理，实际上是根据外界温度的变化，确定夜间的最低温度值，以减小昼夜温差。随着外界温度的降低，为了使鸡舍夜间温度与昼夜之间的温差相对恒定，向冬季过渡，最低值的确定应遵循逐渐下降的原则。若外界最低气温为18℃，舍内设定目标值为20℃；若外界最低气温是16℃，舍内设定目标值为18℃。

如秋季白天外界最高气温达到32℃，相对湿度30%，夜间最低气温18℃，相对湿度60%。在一天之内，舍内最高温度32℃，白天需全部开启风机和进风口，使用纵向通风，舍内风速可达2.5米/秒，以达到降温的效果。而夜间通过减少风机的个数，使舍内最低温度控制在18℃以上，风速低于1.2米/秒，以满足鸡群正常生产的需要。虽然舍内温差达到了14℃，但是温度控制是在鸡体可以调节的正常范围内，所以鸡群表现出了良好的生产性能。

② 为保证舍内温度恒定和风速均匀，调整风机台数和进风口数量。设定目标温度值后，需靠调整风机台数和进风口数量，来保证舍内温度的恒定与风速的均匀。在秋季一天之中，鸡舍内的目标温度值是不一样的。午后热，早晚凉，白天舍内最高温度在32℃（高于32℃应采取湿帘降温），夜间最低温度设定在18℃。因此，白天通风的目的是降温，夜间通风的目的是换气。白天全部开启风机和进风口，夜间靠少开风机和适量减少进风口，保证达到目标设定值。由于风机和进风口是逐渐调整的，温度的变化是逐渐降低或升高的，因此每只鸡可以适应温度的变化，减少了鸡群的应激，保持了生产的稳定。

那么，如何使开启的风机与进风口匹配，达到设定的目标温度值呢？最好的方法是安装温度控制器，根据设定的目标温度调整风机、通风小窗的开启。自动调节温度控制器有两种：一种是电脑控制的AC2000控制器，另一种是人工控制的温度控制器。将风机与温度控制器相连，根据控制器的要求，设定一天中鸡舍所需的目标温度值，来控制风机的开启个数，保持鸡舍设定的目标温度。开启进风口的数量与角度决定了鸡舍的风速，使用AC2000控制器，可以实现鸡舍温度与风速控制的自动化。安装温度控制器解决了秋季昼夜温差大的难题，使鸡舍温度保持相对稳定。

③ 秋季通风管理的注意事项。国内养殖户的饲养设备、饲养管理水平参差不齐，对于鸡舍秋季通风的管理认识存在差异。无论采取什么样的通风方式，原理都是相同

的。因此提醒广大养殖场（户），管理好鸡舍的通风，首先必须了解鸡舍通风系统的通风方式，是横向负压通风还是纵向负压通风，然后再了解每台风机的排风量，鸡舍的静压，进风口的大小、风速，风的走向等。根据外界温度的变化，设定一天中不同时间段的舍内目标温度值，根据目标温度值确定风机及进风口的数量和开启角度、大小。设定目标温度值要遵循逐渐下降的原则，逐渐向冬季过渡。保持舍内温度、风速的均匀，不留死角，防止通风不足和通风过度。有条件的鸡舍最好使用自动温度控制系统，以实现随时调整风机的目的。

每天要认真观察鸡群，如果有冷风直接吹入，可以看到局部的鸡群腹泻症状，及时调整后，这种条件性疾病就会改善。

2.调控温度，减少应激

（1）关注温度，适时调整　产蛋鸡舍内温度以保持在18～25℃为宜，秋季白天外界最高温度可达到30～32℃，夜间最低温度可达到16～18℃，所以要控制好舍内的温差。

减小温差最好的方法是安装温控仪，这样可以保证鸡舍温度的稳定。随着天气逐渐变凉，及时调整设置的温度，在保证最低通风量的基础上，确定夜晚最低温度，然后逐步提高每个风机开启的温度设定，使夜里温度不致太低；白天气温高时能自动增加风机开启数量，减小昼夜温差。

（2）注意温度变化　秋季舒适凉爽，是养鸡的好时候，但要注意冷空气由北方南下造成的气温急剧下降。所以必须关注天气预报，注意夜间的保暖工作，避免鸡群因温差应激和着凉而引发呼吸道疾病。

3.加强饲料营养，确保饲料新鲜

鸡群经过长期的产蛋和炎热的夏天，鸡体已经很疲劳，入秋后应多喂些动物性蛋白质饲料，以尽快恢复体能，给予易消化的优质饲料和维生素，特别是B族维生素含量要充足。此时鸡群的食欲有所增加，必须保证饲喂充足，添加饲料时要少喂勤添，每次添料不超过食槽的1/3，尽量让鸡把料槽内饲料采食完。入秋后空气湿度还比较大，要注意保存好饲料，防止发霉和变质。

4.加强光照的管理

秋季自然光照时间逐渐缩短，养殖户应该及时调整开灯时间，注意保持光照时间和光照强度的稳定，以免影响产蛋。产蛋前期光照时间9小时，鸡群产蛋率5%以上时逐渐递加，每周增加0.5小时，直到产蛋中期保持光照平稳，光照时间14～15小时，产蛋后期可以适当增加光照，每周最多增加不超过0.5小时，光照总长不超过16.5小时。

5.定期消毒，特别重视呼吸道疾病的控制

定期消毒是一项不可忽视的重要工作，它可以降低舍内微生物的含量，杀灭一定数量的细菌、病毒。秋季也是各种疫病的高发期，要坚持鸡舍带鸡消毒制度，一般在气温较高的中午、下午进行消毒，消毒时要面面俱到，不留死角，尤其是进风口处。消毒药交替使用，防止病原产生耐药性。

秋季气候多变，天气逐渐转凉，鸡群保健要点就是要及时做好疫病预防，尤其是呼吸道病的预防。呼吸道发生病变后轻者造成生长受阻、生产性能下降、降低经济效益，重者引发多种疾病、死淘率增加，给养殖场造成严重的损失。

秋冬季节易发的呼吸道病主要有病毒引发的禽流感、新城疫、传染性支气管炎、传染性喉气管炎和细菌引发的传染性鼻炎，要加强免疫控制。

四、冬季蛋鸡的饲养管理

冬季气温低，管理的重点是注意防寒防湿、协调保温与通风的矛盾、加强光照管理等。

1.防寒防湿

冬季蛋鸡饲养管理重点在于鸡舍的防寒。产蛋鸡舍内温度以保持在18～25℃为宜，当鸡舍温度低于7℃时，鸡产蛋量开始下降。确保舍温维持在8℃以上，是鸡舍温度控制的底线。对于背部和颈部羽毛损失较多的老鸡，在低温下容易因散热过多而影响生产性能，并有可能因此增加15%～20%的采食量，这种情况下有羽毛缺失的老鸡的鸡舍应尽可能维持较高的温度。

成年鸡体形较大，体温较高，加上蛋鸡舍饲养密度大，一般情况下可以维持在适宜温度范围内。但如果不能维持或在寒流来袭的情况下，采用一些保暖措施是很有必要的，可以减少因为寒冷引起的生产波动。如用保温材料封闭鸡舍四周所有门窗，或在门窗外侧加挂棉门帘等；在舍内设置取暖设备，如煤炉、火墙、火道、热风炉等；适当加大饲养密度，尽量不留空笼等。

冬季鸡舍湿度过大会增加散热，不能达到鸡舍保温的效果。因此，这种情况下就要设法保持圈舍清洁、干燥。圈舍要勤打扫，同时要控制少用水，避免舍内湿度过大不利保温。在条件允许的情况下，适当减少带鸡消毒的频率和时间。可用生石灰铺撒地面进行消毒，同时生石灰还可吸收潮气、降低圈舍湿度，但要注意控制粉尘飞扬。

2.通风换气

（1）以保温为基础，适时通风换气　冬季鸡舍要经常进行通风换气，以保证鸡舍内的空气新鲜。密闭式鸡舍在舍内温度适宜的情况下，在保温的基础上，应以满足鸡只的最小呼吸量来确定风机的开启个数。

（2）谨防贼风吹袭　冬季蛋鸡管理中还要注意直接吹到鸡身上的“贼风”，避免鸡只受到寒冷的刺激，因为寒冷是呼吸道疾病的关键诱因。

舍内的贼风一般来自门、湿帘、风机、粪沟等缝隙，局部风速可达到5～6米/

秒，必须堵严以防贼风直吹鸡体，避免这些缝隙成为病毒的侵入口。

鸡舍前后门悬挂棉门帘；天气转冷后，在鸡舍外侧将湿帘用彩条布和塑料布缝合遮挡，以免冷空气来临对鸡群造成冷应激；对于中等规模的鸡舍，冬季最多能用到两个风机，所以冬季不开启的风机用专用的风机罩罩住外部，以堵塞漏洞；粪沟是很多管理者最容易忽视的地方，尤其是鸡舍的横向粪沟出粪口，若不及时堵严，易形成“倒灌风”影响通风效果，建议在出粪口安装插板，并及时堵严插板缝隙。

（3）正确协调保温与通风的矛盾　冬季容易出现的管理失误是只注意鸡舍的保温而忽视通风换气，这是冬季鸡发生呼吸道疾病的又一主要原因。由于通风换气不足，很有可能造成舍内氨气浓度过大，空气中的尘埃过多。氨气浓度过大，会使呼吸道黏膜充血、水肿，失去正常的防卫机能，成为微生物理想的繁衍地，而吸入气管内的尘埃又含有大量的微生物，容易发生呼吸道疾病；寒流的袭击、鸡的感冒会使这种情况变得更为严重。所以冬季的管理中，一定要保持鸡舍内有比较稳定的适宜的温度，同时必须注意通风换气。

鸡舍的结构和通风方式，将直接决定鸡舍的通风效果。对此，饲养员应根据鸡舍的结构和外界的天气变化，灵活调整进风口大小。在中午天气较好时，应增大通风小窗开启角度，使舍内空气清新，氧气充足。通风小窗打开的角度，以不直接吹到鸡体为宜。安装风机的规模化鸡场，为使舍内污浊有害空气能迅速换成新鲜空气，应该每隔1～2小时开几分钟风机，或大敞门窗2～3分钟，待舍内换上清洁新鲜的空气后再关上门窗。

3.加强光照管理

（1）补充光照　对于开放式鸡舍，冬季自然光照时间较短，导致光照不足，出现产蛋率下降，所以针对这样的鸡舍冬季要进行人工补充光照，以刺激蛋鸡多产蛋。补充光照的方法有早晨补、晚上补、早晚补三种，保证光照时间每天不少于16小时。人工补充光照时还要注意一定要做到准时开关灯，不能忽早忽晚或间断，最好使用定时器。不管怎样调整光照，在每次开、关灯时都要逐步由暗到亮，由亮到暗，给鸡一个适应过程，防止鸡群产生应激。

（2）保持适宜的光照强度　适宜的光照强度利于鸡群的正常生产，产蛋期光照强度以20勒克斯为宜，应该注意的是，光照强度应在鸡头部的高度测定，也就是鸡的眼睛能感受到的光的强度。光照强度也可估算，即每平方米需3～5瓦的白炽灯泡（有灯罩），灯泡要经常擦拭，保持灯泡清洁，确保光照强度均匀。

4.建立严格的卫生消毒制度，并落实到位

鸡舍内环境消毒（带鸡消毒）是一项不可忽视的重要工作，可以降低舍内病原微生物的数量。坚持鸡舍带鸡消毒制度，一般在气温较高的中午、下午进行消毒，消毒时要面面俱到，以形成雾状液滴均匀落在笼具、鸡体表面。在带鸡消毒时不留死角，尤其是进风口处和鸡舍后部应作为消毒重点。

5. 合理调整鸡群，确保鸡群整齐度

冬季舍内气温低，合理进行鸡只分群管理是确保鸡群整齐度的关键，在日常视察鸡群过程中，将体格弱小的鸡群调整到鸡舍前侧单独饲养；调整每个笼内的鸡只确保为4只，并且鸡群健康程度相同。调群工作的有效实施，能保证鸡群的适宜密度，较高的整齐度。

第五节 产蛋鸡异常情况的处置

一、产蛋量突然下降的处置

一般鸡群产蛋都有一定的规律，即开产后几周即可达到产蛋高峰，持续一段时间后，则开始缓慢下降，这种趋势一直持续到产蛋结束。若产蛋鸡改变这一趋势，产蛋率出现突然下降，此时就要及时全面检查生产情况，通过分析，找出原因，并采取相应的措施。

（一）产蛋量突然下降的原因

1. 气候影响

（1）季节的变换　尤其是在我国北方地区四季分明，季节变化时其温差变化较大，若鸡舍保温效果不理想，将会对产蛋鸡群产生较大的应激影响，导致鸡群的产蛋量突然下降。

（2）灾害性天气影响　如鸡群突然遭受到突发的灾害性天气的袭击，如热浪、寒流、暴风雨雪等。

2. 饲养管理不善

① 停水或断料。如连续几天鸡群喂料不足、断水，都将导致鸡群产蛋量突然下降。

② 营养不足或骤变。饲料中蛋白质、维生素、矿物质等成分含量不足，配合比例不当等，都会引起产蛋量下降。

③ 应激影响。鸡舍内发生异常的声音，鼠、猫、鸟等小动物窜入鸡舍，以及管理人员捉鸡、清扫粪便等都可引起鸡群突然受惊，造成鸡群应激反应。

④ 光照失控。鸡舍发生突然停电，光照时间缩短，光照强度减弱，光照时间忽长忽短，照明开关忽开忽关等，这些都不利于鸡群的正常产蛋。

⑤ 舍内通风不畅。采用机械通风的鸡舍，在炎热夏天出现长时间的停电；冬天为了保持鸡舍温度而长时间不进行通风，鸡舍内的空气污浊等都会影响鸡群的正常产蛋。

3.疾病因素

鸡群感染急性传染病，如鸡新城疫、传染性支气管炎、传染性喉气管炎及产蛋下降综合征等都会影响鸡群正常产蛋。此外，在蛋鸡产蛋期间接种疫苗，投入过多的药物，会产生毒副作用，也可引起鸡群产蛋量下降。

（二）预防措施

1.减少应激

在季节变换、天气异常时，应及时调节鸡舍的温度和改善通风条件。在饲料中添加一定量的维生素等，可减缓鸡群的应激。

2.科学光照

产蛋期间应严格遵循科学的光照制度，避免不规律的光照，产蛋期间光照时间每天为14～16小时。

3.经常检修饮水系统

应做到经常检查饮水系统，发现漏水或堵塞现象应及时进行维修。

4.合理供料

应选择安全可靠、品质稳定的配合饲料，日粮中要求有足量的蛋白质、蛋氨酸和适当维生素及磷、钠等矿物质。同时要避免突然更换饲料，如必须更换，应当采取逐渐过渡换料法，即先更换1/3，再换1/2，然后换2/3，直到全部换完。全部过程以5～7天为宜。

5.做好预防、消毒、卫生工作

接种疫苗应在鸡的育雏及育成期进行，产蛋期也不要投喂对产蛋有影响的药物。及时进行打扫和清理工作，以保证鸡舍卫生状况良好。每周进行1～2次常规消毒，如有疫情要每天消毒1～2次。选择适当的消毒剂对鸡舍顶棚、墙壁、地面及用具等进行喷雾消毒。

6.科学喂料

固定喂料次数，按时喂料，不要突然减少喂量或限饲，同时应根据季节变化来调整喂料量。

7.搞好鸡舍内温度、湿度及通风换气等管理

通常鸡舍内的适宜温度为18～25℃，相对湿度控制在55%～65%。同时应保持鸡舍内空气新鲜，在无检测仪器的条件下以人进鸡舍感觉不刺眼、不流泪、无过臭气味为宜。

8.注意日常观察

注意观察鸡群的采食、粪便、羽毛、鸡冠、呼吸等状况，发现问题应做到及时处理。

二、推迟开产和产蛋高峰不达标的处置

（一）原因探析

1.鸡群发育不良、均匀度太差

（1）胫骨长度不够　胫骨长度是产蛋鸡是否达到生产要求的最重要指标之一，但有很多养鸡场（户）在饲养过程中不知这一指标，因过分强调成本而不按要求饲喂合格的全价饲料，造成饲料营养不达标；忽视育雏期管理，造成雏鸡8周龄前胫骨长（褐壳蛋鸡要求8周龄胫骨长82毫米）不达标；有些饲养户育雏、育成期鸡舍面积狭小致使饲养密度过大，造成胫骨长度不能达标。蛋鸡8周龄的胫骨长度十分重要，有8周定终身之说；因上述因素造成到20周龄开产时，鸡群中相当数量的鸡胫骨长度不到100毫米（褐壳蛋鸡正常胫长应达到105毫米），甚至不足90毫米。

（2）体重不达标，均匀度太差　均匀度差的鸡群，其产蛋高峰往往后延2～3周至开产后9～10周才出现。实践证明，鸡群均匀度每增减3%，每只鸡年平均产蛋数相应增减4枚，若90%和70%均匀度的鸡群相比，仅此产蛋相差20多枚，且均匀度差的鸡群死亡率和蛋残次率高，产蛋高峰不理想，维持时间短，总体效益差。

（3）性成熟不良　因性成熟不一致，而导致群体中产生不同的个体生产模式，群体中个体鸡只产蛋高峰不同，所以产蛋高峰不突出，而且维持时间短，其产蛋率曲线也较平缓。

有上述情况的鸡群，鸡冠苍白，体重轻，羽毛缺乏光泽，营养不良；有些为“小胖墩”体形。鸡群产蛋推迟，产蛋初期软壳蛋、白壳蛋、畸形蛋增多；产蛋上升缓慢，脱肛鸡多；容易出现腹泻。剖检可见内脏器官狭小，弹性降低，卵泡发育迟缓，无高产鸡特有的内在体质。

2.肾型传染性支气管炎后遗症

在3周内患过肾型传染性支气管炎的雏鸡，会造成成年后“大肚鸡”显著增加。由于其卵泡发育不受影响，开产后成熟卵泡不能正常产出，掉入腹腔，引起严重的卵黄性腹膜炎和出现反射性的雄性激素分泌增加，使鸡群出现鸡冠红润、厚实等征候，导致大量“假母鸡”寡产或低产，经济损失严重。雏鸡使用过肾型传染性支气管炎疫苗的鸡群或3周以上发病的雏鸡的肾型传染性支气管炎后遗症明显好于未使用疫苗和3周内发病的雏鸡，即肾型传染性支气管炎后遗症与是否免疫疫苗和雏鸡发病日龄直接相关。实践证明，如在1～3周龄发生肾型传染性支气管炎，造成输卵管破坏，形成“假母鸡”比例较高，可使母鸡成年后产蛋率降低10%～20%；若于4～10周龄发生肾型传染性支气管炎，形成的“假母鸡”将会减少，大约可使鸡群成年后产蛋降低7%～8%；若于12～15周龄发生肾型传染性支气管炎，鸡群成年后产蛋率降低5%左右；产蛋鸡群发生传染性支气管炎后，也会造成产蛋下降，但一般不超过10%，而且病愈后可以恢复到接近原产蛋水平，并且很少形成“假母鸡”。

剖检：输卵管狭小、断裂、水肿。有的输卵管膨大，积水达1200克以上，成为“大肚鸡”。最终因卵黄性腹膜炎导致死亡。

3.传染性鼻炎、肿瘤病的影响

开产前患有慢性传染性鼻炎的鸡群，开产时间明显推迟，产蛋高峰上升缓慢。患有肿瘤病（马立克病、鸡白血病、网状内皮组织增生症）的鸡群，会出现冠苍白、皱缩，消瘦，长期腹泻，体内脏器肿瘤等症状，致使鸡群体质变差，无法按期开产或产蛋达不到高峰。

4.使用劣质饲料和长期滥用药物

有些养鸡场（户）认为，后备鸡是“吊架子”，只要将鸡喂饱即可，往往不重视饲料质量、饲养密度等，造成后备鸡群发育不良。有些养鸡场（户）长期过度用药或滥用药物，甚至使用抑制卵巢发育或严重影响蛋鸡生产的药物，如氨基比林、安乃近、地塞米松、强的松等，造成鸡群不产蛋或产蛋高峰无法达到。

5.雏鸡质量问题

因种鸡阶段性疾病问题或其他原因导致商品雏鸡先天不足，鸡群发育不良，成年后产蛋性能不佳。

6.其他因素

蛋鸡断喙不合理或不整齐，光照不合理，乳头供水压力太低造成鸡群饮水不足，通风效果太差等管理因素，均可造成蛋鸡推迟开产或产蛋高峰达不到要求。

（二）处置措施

1.科学管理，全价营养

为使鸡群达到或接近标准体重，一般采用1～42日龄饲喂高营养饲料（有的饲养户于1～14日龄使用全价肉小鸡颗粒料，15～42日龄使用蛋小鸡颗粒料），并定期测量胫骨长度、称重，根据育雏育成鸡胫骨长度和体重决定最终换料时间，两项指标不达标可延长高营养饲料的饲喂时间。因疫苗接种、断喙、转群、疾病等应激较多时，会影响鸡群正常发育，建议鸡群体重略高于推荐标准制定饲养方案较好。在日常饲养过程中，要结合疫苗接种、称重等及时调群，对发育滞后的鸡只加强饲养，保证鸡群好的体重和均匀度。雏鸡8周龄时的各项身体指标，基本决定成年后的生产水平，是整个饲养过程的重中之重，因此有8周定终身之说。

2.提倡高温育雏，减少昼夜温差，杜绝肾型传染性支气管炎的发生

肾型传染性支气管炎流行地区，要杜绝肾型传染性支气管炎发生，重在鸡舍温度和温差的科学控制，如1日龄鸡舍温度在35℃以上，然后随日龄增大逐渐降低温度，并确保昼夜温差不超3℃，基本可以杜绝肾型传染性支气管炎的暴发。与此同时，尽管肾型传染性支气管炎变异株多，疫苗难以匹配，但尽量选择保护率高的疫苗，进行

1日龄首免、10日龄强化免疫等科学合理的免疫程序，会极大地降低肾型传染性支气管炎的发病率。

3.加强对传染性鼻炎、肿瘤病的防控

做好传染性鼻炎的疫苗免疫，若有慢性传染性鼻炎、肿瘤病存在，要及时治疗。

4.优化进鸡渠道

杜绝因雏鸡质量先天缺陷导致的生产性能损失。

5.合理用药

杜绝过度用药和滥用药物，特别防止使用抑制卵巢发育、破坏生殖功能、干扰蛋鸡排卵等影响鸡生理发育和产蛋的药物或添加剂。

三、啄癖的处置

大群养鸡，特别是高密度饲养，往往会出现鸡相互啄羽、啄肛、啄趾、啄蛋等恶癖。在开产前后，经常会发生啄肛。啄癖会导致鸡着羽不良，体热散失，采食量增加和饲料转化率降低。

（一）啄癖的信号

1.羽毛消失

鸡每天都有羽毛掉落到地面上。如果羽毛从地面上消失，说明羽毛被鸡吃掉。这是鸡群出现问题的信号（图3-3-1）。

2.鸡群中其他鸡对死鸡或受伤鸡表现出特有的兴趣（图3-3-2）

这也是鸡出现啄癖的重要信号。因此，应当把死鸡和受伤鸡及时清理掉。

图 3-3-1 羽毛从地面上消失

图 3-3-2 受伤鸡成为相残的共同目标

（二）啄癖的类型

1.啄羽

这是最常见的互啄类型，指鸡啄食其他鸡的羽毛，特别易啄食背部、尾尖的羽毛，有时拔出并吞食（图3–3–3）。主要是进攻性的鸡啄怯弱的鸡，羽毛脱落并导致组织出血，诱发啄食组织使鸡受伤被淘汰或死亡。有时，互啄羽毛啄得皮肉暴露出血后，可发展为啄肉癖（图3–3–4）。

图 3-3-3　乌鸡的啄羽癖

图 3-3-4　啄肉癖

啄羽不利于鸡的福利和饲养成本降低，啄羽后形成的“裸鸡”（图3–3–5）需要多采食20%的饲料来保暖。有资料显示，每减少10%的羽毛，鸡每天需要多采食4克的饲料。好动或者户外散养的“裸鸡”需要更多的饲料。

在育成鸡群中的啄羽常被低估。在成年鸡身上，经常可以看到光秃的区域，但是，对于育成鸡，只能在鸡后背观察到一些覆羽，可以通过突出的绒羽与浓密的尾羽来识别。褐壳蛋鸡比白壳蛋鸡明显，因为白色的绒羽在褐色覆羽的下面。真正的光秃区域在育成阶段比较少见，如果16周龄时有20%的母鸡的绒羽可以看见，到30周龄时，鸡群中的大部分鸡会出现光秃区域。

图 3-3-5　啄羽后形成的“裸鸡”

2. 啄肛

常见于高产小母鸡群，往往始于鸡尾连接处，继续啄食直到出血。对于小母鸡，通常在小母鸡开始产蛋几天后发生，大概与其体内的激素变化有关，产蛋后子宫脱垂或产大蛋使肛门撕裂，导致啄肛（图3–3–6）。

图 3-3-6　啄肛

啄羽和啄肛相残是鸡福利降低的主要信号，啄羽导致采食量增加，啄肛相残导致损伤。一旦啄羽和啄肛相残在鸡群中发生，很难被消除，因此预防是主要的手段。

3. 啄蛋

啄蛋主要是饲养管理不当造成的，钙磷不足等因素亦会导致啄蛋癖。

4. 啄趾

啄趾常见于家养小鸡，因饥饿导致。小鸡会因料槽太高而无法采食，胆小的鸡因害怕进攻性强的鸡而无法接近食物，会导致啄趾。采食拥挤或小鸡找不着食物会啄自己的或相邻鸡的脚趾。

（三）啄癖发生的原因

1. 无聊的生活环境

鸡的天性是喜欢在地上觅食，如果地面上没有它们感兴趣的东西，如饲料、垫料，它们将寻找可供啄食的东西。

2. 啄羽发生的原因

育成阶段缺乏垫料；日粮中缺乏纤维素、矿物质或氨基酸；由红螨引起的慢性胃肠道刺激；鸡舍环境差；烦躁和应激；太强的光照强度结合上述原因之一。

3. 啄肛相残发生的原因

母鸡产蛋时，部分泄殖腔同时翻出，有大量腹脂的母鸡产蛋时把泄殖腔翻出更多一些。产窝外蛋的鸡翻出泄殖腔，容易被其他鸡啄肛；产蛋箱中的光线太强，产蛋时泄殖腔翻出，成为啄肛的目标；饲料中缺乏营养（蛋白质、维生素或矿物质）导致啄肛；受伤鸡成为相残的目标；鸡群整齐度差，体重太轻的鸡是首先的受害者。

（四）啄癖的预防

1. 适时断喙

（1）断喙前

图 3-3-7　用电热式断喙器给雏鸡断喙

① 时间恰当。雏鸡断喙可在1～12周龄进行，但最晚不能超过14周龄。对蛋用型鸡来说，最佳断喙时间是6～10日龄。炎热的夏季，应尽量选择在凉爽的时间断喙。

② 用具合适。用于断喙的工具，主要有感应式电烙铁、剪子与烙铁，最合适的工具首选电热式断喙器（图3-3-7），方便、实用，但要注意调节好孔径，6～10日龄雏鸡使用4.4毫米孔径，10

日龄以上使用4.8毫米孔径。

③ 减少应激。为减少应激，加快血液凝固，断喙前3～5天，应在饮水中添加0.1%维生素C及适量抗生素，在每千克饲料中添加2毫克维生素K。同时，断喙应与接种疫苗、转群等工作错开，避免给雏鸡造成大的刺激。

④ 器械消毒。断喙器在使用前，必须认真清洗消毒，防止断喙时造成交叉感染。

（2）断喙时

① 适当训练。参加断喙的工作人员，一定要认真负责、耐心细致。对于断喙的操作程序，要进行适当的训练、安排和调节，让抓鸡、送鸡、断喙形成流畅的程序。

② 动作轻柔。捉拿雏鸡时，不能粗暴操作，防止造成损伤。断喙时，左手抓住雏鸡的腿部，右手将雏鸡握在手心中，大拇指顶住鸡头后部，食指置于雏鸡的喉部，轻压雏鸡喉部使其缩回舌头，将关闭的喙部插入断喙器孔，当雏鸡喙部碰到触发器后，热刀片就会自动落下将喙切断。

③ 操作准确。断喙时，要求上喙切除1/2～2/3，下喙切除1/3（图3-3-8、图3-3-9）。但一般情况下，6～10日龄的雏鸡，多采用直切法；较大日龄的雏鸡，则采用上喙斜切、下喙直切法，直切斜切都可通过控制雏鸡头部位置达到目的。断喙后，喙的断面应与刀片接触2秒钟，以达到灼烧止血的目的。

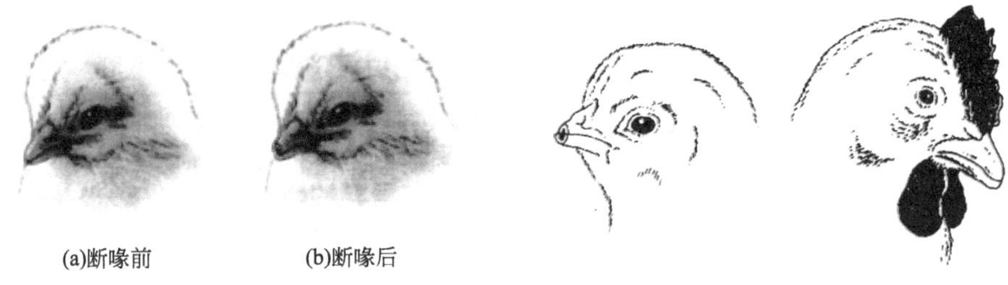

图 3-3-8 断喙效果

图 3-3-9 精确断喙示意图

④ 避免伤害。主要注意四点：一是不要烙伤雏鸡的眼睛，二是不要切断雏鸡的舌头，三是不要切偏、压劈喙部，四是断喙达到一定数量后应更换刀片。

（3）断喙后

① 注意观察。断喙后要保持环境安静，注意观察鸡群，发现有雏鸡喙部流血时，应重新烧烙止血。

② 防止感染。断喙容易诱发呼吸道疾病，故断喙后应在饮水中加入适量抗生素进行预防，可选用青霉素、链霉素、庆大霉素等，平均每只雏鸡1万单位（1单位相当于1微克纯青霉素或链霉素或庆大霉素），连续给药3～5天。也可给鸡饮用0.01%高锰酸钾溶液，连用2～3天。

③ 加强管理。断喙后要立即给水。断喙造成的伤口，会使雏鸡产生疼痛感，采食时碰到较硬的料槽底，更容易引发疼痛。因此，断喙后的2～3天内，要在料槽中增加一些饲料，防止喙部触及料槽底部碰疼切口。

④ 及时修整。12周龄左右，要对第一次断喙不成功或重新长出的喙，进行第二次切除或修整。

2.移出被啄的鸡

把被啄的鸡移走，或在鸡身上喷洒一些难闻的物质，如机油、煤油等，使其他的鸡不愿再啄它，这是最简单的办法。如果不快速有效地干涉，啄羽将发展成一个严重的问题。

3.饲养密度

这是许多啄羽癖的主要诱因，建议土鸡、黄杂鸡、蛋鸡在0～4周龄，每平方米不能超过50只，5～8周龄每平方米不能超过30只，9～18周龄每平方米不能超过15只，18周龄上产蛋鸡笼养，应按笼养规格密度饲养。

4.通风性

氨气浓度过高首先会引起呼吸系统的病症，导致鸡体不适，诱发其他病症，包括互啄。当鸡舍中氨气浓度达0.0015%时，就有较轻的刺鼻气味；当鸡舍中氨气浓度达到0.003%时，就有较浓的刺鼻气味；当鸡舍中氨气浓度达到0.005%时，会发现鸡只咳嗽、流泪、结膜发炎等症状。鸡舍的氨气浓度以不超过0.002%为宜。

5.光照强度

光照强度过强也是互啄的重要诱因，昏暗的光线可以减少啄羽和啄肛。鸡舍内光照变暗，可以使鸡变得不活跃。第1周鸡舍可以有40～60勒克斯的光照强度，产蛋期的光照强度也可达20～25勒克斯。其他时间不要超过20勒克斯的光照强度，简言之，如果灯泡离地面2米，灯距间隔3米，灯泡的功率不能超过25瓦/个。

6.营养因素

在配方设计方面，为了迎合销售的需要与成本的限制，许多人已习惯做玉米-豆粕型日粮，蛋白质原料只有豆粕。据有关资料记载，如果一直使用豆粕作蛋白源，会导致鸡体内性激素（雌酮）的变化，引起啄斗。在配方中可以加入2%～3%的鱼粉和3%～6%的棉粕予以防止互啄，但一定要注意将棉粕用ϕ1.5毫米的粉碎筛粉细，以免棉壳卡堵小鸡食管；粗纤维含量太低，可能是引起鸡只互啄最常见的营养因素，而且是最容易在配方上忽略的因素，许多配方中粗纤维含量不到2.5%。据经验，3%～4%的粗纤维含量有助于减少互啄的发生，这与粗纤维能延长胃肠的排空时间有关。在一般的配方中，3%～6%的棉粕加上1%～3%的统糠或8%～15%的洗米糠可以基本达到要求，但一定别忘记添加1%～3%的油脂，否则代谢能达不到需要。我们都知道，氨基酸特别是含硫氨基酸的不足是引起互啄的原因之一。那么，饲料中到底需要多少氨基酸呢？建议在设计蛋鸡配方时，0～4周龄蛋氨酸含量大于0.42%，含硫氨基酸大于0.78%；4周龄后蛋氨酸含量应大于0.38%，含硫氨基酸大于0.7%，这是防止鸡只互啄的基本量。至于钙磷等矿物质及其他微量元素和盐的设计，配方中一般不会缺乏，由于它们的缺乏而引起互啄的情况很少见。某些维生素的缺乏（如维生素B_1、维生素B_6等）也会引起互啄，许多场家在设计配方时往往添加有足够量的维生素，但为什么又会出现缺乏呢？这很大程度上与维生素的储存与使用方法不当有关。例如，在夏天，未用任何降温设施而储存两三个月以上，与氯化胆碱、微量元素、酸化剂、抗氧剂、防霉剂等物质混合后而不及时使用，使得大量维生素被破坏而引起互啄。

切勿喂霉变饲料。

7.笼养饲喂

有条件的，将地面栏养移至笼养系统，可减少啄羽。笼养鸡的啄羽较少发展为互啄；在笼养系统中，阶梯型的比重叠型的互啄率高，可能是前者光照强度较高之故。

图 3-3-10　让鸡在料盘里吃料

8.改变粒型

颗粒料比粉状料更易引起互啄，所以，蛋鸡料宜做成粉状饲料而非颗粒料，并提供足够量的高纤维原料。

图 3-3-11　给雏鸡提供可供挖刨的垫料

9.预防啄羽

首先，要确保顺利转群，不能让已经适应黑暗的鸡群突然进入光照充足的鸡舍。转群前后开灯和关灯的时间、饲喂规律等要保持不变。

其次，雏鸡阶段，尽可能地让鸡在纸上或料盘里吃料（图3–3–10）。要提供干燥和疏松的垫料或可供挖刨的干草（图3–3–11），以转移母鸡的注意力。定期撒谷粒或粗粮以吸引鸡的注意力，悬挂绳子、啄食块（图3–3–12）、玉米棒、草等，定期给它们一些新鲜的玩具。

另外，要严格防控螨虫。

图 3-3-12　啄食块是很好的玩具

（五）啄癖的处置

1.啄羽的应对

① 检查饲料中的营养水平，提供额

图 3-3-13　死鸡要立即清除

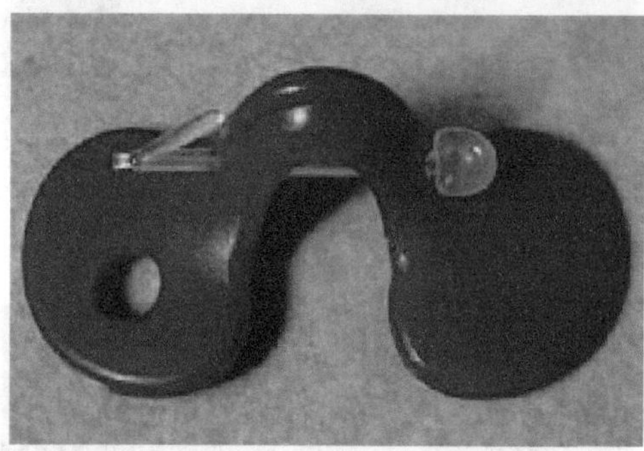
图 3-3-14　鸡眼罩

图 3-3-15　给蛋鸡戴上眼罩

外的维生素和矿物质。

② 调暗光线或使用红光灯。

③ 如果在垫料上饲养的鸡群的情况越来越差，尝试使用鸡眼罩（眼镜）。但从动物福利角度来说，不推荐使用这种方法。

2. 啄肛相残的应对

① 每天移除弱鸡、受惊吓的鸡、受伤鸡和死鸡（图3–3–13）。

② 控制蛋重，因为产大蛋会引起泄殖腔出血。

③ 调暗光线或使用红光灯。

④ 提供像啄食块和粗粮等可以啄食的东西。

⑤ 如果啄肛与饲料有关，告诉饲料供应商，如果有必要，要求他们运送新的饲料。

3. 给鸡佩戴眼罩

断喙会给鸡造成极大的痛苦。为了减轻鸡的痛苦，可以给鸡带眼罩，防止发生啄癖。

鸡眼罩又叫鸡眼镜（图3–3–14），是佩戴在鸡的头部遮挡鸡眼正常平视光线的特殊用具，使鸡不能正常平视，只能斜视和看下方，防止饲养在一起的鸡群相互打架，相互啄毛、啄肛、啄趾、啄蛋等，降低死亡率，提高养殖效益。

开始佩戴鸡眼罩时，先把鸡固定好，用一个牙签或金属细针在鸡的鼻孔里用力扎一下并穿透，如有少量出血，可用酒精棉擦拭。左手抓住鸡眼镜突出部分向上，插件先插入鸡眼镜右孔后对准鸡鼻孔，右手用力将插件穿过鸡鼻孔，最后插入镜片左孔，整个安装过程完毕（图3–3–15）。

四、异常鸡蛋的产生与处置

似乎笼养系统中异常蛋更多，但这是一个误解。在笼养系统中，可以收集所有的鸡蛋，但在地面平养系统中，仅收集产在产蛋箱和垫料上的鸡蛋。地面平养系统中的一些异常鸡蛋和薄壳蛋不产在产蛋箱中，因此它们不被注意，没有算入异常鸡蛋中。

（一）蛋鸡的产蛋节律

卵黄从卵巢排卵24～26小时后，母鸡到产蛋箱中产蛋；如果排卵后4个小时就产蛋，产下的鸡蛋为薄壳蛋，且母鸡不到产蛋箱中产蛋；如果母鸡的输卵管中没有鸡蛋，母鸡也会按时卧在产蛋箱里；如果母鸡排卵28小时后才产蛋，蛋壳就会有多余的钙斑，尽管没有产蛋，母鸡还会按时卧在产蛋箱中，之后，母鸡就在它所在的地方产蛋，因为当时母鸡不需要找产蛋箱。因此，一般只会在笼养系统或垫料中发现这些异常鸡蛋。对于褐壳蛋鸡，很容易通过在鸡蛋一侧的白色环状钙斑而识别这些产蛋延迟的鸡蛋，而对于白壳鸡蛋，因为很难看清白色钙斑，所以很难注意到这些鸡蛋。

（二）常见的异常蛋

1.薄壳蛋、软壳蛋

任何情况下的薄壳蛋（图3-3-16）、软壳蛋（图3-3-17）都是比较难发现的。地面平养系统中，在鸡栖息的棚架下面的鸡粪中可能有薄壳蛋、软壳蛋。笼养系统中，因有其他鸡的阻挡，薄壳蛋、软壳蛋不能顺利地滚落，经常卡在鸡笼的底部。因此，要仔细检查鸡笼的下面或者棚架下面的鸡粪。

图 3-3-16　薄壳蛋

图 3-3-17　软壳蛋

薄壳蛋、软壳蛋缺少了大部分蛋壳。可能的原因：如果母鸡开始产蛋较早，在产蛋早期，快速连续地排卵，使蛋壳形成之前就产蛋；输卵管分泌的钙质赶不上快速连续的卵黄形成；薄壳蛋和软壳蛋也可能由高温或疾病（如产蛋下降综合征）等因素引起。

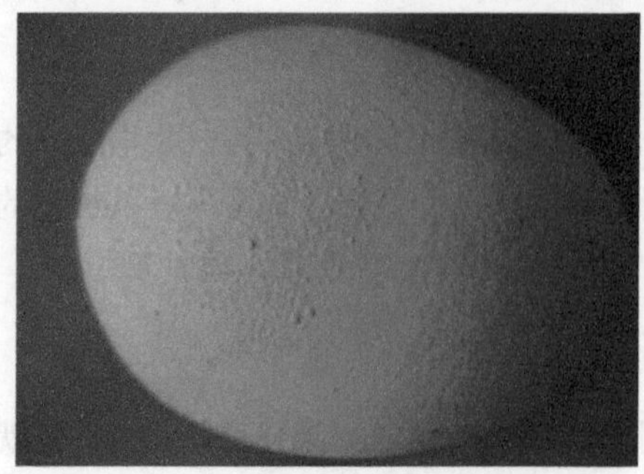
图 3-3-18 砂壳蛋

图 3-3-19 脆壳蛋（产蛋后期，蛋重大，蛋壳脆弱）

图 3-3-20 有环状钙斑的鸡蛋

图 3-3-21 褐壳蛋鸡下的个别白壳蛋

2.砂壳蛋

局部粗糙，经常在鸡蛋的钝端（图3-3-18），可能由传染性支气管炎病毒感染引起，这种情况下鸡蛋的内容物水样。请注意：症状取决于鸡的种类，但是蛋壳将会增厚，鸡蛋的内部质量没有问题。

鸡蛋的尖端比较粗糙且蛋壳较薄，与鸡蛋的健康部分有明显的分界，鸡蛋的尖端光亮。原因是繁殖器官感染特殊的滑液囊支原体毒株。

3.脆壳蛋

产蛋后期，蛋重较大，该种鸡蛋的蛋壳脆弱（图3-3-19）。此时要及时调整饲料中的钙含量，额外添加钙。确保在天黑之前喂好母鸡，因为蛋壳主要在晚上沉积形成。薄壳蛋也可能是母鸡的饲料摄入量出现问题（疾病或高温）而引起。

4.环状钙斑蛋

有环状钙斑的鸡蛋（图3-3-20）比正常鸡蛋的产蛋时间晚6～8小时，可在地面或棚架上的任何地方发现这样的鸡蛋，因为母鸡产蛋时正好待在那里。

有时会意外地在褐壳蛋鸡下的蛋中遇到白壳蛋（图3-3-21）。这可能是因饲料中残留的抗球虫药（尼卡巴嗪）引起，即使微量的抗球虫药也可以导致白壳蛋，抗球虫药可以杀死受精鸡蛋中的胚胎。产生白壳蛋的另外原因有感染传染性支气管炎、火鸡鼻气管炎和新城疫。

5.脊状壳蛋

鸡蛋出现脊状蛋壳（图3-3-22），可能的原因是蛋鸡遭受应激。

（三）引起蛋壳异常的常见因素

1.产蛋之前的因素引起的蛋壳异常

鲜蛋的外部质量指标有蛋重、颜色、形状、蛋壳的强度和洁净度等。从鸡蛋的外面你可以知道很多，鸡蛋的裂缝和破碎经常与笼底或者集蛋传送带出现的问题有关，有缺陷或者脏的蛋壳与母鸡的健康状况、饲料的成分和产蛋箱的污物或者笼底的鸡粪有关。

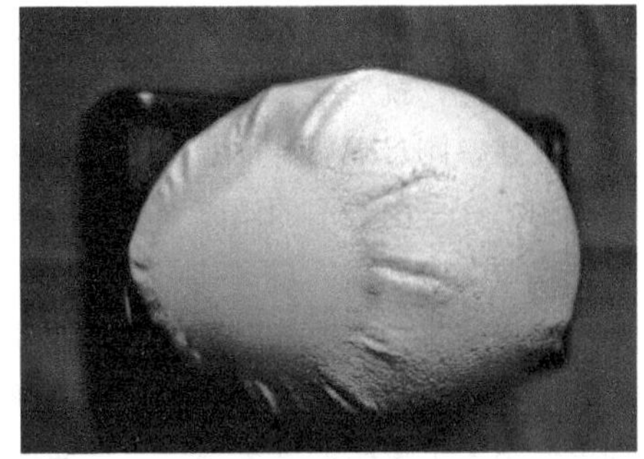
图 3-3-22 脊状蛋壳

鸡蛋的形状各不相同，是由母鸡的遗传特性决定的，与疾病或者饲养管理无关。

鸡蛋上有钙斑，引起钙斑的原因很多。

鸡蛋顶部呈脊状，与产蛋过程中遭遇应激有关。

在蛋壳形成过程中，母鸡沉郁也会导致蛋壳破裂。

图 3-3-23 畸形蛋

砂壳蛋由多种原因引起，例如传染性支气管炎，也可能与鸡的品种有关。

畸形蛋（细长鸡蛋）（图3-3-23）：产生畸形蛋是因输卵管中同时有2个鸡蛋在一起，这与疾病有关，主要由母鸡的遗传特性引起。

2.产蛋之后引起的蛋壳异常的因素

血斑蛋（图3-3-24）蛋壳上的血迹来源于损伤的泄殖腔，因鸡蛋太重或者啄肛导致泄殖腔损伤。

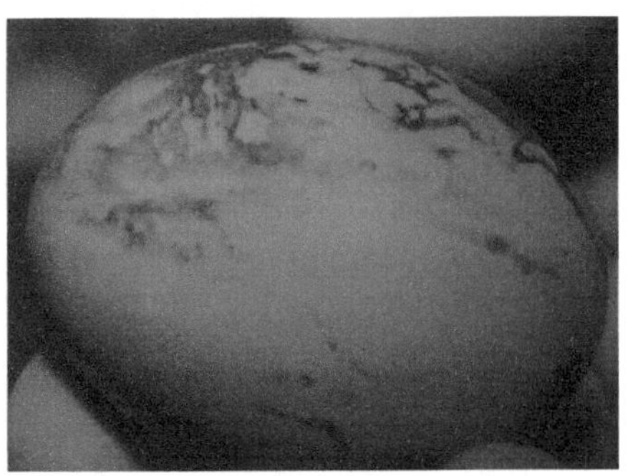
图 3-3-24 血斑蛋

灰尘环是由鸡蛋在肮脏的地面滚动时造成的（图3-3-25），在鸡笼和产蛋箱中的灰尘也可引起灰尘环。另外，确保鸡蛋滚到集蛋带上时的蛋壳干燥，也可以用一个鸡蛋保护器保持鸡蛋干燥，并使鸡蛋缓慢滚落到集蛋带上，这样灰尘就不会沾到蛋壳上。当然，鸡蛋不能在鸡舍中放置太久，定期清理集蛋带。

图 3-3-25 鸡蛋上的灰尘环

产蛋时，鸡蛋温度是38℃，且无气室；

产蛋后，鸡蛋的温度骤降到20℃左右，鸡蛋的内容物收缩，空气通过蛋壳的气孔被吸收到鸡蛋内，就形成了气室。

但是，刚产后蛋壳很脆弱，少量的蛋壳会被吸到鸡蛋里。图3–3–26中所示的鸡蛋上的小孔是由破旧的鸡笼引起的，当鸡蛋落下时笼子损坏鸡蛋的尖端。

鸡蛋上的鸡粪（图3–3–27）可能是肠道疾病导致母鸡排稀薄鸡粪的结果；稀的鸡粪也可能是由于不正确的饲料配方引起；如果使用可滚动的产蛋箱，需要检查产蛋箱驱动系统，如果该系统不能正常工作或关闭太迟，鸡蛋会被脏的产蛋箱底板污染。如果使用人工集蛋的产蛋箱，一定要保证产蛋箱清洁干净。

图 3-3-26　旧的笼具损坏蛋壳

图 3-3-27　鸡蛋上有鸡粪

（四）蛋壳的裂缝和破裂

产蛋后不久，鸡蛋即可能被损坏，鸡蛋上出现破裂、发丝裂缝、凹陷或小洞。

观察损坏的位置和性质：在鸡蛋的尖端或钝端的裂缝和小洞说明产蛋时鸡蛋大力撞击了底板，这也说明鸡笼中钢丝板已陈旧或太坚硬，或者产蛋箱中有凸起；鸡蛋的一侧有裂缝和破裂，说明鸡蛋从鸡笼或产蛋箱滚落到集蛋带的过程中，或者在运输过程中被损坏。

从母鸡到集蛋台，仔细检查鸡蛋的生产过程：鸡蛋是轻轻地滚动吗？它们之间会相互滚动撞击吗？集蛋带之间的过渡是一条直线吗？集蛋带上的鸡蛋越多，鸡蛋越容易产生裂缝和破裂。

因此，要确保经常收集鸡蛋，至少1天两次。

每个系统都有需要注意和仔细检查的地方。例如，在地面平养系统中，如果95%的鸡蛋都在集蛋带的同一个地方，被破坏的概率将增大。这是由于母鸡喜欢在相对固定的产蛋箱产蛋而导致的结果。

应对措施是，让集蛋带多运行几次，使鸡蛋的分布均匀。

在笼养系统中，受惊吓的母鸡突然飞起来，或者四处乱蹦，也可能会导致鸡蛋裂缝和破裂。

如果这种情况发生，找到惊吓母鸡的原因，例如，鸡舍中有野鸟，金属部件上有电流等。

太多的鸡蛋堆积在一起，鸡蛋的一侧将会被压损坏（图3–3–28）。

鸡蛋的裂缝和破裂（图3–3–29）也可能是由集蛋带运行的速度太快且不停地打开和关闭，使鸡蛋相互碰撞而引起。集蛋带最好缓慢运行，而非快速运行和频繁开关。

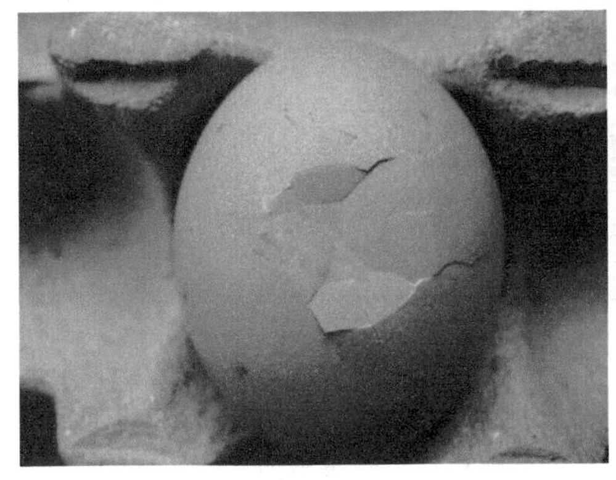

图 3-3-28 鸡蛋的一侧被压破

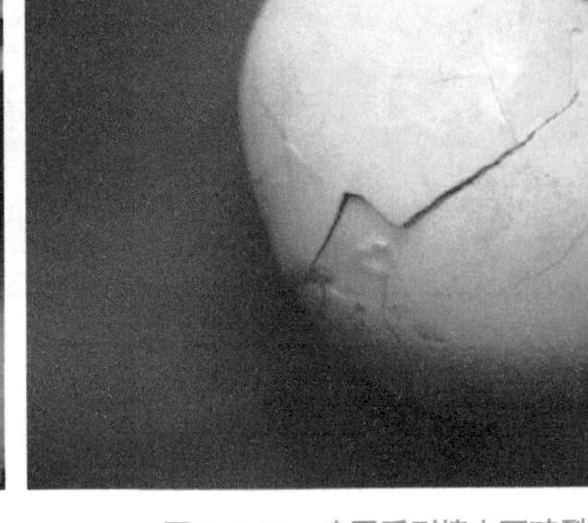

图 3-3-29 鸡蛋受到撞击而破裂

鸡蛋的裂缝和破裂也经常发生在产蛋末期。在产蛋末期，可能由于饲料中缺乏钙，鸡蛋的蛋壳变得比较脆弱。

错误地放置鸡蛋将会造成托盘中的鸡蛋破裂，这不仅仅是鸡蛋的损失，打碎的鸡蛋也可能会污染托盘中的其他鸡蛋，产生臭鸡蛋的味道。

放置鸡蛋时，要尖端向下（图3–3–30）、气室向上（图3–3–31）。气室部位是最脆弱的，在运输过程中避免气室承载整个鸡蛋的重量，另外，鸡蛋尖端向下放置时，蛋黄的位置处在鸡蛋的正中间。

图 3-3-30 鸡蛋尖端向下

图 3-3-31 气室向上

在蛋鸡养殖中，如果在生产的最后阶段中鸡蛋被磕坏，这完全是投资的浪费。因此，对纸托盘（图3–3–32）或者塑料托盘（图3–3–33）的少量投资是值得的。尽管塑料托盘的投资成本高，但是它有持久耐用的优点。用蛋筐运送鸡蛋会产生很多不必要的磕裂和损坏（破损率高达20%），用托盘运输鸡蛋的破损率仅为2%。

图 3-3-32　纸托盘

图 3-3-33　塑料托盘

因塑料托盘容易清洁，所以比重新利用纸托盘更卫生。另外，大部分鸡蛋加工过程都是自动的，纸托盘不适于这一加工过程，因此塑料托盘越来越流行。

第四篇

蛋鸡养殖500天疾病综合控制

第一章 蛋鸡养殖500天的卫生防疫

第一节 提供和保障生物安全的饲养环境

生物安全强调的是环境因素在保证鸡群健康中的作用，更是保证养殖效益的基础。只有通过全面实施生物安全体系，为蛋鸡提供全面的生物安全的生存环境，才能保证蛋鸡的养殖效益。

一、生物安全的概念

生物安全是一个综合性控制疾病发生的体系，即将可传播的传染性疾病、寄生虫和害虫排除在外的所有的有效安全措施的总称。控制好病原微生物、昆虫、野鸟和啮齿动物，并使鸡有好的抗体水平，在良好的饲养管理和科学的营养供给条件下，鸡群才能发挥出最大的生产潜力。

当前，疫病严重困扰着蛋鸡的健康发展，一些疫病甚至已经引起许多国家和地区的恐慌。生物安全性的提出，与蛋鸡生产及科技水平的发展有关，通过有效实施生物安全，使疫病远离鸡场，或者如果存在病原体，这一体系将能消除它们，或至少减少它们的数量和密度，保证养鸡生产获得好的生产成绩和经济效益，保证企业终产品具有良好的食品安全性、市场竞争力和社会认知度。

二、生物安全的实质

建立蛋鸡场生物安全体系，是生产无公害安全蛋品的保障。生物安全的实质是指对环境、鸡群及从业人员的兽医卫生管理，生物安全包括三个部分：隔离、交通控制、卫生和消毒。围绕着这三大部分，可以把生物安全体系区分为三个不同的管理层次，即建筑性生物安全措施、观念性生物安全措施、操作性生物安全措施，从建立生物环境安全隔离制度、严格执行消毒措施、做好免疫预防安全工作、加强投入品的卫生安全管理以及鸡场废弃物的无害化处理等方面，采取综合措施。

（一）建筑性生物安全措施——科学合理的隔离区划

1.养殖场的科学选址和区划隔离

良好的交通便于原料的运入和产品的运出，但养殖场不能紧靠村庄和公路主干道，因为村庄和公路主干道人员流动频繁，过往车辆多，容易传播疾病。鸡场要远离村庄至少1公里、距离主干道路500米以上，这样既使得鸡场交通便利，又可以避免村庄和道路中不确定因素对鸡的应激作用，另外也减少了某些病原微生物的传入。养殖场、孵化场和屠宰场，按鸡场代次和生产分工做好隔离区划。

2.改革生产方式

逐步从简陋的人鸡共栖式小农生产方式改造为现代化、自动化的中小型养鸡场，采用先进的科学的养殖方法，保证鸡只生活在最佳环境状态下。高密度的鸡场不仅有大量的鸡只、大量的技术员、饲料运输及家禽运送人员在该地区活动，还可造成严重污染而导致更严重的危害事件如禽流感事件。因此，要合理规划鸡舍密度，保持鸡场之间、鸡舍之间合理的距离和密度。

鸡场的大小与结构也应根据具体情况灵活掌握。过大的鸡场难以维持高水平的生产效益。所以在通常情况下，提倡发展中小型规模的鸡场。当然，如果有足够的资金和技术支持，也可以建大型鸡场。

合理划分功能单元，从人、鸡保健角度出发，按照各个生产环节的需要，合理划分功能区。应该提供可以隔离封锁的单元或区域，以便发生问题时进行紧急隔离。首先，鸡场设院墙或栅栏，分区隔离，一般谢绝参观，防止病原入侵，避免交叉感染，将社会疫情拒之门外；其次，根据土地使用性质的不同，把场区严格划分为生产区和生活区；根据道路使用性质的不同分为生产用路和污道。生产区和生活区要由隔墙或建筑物严格分开，生产区和生活区之间必须设置消毒间和消毒池，出入生产区和生活区，必须穿越消毒间和踩踏消毒池。

3.鸡场人员驻守场内，人鸡分离

提倡饲养人员家中不养家禽，禁止与其他鸟类接触以防饲养人员成为鸡传染病的媒介。多用夫妻工，提倡夫妻工住在场内，提供夫妻宿舍，这样可减少工人外出的次

数，进而减少与外界人员的接触，更好地保护鸡场安全。

（二）观念性生物安全措施——遵照安全理念制定的制度与规划

1.净化环境，消除病原体，中断传播链

场区门口要设有消毒室和消毒池，并配备消毒器具和醒目的警示牌。消毒室内设有紫外线灯、消毒喷雾器和橡胶靴子，消毒池要有合适的深度并且长期盛有消毒水；警示牌上写上“养殖重地、禁止入内”，并长期悬挂在入场大门或大门两旁醒目的位置。

根据饲养规模设置沉淀池、粪便临时堆放地以及死鸡处理区。污水沉淀池、粪便堆放地要设在远离生产区、背风、隐蔽的地方，防止对场区内造成不必要的污染。死鸡处理区要设有焚尸炉。

净、污道分离，鸡苗、饲料、人员和鸡粪运输各行其道，场区内及大门口道路务必硬化，便于消毒和防疫；下水道要根据地势设置合理的坡度，保证污水排泄畅通，保证污水不流到下水道和污道以外的地方；清粪车入场必须严格消毒车轮，装粪过程要防止洒漏，装满后用篷布严密覆盖，防止污染环境。要求鸡舍内无粉尘、无蛛网、无粪便、无鸡毛、无甲虫、无裂缝、无鼠洞，彻底清洗、消毒3～5遍。

生产人员隔离和沐浴制度；严格的门卫消毒制度；人员双手、鞋、衣服、工具、车辆消毒，外来车辆禁止入场；汽车消毒房冬季保温和密闭措施，冬季消毒池加盐防冻；垫料消毒，防止霉变。

2.加强消毒

（1）环境卫生消毒　场内部及外部环境应建立生物防疫屏障，建立防护林。根据气候情况，每5天对鸡场内外主要道路进行一次彻底消毒。定期打扫鸡场的环境、道路。在场内污水池、下水道口、清粪口每月用0.3%的过氧乙酸消毒一次。及时清理场区杂草，整理场内地面，排除低洼积水，疏通水道，做好场区的污水排放和雨水排放工作，消除病原微生物存活的条件。每年将环境中的表层土壤翻整一次，减少环境中的有机物，以利于环境消毒。

（2）人员及车辆消毒

① 主要通道口与场区的消毒。主要通道口必须设置消毒池，消毒池的长度为进出车辆车轮两个周长以上。消毒池上方最好建有顶棚，防止日晒雨淋。消毒液采用0.3%的过氧乙酸，每周更换三次。

② 平时应做好场区的环境卫生工作，经常使用高压水冲洗。每栋鸡舍的门前也要设置脚踏消毒槽，并做到每周至少更换两次消毒液。进出鸡舍应换穿不同的专用橡胶长靴，并在消毒槽踩踏消毒后才可进鸡舍，将换下的靴子洗净后浸泡在另一消毒槽中，并进行洗手消毒，穿戴消过毒的工作衣帽进入鸡舍。

③ 生产区入口处的消毒更衣室设有紫外线灯，生产人员通过时进行2～3分钟的

消毒。

④ 一般情况下，场内谢绝参观。上级领导检察工作或必须参观者，经批准后和生产区工作人员一样，要进行严格的消毒。进入鸡场生产区的人员，尤其是直接接触鸡群的人员须按以下程序消毒进场：脱衣→洗澡→更衣换鞋→进场工作。

⑤ 工作服应每3天清洗一次，并在阳光下暴晒。饲养员在换班过程中应换下工作服洗净并消毒后，才能离开。工作服和鞋帽应于每天下班后挂放在更衣室内，用足够强度的紫外线灯照射消毒。

⑥ 检查巡视鸡舍或生产区的技术人员，也很容易成为传播疾病的媒介，技术人员应更注意自身的消毒。特别是负责免疫工作的技术人员，每免疫完一批鸡群，都要用消毒药水洗手，工作服应用消毒药水泡洗10分钟后，在阳光下暴晒消毒。

⑦ 饲养人员要坚守岗位，不得串舍，所用工具及设备都必须专舍专用。

⑧ 疫苗免疫人员每次免疫完成后，要求衣服、鞋、帽清洗消毒。

（3）鸡舍的消毒　鸡舍全面消毒应按一定的顺序进行：鸡舍排空、清扫、洗净、干燥、消毒、再干燥、再消毒。

① 鸡舍排空。鸡群更新的原则是“全进全出”制，将所有的鸡尽量在短期内全部清转。

② 清扫。鸡舍排空后，清除饮水器、饲槽的残留物，对风扇、通风口、天花板、横梁、吊架、墙壁等部位的尘土进行清扫，然后清除所有垫料、粪便。为了防止尘土飞扬，清扫前可事先用清水或消毒液喷洒，清除的粪便、灰尘集中处理。

③ 洗净。经过清扫后，用动力喷雾器或高压水枪进行洗净，洗净按照从上至下、从里至外的顺序进行。较脏的地方可事先进行人工刮除，要注意对角落、缝隙、设施背面的冲洗，做到不留死角，真正达到清洁。

④ 消毒鸡舍。经彻底洗净、检修维护后即可进行消毒。

熏蒸消毒常用福尔马林配合高锰酸钾等进行。此法消毒全面、方便，但要求鸡舍必须密闭。由于甲醛气体的穿透能力弱，熏蒸前应将消毒对象放散开，并在舍内洒水，保持相对湿度在70%，温度在18℃以上。一般按照每立方米消毒空间使用福尔马林50毫升，水12.5毫升，高锰酸钾25克（或等量生石灰）。消毒12～24小时后打开门窗，通风换气，若急用，可用氨气中和甲醛气体。

⑤ 空舍15～20天后可进雏。

（4）用具的消毒

① 蛋箱、雏鸡箱和鸡笼等频繁出入鸡舍，必须经过严格的消毒。所有运载工具应事先洗涮干净，干燥后进行熏蒸消毒，备用。

② 免疫用的注射器、针头等，要清洗干净，并于每次使用前都要经煮沸消毒。化验用的器具和物品在每次使用后都应消毒。

③ 饮水器、料槽、料桶、水箱等用具每周应清洗、消毒一次。

④ 每天清除完鸡粪后，所用用具必须清洗干净，舍内舍外用具应严格分开。

（5）饮水消毒

① 饮水消毒的目的主要是控制大肠杆菌等条件性致病菌。做好饮水消毒，将对控制病毒和细菌性疾病极为有利，尤其是呼吸道疾病。

② 饮水应清洁无毒、无病原菌，符合人的饮用水质标准。

③ 除饮水中加入其他有配伍禁忌的药物或正在饮水免疫外，饮水消毒在整个饲养周期均不应间断。

④ 饮水消毒对防止水槽中的水垢沉积也很有效。

（6）带鸡消毒

① 带鸡消毒是指鸡入舍后至淘汰前整个饲养期内，定期使用有效的消毒剂，对鸡舍环境及鸡体表面进行喷雾，以杀死空中悬浮和附着在鸡只体表的病原菌。具有清洁鸡只体表、沉降舍内飘浮尘埃、抑制舍内氨气的发生和降低氨气浓度的作用，夏季还可防暑降温。

② 一般鸡10日龄以后，即可实施带鸡消毒。育雏期宜每周一次，育成期每周两次，成鸡可每3天消毒一次，发生疫情时每天消毒一次。以雾滴直径80～100微米，喷雾距离1米为最好。喷雾时应将舍内比平时高3～4℃，冬季应将药液加热到室温，消毒液用量为60～240毫升/米^3，以地面、墙壁、天花板均匀湿润和鸡只体表微湿的程度为宜，最好每3～4周更换一种消毒药。常用来作带鸡消毒的消毒药有0.15%过氧乙酸等。

③ 每次在带鸡消毒时应先将舍内的灰尘和蜘蛛网用长扫把扫净，再进行带鸡消毒。

（7）种蛋和孵化车间的消毒

① 种蛋收集后，经熏蒸消毒方可进入仓库或孵化室。种蛋应及时收捡，越早消毒越好，要求不超过收捡后2小时。影响种蛋消毒效果的因素有消毒药的剂量、环境温度和湿度、消毒时间及排风状况等。

② 种蛋消毒方法。可以用液体消毒剂喷洒或浸泡，喷雾要求的雾滴直径为50微米，最有效的还是用甲醛熏蒸。需要注意的是，入孵后24～96小时的种蛋禁止熏蒸，否则会伤害胚胎的发育。

③ 雏鸡的消毒。一般不对雏鸡施行熏蒸消毒，但在暴发脐炎、白痢、副伤寒等疫病或鸡场受到严重污染时，则应实施对雏鸡的熏蒸。甲醛熏蒸后雏鸡的绒毛会染成深棕色。

④ 孵化车间、孵化机、出雏机的消毒。在每批鸡孵出后，先用洗涤剂彻底地清洗机器，然后再用甲醛熏蒸消毒。使用搪瓷或陶瓷容器盛装甲醛放入要熏蒸消毒的机器内，然后倒入高锰酸钾。

⑤ 孵化室内的下水道口处应定期投放消毒剂，定期对室内、室外进行喷雾消毒。

⑥ 较脏的种蛋，应用消毒剂轻轻擦洗。

⑦ 捡种蛋前要用洗涤剂洗手。

（8）粪便及死鸡的消毒　每天的鸡粪应及时清除，堆放于粪场，再通过运粪车运至场外或利用生物发酵对鸡粪进行发酵处理。搬运鸡粪所用的器具、工作服，也要进行清洗消毒处理。死鸡要进行高温处理或深埋发酵处理。

（三）操作性生物安全措施——依据安全理念制定的日常工作细则

1.精心饲养，减少应激

每一次疾病的发生，必然存在饲养管理失当的原因。蛋鸡生产中80%疾病问题由饲料、通风、保温、光照和供水不当引起。养重于防，防重于治。减少应激，加强鸡群综合免疫力，是提高生产成绩的重要手段之一。

2.全进全出的饲养制度

现代蛋鸡生产几乎都采用“全进全出”的饲养制度，即在一栋鸡舍内饲养同一批同一日龄的蛋鸡，全部雏鸡都在同一条件下育雏，又在同一天转栏、淘汰。这种管理制度简便易行，优点很多，在饲养期内管理方便，可采用相同的技术措施和饲养管理方法，易于控制适当温度，便于机械作业，也利于保持鸡舍的卫生与鸡群的健康。蛋鸡满500日龄淘汰后，便对鸡舍及其设备进行全面彻底的打扫、冲洗、熏蒸消毒等。这样不但能切断疾病循环感染的途径，而且比在同一栋鸡舍里混养几种不同日龄的鸡群产蛋整齐，耗料少，病死率低。

第二节　落实以预防为主的综合性防疫卫生措施

养鸡场需要通过实施生物安全体系、预防保健和免疫接种三种途径，来确保鸡群健康生长。在整个疾病防控体系中，三者通过不同的作用点起作用。生物安全体系主要通过隔离屏障系统切断病原体的传播途径，通过清洗消毒减少和消灭病原体，是控制疾病的基础和根本；预防保健主要针对病原微生物，通过预防投药减少病原微生物数量或将其杀死；免疫接种则针对易感动物，通过针对性的免疫增加机体对某个特定病原体的抵抗力。三者相辅相成，以达到共同抗御疾病的目的。

一、疫苗的保存、运输

鸡的常用疫苗包括病毒苗和细菌苗两种。病毒苗是由病毒类微生物制成，用来预防病毒性疫病的生物制品，如新城疫Ⅰ系、Ⅳ系苗，传染性支气管炎H120、H52苗等。细菌苗则是由细菌类微生物制成的生物制品，如传染性鼻炎苗、致病性大肠杆菌苗等，用来预防相应细菌性疾病的感染和发生。

鸡的各种疫苗，不同于一般的化学药品或制剂，是一种特殊的生物制品。因此，其保存、运输和使用有其特殊的方法和要求，必须遵循一定的科学原则来进行。

（一）疫苗的保存

疫苗属于生物制品，保存时总的原则是：分类、避光、低温、冷藏，防止温度忽高忽低，并做好各项入库登记。

1.分门别类存放

（1）不同剂型的疫苗应分开存放　如弱毒类冻干苗（新城疫Ⅰ系、Ⅳ系苗，传染性支气管炎H120、H52苗等）与灭活疫苗（如新城疫油苗等）应分开，各在不同的温度环境下存放。

（2）相同剂型疫苗，应做好标记放置，便于存取　如弱毒类冻干苗在相同温度条件下存放，应各成一类，各放一处，做好标记，以免混乱。

2.避光保存

各种疫苗在保存、运输和使用时，均必须避开强光，不可在日光下暴晒，更不可在紫外线下照射。

3.低温冷藏

生物制品都需要低温冷藏。不同疫苗类型，其保存温度是不相同的。弱毒类冻干苗，需要-15℃保存，保存期根据各厂家的不同，一般不超过1～2年；一些进口弱毒类冻干苗，如法倍灵等，需要2～8℃保存，保存期一般为1年；组织细胞苗，如马立克疫苗，需保存在-196℃的液氮中，故常将该苗称作液氮苗。所有生物制品保存时，应防止温度忽高忽低，切忌反复冻融。

4.做好各项入库登记

各种疫苗或生物制品，入库时都必须做好各项记录。登记内容包括疫苗名称、种类、剂型、单位头份、生产日期、有效期、保存温度、批号等；此外，价格、数量、存放位置也应纳入登记项目中，便于检查、存取、查询。

取苗发放使用时，应认真检查，勿错发、漏发，过期苗禁发，并做好相应记录，做到先存先用，后存后用；有效期短的先用，有效期长的后用。

（二）疫苗的运输

疫苗的存放地与使用地常常不在同一个地方，都有一个或近或远的距离，因此，疫苗的运输包括长途运输和短途运送。但无论距离远近，运输时都必须避光、低温冷藏，需要一定的冷藏设备才能完成。

1.短距离运输

可以用泡沫箱或保温瓶，装上疫苗后还要加装适量的冰块、冰袋等保温材料，然后立即盖上泡沫箱盖或瓶盖，再用塑料胶布密封严实，才可起运。路上不要停留，尽快赶到目的地，放到冰箱中，避免疫苗解冻，或尽快使用。

2. 长途运输

需要有专用冷藏车才可进行长途运输，路上还应时常检查冷藏设备的运转情况，以确保运输安全；若用飞机托运，更应注意冷藏，要用有一定强度和硬度的保温箱来保温冷藏，到达后，注意检查有无破损、冰块融化、疫苗解冻等现象，如无，应立即入库冷藏。

（三）疫苗的使用

1. 疫苗准备

① 把疫苗从冰箱中取出时，应注意冰箱的温度是否在规定的2～8℃（正常时冰箱中应备有温度计）。

② 逐瓶核对疫苗的名称、生产批号和生产日期。

③ 把疫苗放入已经备好冰块的糠醛箱内。

④ 在每瓶疫苗开启之前，需要再次核对疫苗的名称及生产日期等。

2. 疫苗预温

油苗在使用前需要进行预温。预温在注射操作、效力发挥、疫苗反应方面起着重要的作用。油苗需2～8℃保存，在此保存条件下，油苗自身的温度与鸡体温度之间的温差悬殊，若不预温或预温不完全直接使用会引发冷应激。鸡群注射完疫苗后精神萎靡，大部分鸡只缩脖趴着不动，约6～8小时才能逐渐恢复饮水采食，小日龄鸡更加明显；油苗温度低注射入体内后扩散慢，严重的会在注射部位形成游离的肿块；油苗温度低黏度增大，注射时相对吃力。所以禽用油乳剂灭活疫苗必须预温到25～30℃方能使用。

油苗预温的方法主要有自然回温和辅助预温两种，方法相对简单，但许多细节却易被忽视，造成预温不完全，下面就不同方法操作细节介绍如下。

（1）自然回温

① 鸡舍内回温。将油苗提前2～3小时从2～8℃冰箱中取出放入鸡舍内缓慢回温。适用于育雏期间小日龄鸡群，舍内温度较高时使用，通过热传递使苗温与舍温一致，达到25～30℃，如7日龄免疫的鸡新城疫、传染性法氏囊炎、禽流感（Hq亚型）三联油乳剂灭活疫苗、15日龄免疫的禽流感H5亚型油乳剂灭活疫苗均可采用此法，简单易操作。

② 室温回温。当室温在25～30℃范围内时，将油苗提前2～3小时从2～8℃冰箱中取出放入室内，在足够的时间下通过热传递使油苗温度回升至室温。室温低于25℃预温效果不充分，需用舍内预温或设备辅助预温。

③ 注意事项。自然回温需要足够的预温时间，应提前2～3小时将油苗从2～8℃冰箱中取出放入鸡舍或室内，最少不低于2小时，放入舍内后将保温箱打开

或将油苗从保温箱中取出摆放整齐，这期间将油苗摇晃2～3次，确保瓶内温度均匀；油苗摆放在远离火源、鸡并且儿童接触不到的位置，避免阳光直射；在该时间范围内自然回温对油苗的效价、效力不会有影响。

（2）辅助预温

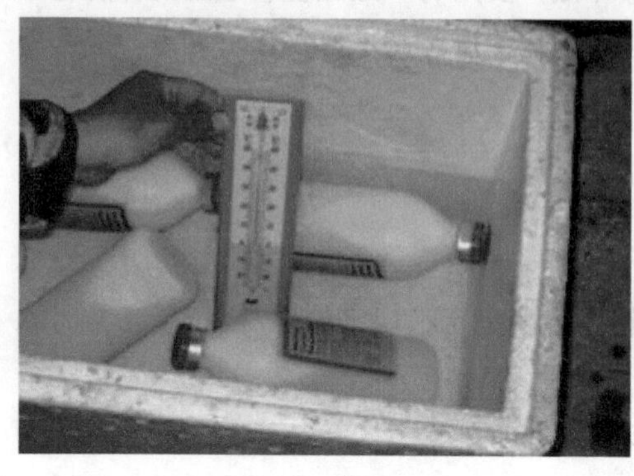

图 4-1-1 疫苗预温

① 温水预温（图4-1-1）。借用水盆、水桶、疫苗保温箱等易取容器加入35～40℃温水，将油苗放入温水中，液面没及疫苗瓶。在此期间注意水温变化，温度下降后及时补充温水，维持水温在35～40℃，同时摇晃疫苗2～3次，确保苗温均匀。预温时间不低于1小时，疫苗预温不能流于形式，确保预温效果。

② 水浴锅预温。适用于1日龄孵化场内操作。将油苗放入专用水浴锅内，控制水温在35～40℃，维持1小时，苗温可充分回温至30℃。

（3）注意事项。保证足够的水温和液面深度，确保疫苗没入温水中；水温度不能高于45℃或预温时间太长，否则可能会因为油苗受热膨胀臌开瓶塞。

二、常用免疫接种方法

蛋鸡疫苗的接种方法一般有点眼、滴鼻、饮水、注射、刺种、气雾等，应根据疫苗的类型、疫苗的特点及免疫程序来选择每次免疫的接种方法。

一般来讲，灭活疫苗也就是俗称的死苗，不能经消化道接种，一般用肌内或皮下注射，疫苗可被机体缓慢吸收，维持较长时间的抗体水平。点眼、滴鼻免疫效果较好，一般用于接种弱毒疫苗，疫苗抗原可直接刺激眼底哈德氏腺和结膜下弥散淋巴组织，另外还能刺激鼻、咽、口腔黏膜和扁桃体等，既可在局部形成坚实的屏障，又能激发全身的免疫系统，而这些部位又是许多病原的感染部位，因而局部免疫非常重要。在新城疫免疫后，点眼和滴鼻产生的抗体效果比饮水接种高4倍，而且免疫期也长，但该方法对大群鸡免疫来说比较烦琐。

（一）肌内注射法

将稀释后的疫苗，用注射针注射在鸡腿、胸或翅膀肌肉内（图4-1-2）。注射腿部应选在腿外侧无血管处，顺着腿骨方向刺入，避免刺伤血管神经；注射胸部应将针头顺着胸骨方向，选中部并倾斜30度刺入，防止垂直刺入伤及内脏；2月龄以上的鸡可注射翅膀肌肉，要选在翅膀根部肌肉多的地方注射。此法适合新城疫Ⅰ系疫苗、油苗及禽霍乱弱毒苗或灭活苗。

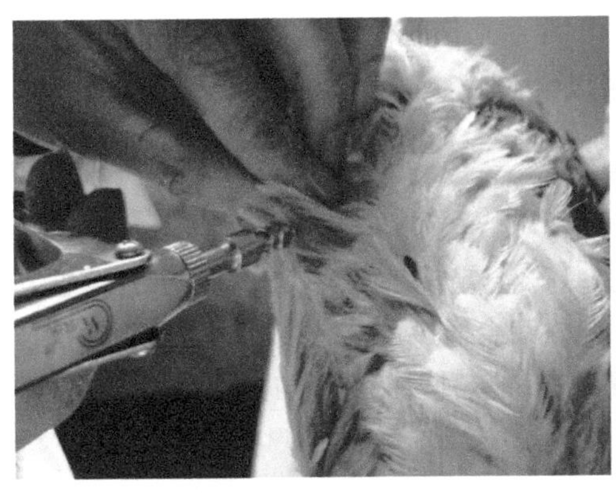
(a) 胸部肌内注射

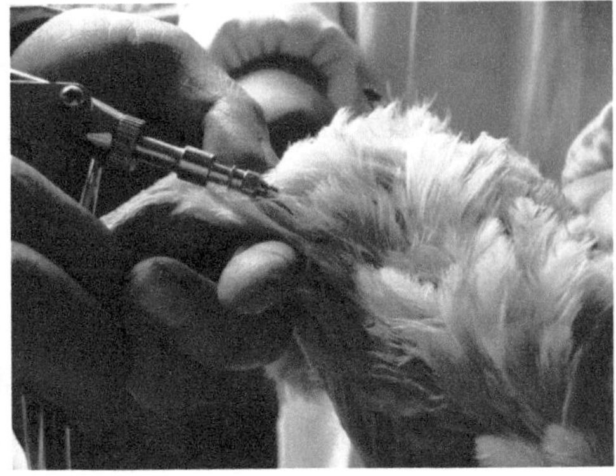
(b) 大腿外侧肌内注射

图 4-1-2 肌内注射法

要确保疫苗被注射到鸡的肌肉中，而不是羽毛中间、腹腔或是肝脏。有些疫苗，比如细菌苗通常建议皮下注射。

（二）皮下注射法

将疫苗稀释，捏起鸡颈部皮肤刺入皮下注射（图4–1–3），防止伤及鸡颈部血管、神经。此法适合鸡马立克疫苗接种。

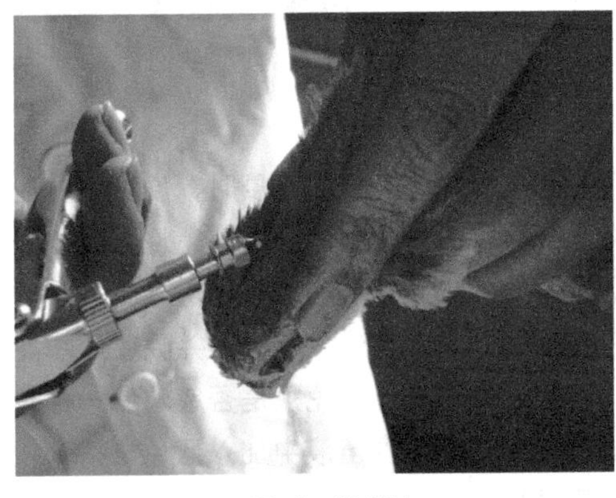
(a) 颈部皮下注射法

(b) 双翅间皮下注射

图 4-1-3 皮下注射法

注射前，操作人员要对注射器进行常规检查和调试，每天使用完毕后要用75%的酒精对注射器进行全面的擦拭消毒。注射操作的控制重点为检查注射部位是否正确，注射渗漏情况、出血情况和注射速度等。同时也要经常检查针头情况，建议每注射500～1000羽更换一次针头。注射用灭活疫苗须在注射前预温，使其慢慢升至室温，操作时注意随时摇动。要控制好注射免疫的速度，速度过快，容易造成注射部位不准确，油苗渗漏比例增加，但如果速度过慢也会影响整体的免疫进度。另外，针头粗细也会对注射结果产生影响，针头过粗，对颈部组织损伤的概率增大，免疫后出血的概率也就越大。针头太细，注射器在推射疫苗过程中阻力增大，疫苗注射到颈部皮下的位置与针孔位置太近，渗漏的比例会增加。

（三）滴鼻点眼法

将疫苗稀释摇匀，用标准滴管在鸡眼、鼻孔各滴一滴（约0.05毫升），让疫苗从鸡气管进入肺内、渗入眼中（图4–1–4）。此法适合雏鸡的新城疫Ⅱ、Ⅲ、Ⅳ系疫苗和传染性支气管炎、传染性喉气管炎等弱毒疫苗的接种，它使疫苗接种均匀、免疫效果较好，是弱毒苗接种的最佳方法。

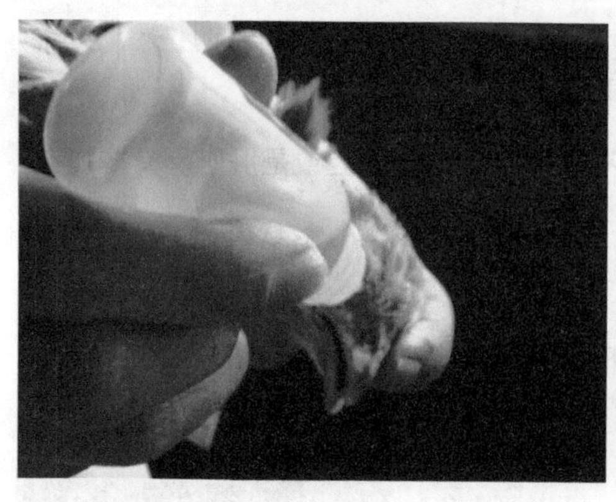

(a)

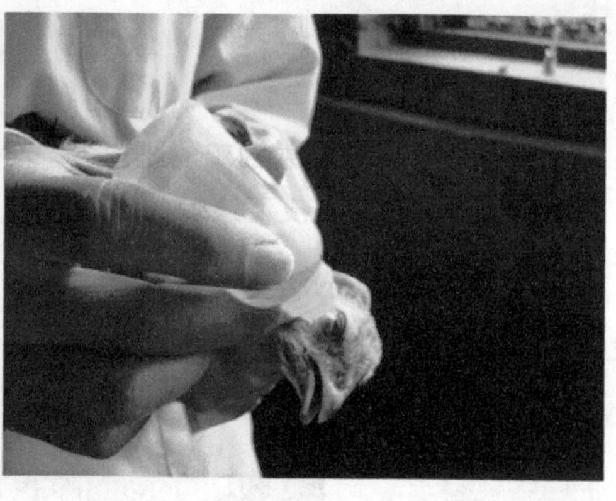

(b)

图 4-1-4　滴鼻点眼法

点眼通常是最有效的接种活性呼吸道病毒疫苗的方法。点眼免疫时，疫苗可以直接刺激鸡眼部的重要免疫器官——哈德氏腺，从而可以快速地激发局部免疫反应。疫苗还可以从眼部进入气管和鼻腔，刺激呼吸道黏膜组织产生局部细胞免疫和IgA等抗体。但此种免疫方法对免疫操作要求比较细致，如要求疫苗滴入鸡眼内并吸收后才能放开鸡。判断点眼免疫是否成功的一种有效方法就是在疫苗液中加入蓝色染料，在免疫后10分钟检查鸡的舌根，如果点眼免疫成功，则鸡的舌根会被蓝色染料染成蓝色。

图 4-1-5　刺种法

（四）刺种法

将疫苗稀释，充分摇匀，用蘸笔或接种针蘸取疫苗，在鸡翅膀内侧无血管处刺种（图4–1–5）。3天后检查刺种部位，若有小肿块或红斑则表示接种成功，否则需重新刺种。该方法通常用于接种鸡痘疫苗或鸡痘与脑脊髓炎二联苗，接种部位多为翅膀下的皮肤。

翼膜刺种鸡痘疫苗时，要避开翅静脉，并且在免疫7～10日后检查“出痘”情况以防漏免。接种后要对所有的疫苗瓶和鸡舍内的刺种器具做好清理工作，防止鸡只的眼睛或嘴接触疫苗而导致这些器官出现损伤。

（五）饮水免疫法

饮水免疫前，先将饮水器挪到高处（图4-1-6），控水2小时；疫苗配制好之后，加到饮水器里，在2小时内让每一只鸡都能喝到足够的含有疫苗的水（图4-1-7）。

图4-1-6　饮水器挪到高处

图4-1-7　雏鸡在喝疫苗水

饮水免疫注意事项：

① 在饮水免疫前2～3小时停止供水，因鸡口渴，在开始饮水免疫后，鸡会很快饮完含有疫苗的水。若不能在2小时内饮完含有疫苗的水，疫苗将会开始失效。

② 储备足够的疫苗溶液。

③ 使用稳定剂，不仅可以保护活疫苗，同时还含有特别的颜色。稳定剂包含蛋白胨、脱脂奶粉和特殊的颜料。这样可以很容易知道是否所有的疫苗溶液全部被鸡饮用。

④ 使用自动化饮水系统的鸡舍，需要检查并确定疫苗溶液能够达到鸡舍的最后部，以保证所有的鸡都能获得饮水免疫。

（六）喷雾免疫法

图4-1-8　喷雾免疫法

喷雾免疫法（图4-1-8）是操作最方便的免疫方法，局部免疫效果好，抗体上升快、高，均匀度好。但喷雾免疫对喷雾器的要求比较高，如1日龄雏鸡采用喷雾免疫时必须保证喷雾雾滴直径在100～150微米，否则雾滴过小会进入雏鸡肺内引起严重的呼吸道反应。而且喷雾免疫对所用疫苗也有比较高的要求，否则喷雾免疫的副反应会比较严重。实施喷雾免疫操作前应重点对喷雾器进行详细检查，喷雾操作结束后要对机器进行彻底清洗消毒，而在下一次使用前应用蒸馏水对上述消毒后的部件反复多次冲洗，以免残留的消毒剂影响疫苗质量，同时也要加强对喷雾器的日常维护。喷雾免疫当天停止带鸡消毒，免疫前一天必须做好带鸡消毒工作，以净化鸡舍环境，提高免疫效果。

（七）免疫操作注意事项

① 注意疫苗稀释的方法。冻干苗的瓶盖是高压盖子，稀释的方法是先用注射器将5毫升左右的稀释液缓缓注入瓶内，待瓶内疫苗溶解后再打开瓶塞倒入水中。避免真空的冻干苗瓶盖突然打开使部分病毒受到冲击而灭活。

② 免疫接种仅接种于健康鸡群，在恶劣气候条件下也不应该接种。为了减轻免疫期间对鸡只造成的应激，可在免疫前两天给予鸡只电解多维和其他抗应激的药物。

③ 使用疫苗时，一定要认清疫苗的种类、使用对象和方法，尤其是活毒疫苗。使用方法错误不仅会造成严重的不良反应，甚至还会造成病毒扩散的严重后果。对于在本地区未发生过的疫病，不要轻易接种该病的活疫苗。活疫苗与灭活疫苗的特征比较见表4–1–1。

表 4-1-1　活疫苗与灭活疫苗的特征比较

活疫苗	灭活疫苗
出现较多的全身反应（疫苗接种反应）	出现较少的全身反应（疫苗接种反应）
不良疫苗毒株会扩散导致毒力返强	不会扩散到易感鸡群
免疫保护期短	免疫保护期长
接种方法较多，如喷雾或饮水免疫	接种方法少，肌内或皮下注射
鸡群的免疫反应较不一致	鸡群的免疫反应一致
存在病毒传播的可能性	不存在病毒传播，也不会出现毒力返强
储存条件要求高	储存条件要求不高
不同活疫苗之间可能发生干扰	不同灭活疫苗之间不会发生干扰
接种后较快产生免疫保护效果	接种后产生保护效果需时长
产生较好的局部和细胞免疫	仅产生高水平的血清抗体

④ 免疫过后，再苦再累也要把所有器具清理洗刷干净，防止对环境和器具造成污染，同时也防止油乳剂疫苗变质影响器具下次使用。

三、疫苗使用注意事项

1.要按照科学的免疫程序选用相应的疫苗

购进疫苗时，要选用规模大、信誉好、有质量保证的厂家的疫苗，并注意查看生产日期和保质期。针对某些疾病需选择特制疫苗，比如大肠杆菌、H9型禽流感，在免疫时应该选择针对本地区流行毒株生产的疫苗，使用疫苗毒株与流行毒株一致，就能取得良好的防治效果。

使用疫苗时，还要注意疫苗是弱毒还是中毒疫苗。如新城疫、法氏囊炎疫苗在首免时一般选用弱毒苗，在二免和三免时选用中毒疫苗进行加强免疫，否则会引起明显的临床反应。

2.在鸡群保持健康状态下接种疫苗

必须在鸡群保持健康状态下接种疫苗，鸡群健康状况不好，正在发病或不健康的鸡群暂缓或停止接种。

3.使用前检查

使用疫苗前逐瓶检查，注意疫苗瓶有无破损，封口是否严密，瓶签上有关药品的名称、有效日期、剂量、保存温度等记载是否清楚，并记下疫苗批号和检验号，若出现问题便于追查。

4.紧急免疫接种

紧急免疫接种时，必须是早发现、早确诊才可进行。接种时，应先隔离发病鸡，对假定健康鸡接种后要注意其表现情况。

5.接种后加强管理

接种后一段时间必须加强饲养管理，减少应激因素，防止病原乘隙侵入引起免疫失败。

6.免疫接种过程中的注意事项

① 提前聘请专业免疫人员进行免疫接种。由于规模化养殖场饲养规模大、存栏数量多，又实行全进全出制，所以要求聘请专业人员在短时间内进行高质量免疫接种，降低对鸡群的应激。

② 提前准备好免疫接种所需要的各种工具，并进行彻底消毒后方可带入舍内使用。分隔鸡群用的塑料筐、隔栏网、围栏布、矮凳等用消毒液浸泡晒干后使用；注射器、针头、滴瓶等先用温水浸泡再用开水涮洗，防止过热炸裂；接触疫苗的免疫器械禁止接触任何化学消毒剂；免疫接种前一天、免疫当天、免疫后一天禁止带鸡消毒。

③ 免疫前一天晚上、免疫当天、免疫后一天，饮水中添加优质电解多维和维生素A、维生素D_3、维生素E，提高抗应激的能力。如果是饮水免疫，要提前限制饮水，以便疫苗在短时间内均匀饮完。另外，免疫前一天及免疫当天饮水中添加转移因子，

可提高免疫效果，降低免疫应激引起的呼吸道疾病。

④ 免疫前将鸡舍温度升高1～2℃，可增强免疫效果，减少免疫应激带来的不适。

⑤ 免疫人员进入鸡舍前，必须更换与平时饲养员一样的工作服和鞋子，消毒液洗手并用清水冲洗干净，方可入舍。告知免疫人员注意舍内饲养设备及生产工具。

⑥ 免疫人员赶鸡时不可过于粗暴，要手拿塑料袋或小笤帚轻轻摇动，不可弄出太大的响声，不准脚踢料线，减少对鸡只的惊吓。隔栏网圈面积不可太小，防止鸡多拥挤，以免热死或压死。网圈好鸡后注意查看，防止小鸡落下或乱跑，造成漏免或重免。

⑦ 免疫过程中注意淘汰残弱鸡只，单独盛放，免疫完后统一转移处理。

⑧ 免疫结束后，所有免疫使用的工具必须全部带出鸡舍，所有疫苗包装、疫苗瓶子全部收集起来，不可落在舍内，统一焚烧处理，防止毒株强化，引发疾病。舍内料线、水线重新调整到合适高度。

⑨ 针对假母鸡的发生，可以采取1日龄传染性支气管炎弱毒疫苗Ma5喷雾免疫的方法来控制传染性支气管炎的早期感染。

四、制定免疫程序的依据

免疫程序的制定要因地而异、因季节而异。适合自家养殖场的免疫程序才是最好的免疫程序。所以制定免疫程序时要结合养殖场的发病史、养殖场所在地的疫病流行情况以及所处季节的疾病流行情况，参考常规免疫程序，灵活制定。

多数蛋鸡养殖场（户）所采用的免疫程序，都是参照科技书刊编制或由供应商直接提供的。但是，由于每个地方疫病的流行情况不同，免疫程序也不尽相似，必须根据各地的实际情况和需要，全盘考虑，统筹兼顾。

1.鸡场及周围疫病流行情况

当地鸡病的流行情况、危害程度、鸡场疫病的流行病史、发病特点、多发日龄、流行季节、鸡场间的安全距离等都是制定和设计免疫程序时首先综合考虑的因素，如传染性法氏囊炎多发病于3～5周龄等。

2.免疫后产生保护所需时间及保护期

疫苗免疫后因疫苗种类、类型、接种途径、毒力、免疫次数、鸡群的应激状态等不同而产生免疫保护所需时间及免疫保护期差异很大，如新城疫灭活苗注射15天后才具有保护力，免疫期为6个月。所以虽然抗体的衰减速度因管理水平、环境的污染差异而不同，但盲目过频地免疫或仅免疫一次以及超过免疫保护期长时间不补免都是很危险的。

3.疫苗毒力和类型

很多免疫程序只列出应免疫的疫病名称，而没有写出具体的疫苗类型。疫苗有多种分类方法，就同一种疫病的疫苗来说，有中毒、弱毒、灭活苗之分；同时又有单价和多价之别。每类疫苗免疫以后产生免疫保护所需的时间、免疫保护期、对机体的毒副作用是不同的：一般而言，毒力强毒副作用大，免疫后产生免疫保护需要的时间短而免疫保护期长；毒力弱则相反；灭活苗免疫后产生免疫保护需要的时间最长，但免疫后能获得较整齐的抗体滴度水平。

4.免疫干扰和免疫抑制因素

多种疫苗同时免疫，或一种疫苗免疫后由于对免疫器官的损伤从而影响其他疫苗的免疫效果。如，新城疫单苗和传染性支气管炎单苗同时使用会相互干扰而影响免疫效果；中等毒力法氏囊炎疫苗免疫后，由于对法氏囊的损伤从而影响其他疫苗的免疫效果。因此，在没有弄清是否有干扰存在的情况下，两种疫苗的免疫时间最好间隔5～7天。

5.母源抗体的水平及干扰

母源抗体在保护机体免受侵害的同时也影响免疫抗体的产生，从而影响免疫效果。在母源抗体有保证的情况下，鸡新城疫的首免一般选在9～10日龄，法氏囊炎疫苗首免宜在14～16日龄。

6.鸡群健康和用药情况

在饲养过程中，预先制定好的免疫程序也不是一成不变的，而是要根据抗体监测结果和鸡群健康状况及用药情况随时进行调整；抗体监测可以查明鸡群的免疫状况，指导免疫程序的设计和调整。

对发病鸡群，不应进行免疫，以免加剧免疫接种后的反应，但发病时的紧急免疫接种则另当别论；有些药物能抑制机体的免疫，所以在免疫前后尽量不要使用抗生素。

7.饲养管理水平

在不同的饲养管理方式下，疫病发生的情况及免疫程序的实施也有所差异，在先进的饲养管理方式下，鸡群一般不易遭受强毒的攻击；在落后的饲养管理水平下，鸡群与病原体接触的机会较多，同时免疫程序的实施不一定得到彻底落实，此时，对免疫程序的设计就应考虑周全，以使免疫程序更好地发挥作用。

五、蛋鸡常用疫苗

1.马立克氏病疫苗

马立克氏病疫苗是世界上第一种有效的动物癌症疫苗，对防治马立克氏病起关键作用。有两种类型的弱毒疫苗，一种为病毒与细胞结合的疫苗如SB1苗、814苗，保存条件要求严格，需液氮保存；另一种为病毒脱离细胞的火鸡疱疹病毒疫苗，可以冻干，保存较易，使用广泛，但对超强毒马立克氏病毒的感染预防效果差。马立克氏病毒流行地区应使用二价苗或多价苗。

2.鸡新城疫疫苗

目前我国生产的鸡新城疫疫苗有Ⅰ、Ⅱ、Ⅲ、Ⅳ系等多个品系。

中等毒力的疫苗包括H株、Roakin株、Mukteswar株和Komorov株等，我国主要使用Mukteswar株（即Ⅰ系）。

Ⅰ系疫苗使用后免疫产生快，一般注苗3天后产生免疫力，免疫持续时间长，免疫期为1～1.5年，保护力强。主要应用于有基础免疫的鸡群，作加强免疫。Ⅰ系疫苗多采用注射或刺种方法接种，也可采用饮水和气雾免疫。Ⅰ系疫苗注苗后应激较大，对产蛋高峰鸡群有一定影响。由于Ⅰ系疫苗使用后存在毒力返强和散毒的危险性，易使鸡群隐性感染，发生慢性新城疫，养鸡场要长期控制好新城疫，应慎用Ⅰ系疫苗。

弱毒疫苗包括Ⅱ系（B1株）、Ⅲ系（F株）、Ⅳ系（Lasota株）、V4和克隆株等。

Ⅱ系疫苗安全，使用后无临床反应，适用于各种年龄鸡只免疫，特别是雏鸡免疫，接种后6～9天产生免疫力，免疫期3个月以上，但因多种因素影响，免疫期常达不到3个月。本疫苗可用滴鼻、点眼、饮水、气雾等方法免疫。Ⅱ系苗免疫原性较差，不能克服母源抗体的干扰，保护力不强，如遇强毒感染，对鸡群不能完全保护。据报道，在新城疫强毒流行的地区，1月龄雏鸡用Ⅱ系苗免疫其保护率仅为10%。

Ⅲ系疫苗其特点与Ⅱ系相似，主要用于雏鸡免疫，其免疫途径为滴鼻、点眼、饮水、气雾和肌内注射，但可引起一过性的轻微呼吸道症状。

Ⅳ系疫苗毒力较Ⅱ系、Ⅲ系强，因其免疫原性好，可以突破母源抗体，抗体效价高，适用于各种年龄鸡只的免疫，目前世界各国广泛应用于雏鸡免疫。通常采用滴鼻、点眼、饮水方式免疫，也可用于气雾免疫。由于其本身仍有一定的病原性，首免不能采用气雾免疫，否则会导致上呼吸道敏感细胞的病理损伤，增加病原菌的继发感染。存在慢性呼吸道疾病的鸡群，采用气雾免疫易激发慢性呼吸道疾病。

V4（耐高温株）具有良好的安全性、免疫原性和耐热性，可常温保存，在22～30℃环境下保存60天其活性和效价不变。V4苗可以通过饮水、滴鼻、肌内注射等方式免疫。V4苗还具有自然传播性，能通过自然途径在免疫鸡群中迅速传播，产生的血清抗体较高，具备抵抗强毒攻击的能力，是防治ND的理想弱毒株。V4苗因免疫效果较好，使用安全方便，目前在国外广泛应用，国内应用相对较少。

目前市售的克隆株疫苗主要有进口的Clone-30、N-29和国产的Clone-83、N-88等几种，其中Clone-30应用较广。Clone-30毒力低，安全性高，免疫原性强，不受母源抗体干扰，可用于任何日龄鸡。一般进行滴鼻、点眼、肌内注射，免疫后7～9天即可产生免疫力，免疫持续期达5个月以上。

灭活疫苗来源于感染性尿囊液，用β-丙内酯或福尔马林杀灭病毒后再用氢氧化铝胶吸附，或制成灭活油佐剂疫苗，目前以油乳剂灭活苗应用较多。

油乳剂灭活苗不含活的病毒，使用安全，且加入油佐剂后免疫原性显著增强，受母源抗体干扰较少，能诱发机体产生坚强而持久的免疫力。一般接种后10～14天产生免疫力，免疫后产生的抗体高于活疫苗且维持时间长。由于油乳剂灭活苗成本较高，必须通过注射方法（皮下或肌内注射）免疫接种，故在使用上受到一定限制。但其使用方便，可以在常温下运输和保存，且安全可靠，免疫期长，目前应用越来越普遍。

3.传染性法氏囊炎疫苗

可分为弱毒苗、中等毒力疫苗和灭活苗三类。弱毒苗安全性好但效力稍差，中等毒力疫苗效力稍好，主要用于法氏囊炎严重地区。灭活苗效果好免疫期长主要用于种鸡、蛋鸡。另外法氏囊炎卵黄抗体主要用于紧急预防接种及治疗。

4.传染性支气管炎疫苗

活苗有H120苗，用于雏鸡，H52苗毒力稍强，用于加强免疫。由于传染性支气管炎病毒血清型复杂，变异性较大，经常有新的血清型出现，所以可以选用当地流行毒株制造灭活苗或用多种毒株制造多价苗。

5.鸡痘鹌鹑化弱毒疫苗

6日龄以上雏鸡及育成鸡可应用。在鸡翅内无血管处刺种或皮下注射。常用于鸡痘苗的刺种。刺种方法：1000羽份疫苗加8～10毫升灭菌生理盐水，用鸡痘刺种针蘸取稀释的疫苗在翅膀内侧无血管处刺种。20～30天雏鸡刺种一针，1月龄以上鸡刺种两针，6～20天鸡用稀释一倍的疫苗刺种一针。免疫有效期，成鸡5个月，初生雏鸡2个月，后备鸡可于雏鸡免疫2个月后进行二免。刺种后的结痂可在2～3周后自行脱落。

6.联苗

为了减少注射次数联苗的应用有增多的趋势。养鸡场可根据实际情况酌情选用。

第三节　粪污的无害化处理和综合利用

随着蛋鸡养殖业的发展，产生了大量的鸡粪，如果不能进行有效的无害化处理，不仅污染环境，也影响蛋鸡养殖业的可持续发展。因此，如何对畜禽粪便进行无害化处理、资源化利用，防止和消除养殖场畜禽粪便的污染，对于保护生态环境，推动蛋鸡业可持续发展和增强中国农产品市场竞争力具有十分重要的意义，是当今养殖业必须妥善解决的一个重要问题。

一、鸡粪对我国环境的影响

（一）鸡粪的主要成分和产量

1.鸡粪的主要成分

由于鸡饲料的营养浓度高，而鸡无牙咀嚼且消化道短，消化能力有限，对饲料的消化吸收率低，有40%～70%未被吸收的营养物质随鸡粪排出体外。因而在鸡粪中含有大量未被鸡消化吸收而又可以被其他动植物所利用的营养成分，尤其是雏鸡粪含量更高。鸡粪中的粗蛋白的含量也是常规饲料的2倍多。鸡粪中各种必需氨基酸齐全，还含有钙、铜、铁、锰、锌、镁等丰富的矿物质元素，含有氮、磷、钾等主要植物养分。

2.鸡粪的产量

鸡粪由饲料中未被消化吸收的部分以及体内代谢产物、消化道黏膜脱落物和分泌物、肠道微生物及其分解产物等共同组成。在实际生产中收集到的鸡粪中还含有在喂料及鸡采食时撒落的饲料、脱落的羽毛和破蛋等，而在采用地面垫料平养时，收集到的则是鸡粪与垫料的混合物。随着养鸡业特别是规模化、工厂化养鸡业的发展，鸡粪生产的数量十分可观。据测定，一个饲养10万只鸡的工厂化蛋鸡场，日产鸡粪可达10吨，年产鸡粪3600多吨。据联合国粮农组织20世纪80年代估测，全世界仅鸡粪每年总量就达460亿吨。

（二）鸡粪对环境的污染

1.污染水源

鸡粪便中危害水质的污染物主要有4种，即氮、磷、有机物和病原体。这些物质污染水源的方式主要有粪便中的有机质的腐败造成污染、磷的富营养化作用及生物病菌的污染等。鸡粪便不仅可以污染地表水，其有毒、有害成分还易渗入到地下水中，严重污染地下水。它可使地下水溶解氧含量减少，水质中有毒成分增多，严重时使水体发黑、变臭、失去价值。更为严重的是鸡粪便一旦污染地下水，极难治理和恢复，从而造成持久性的污染，严重影响人畜健康及畜禽养殖业的可持续性发展。

2.污染空气

粪便堆放期间，在微生物的作用下，其中的有机物会被分解而产生一些气体如氨气、硫化氢、甲硫醇、乙醛、粪臭素等，空气中这些有害气体含量达到一定浓度时会对附近的人和动物产生有害影响。据估计，一个存栏3万只的蛋鸡场每天向空气中排放的氨气达1.8千克以上。在比较干燥的情况下，粪层表面的干燥物被风吹动会大量进入空气中，使空气中灰尘浓度明显增大，这对鸡群的呼吸系统会产生不良刺激，能诱发某些疾病。灰尘上面附着的微生物会随着空气的流动而四处扩散，是引起疾病的潜在因素。

3.粪便中病原菌污染

鸡粪中含有大量的有害微生物、寄生虫及寄生虫卵等有害物质。鸡养殖场排放污水平均每毫升含有33万个大肠杆菌和69万个大肠球菌；每1000毫升沉淀池污水中含有190多个蛔虫卵和100多个线虫卵。随意堆放的鸡粪不仅对养殖场内的鸡有影响，而且对周边的环境也造成很大的影响，严重的能造成灾难性的后果。有些病原菌也是人类传染病的病原菌，粪便和排泄物中的病原菌通过土壤、水体、大气及农畜产品来传染疾病。

4.污染土壤

鸡粪便中含有大量的钠盐和钾盐，如果直接用于农田，过量的钠和钾通过反聚作用而造成某些土壤的微孔减少，使土壤的通透性降低，破坏土壤结构。另外，鸡粪便中大量的病原微生物和寄生虫虫卵也将通过污染水源及粉尘等方式危害养殖场及周围人群。我国畜禽养殖业养分转化率很低，氮效率为12.79%，磷效率为4.9%。这不但造成了营养资源的浪费，同时造成了环境中氮、磷污染，从而污染土壤和地下水。

（三）鸡粪造成的问题

1.环境污染是疾病发生的温床

鸡粪所造成的环境污染是当前养鸡生产中疾病广泛流行而且难以控制的根本原因。据有关资料报道，我国各种类型的养鸡场每年因为疾病而死亡的鸡只数量约有2亿只，带来的经济损失在10亿元以上，如果加上因为疾病所导致的生产性能降低、治疗疾病的费用等项则总的损失每年可达上百亿元。

2.环境污染是鸡产品污染的根源

由于鸡粪的无害化处理工作跟不上，鸡粪对环境造成的污染问题日益严重，在这种被微生物和化学物质污染的环境中生活的鸡群，其健康随时会受到威胁。在国内，尤其是养鸡生产比较集中地区的许多养鸡场、户的生产中，无论哪个环节疾病似乎都是难以避免的。如果有一段时期不使用药物就可能出现鸡群发病，这就成了养鸡者经常使用抗菌药物的主要原因，也是无奈的措施。随着药物经常性使用，微生物的耐药性不断增强，为了防治疾病，药物的用量逐步加大，药物在鸡体内的转化积累必将导致鸡蛋中药物的残留。这种不用药物就养不好鸡、用了药物就出现药物残留的情况就形成了一种恶性循环，究其根源就在于养鸡环境的污染问题没有得到有效解决。

二、鸡粪的无害化处理

（一）鸡粪加工处理的基本要求

第一，鸡粪产品应当是便于储存和运输的商品化产品，应当经过干燥处理；第二，必须杀虫灭菌，符合卫生标准，而且没有难闻的气味，还应当尽可能保存鸡粪的营养价值；第三，在鸡粪加工处理过程中不能造成二次污染。

（二）脱水干燥处理

1.高温快速干燥

采用以回转筒烘干炉为代表的高温快速干燥设备，可在短时间（10分钟左右）将含水率达70%的湿鸡粪迅速干燥至含水仅10%～15%的鸡粪加工品。采用的烘干温度依机器类型不同有所区别，主要在300～900℃。在加工干燥过程中，还可做到彻底杀灭病原体，消除臭味，鸡粪营养损失也比较小。

2.太阳能自然干燥处理

这种处理方法是采用塑料大棚中形成的“温室效应”，充分利用太阳能来对鸡粪做干燥处理。专用的塑料大棚长度可达60～90米，内有混凝土槽，两侧为导轨，在导轨上安装有搅拌装置。湿鸡粪装入混凝土槽，搅拌装置沿着导轨在大棚内反复行走，并通过搅拌板的正方向转动来捣碎、翻动和推送鸡粪。利用大棚内积蓄的太阳能使鸡粪中的水分蒸发出来，并通过强制通风排除大棚内的湿气，从而达到干燥鸡粪的目的。

3.笼舍内自然干燥

在国外最近推出的新型笼养设备中，都配置了笼内鸡粪干燥装置，适用于多层重叠式笼具。在这种饲养方式中，每层笼下面均有一条传送带承接鸡粪，并通过定时开动传送带来刮取收集鸡粪。这种鸡粪干燥处理方法的核心就是直接将气流引向传送带上的鸡粪，使鸡粪在产出后得以迅速干燥。为了实现这一目标，有几种不同的处理工艺。最常见的一种工艺是在每列笼子的侧后方装上一排小风管，风管上有许多小孔，可将空气直接吹到传送带上的鸡粪上，起到自然干燥的作用。第二种工艺是将各层的传送带都升到一个水平面上，进入一个强制通风巷道，风机连续工作，对传送带上的鸡粪进行自然干燥。第三种工艺是在传送带上方装上许多塑料板，通过这些板的运动形成局部气流，以干燥鸡粪，但这种方法的干燥效率比前两种方法要差一些，处理后鸡粪含水率仍有45%左右。

（三）发酵处理

现在常用的是充氧动态发酵法。该方法是在适宜的温度、湿度以及供氧充足的条件下，好氧菌迅速繁殖，将鸡粪中的有机物质大量分解成易消化吸收的形式，同时释放出硫化氢、氨等气体。在45～55℃下处理12小时左右，可获得除臭、灭菌的优质有机肥料和再生饲料。现已开发利用的充氧动态发酵机采用“横卧式搅拌釜”结构，在处理前，要使鸡粪的含水率降至45%左右，再在鸡粪中加入少量辅料（粮食）以及发酵菌。这些配料混合后投入发酵罐，由搅拌器翻动，使发酵机内温度始终保持在

45～55℃。同时向机内充入大量空气，供给好氧菌活动的需要，并使发酵产出的氨、硫化氢废气和水分随气流排出。充氧动态发酵的优点是发酵效率高、速度快，可以比较彻底地杀灭鸡粪中的有害病原体。由于时间短，鸡粪中营养成分的损失少，利用率高。

（四）其他处理方法

1.微波处理

微波具有热效应和非热效应。其热效应是由物料中极性分子在超高频外电场作用下产生运动而形成的，因而受作用的物料内外同时产热，不需要加热过程。因此，整个加热过程比常规加热方法要快数十倍甚至数百倍。其非热效应是指在微波作用过程中可使蛋白质变性，从而可达到杀菌灭虫的效果。

2.热喷处理器

热喷处理是将预干至含水25%～40%的鸡粪装入压力容器（特制）中，密封后由锅炉向压力容器内输送高压水蒸气，120～140℃下保持压力10分钟左右，然后突然将容器内压力减至常压喷放，即得热喷鸡粪饲料。这种方法的特点是，加工后的鸡粪杀虫、灭菌、除臭的效果较好，而且鸡粪有机物的消化率可提高13.4%～20.9%。但是这一方法要求先将鸡粪作预干燥，而且在热喷处理过程中因水蒸气的作用，鸡粪含水量不但没有降低，反而有所增加，未能解决鸡粪干燥的问题，从而使其应用带有一定局限性。

三、鸡粪的应用

（一）鸡粪用作饲料的方法和注意事项

1.鸡粪用作饲料

鸡粪经加工用作饲料，在日粮中添加一定比例，可以节约饲料、降低饲养成本。鸡粪的营养价值随鸡饲料、鸡种、年龄、饲养管理、鸡粪处理等不同而发生变化。鸡粪中粗蛋白含量比较高，如用它作反刍动物饲料则其蛋白质营养成分能充分利用。目前，主要是采用快速烘干法，用这种方法可以将大量湿鸡粪及时进行烘干，避免了污染，减少了堆放场所，便于储存、运输、出售，及时烘干的鲜鸡粪也可以用于再生饲料。鸡粪晒干后，可以养花、喂鱼和种蘑菇，用途很多。

2.用鸡粪作饲料的注意事项

用鸡粪作产蛋鸡饲料时，一定要补加磷，因为鸡粪中钙磷比例失调；干鸡粪中基本不含淀粉类物质，能量较低，在配料时加入富含淀粉和油脂的饲料成分；鸡粪作饲料时不宜储存，应随喂随制，一般不能超过1周；鸡粪作饲料饲喂效果顺序为：羊>

牛>鱼>猪>兔>鸡，鸡粪用作反刍动物的饲料效果较好。新生动物饲喂鸡粪时，饲料中鸡粪的比例应当随动物的增长逐渐增加。

（二）鸡粪用作肥料

鸡粪便是优质的有机肥料，可以直接施用，但是有水分含量高、使用不方便、易造成二次污染等缺点。高温堆肥是处理鸡粪便的有效方法，通过微生物降解鸡粪便中的有机质，从而产生高温，杀死其中的病原菌，使有机物转化为腐殖质，提高肥效。鸡粪便发酵后就地还田施用，是减轻其环境污染、充分利用农业资源最经济的措施。

（三）鸡粪用于培养料

1.培养单细胞

生产出的单细胞可作为蛋白质饲料。

2.养藻

可供养殖的藻类主要为微型藻，如小球藻、栅列藻、螺旋藻（丝状蓝藻）等。微型藻2～6小时即可增长1倍，并且富含蛋白质（35%～75%）、必需氨基酸（仅蛋氨酸略低）、维生素（维生素B_1、维生素B_2、维生素B_{12}、维生素C）、色素（叶黄素、胡萝卜素）、矿物质和某些抗生素，含代谢能10.46～10.88兆焦/千克，含粗纤维极少（0.5%～0.6%）。

3.养蚯蚓

人工养殖蚯蚓是一项新兴的事业。蚯蚓的用途很广，经济价值高，可作为畜、禽、鱼类等的蛋白质饲料，还可利用蚯蚓处理城市有机垃圾，化废为肥，消除有机废物对环境的污染。蚯蚓粪粒比普通土壤所含的氮素多5倍，磷多7倍，钾多11倍，镁多3倍，酸碱性为中性，并含有丰富的铜、锌、钼、硼等植物生长所需的微量元素，是一种土壤改良剂，具有增加土壤肥力的作用。蚯蚓还可以作为轻工业的原料，用来生产美肤剂化妆品。

4.发酵产沼气

微生物发酵沼气是由多种产甲烷菌和非产甲烷菌共同产生的，大致可分三个阶段，第一阶段是液化阶段，由于各种固体有机物不能进入微生物体内被微生物利用，因此必须在好氧和厌氧微生物分泌的胞外酶和表面酶（纤维素酶、蛋白质酶和脂肪酶）的作用下，将固体有机质分解为分子质量较小的单糖、氨基酸、甘油和脂肪酸，这些分子质量较小的可溶性物质就可以进入微生物细胞内被进一步分解利用；第二个阶段是产酸阶段，由产氢产乙酸细菌群利用第一个阶段产生的各种可溶性物质，氧化分解成乙酸、二氧化碳和分子氢等，这一阶段主要产物是乙酸，占70%以上；第三个阶段是产甲烷阶段，由严格厌氧的产甲烷菌完成，这个发酵体系庞大而又复杂，一方面产甲烷菌解除了非产甲烷菌生化反应的抑制，另一方面非产甲烷菌提供产甲烷菌生长及产甲烷所需基质，并且创造适宜的氧化还原条件，产甲烷菌群与非产甲烷菌群间通过互营联合来保证甲烷的形成。

（四）无害化绿色有机肥生产

以鸡粪和农作物秸秆为主原料，应用多维复合酶菌进行发酵可以生产无公害绿色生态有机肥，多维复合酶菌是由能产生多种酶的耐热性芽孢杆菌群、乳酸菌群、双歧杆菌群、酵母菌群等106种有益微生物组成的微生态发酵制剂，对人畜无毒、无污染，使用安全，能固氮、解磷、解钾。同时，还能分解化学农药及化肥的残留物质，对种植业和养殖业有增产、抗病的作用。

（五）用作其他能源

1.直接燃烧

本法比生产沼气简单易行，只要有专门的锅炉就行，又基本上不存在残渣处理问题。缺点是：燃烧时产生的烟尘对大气有污染；粪便需事先干燥，在烘干、晒干过程中产生的恶臭也会污染大气；冬季需储备足够的干燥粪便；经济效益低于用作饲料或用作肥料。

2.发电

用鸡粪发电。世界上第一座以鸡粪为燃料的发电站——英国的艾伊电站早在1993年10月就投入运转。有关专家认为，尽管鸡粪电站的发电能力比火力电站要小得多，但对发展中国家有吸引力，只要1400万只鸡的鸡粪做燃料，所发的电力就可供1.2万人用1年。

第二章

蛋鸡养殖500天疾病的诊断

第一节 鸡病诊断中常见的病理变化

一、充血

1.充血的定义

充血是指小动脉和毛细血管扩张，流入组织器官中的动脉血量增加，流出的血量正常，使组织器官中的动脉血量增多的一种现象。

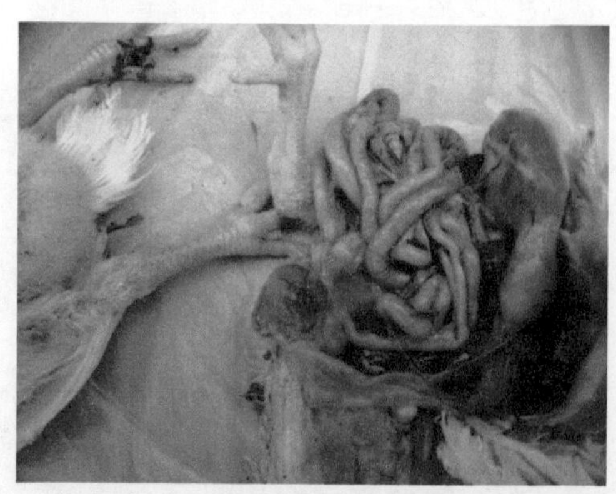

图4-2-1 鸡猝死时常见肠系膜血管充血

2.充血的病理变化

充血时由于组织器官中动脉含血量增多，外观表现为鲜红色，充血的器官稍增大，温度比正常时稍高，组织器官的功能增强。有时可见鸡的肠壁和肠系膜血管充血，表现为明显的树枝状，鲜红色，养殖户反映的鸡猝死时肠子严重出血多属此类（图4-2-1）。

二、瘀血

1.瘀血的定义

瘀血是由于小静脉和毛细血管回流受阻，血液淤积在小静脉和毛细血管中，流入正常，流出减少，使组织器官中静脉血含量增多的现象。

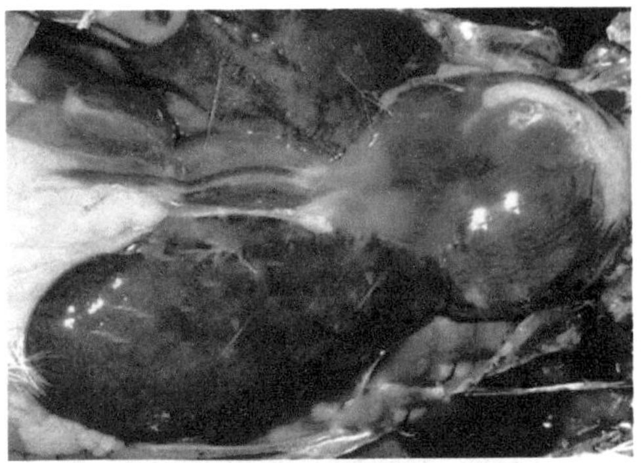

图 4-2-2　鸡患腹水综合征时出现肝脏、脾脏瘀血、肿大

2.瘀血的病理变化

鸡患腹水综合征时肠管、肝脏、脾脏瘀血（图4-2-2）明显，特别是肠管，表现为肠壁呈暗红色，血管明显增粗，充满暗红色血液。鸡患传染性喉气管炎、禽流感、新城疫等疾病时全身瘀血，头颈部最容易看到，表现为鸡冠、肉髯、皮肤、食管黏膜、气管黏膜呈暗红色或紫红色。

三、出血

1.出血的定义

血液流出心脏或血管以外称为出血。

2.出血的病理变化

在多数疾病中发生的出血表现为点状、斑状或弥漫性出血，色泽呈红色或暗红色。

鸡患传染性法氏囊炎时多表现为腿肌、胸肌、翅肌的条纹状或斑块状出血（图4-2-3、图4-2-4）；患禽流感时可发生多处出血，如腺胃、心肌、气管黏膜、肾、肺（图4-2-5、图4-2-6）等处出血，特征性的是腿部鳞片下出血。

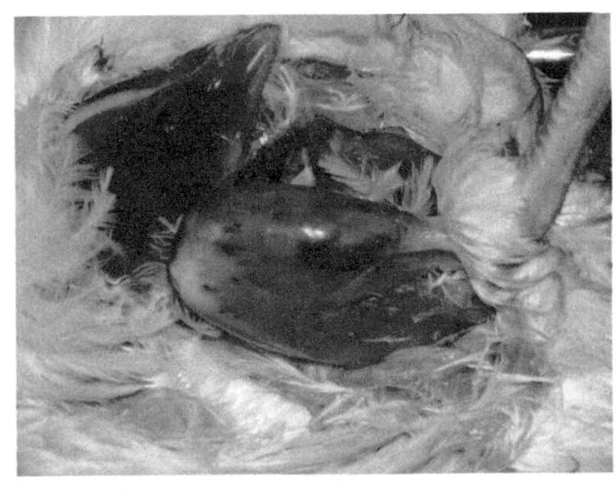

图 4-2-3　鸡患传染性法氏囊炎时表现的腿肌条纹状或斑点状出血（一）

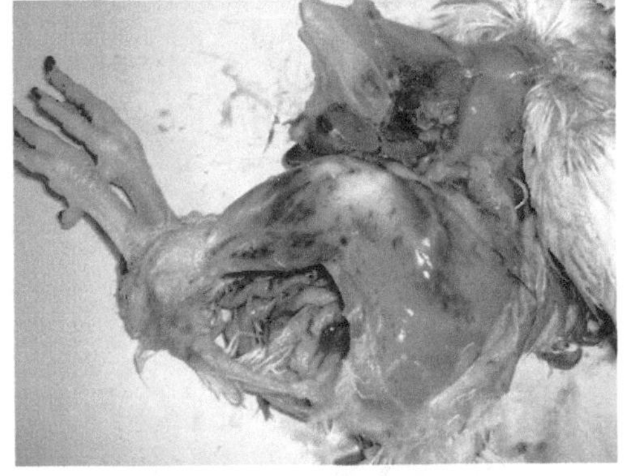

图 4-2-4　鸡患传染性法氏囊炎时表现的腿肌条纹状或斑点状出血（二）

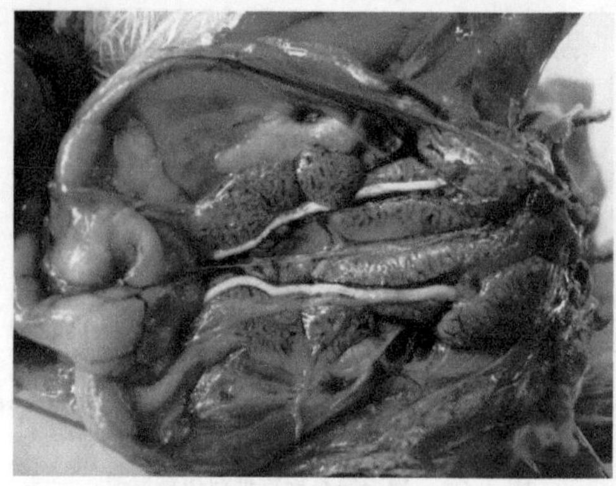

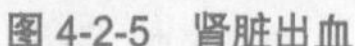

图 4-2-5　肾脏出血

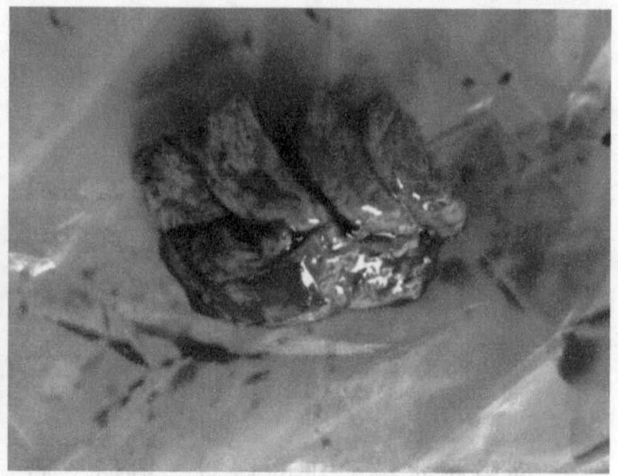

图 4-2-6　肺出血

四、贫血

1. 贫血的定义

单位容积血液内红细胞数或血红蛋白含量低于正常范围，称为贫血。

2. 贫血的病理变化

贫血可分为局部贫血和全身性贫血。鸡贫血时主要是全身性贫血，表现为冠髯苍白（图4–2–7），肌肉苍白等。

五、水肿

1. 水肿的定义

组织液在组织间隙蓄积过多的现象称为水肿。

水肿具体原因不同，有心性水肿、肝性水肿、营养性水肿、炎性水肿等。临床上还常见到大肠杆菌病的水肿（图4–2–8）。

图 4-2-7　鸡全身性贫血，鸡冠苍白

图 4-2-8　大肠杆菌病时的肿头肿脸

2.水肿的病理变化

鸡的水肿表现为局部皮下、肌间呈淡黄色或灰白色胶冻样浸润，如维生素E–Se缺乏时腹下、颈部等部位呈淡黄色或蓝绿色黏液样水肿；法氏囊炎时法氏囊呈淡黄色胶冻样水肿（图4–2–9）；腹水综合征则表现为腹腔积水，呈无色或灰黄色；禽流感时肺充血、水肿（图4–2–10），面部肿胀，皮下胶冻样渗出（图4–2–11）。

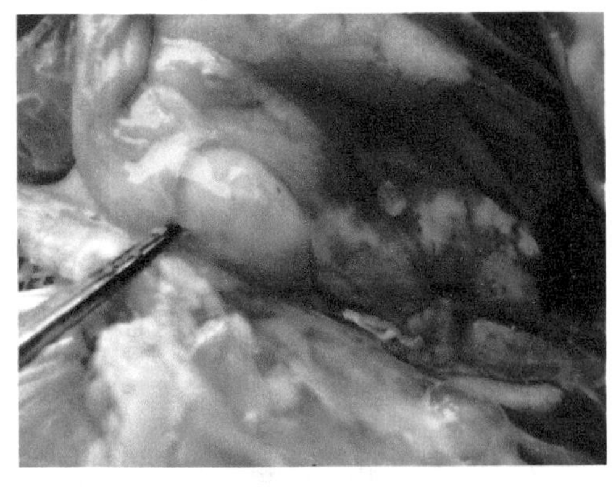

图 4-2-9 鸡患传染性法氏囊炎时表现法氏囊水肿

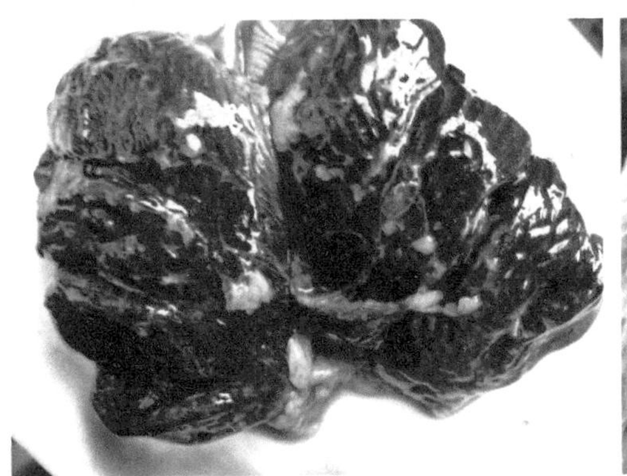

图 4-2-10 禽流感时肺出血、水肿

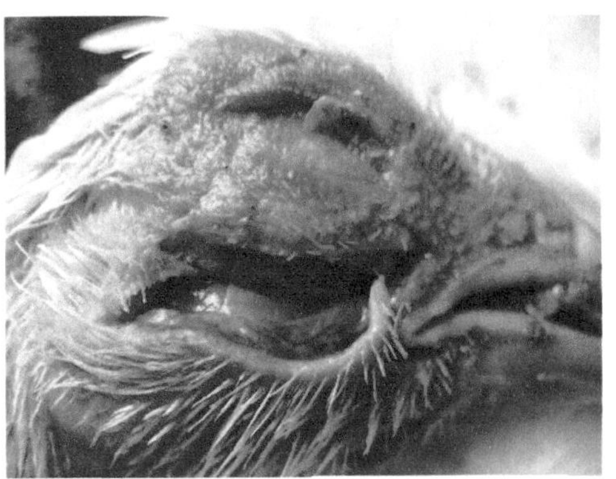

图 4-2-11 面部肿胀，皮下胶冻样渗出

六、萎缩

1.萎缩的定义

已经发育到正常大小的组织、器官，由于物质代谢障碍导致体积减小、功能减退的过程，称为萎缩。

2.萎缩的病理变化

在鸡中常见全身性萎缩，表现为生长发育不良，机体消瘦贫血，羽毛松乱无光，冠髯萎缩、苍白，血液稀薄，全身脂肪耗尽，肌肉苍白、减少，器官体积缩小、重量减轻，肠壁菲薄。如鸡痛风时，机体消瘦，肌肉萎缩（图4–2–12）。

图 4-2-12 鸡痛风时，机体消瘦，肌肉萎缩

局部萎缩常见于马立克氏病时受害肢体肌肉严重萎缩。肾脏萎缩时体积缩小，色泽变淡。

七、坏死

1.坏死的定义

活体内局部组织或细胞的病理性死亡称为坏死。

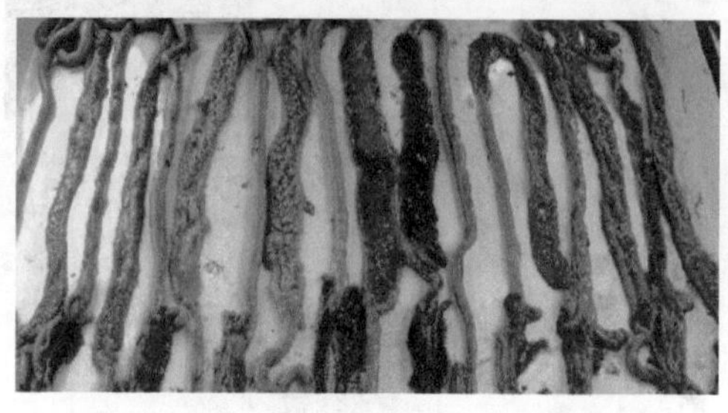

图 4-2-13　鸡坏死性肠炎时，肠黏膜坏死

2.坏死的病理变化

组织坏死的早期外观往往与原组织相似，不易辨认。时间稍长可发现坏死组织失去正常光泽或变为苍白色，浑浊（图4–2–13）；失去正常组织的弹性，捏起或切断后，组织回缩不良；没有正常的血液供应，故皮肤温度降低。

第二节　鸡病的临床诊断方法

一、调查询问

症状是什么？

症状是什么时候开始出现的？

您有先前任何检查的病历吗？

这些症状是否已经持续了一段时间？或者之前就发生过类似的症状？

技术特征是什么？

二、观察群体情况

当评价多个鸡舍和鸡群时，通常先看健康鸡后看病鸡，再从青年鸡到老年鸡。

整体评价鸡群：有明显症状吗？如果有，有多少只鸡表现症状，症状严重吗？鸡的整齐度如何？

对病鸡和异常鸡进行临床诊断。

在鸡棚内慢慢地走，甚至蹲下来，认真、仔细地观察、检查（图4–2–14），把所观察到的每一种症状，按照系统进行分类，如消化系统症状、呼吸系统症状、繁殖系统症状、骨骼肌和神经系统症状、皮肤和羽毛的症状等。这样分类可以排除很多疾病，有助于更准确地诊断。

一种疾病有多种症状，因此很难通过一种症状就确诊是哪种疾病。除了主要症状外，像禽流感和新城疫等呼吸系统疾病也可以引起跛行和腹泻（图4–2–15）。

图 4-2-14　观察鸡群

图 4-2-15　新城疫引起的腹泻

（一）观察鸡群精神状态

通过对精神状态的观察，了解疾病发展的进程和时期。

1.正常状态下

鸡对外界刺激反应比较敏感，听觉敏锐，两眼圆睁有神。有一点刺激就头部高抬，来回观察周围动静，严重刺激会引起惊群、发出鸣叫。

当走过鸡群时，观察鸡群是否有足够的好奇心，是平静还是躁动，是否全部站立起来，并发出叫声，眼睛看着你（图4–2–16）。那些不能站立的鸡，可能就是弱鸡或病鸡。

2.病理状态下

在病态时首先反映在精神状态的变化，会出现精神兴奋、精神沉郁和嗜睡。

（1）兴奋　对外界轻微的刺激或没有刺激表现强烈的反应，引起惊群、乱飞、鸣叫，鸡群中出现乱跑的鸡只（图4–2–17）。临床多表现为药物中毒，维生素缺乏等。

图 4-2-16　警觉的鸡群

图 4-2-17　鸡群中出现乱跑的鸡只

（2）精神沉郁　鸡群对外界刺激反应轻微，甚至没有任何反应，表现呆立、头颈蜷缩、两眼半闭、行动呆滞等（图4–2–18）。临床上许多疾病均会引起精神沉郁，如雏鸡沙门菌感染、鸡霍乱、法氏囊炎、新城疫、禽流感、传染性支气管炎、球虫病等。

（3）嗜睡　重度的萎靡、闭眼似睡、站立不动或卧地不起，给以强烈刺激才引起轻微反应甚至无反应（图4–2–19）。可见于许多疾病后期，往往预后不良。

图 4-2-18　法氏囊炎时病鸡群精神沉郁

图 4-2-19　病鸡嗜睡

（二）观察鸡群采食状况

病理状态主要是采食量过小。发现这种现象，提示饲养者注意以下可能存在的问题。

1. 雏鸡质量问题

雏鸡常被沙门菌（鸡白痢）（图4–2–20）、大肠杆菌等病菌感染。

2. 饲养管理问题

常见问题有育雏温度过低或波动太大，鸡舍湿度过大。温度过低极易造成鸡群受凉（图4–2–21），湿度过大极易造成鸡白痢、球虫病，同时温差过大还会造成“大肚子病”，均会影响采食。

图 4-2-20　感染鸡白痢的雏鸡

图 4-2-21　舍内湿度大，温度低，采食量小

3.饲料问题

饲料原料发霉（图4–2–22、图4–2–23）是一个较普遍而又不易解决的问题，一方面，霉菌毒素导致鸡肝脏、肾脏、胰腺变性坏死，肌胃角质膜糜烂，腺胃、肠黏膜损伤，肠道菌群失调，消化不良、腹泻；另一方面，造成鸡免疫抑制，使其他病原体继发感染，特别是新城疫、大肠杆菌等的继发感染。

图 4-2-22 优质饲料原料玉米

图 4-2-23 发霉的玉米

4.饮水问题

饮水不洁，水温过低，供水或水位不足等（图4–2–24），均会导致鸡只采食量下降，消化不良、腹泻。

5.用药不当

许多药物（如痢菌净、喹诺酮类药物）早期用量过大，对胃肠道会造成一定的危害，轻者拉料粪，重者胃溃疡，直接影响采食量（图4–2–25）。

图 4-2-24 给鸡充足的饮水位置

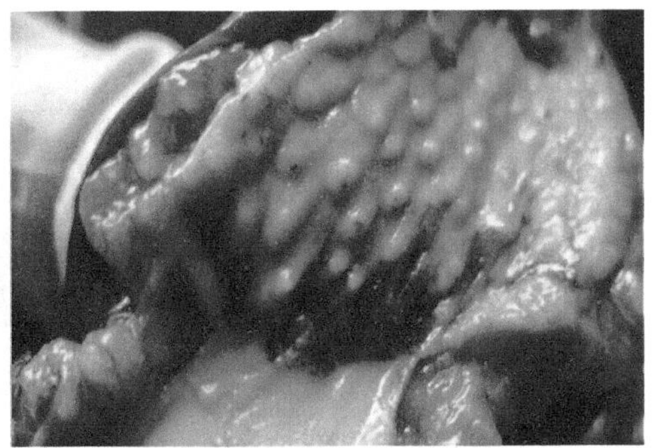

图 4-2-25 磺胺类药物中毒时肌胃腺胃交界处出血

6.疾病原因

肠毒综合征、病毒性疾病（如H9型禽流感、新城疫等）、腺胃炎（图4–2–26、图4–2–27）等疾病，都会出现鸡采食量过低或长时间采食量维持在同一水平而不增料的现象。

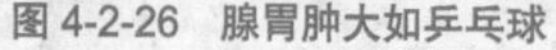

图 4-2-26　腺胃肿大如乒乓球

图 4-2-27　肌胃角质层糜烂，腺胃乳头水肿

7.应激反应

雏鸡早期饲养过程中存在众多应激危害因素，如接雏、扩群、免疫、换料、密度过大等，应激反应会导致胃肠功能障碍、菌群失调，进而影响胃肠道的正常消化功能。

（三）观察鸡群粪便变化

1.正常粪便的形态和颜色

小肠粪：大量的小肠粪呈逗号状或海螺状（图4-2-28），正常的小肠粪表面有裂纹，挤压时干燥。

盲肠粪：早晨鸡排泄黏糊、湿润、有光泽的盲肠粪，颜色由焦糖色到巧克力褐色（图4-2-29）。

图 4-2-28　小肠粪便呈逗号状

图 4-2-29　盲肠粪

肾脏分泌的尿酸盐：不同于哺乳动物，鸡没有膀胱，所以不排尿，但是可以把尿液转变为尿酸结晶，沉积在粪便表面形成一层白色。

（1）温度对粪便的影响　因粪道和尿道相连于泄殖腔，粪尿同时排出，鸡又无汗腺，体表覆盖大量羽毛，因此舍温增高，粪便变得相对比较稀，特别是夏季会引起水样稀便（图4-2-30）；温度偏低，粪便变稠。

（2）饲料原料对粪便的影响　若饲料中加入杂饼杂粕（如菜籽粕）会使粪便发黑；若饲料中加入白玉米和小麦会使粪便颜色变浅变淡。

（3）药物对粪便的影响　若饲料中加入腐殖酸钠、加入抗生素与药渣会使粪便变黑。

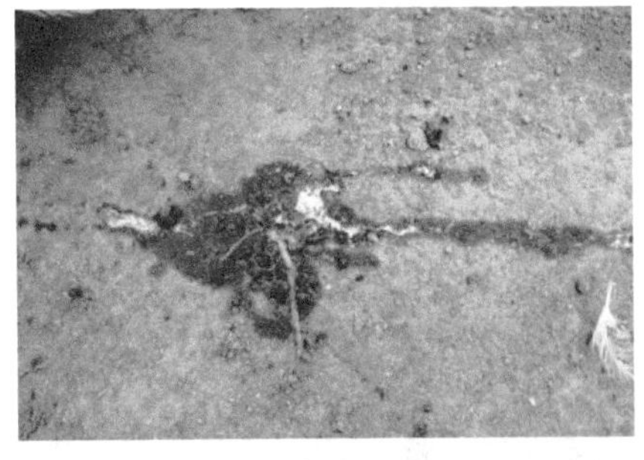

图 4-2-30　舍温增高，鸡排出水样稀便

2.粪便异常变化

（1）粪便颜色变化

① 粪便发白。粪便稀而发白如石灰水样（图4-2-31），在泄殖腔下羽毛被尿酸盐污染呈石灰水渣样，就要考虑法氏囊炎、肾型传染性支气管炎、雏鸡白痢、钙磷比例不当、维生素D缺乏、痛风等。

② 鱼肠子样粪便（图4-2-32）、西瓜瓤样粪便（图4-2-33）。粪便内带有黏液，红色似西红柿酱色，多见于小肠球虫、出血性肠炎或肠毒综合征。

发热性鸡病的恢复期鸡多排出绿色稀薄粪便（图4-2-34）。

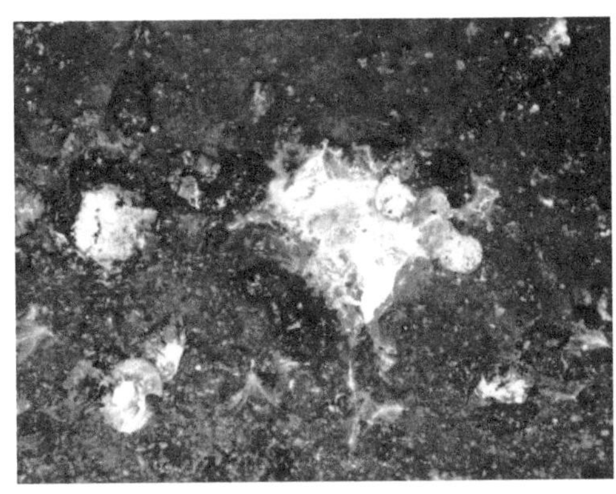

图 4-2-31　伴有大量尿酸盐的料粪

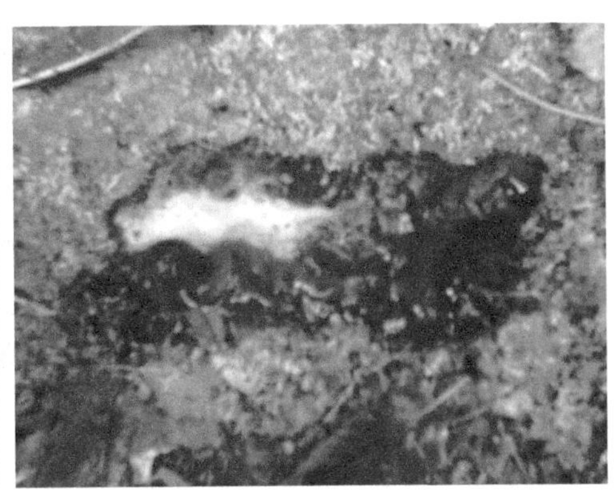

图 4-2-32　鱼肠子样稀便，伴有多量尿酸盐

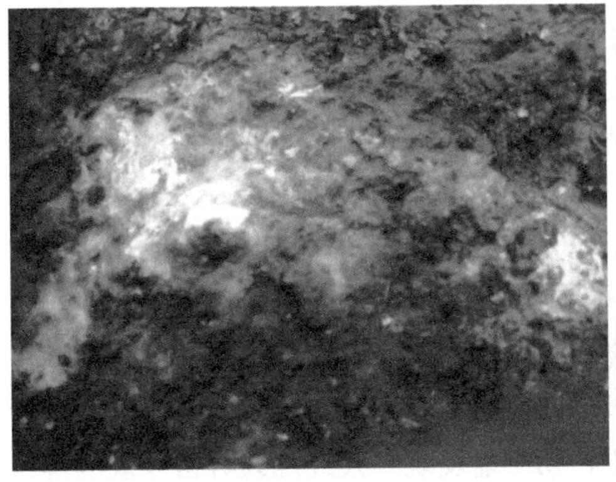

图 4-2-33　伴有大量尿酸盐的西瓜瓤样粪便

图 4-2-34　恢复期鸡排出绿色稀薄粪便

（2）粪便性质变化

① 水样稀便。粪便呈水样，临床多见于食盐中毒、卡他性肠炎。

② 粪便中有大量未消化的饲料，粪酸臭。多见于消化不良、肠毒综合征（图4-2-35、图4-2-36，见彩图）。

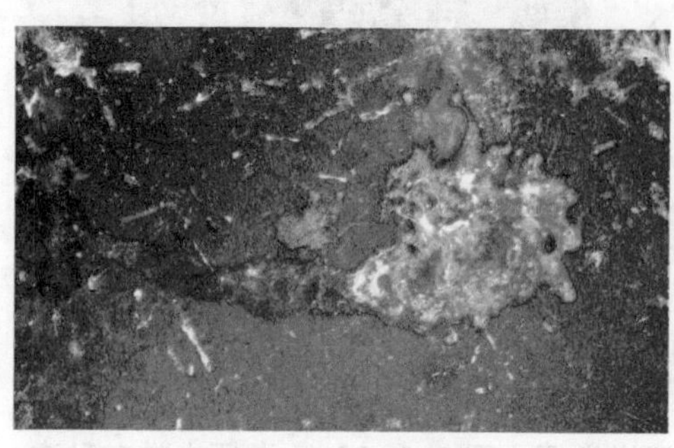

图 4-2-35　稀薄的料粪

图 4-2-36　料粪

③ 粪便中带有黏液。粪便中带有大量脱落上皮组织和黏液，粪便腥臭，临床多见于坏死性肠炎、流感、热应激等。

（3）粪便异物　粪便中带有大线虫，临床多见于线虫病。

（四）观察鸡群的生长发育及生产性能

1.后备鸡

后备鸡主要观察鸡只生长速度、发育情况及均匀度。若鸡群生长速度正常，发育良好，整齐度基本一致，突然发病，多见于急性传染病或中毒性疾病；若鸡群发育差，生长慢，整齐度差，临床多见于慢性消耗性疾病，营养缺乏症或抵抗力差而继发其他疾病。

2.产蛋鸡

蛋鸡主要观察产蛋率、蛋重、蛋壳质量、蛋内部质量变化。

（1）产蛋率下降　引起产蛋率下降的疾病很多，如产蛋下降综合征、脑脊髓炎、新城疫、禽流感、传染性支气管炎、传染性喉气管炎、大肠杆菌病、沙门菌感染等。

（2）薄壳蛋、软壳蛋增多　捡鸡蛋时发现薄壳蛋、软壳蛋增多，在粪沟内有大量蛋清和蛋黄，多见于钙磷缺乏或比例不当、维生素D缺乏、禽流感、传染性支气管炎、传染性喉气管炎、输卵管炎等。

（3）蛋壳颜色、蛋壳质量变化　褐壳蛋鸡产蛋若出现白壳蛋增多，临床多见于钙磷比例不当、维生素D缺乏、禽流感、传染性支气管炎、传染性喉气管炎、新城疫等。

（4）小蛋增多　多见于输卵管炎、禽流感等。

（5）蛋清稀薄如水　若打开鸡蛋，蛋清稀薄如水，临床多见于传染性支气管炎等。

做好鸡群群体观察工作，要从细微入手，切不能发现一只或几只异常表现的鸡就草率下结论，也不能因大群正常而忽视少数异常变化的鸡；同时要做好鸡群观察记录，将每日观察到的鸡群情况进行记录，一旦发现鸡群异常，可以联系以往记录，分析、判断发生异常的原因，及时采取措施。总之必须做到认真仔细地去分析、观察，从而确保鸡健康生长。

三、个体检查

（一）个体外貌观察

正常鸡站立时挺拔。若鸡站立时呈蜷缩状（图4-2-37），则体况不佳；一只脚站立时间较长，可能是胃疼，多见于肠炎、腺胃炎等疾病；跗关节着地（图4-2-38），第一征兆就是发生了腿病（如钙缺乏等）。

图 4-2-37　鸡站立时蜷缩

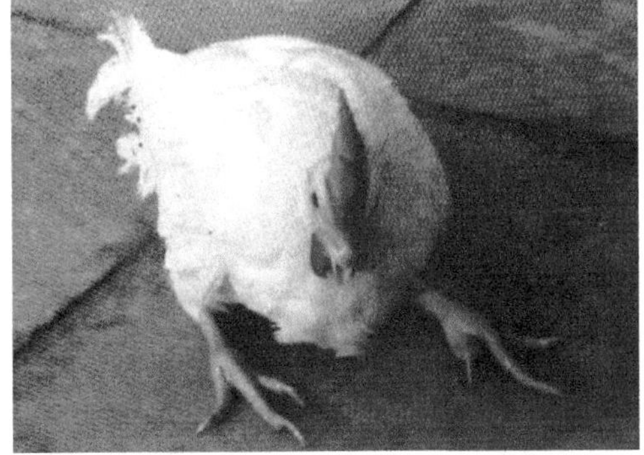
图 4-2-38　跗关节着地

图4-2-39所示是一群向养殖者发出疾病信号的鸡只。发现这样的鸡只应立即挑出，不然会影响到其他鸡的生长与健康；病鸡是严重的威胁者。

最好是抓住鸡的翅膀进行观察。当抓住一只鸡后，如果这只鸡是健康的，就会明显感觉到从翅膀上传出的力量，表示它在用力反抗（图4-2-40），否则就是一只病鸡或弱鸡。

图 4-2-39　病鸡

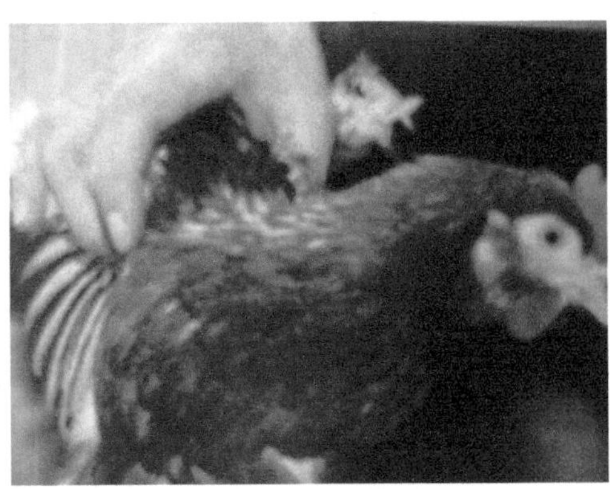
图 4-2-40　观察健康状况

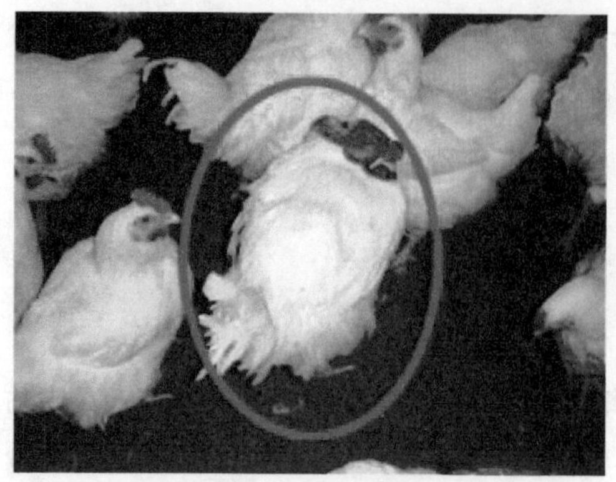

图 4-2-41　打盹的鸡

鸡群里这只打盹的鸡（图4-2-41），看上去缩头缩脑、反应迟钝、不愿走动、闭目呆立、眼睛无神、尾巴下垂、行动迟缓，一旦发生疫病，这种类型的鸡将是第一批受害者。

如图4-2-42、图4-2-43所示握住一只鸡，如果是健康的，会明显感觉到它在用力挣扎，表示它在反抗。

图 4-2-42　握鸡（一）

图 4-2-43　握鸡（二）

（二）个体状况观察

1.鸡头部观察

图 4-2-44　健康鸡鸡冠直立、肉髯鲜红

（1）鸡冠的观察　体况良好的鸡，鸡冠直立、肉髯鲜红（图4-2-44），大鸡冠向一边倒垂（图4-2-45），是正常现象。鸡冠发白（图4-2-46），常见于内脏器官出血、寄生虫病、营养不良或慢性病的后期等情况；鸡冠发绀（图4-2-47），常见于慢性疾病、鸡霍乱、传染性喉气管炎等；鸡冠发黑发紫，应考虑鸡新城疫、鸡盲肠肝炎、中毒等；眼睑、肉髯水肿（图4-2-48），多见于慢性霍乱和传染性鼻炎。

图 4-2-45 健康鸡大鸡冠向一边倒垂

图 4-2-46 鸡冠发白

图 4-2-47 鸡冠发绀

图 4-2-48 眼睑、肉髯水肿

（2）鼻的观察 观察鼻腔和鼻窦。鼻子潮湿、肮脏，鼻窦红肿，是呼吸道感染的信号（图4-2-49）。

个体观察过程中，如果发现鸡群中有鸡发出不正常的声音，要观察这些鸡是否有流鼻涕，喉咙中是否有黏液（图4-2-50），或是有其他炎症发生的现象。

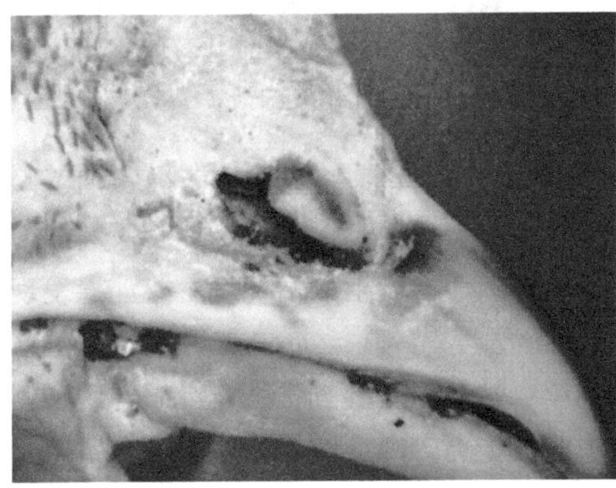

图 4-2-49 鼻子潮湿、肮脏

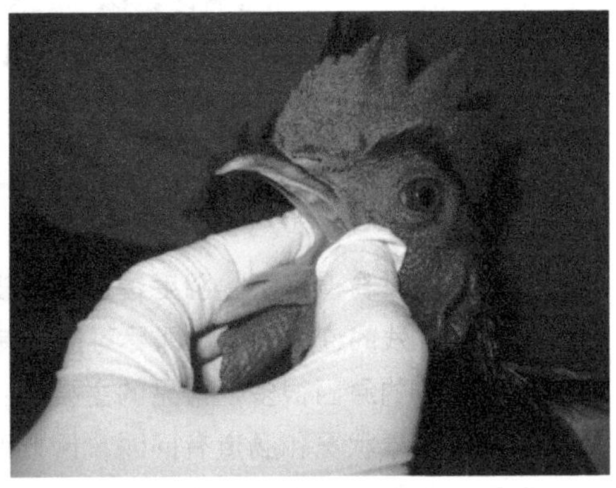

图 4-2-50 观察喉咙中是否有黏液

图 4-2-51 眼睛肿胀，有卡他性炎症

（3）眼睛的观察 健康的鸡两眼炯炯有神，瞳仁应该是圆而清澈的。

眼睛陷入眼睑或眼睛潮湿，都是呼吸道炎症的信号。如果眼睛上沾有异物，可能是由眼睛过于潮湿造成的，这一信号提示眼睛和呼吸系统的问题。眼睛肿胀，有卡他性炎症（图4–2–51）。另外，鸡舍中氨气浓度过高，也会对鸡的眼睛造成不良影响。

（4）喙的观察 推挤鸡的喙，以检测其坚硬程度。若喙部不坚硬，说明饲料中缺乏维生素D_3或缺乏钙质，或是饲料中钙磷比例不当。

2.羽毛和泄殖腔的观察

（1）羽毛的观察 鸡项羽发亮，鸡毛细而浓密，俗称“通毛”。同时，尾羽完好且够长，像孔明扇一样竖起（图4–2–52）。

观察羽毛颜色和光泽，看是否丰满整洁，是否有过多的羽毛断折和脱落，是否有局部或全身的脱毛或无毛，肛门附近羽毛是否被粪便污染等（图4–2–53）。

图 4-2-52 项羽发亮，尾羽完好且够长

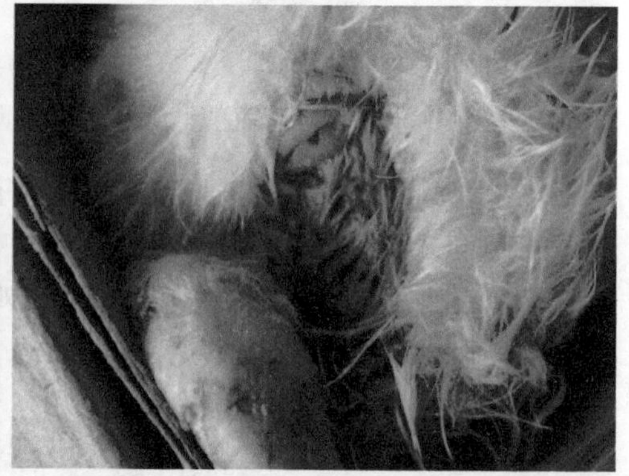

图 4-2-53 肛门周围羽毛被粪便污染

观察翅羽，了解羽毛发育阶段（图4–2–54）。观察尾羽，查看是否被啄羽（图4–2–55）。

观察羽毛发育得好坏、羽毛覆盖的情况，查看有没有啄羽的情况发生。如果发现有任何互啄互残的迹象，要立即尽可能地减少光照强度。

羽毛减少的原因很多，常见的主要有：饲料中缺乏氨基酸、维生素、矿物质和粗饲料；基本健康状况和肠道有问题，因此肠道吸收能力下降；饲料或垫料中有霉菌毒素；疾病（如某种皮肤螨）感染羽囊，使新羽毛很难生长；颈部换羽，仅颈部的羽毛

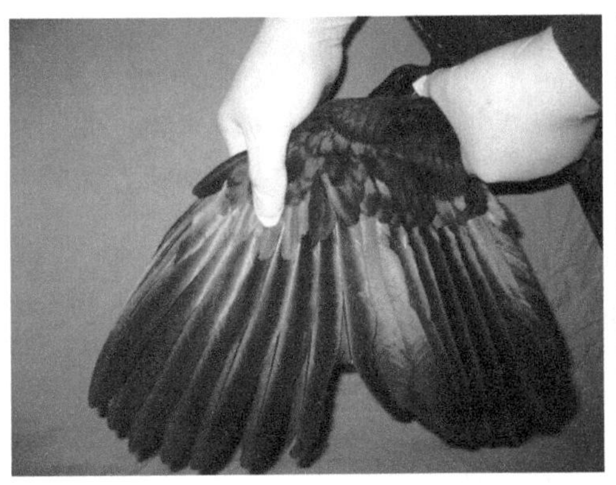

图 4-2-54 观察翅羽，了解羽毛发育阶段

图 4-2-55 尾羽发育良好，未被啄羽

消失，对于青年鸡，这可能与开产过早有关，对于日龄较大的母鸡，可能是干扰、寒冷、饲料或者就巢性的改变而引起的应激所导致的。如果青年鸡受影响，要注意询问饲料供应商是否可以临时添加更多的蛋白质。有时候，母鸡与其他设备（如鸡笼、饮水器等）接触也可磨损羽毛，公鸡踩蛋使母鸡的羽毛磨损（种鸡群中），也可使羽毛减少。

（2）泄殖腔的观察 产蛋期的蛋鸡，正常的泄殖腔表象应该是：湿润、柔软而且周边羽毛发育良好（图4–2–56），没有被啄肛和泄殖腔口破裂等迹象。

3.腿部观察

健康鸡的脚垫应该是平滑的，呈光泽的鱼鳞状（图4–2–57）。

观察脚垫，如果脚垫上出现红肿或有伤疤和结痂（图4–2–58），是垫料太潮湿和有尖锐物的结果，如果鳞片干燥，说明有脱水问题。脚垫和脚趾应无外伤。关节发硬和发热可能是炎症所致（图4–2–59）。

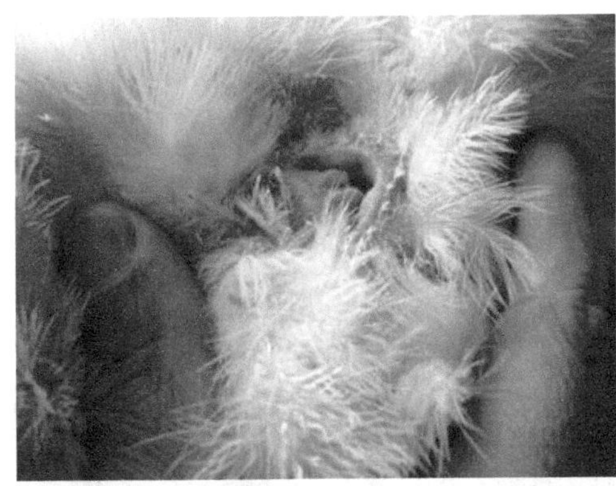

图 4-2-56 产蛋期正常的泄殖腔（湿润、柔软且周边羽毛发育良好，未被污染）

图 4-2-57 正常鸡的脚垫平滑

图 4-2-58　脚垫上有结痂

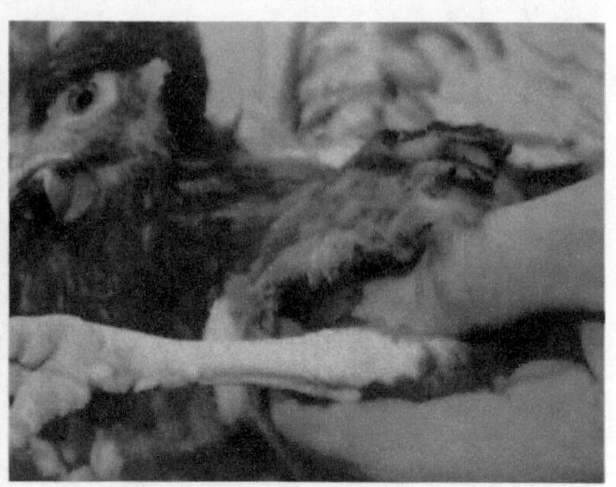
图 4-2-59　关节发硬和发热可能是炎症所致

图 4-2-60　脚趾过长，要及时修剪或更换磨沙棒

地面平养系统中的母鸡的脚趾（指甲）都比较短，因为它们会通过挖刨垫料和在垫料下的水泥地面上抓挠来磨损脚趾。笼养系统的母鸡通过鸡蛋保护板上安装的磨沙棒来磨损指甲。当母鸡在采食时四处抓刨磨短指甲。脚趾过长，要及时修剪或更换磨沙棒（图4–2–60）。用于修剪指甲的材料还包括清洁膏、表面粗糙的硬金属棒或石头磨沙棒。有孔的鸡蛋保护板在修剪母鸡指甲方面效果较差，仅用于褐壳蛋鸡，因为褐壳蛋鸡的指甲长得比较慢。磨沙棒价格便宜，但是仅可使用一个产蛋周期。

4.嗉囊的观察

触摸嗉囊，感觉鸡吃得是否够多（图4–2–61 ～图4–2–63）。嗉囊摸上去应该是稍软的，如果摸上去很硬，说明母鸡饮水不足。

图 4-2-61　触摸嗉囊

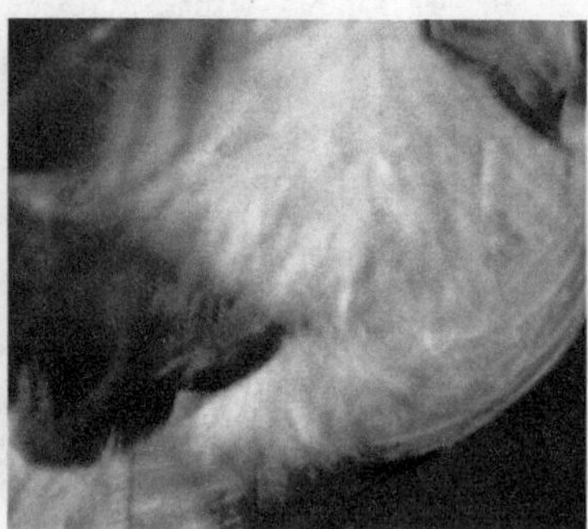
图 4-2-62　空嗉囊

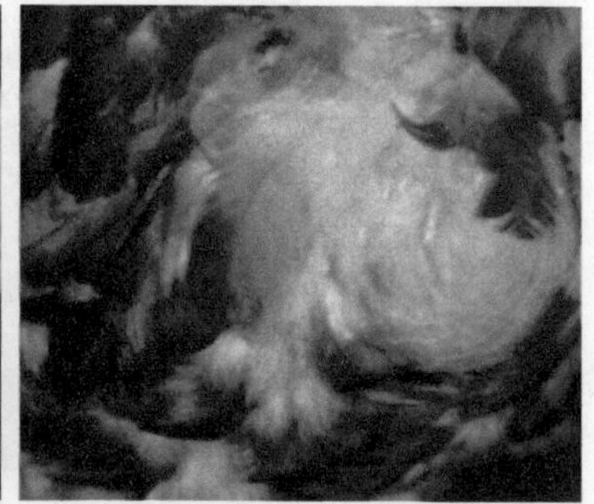
图 4-2-63　刚好填满的嗉囊

5.体况观察

育成期的蛋鸡，母鸡的胸肉没有发育，摸上去比较有骨感。育成期后胸肉开始发育，并逐渐变得丰满起来（图4-2-64），同时腹部开始发育。

产蛋期，若母鸡的龙骨十分突出，且胸肌附着不够丰满，则意味着饲料中蛋白质的缺乏。龙骨必须发育良好且平直，要防止由于意外碰撞造成龙骨断裂。龙骨顶端的软骨可能是由于饲料中钙磷或维生素D_3缺乏，或是肠道吸收这些成分的能力太差造成的。

若大腿骨之间的距离比两个手指的宽度都小，且泄殖腔干燥，则这只母鸡可能尚未开产。一只好的母鸡，其腿骨应该能平滑地移动，两个腿骨之间的距离大于两个手指的宽度（图4-2-65）。好母鸡的腿骨周围会沉积适量的脂肪，若没有脂肪沉积，则母鸡会非常消瘦。

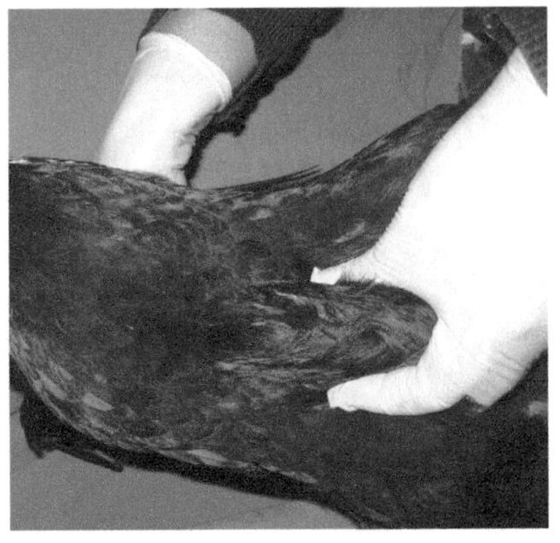

图4-2-64　胸肉的检查方法

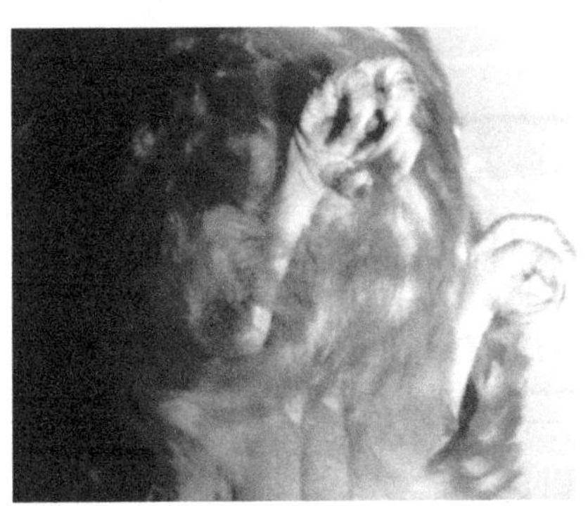

图4-2-65　腿骨间距大于两个手指的宽度

第三节　鸡尸体剖检技术

尽管认真仔细的观察可以提供大量信息，但是仍然有必要进行进一步的检测以保证不会误诊。进一步的检测包括以下两种方法。

兽医剖检病鸡：养鸡场最好设置专用的剖检室。在没有剖检室的情况下，也可以在养殖场内比较隐蔽的地方进行剖检。

实验室检测：例如细菌培养、病毒培养、血液检测、组织和寄生虫检测等。

因此，在鸡场附近建设一个好的、可靠的实验室很有必要。

一、剖检准备

1.剖检地点

养鸡场应建立尸体剖检室（图4-2-66）。

养鸡场无尸体剖检室，尸体剖检应选择在比较偏僻的地方（图4-2-67），尽可能远离生产区、生活区、公路、水源，以免剖检后尸体的粪便、血污、内脏、杂物等污染水源、河流，或由于人来车往等散播病原，招致疫病发生。

图 4-2-66　尸体剖检室剖检

图 4-2-67　在偏僻的地方剖检

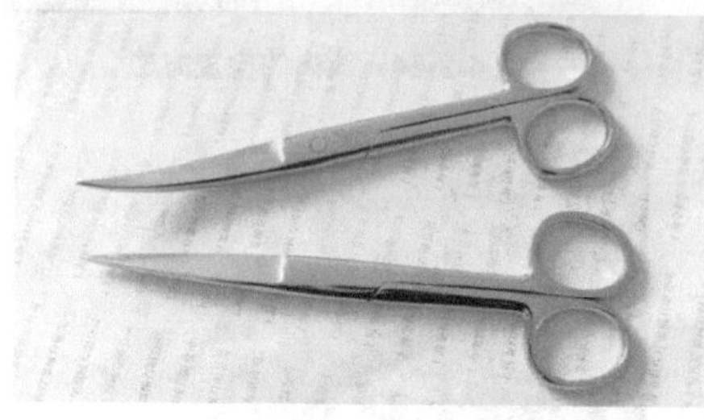

图 4-2-68　解剖剪子

2.剖检用具

对于鸡的尸体剖检，一般情况下，有剪子（图4–2–68）、镊子即可工作。根据需要还可准备骨剪、手术刀、标本缸、广口瓶、福尔马林等，其他的如工作服、胶靴、围裙、橡胶手套、肥皂、毛巾、水桶、脸盆、消毒剂等，根据条件准备。

二、尸体剖检的方法

鸡的尸体剖检过程包括了解死鸡的一般状况，外部检查和内部检查。

（一）了解死鸡的一般状况

除要知道鸡的品种、性别和日龄外，还要了解鸡群的饲养管理、饲料、产蛋、免疫情况，用药发病经过、临床表现及死亡等情况。

（二）外部检查的方法

如图4–2–69 ～图4–2–75所示。

图 4-2-69　查看鸡全身羽毛的状况，是否有光泽，有无污染、蓬乱、脱毛等现象

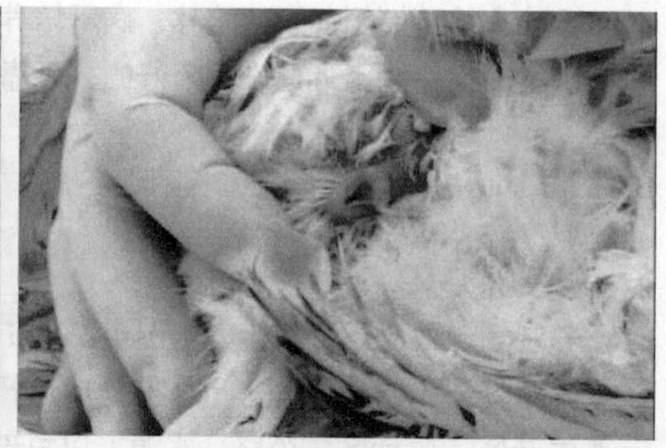

图 4-2-70　查看泄殖腔周围的羽毛有无粪便沾污，有无脱肛、血便

图4-2-71所示是肾型传染性支气管炎死亡的鸡，尸体消瘦，脱水。

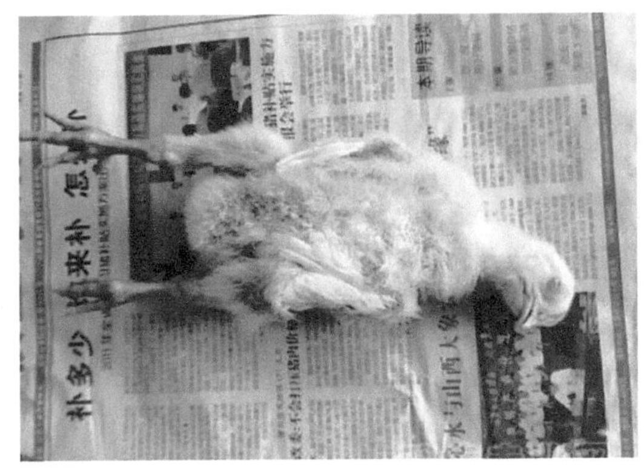

图 4-2-71 查看营养状况和尸体变化（尸冷、尸僵、尸体腐败），皮肤有无肿胀和外伤

图4-2-72（b）所示是病毒性关节炎导致的跗关节肿胀。

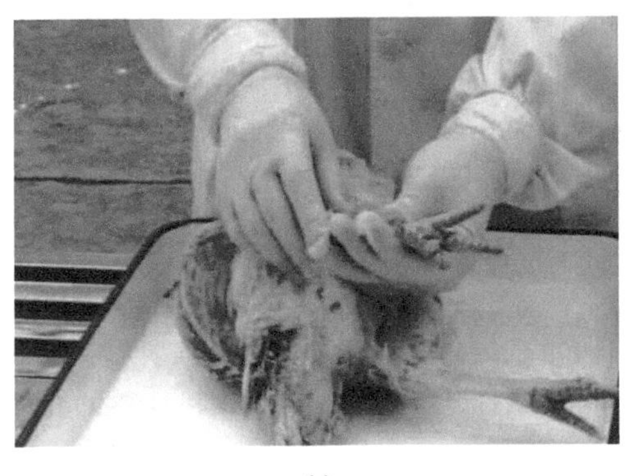

(a)

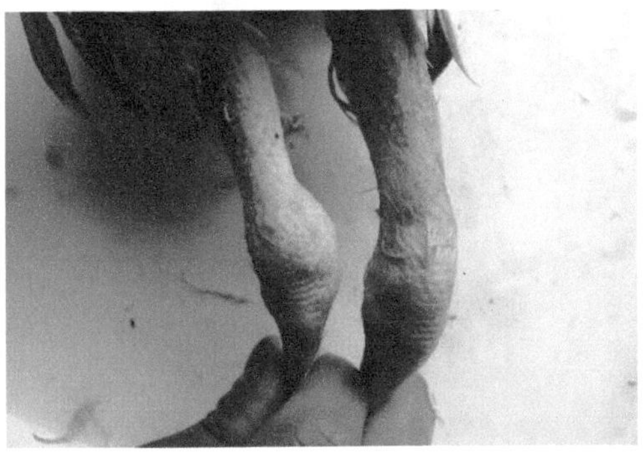

(b)

图 4-2-72 查看关节及脚趾有无肿胀或其他异常，骨骼有无增粗和骨折

图4-2-73（b）所示是鸡痘导致的冠、髯长满痘疮。

(a)

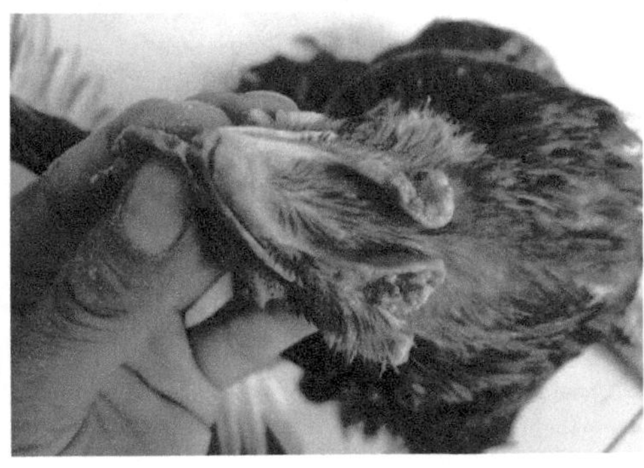

(b)

图 4-2-73 查看冠和髯的颜色、厚度、有无痘疹，脸部的颜色及有无肿胀

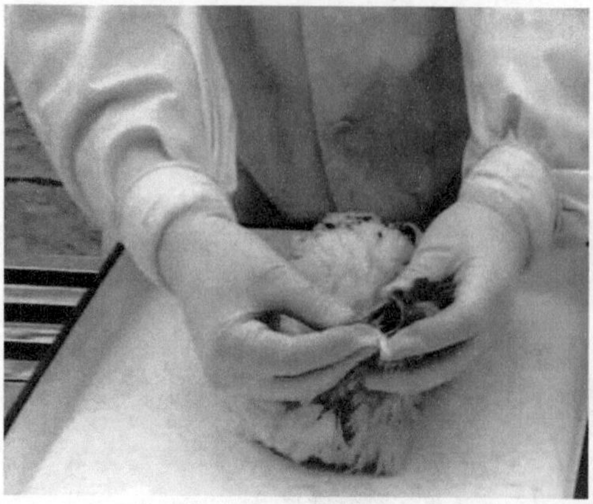

(a) 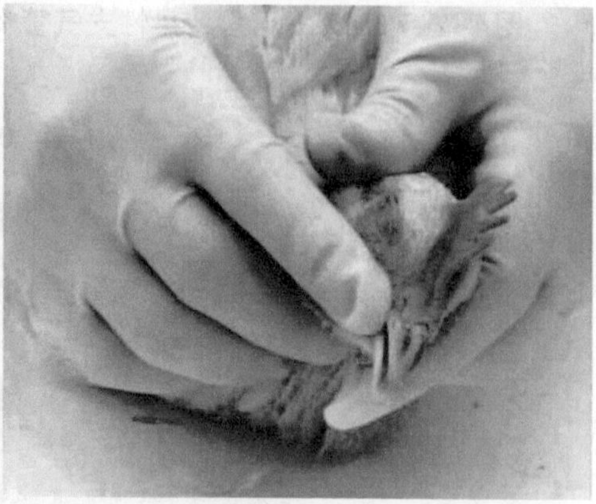 (b)

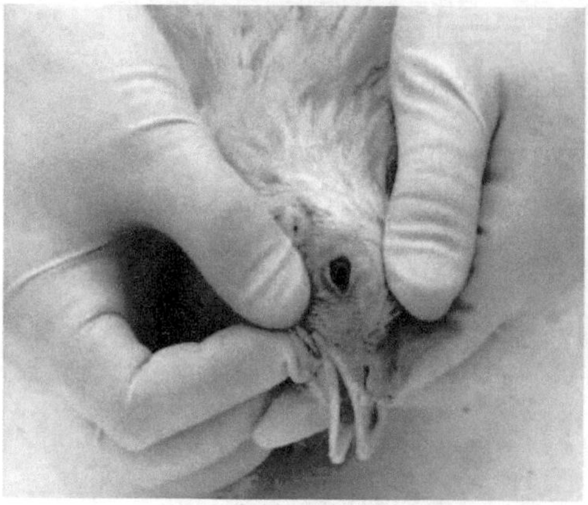

(c) 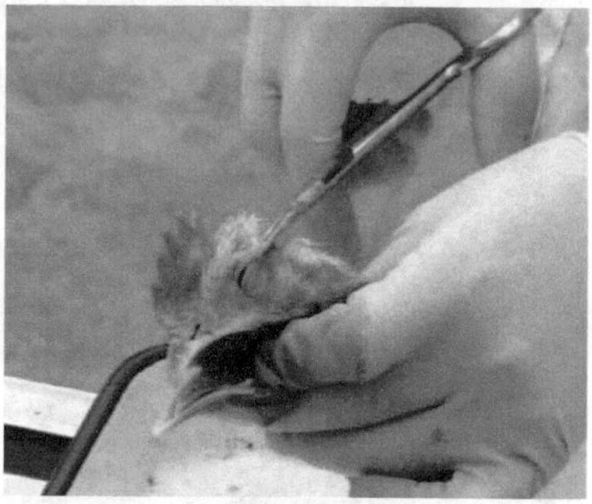 (d)

图 4-2-74 查看口腔和鼻腔有无分泌物及其性状，两眼的分泌物及虹彩的颜色

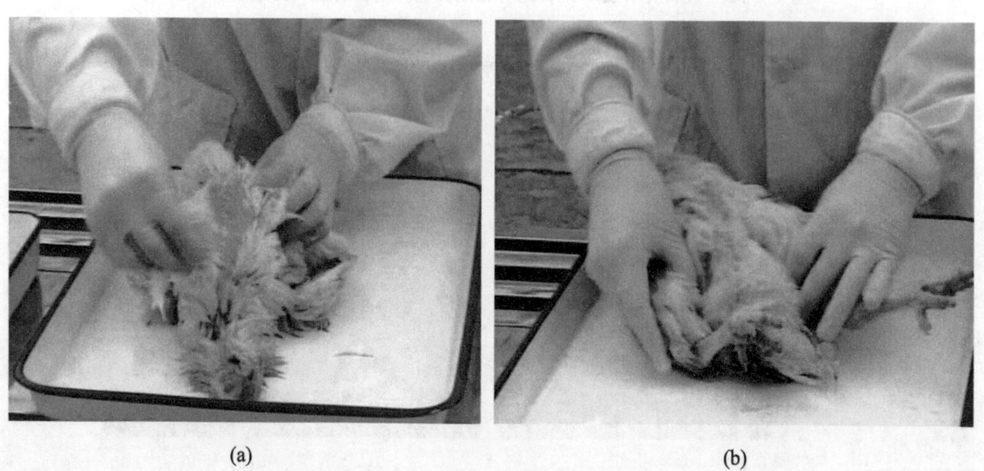

(a) (b)

图 4-2-75 最后触摸腹部查看是否变软或有积液

（三）内部剖检的方法

剖检前的准备工作如图4–2–76所示。

1.皮下检查

如图4–2–77 ～图4–2–80所示。

图 4-2-76 剖检前，最好用水或消毒液将尸体表面及羽毛浸湿，防止剖检时有绒毛和尘埃飞扬

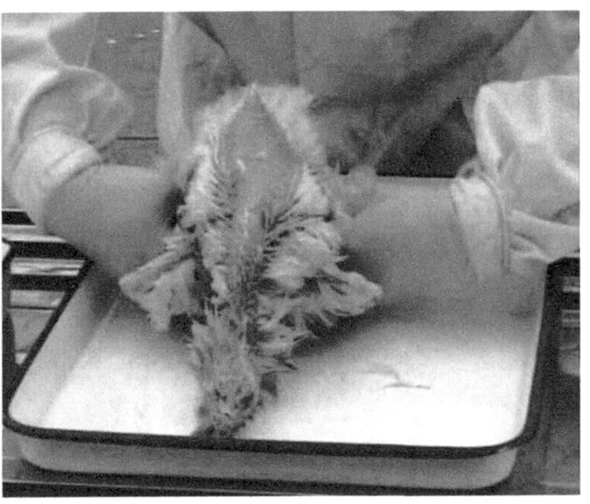

图 4-2-77 尸体仰卧（即背位），用力掰开两腿，使髋关节脱位，使鸡的尸体固定

(a)

(b)

图 4-2-78 用手术剪剪开腿腹之间的皮肤，两腿向后反压，直至关节轮和腿肌暴露出来，观察腿肌是否有出血等现象

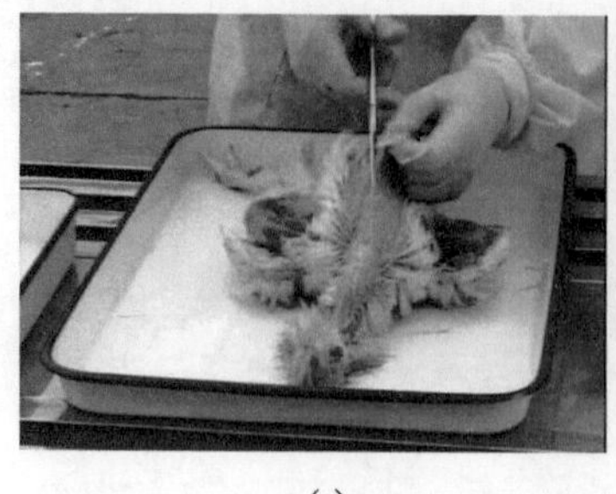
(a)

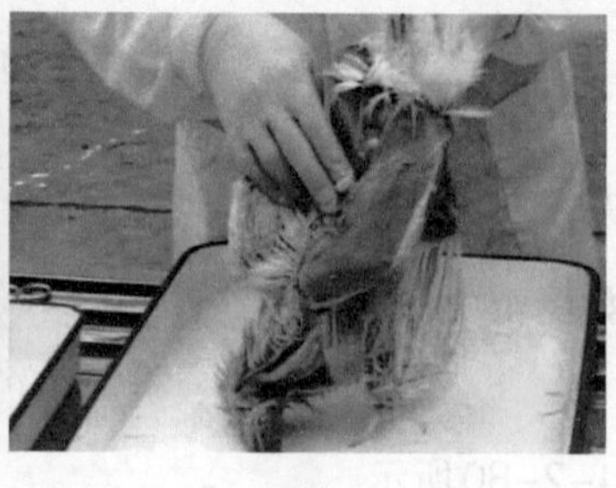
(b)

图 4-2-79　在胸骨嵴部纵行切开皮肤，然后向前、后延伸，剪开颈、胸、腹部皮肤，剥离皮肤，暴露颈、胸、腹部和腿部肌肉，观察皮下脂肪含量，皮下血管状况，有无出血和水肿；观察胸肌的丰满程度、颜色，胸部和腿部肌肉有无出血和坏死，观察龙骨是否弯曲和变形

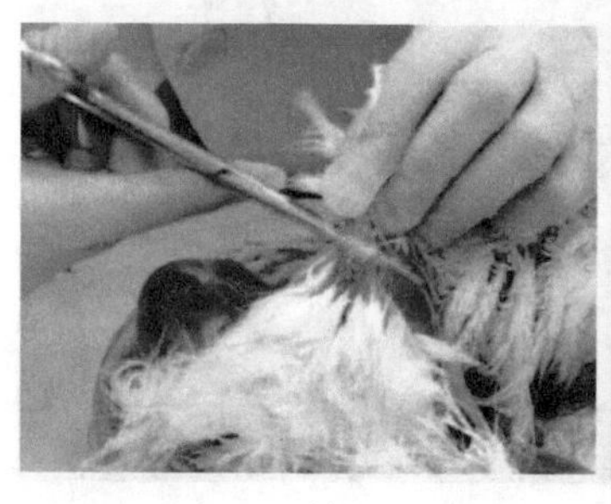
(a)

(b)

图 4-2-80　检查颈椎两侧的胸腺大小及颜色，有无出血和坏死；检查嗉囊是否充盈食物，内容物的数量及性状

2. 内脏检查

如图4-2-81 ～图4-2-90所示。

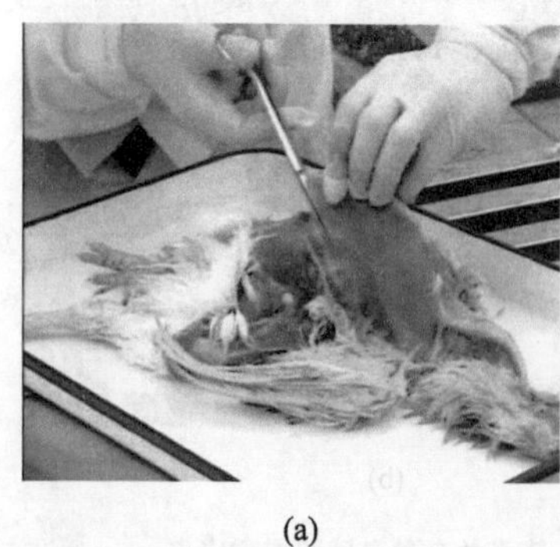
(a)

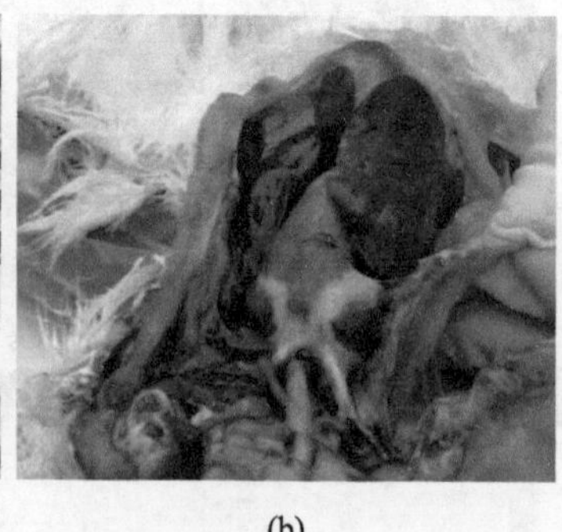
(b)

图 4-2-81　在后腹部，将腹壁横行切开（或剪开），顺切口的两侧分别向前剪断胸肋骨、乌喙骨和锁骨，掀除胸骨、暴露体腔，注意观察各脏器的位置、颜色，浆膜的情况（是否光滑、有无渗出物及性状、血管分布状况），体腔内有无液体及其性状，各脏器之间有无粘连

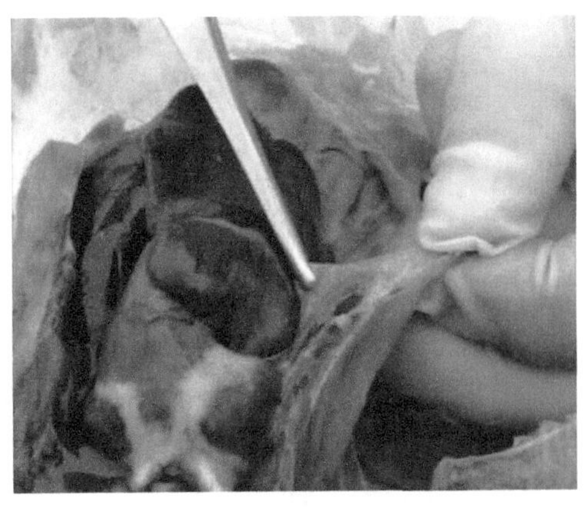

图 4-2-82 检查胸、腹气囊是否增厚、浑浊、有无渗出物及其性状，气囊内有无干酪样团块，若有团块观察团块上有无霉菌菌丝

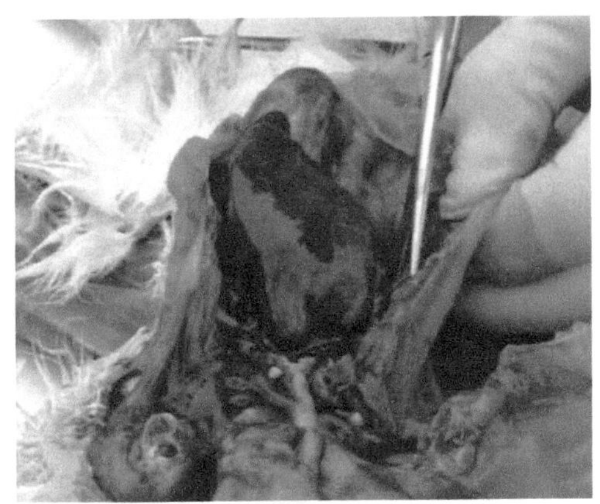

图 4-2-83 检查肝脏大小、颜色、质度、边缘是否钝，形状有无异常，表面有无出血点、出血斑、坏死点或大小不等的圆形坏死灶

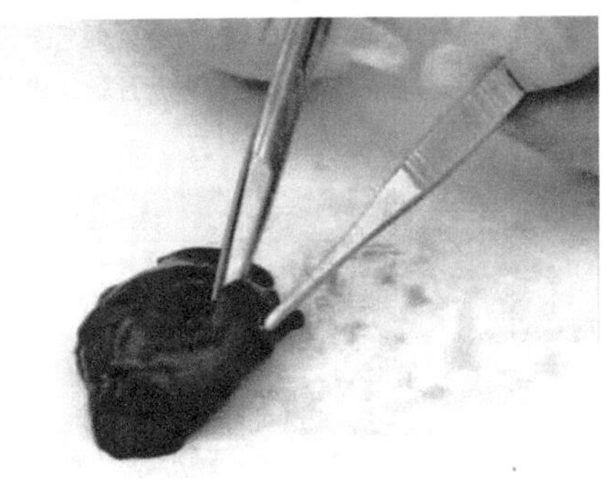

图 4-2-84 在肝门处剪断血管，再剪断胆管、肝与心包囊、气囊之间的联系，取出肝脏，纵行切开肝脏，检查肝脏切面及血管情况，肝脏有无变性、坏死点及肿瘤结节，检查胆囊大小，胆汁的多少、颜色、黏稠度及胆囊黏膜的状况

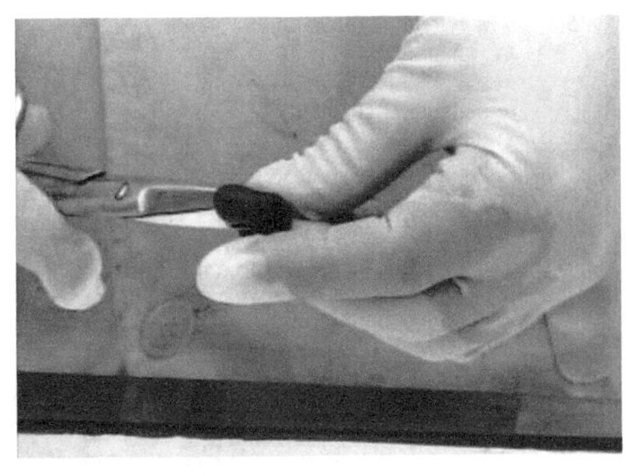

(a)

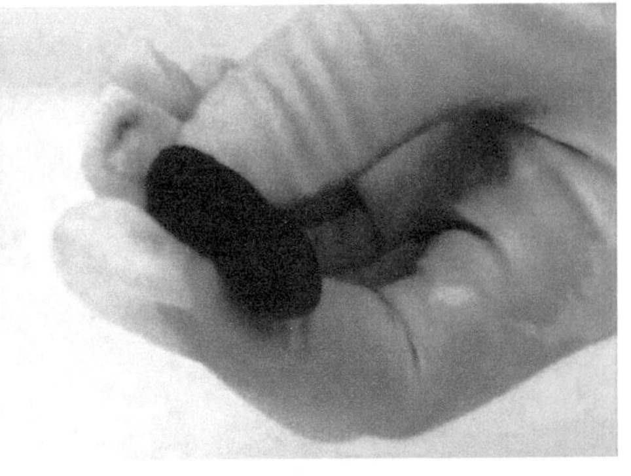

(b)

图 4-2-85 在腺胃和肌胃交界处的右方，找到脾脏，检查脾脏的大小、颜色，表面有无出血点和坏死点，有无肿瘤结节，剪断脾动脉取出脾脏，将其切开，检查淋巴滤泡及脾髓状况

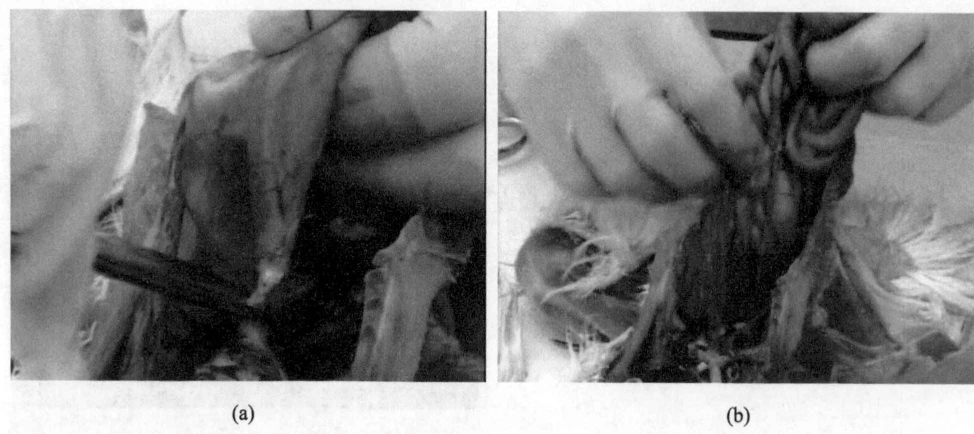

(a) (b)

图 4-2-86 在心脏的后方剪断食道，向后牵拉腺胃，剪断肌胃与其背部的联系，再顺序地剪断肠道与肠系膜的联系，在泄殖腔的前端剪断直肠，取出腺胃、肌胃和肠道，检查肠系膜是否光滑，有无肿瘤结节

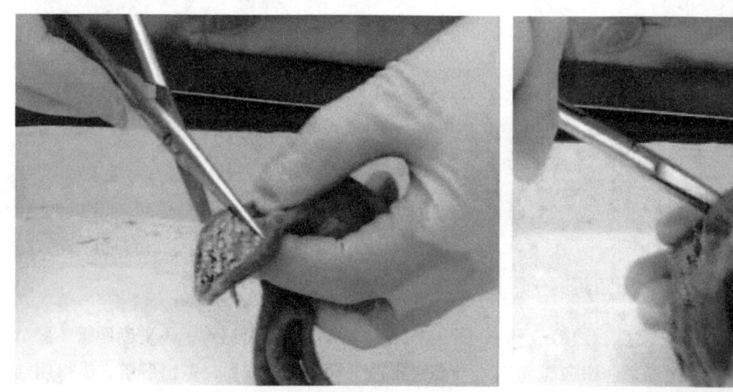

图 4-2-87 剪开腺胃，检查内容物的性状，黏膜及腺乳头有无充血和出血，胃壁是否增厚，有无肿瘤

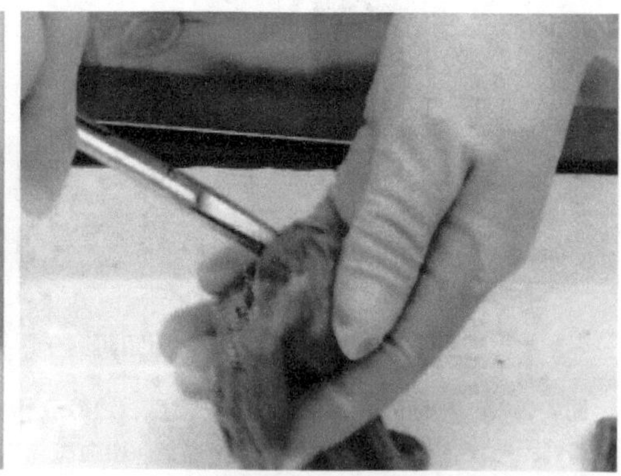

图 4-2-88 观察肌胃浆膜上有无出血，肌胃的硬度，然后从大弯部切开，检查内容物及角质膜的情况

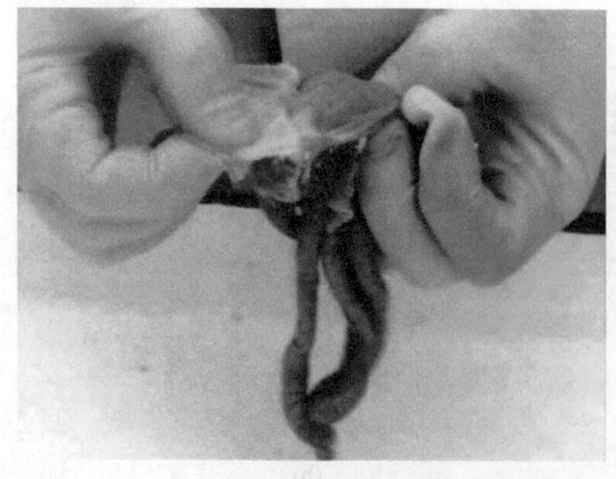

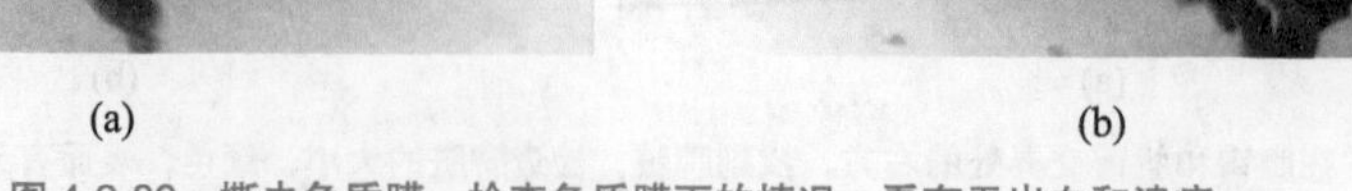

(a) (b)

图 4-2-89 撕去角质膜，检查角质膜下的情况，看有无出血和溃疡

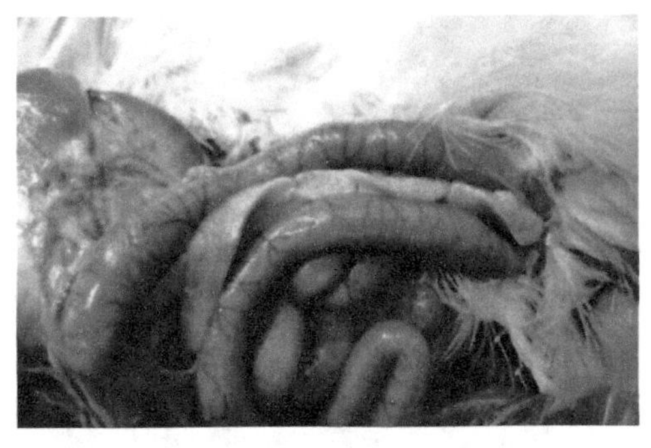

(a)

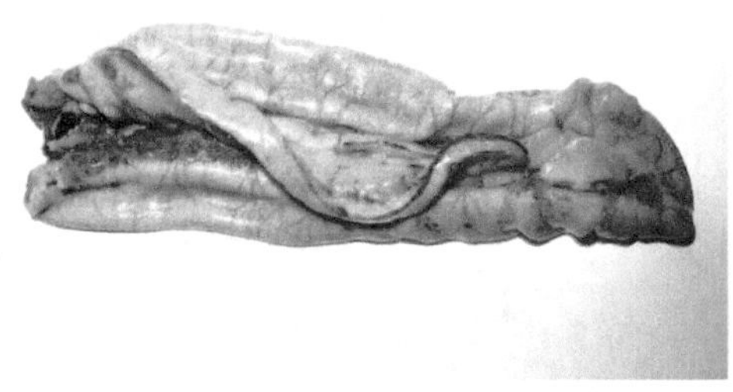

(b)

图 4-2-90　查看夹在十二指肠中间的胰腺的色泽，有无坏死、出血，鸡患温和型禽流感可出现胰腺表面灰白色坏死点，胰腺边缘出血

如图4-2-91～图4-2-96所示从前向后，检查小肠、盲肠和直肠，观察各段肠管有无充气和扩张，浆膜血管是否明显，浆膜上有无出血、结节或肿瘤。然后沿肠系膜附着部纵行剪开肠道，检查各段肠内容物的性状，黏膜有无出血和溃疡，肠壁是否增厚，肠壁上的淋巴集结和盲肠起始部的盲肠扁桃体是否肿胀，有无出血、坏死，盲肠腔中有无出血或土黄色干酪样的栓塞物，若有栓塞物将其横向切开，观察其断面情况。

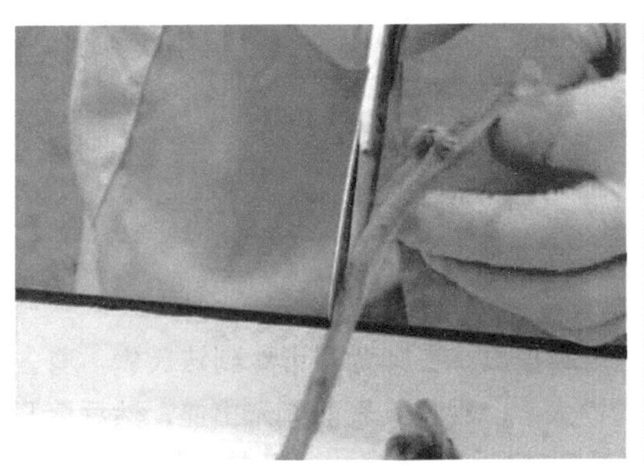

图 4-2-91　小肠切开（一）

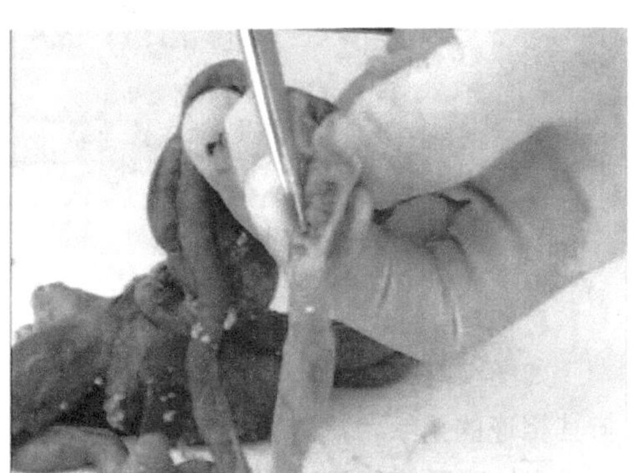

图 4-2-92　小肠切开（二）

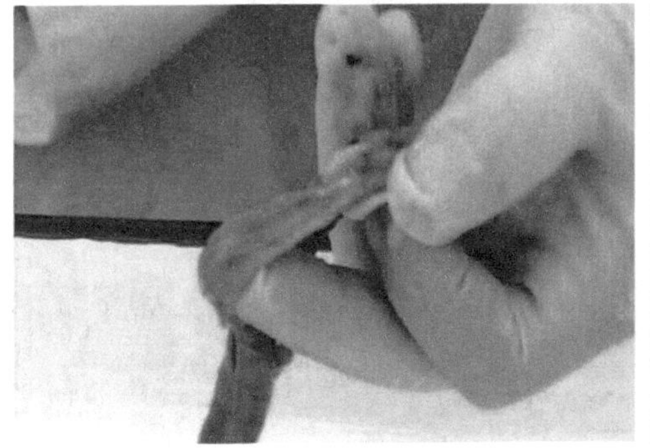

图 4-2-93　空肠切开检查（一）

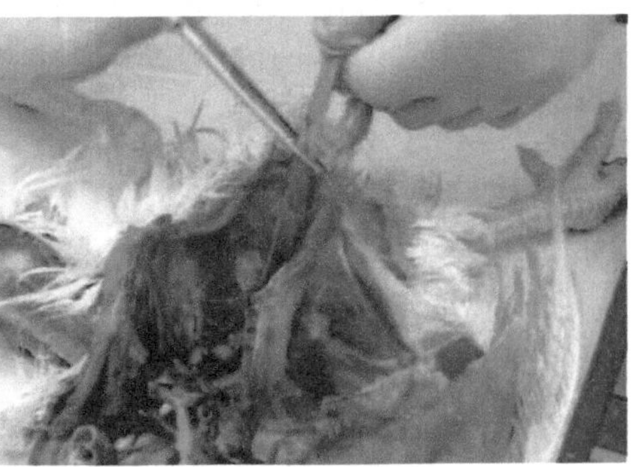

图 4-2-94　直肠检查

图 4-2-95　空肠切开检查（二）

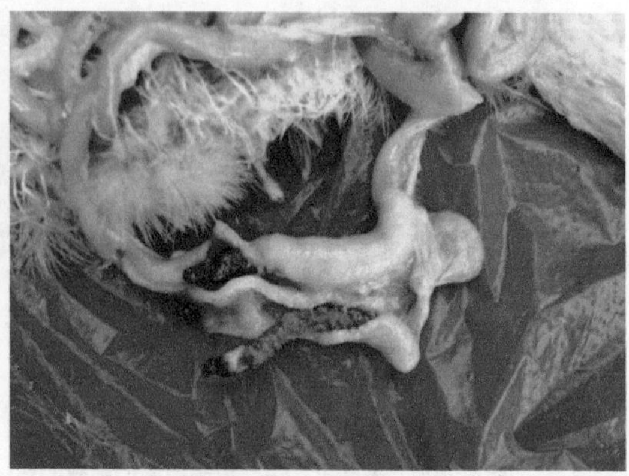

图 4-2-96　盲肠切开检查

查看肠腔内有无寄生虫（图4-2-97、图4-2-98）。

图 4-2-97　肠腔内的线虫

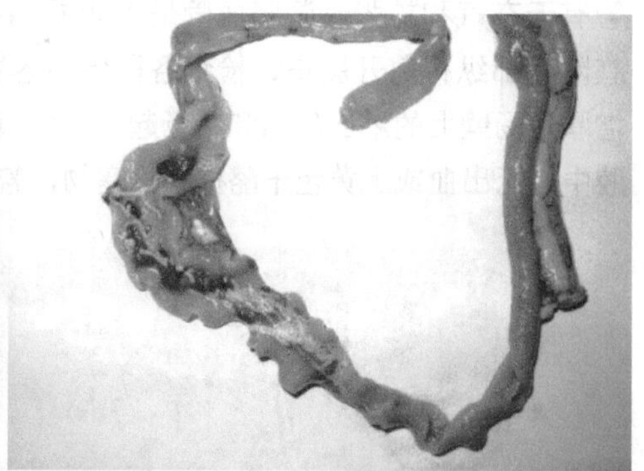

图 4-2-98　肠腔内的绦虫

如图4-2-99、图4-2-100将直肠从泄殖腔拉出，在其背侧可看到法氏囊，剪去与其相连的组织，摘取法氏囊。检查法氏囊的大小，观察其表面有无出血，然后剪开法氏囊检查黏膜是否肿胀，有无出血，皱襞是否明显，有无渗出物及其性状。

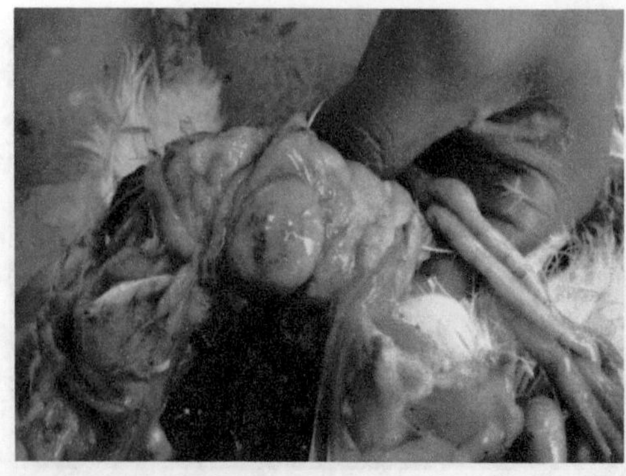

图 4-2-99　法氏囊肿大出血

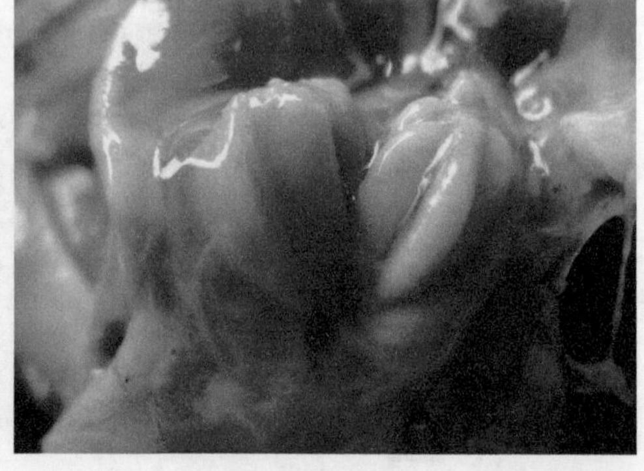

图 4-2-100　法氏囊肿大，剪开外翻，黄色胶冻样渗出

如图4-2-101纵行剪开心包囊，检查心囊液的性状，心包膜是否增厚和浑浊；观察心脏外形，纵轴和横轴的比例，心外膜是否光滑，有无出血、渗出物、尿酸盐沉积、结节和肿瘤，随后将进出心脏的动脉、静脉剪断，取出心脏，检查心冠脂肪有无出血点，心肌有无出血和坏死点。剖开左右两心室，观察心脏内部情况（图4-2-102）。

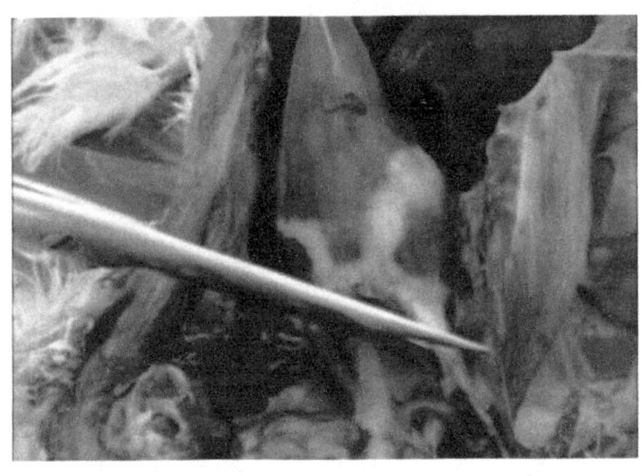

(a)

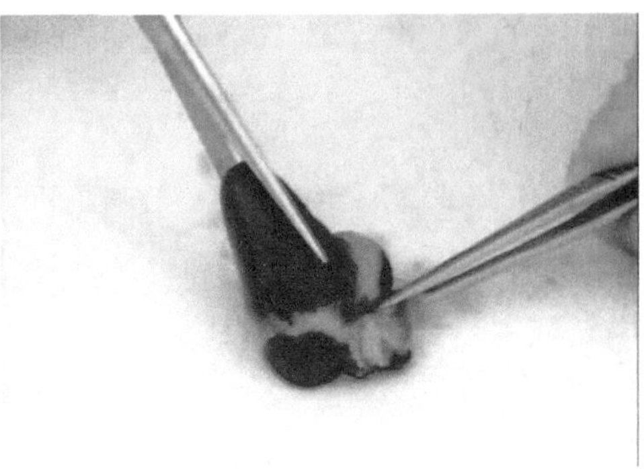

(b)

图 4-2-101　剪开心包囊，观察心囊液性状及心脏外形

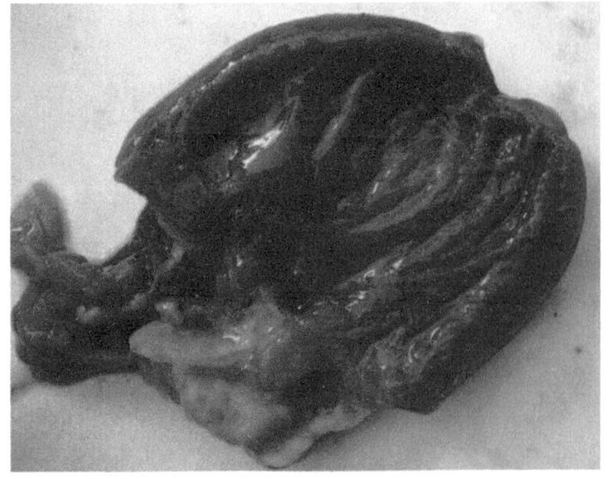

图 4-2-102　剖开左右两心室，注意心肌断面的颜色和质度，观察心内膜有无出血

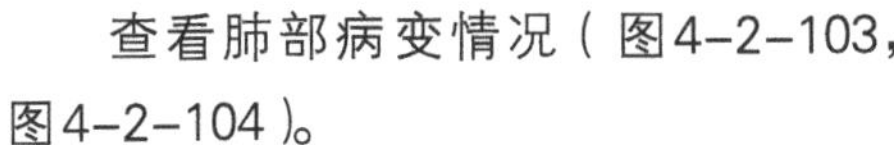

查看肺部病变情况（图4-2-103，图4-2-104）。

(a)

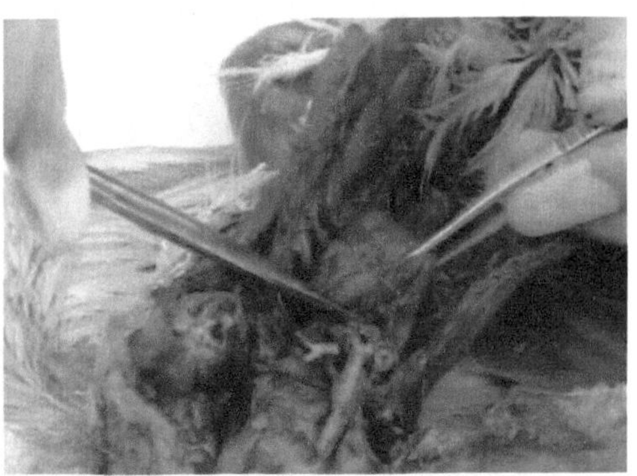

(b)

图 4-2-103　从肋骨间挖出肺脏，检查肺的颜色和质度，有无出血、水肿、炎症、实变、坏死、结节和肿瘤

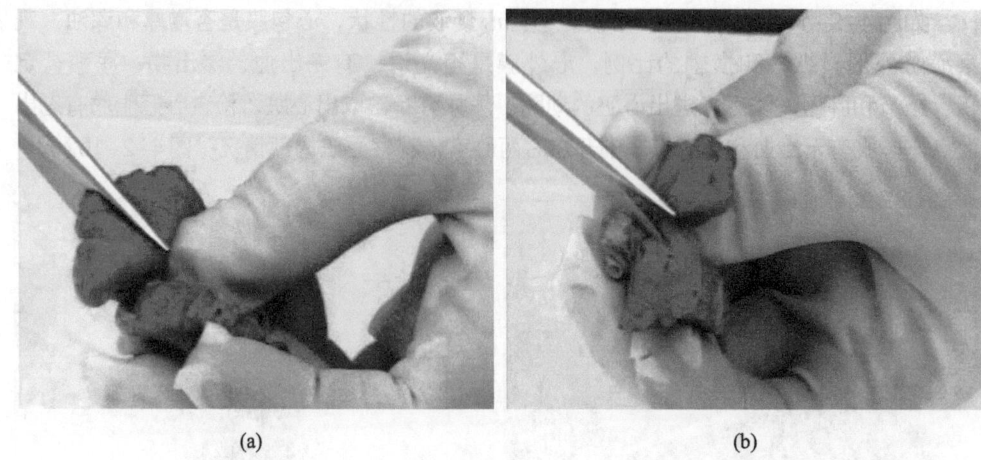

(a) (b)

图 4-2-104　切开肺脏，观察切面上支气管及肺泡囊的性状

图4-2-105所示是因肾型传染性支气管炎导致的鸡的肾脏肿大、花斑肾、输尿管内大量尿酸盐沉积。

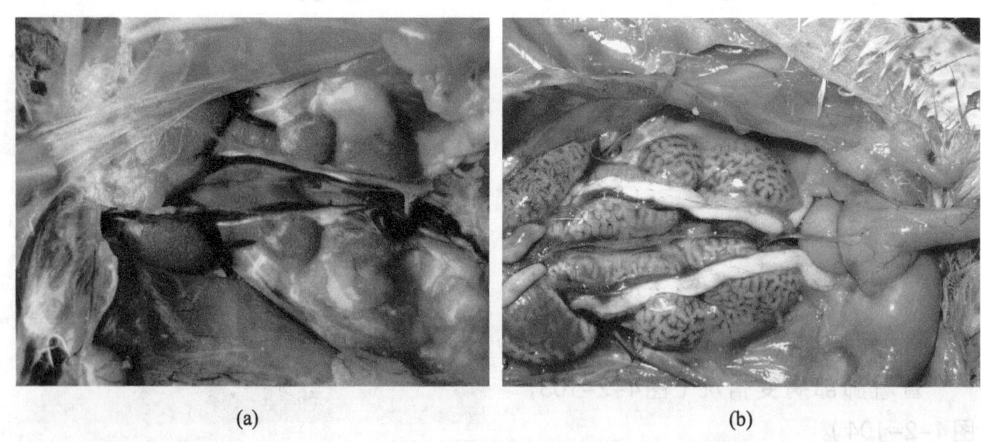

(a) (b)

图 4-2-105　检查肾脏的颜色、质度、有无出血和花斑状条纹，肾脏和输尿管有无尿酸盐沉积及其含量

检查睾丸的情况（图4-2-106）。

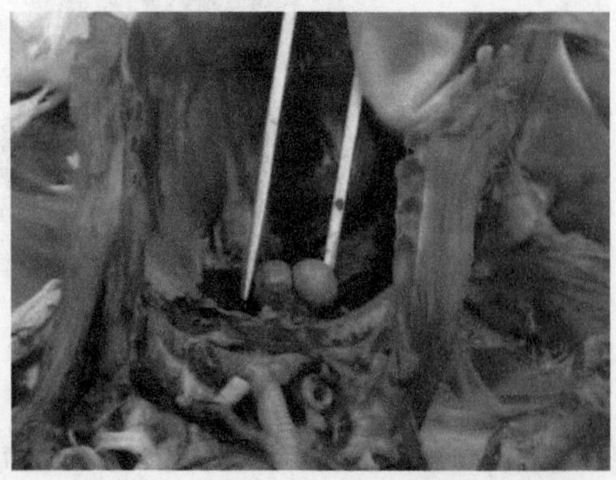

图 4-2-106　检查睾丸的大小和颜色，观察有无出血、肿瘤、两者是否一致

图4-2-107所示是禽流感导致的母鸡卵泡出血，呈紫黑色。

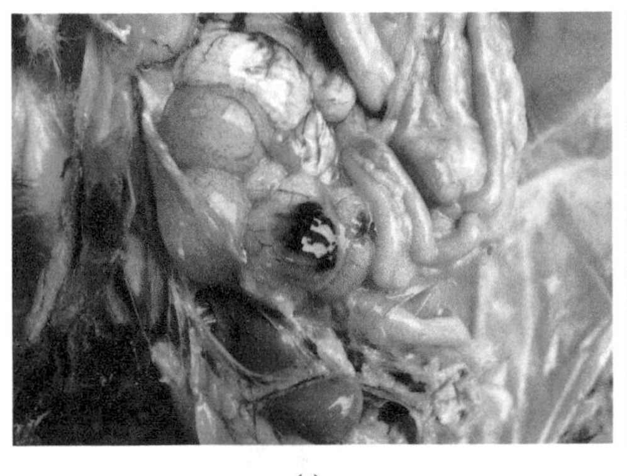

(a)

(b)

图 4-2-107　检查卵巢发育情况，卵泡大小、颜色和形态，有无萎缩、坏死和出血，卵巢是否发生肿瘤；剪开输卵管，检查黏膜情况，有无出血及涌出物

3. 口腔及颈部器官的检查

如图4-2-108 ～图4-2-110所示。

图 4-2-108　在两鼻孔上方横向剪断鼻腔，检查鼻腔和鼻甲骨，压挤两侧鼻孔，观察鼻腔分泌物及其性状

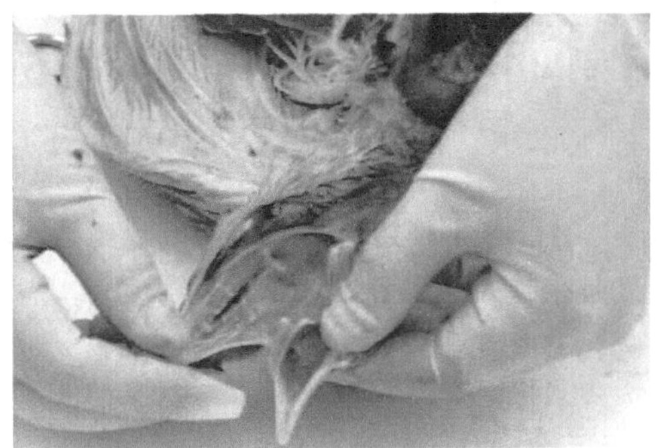

图 4-2-109　剪开一侧口角，观察后鼻孔、腭裂及喉头，黏膜有无出血，有无伪膜、痘斑，有无分泌物堵塞

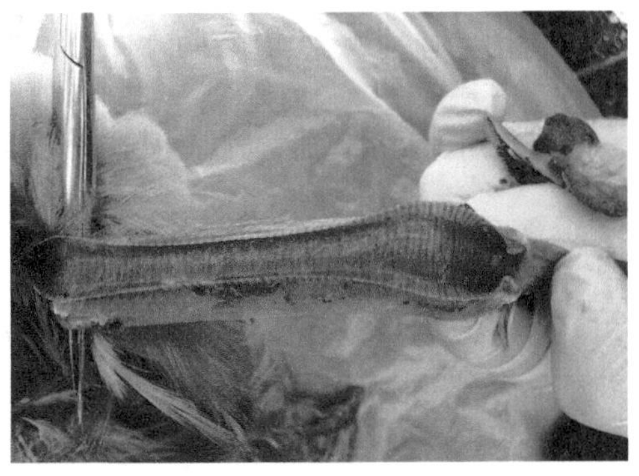

图 4-2-110　剪开喉头、气管和食道，检查黏膜的颜色，有无充血和出血，有无伪膜和痘斑，管腔内有无渗出物，黏液及渗出物的性状

4.脑部检查（图4-2-111）

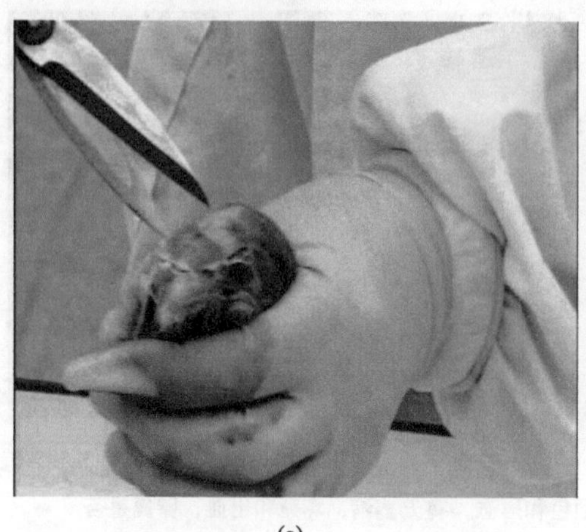
(a)

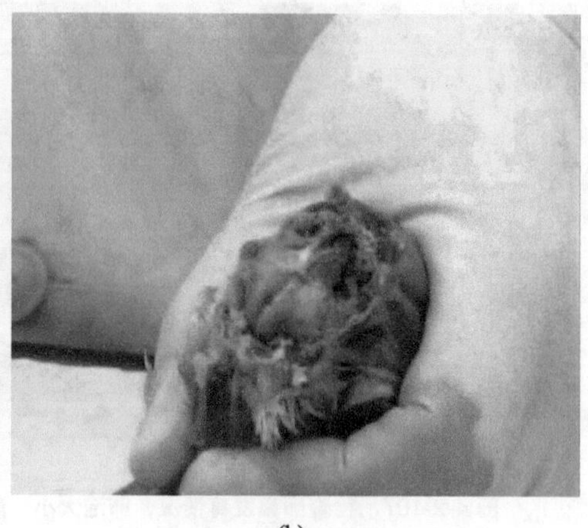
(b)

图 4-2-111 切开头顶部皮肤，剥离皮肤，露出颅骨，用剪刀在两侧眼眶后缘之间剪断额骨，再从两侧剪开顶骨至枕骨大孔，掀去脑盖，暴露大脑、丘脑及小脑，观察脑膜有无充血、出血，脑组织是否软化等

第四节 鸡大肠杆菌药敏试验

由于长期使用抗生素，所以耐药菌株越来越多，用抗生素防治鸡大肠杆菌病的难度越来越大。为了及时有效控制该病，需对致病菌进行药敏试验，以便选用高敏感药物，避免盲目滥用抗生素。

一、药敏纸片的准备

可以使用生化用品厂家提供的药敏纸片（图4-2-112），也可以按有关资料介绍的方法进行自制。

二、所用培养基的制备

按使用说明用普通营养琼脂粉制作普通营养琼脂平板（图4-2-113）。

三、试验方法

对病死鸡进行剖检，发现有肝周炎、心包炎、气囊炎等符合大肠杆菌病典型病变特征的病例，即可无菌采取肝、脾、心等置于灭菌容器内备用。采集病料时要注意采取多份典型病料。用灭菌接种环多次取病料内部组织，反复划线接种于营养琼脂平

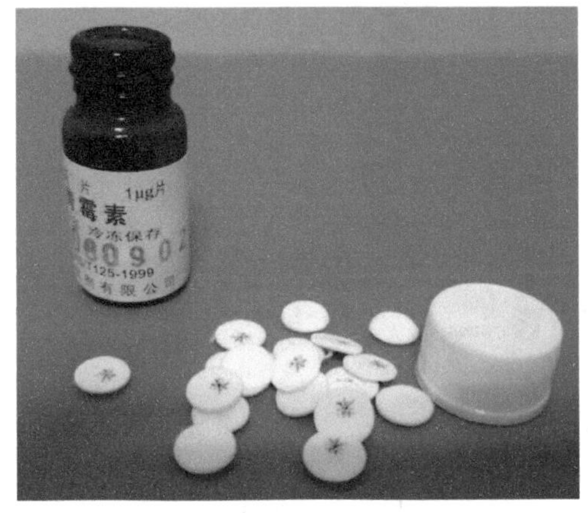

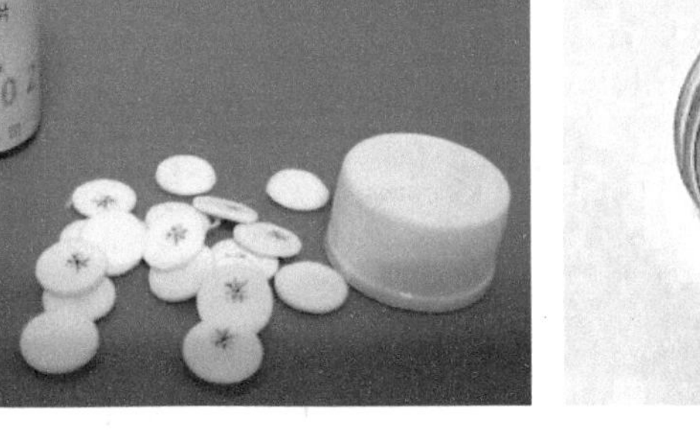

图 4-2-112　药敏纸片

图 4-2-113　营养琼脂平板

板。如病料较多时，每一个平板可重复接种2～3份病料。划线时要纵横交错划满整个平皿，并特别注意不要划破培养基。接种完后用灭菌镊子夹取药敏试纸小心贴附在培养基上，各纸片应相距15毫米左右。置于37℃恒温箱培养24小时后观察结果。

四、结果判定

药敏纸片周围20毫米如无细菌生长，说明试验菌株对该抗生素极敏感，15～20毫米为高敏感，10～15毫米为中敏感，小于10毫米为低敏感，无抑菌圈为不敏感。如一个平皿接种多份病料，长出的细菌可能不止一种细菌、一种菌株，对药物的敏感性可能不一致，如有的纸片周围抑菌圈内有较稀疏的菌落生长，说明该抗生素对某些菌株不敏感（图4–2–114）。

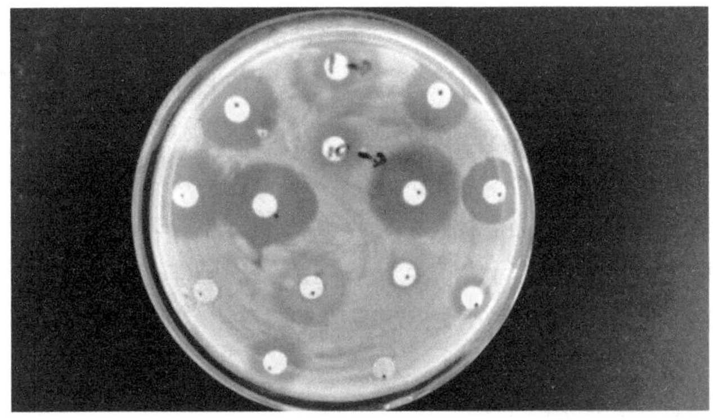

图 4-2-114　药敏试验结果

药敏试验结果出来后，可选用对各菌株普遍敏感的抗生素对发病鸡群进行及时治疗，以便尽快控制病情。如需做进一步研究，可继续对分离出的细菌进行详细实验室诊断，以便确定是何种细菌、细菌菌型、致病性等。

第三章

蛋鸡养殖500天疾病防制

第一节　疫病防制的基本原则

中小规模蛋鸡场的一个特点就是集约化饲养，这样对鸡病预防，特别是对传染病的免疫防制就显得更为重要。否则一旦引起鸡病的发生与流行，将给饲养者造成极大的经济损失。能否预防好传染性疾病，是蛋鸡饲养成败的关键。

鸡病的免疫防制是一项复杂的综合性工程，它的目的是采取各种措施和方法，保证蛋鸡免遭疾病侵害，尤其是传染病的感染。涉及鸡场建设、环境净化、饲养管理、卫生保健等各个环节。鸡的疾病（传染病）的基本特点是鸡群之间直接接触传染或间接地通过媒介物相互传染；即传染病发生与流行的三个基本环节以及与疾病防治的关系。所以根据传染病发生与流行的特点，掌握流行的基本条件和影响因素，针对鸡病采取综合免疫防制措施，可以有效地控制鸡病的发生和流行。

一、防疫工作的基本原则和内容

（一）防疫的基本原则

建立健全防疫机构和疫病防制制度。树立“预防为主、养防结合、防重于治”的意识。搞好饲养管理、卫生防疫、预防接种、检疫、隔离、防毒等综合性防制措施，以达到提高家禽的健康水平和抗病能力的目的，杜绝和控制传染病的传播和蔓延。只有主动做好平时的预防工作，才能保证养鸡业正常发展。

（二）防制措施的基本内容

在制定免疫防制措施时，要根据每个鸡病的特点，对各个不同的流行环节，分清轻重缓急，找出重点环节采取措施，以达到在短期内以最少的人力、财力控制传染病的流行。例如：对鸡新城疫等应以预防免疫接种为重点措施，而对传染性鼻炎则以控制病禽和带菌鸡为重点措施。但是任何一项单独措施都是不够的，必须采取包括“养、防、检、治”四项基本环节的综合性措施。即分为平时的预防措施和发生疫病时的扑灭措施。

1.平时的预防措施

加强饲养管理，搞好卫生消毒工作，增强家禽机体的抗病能力，如做好“三定”（定饲养员、定时、定量）、“四净”（饲料、饮水、鸡舍、器具要洁净）。贯彻自繁自养原则，减少疫病传播；拟订和实施定期的预防接种计划，保证鸡只健康水平，提高抗病力；定期杀虫、灭鼠，消除传染源隐患。

2.发生疫病时的扑灭措施

及时发现疫病，尽快做出准确的诊断。迅速隔离病鸡，对污染场舍进行紧急消毒；及时用疫苗（或抗血清）实行紧急接种，对病鸡及时进行合理处理和治疗；对病亡鸡和淘汰病鸡进行合理处理。

当蛋鸡突然死亡或怀疑发生传染病时，应立即通知并配合兽医人员，根据疫病的特点和具体情况，从常用的方法如临床诊断、流行病学诊断、病理学诊断、微生物学诊断和免疫学（血清学）诊断等中确定某一方法或几种方法，及时做出正确的诊断。及时而正确的诊断是防疫工作的重要环节，它关系到能否有效地组织防疫措施。

同时，为了控制传染源，防止健康鸡继续受到传染，将疫情控制在最小范围内予以就地扑灭，应用各种诊断方法，对鸡进行疫病检查，并采取相应的措施。根据诊断结果将鸡分为两类：可疑感染鸡和假定健康鸡群。对病鸡和可疑感染鸡群进行隔离，针对不同情况、不同程度进行处理，可选用药物治疗、紧急免疫接种或预防性治疗；对假定健康鸡群严格隔离饲养，加强防疫消毒和相应的保护措施，并立即进行紧急免疫接种。

当暴发某些重要传染病时，除严格隔离外，还必须遵循“早、快、严、小”的原则，采取划区封锁措施以防止疫病向安全区扩散。

值得一提的是，患传染病的病鸡，采用特异性高免血清治疗和抗生素治疗结束后，还应隔离一段时间检查疗效，同时对隔离场所再进行一次彻底清扫、消毒。

以上预防措施和扑灭措施是不能截然分开的，而是相互联系、互相配合和互为补充的。

二、科学的饲养管理

重视家禽饲养管理的各个环节，这对于培育健康鸡群、增强鸡的抗病能力作用很大。

1.合理配制日粮，保持良好的营养状况

根据家禽生长发育和生产性能合理配制日粮，确保家禽获得全面、充足的营养。健康、体壮的鸡群直接影响家禽的生长发育，也是对疫苗接种产生良好免疫反应的基础。疫苗接种后要产生高水平的抗体，不仅要注意饲料各营养成分、品种、生产阶段、季节需要量等发生改变，更要注意维生素（如维生素A、维生素E、维生素D）与微量元素（如硒、锗），因为它们与鸡体的免疫系统发育及疫苗的应答关系最密切，同时也要防止饲料中毒素（如黄曲霉、药物、毒物）的存在。确保家禽日粮营养全价，保证家禽机体对疫苗的免疫应答能力，提高机体免疫机能。

2.加强管理减少应激，创造良好的环境

理想的鸡舍环境是减少疾病、培育健康鸡群、提高生产性能最有效的办法之一，而现代养禽生产中各种环境因素引起的应激，与鸡病防治关系越来越密切。引起应激的环境因素常分两大类：一类是静态环境因子的变化，包括饲料营养、温度、湿度、密度、光照、空气成分、饮水成分不合格，也包括有害兽、昆虫、疾病的侵袭；另一类是生产管理措施，如转群、断喙、接种疫苗、选种、检疫、运输、更换饲料、维修设备等。而日常饲养管理是预防应激的最重要一环，日常饲养管理主要包括温度控制、通风换气、饲料和饮水供应、清洁卫生等项工作。冬季保温、夏季防暑、春秋两季注意气温骤变，加强通风换气，排除舍内有害气体。育雏阶段要做到“五防”，即防寒、防潮、防挤压、防疫病、防脏；喂料要定时、定量、定质；饲养人员要做到“四勤”，即勤观察、勤检查、勤清扫、勤消毒；同时应注意光照时间、光照强度，料槽、水槽的维修与清扫等。

三、检疫

检疫是指用各种诊断方法对禽类及其产品进行疫病检查，及时发现病禽，采取相应措施，防止疫病的发生和传播。作为鸡场，检疫的主要任务是杜绝病鸡入场，对本场鸡群进行监测，及早发现疫病，及时采取控制措施。

1.引进鸡群和种蛋的检疫

从外面引进雏鸡或种蛋时，必须了解该种鸡场或孵化场的疫情和饲养管理情况，要求无垂直传播的疾病如白痢、霉形体病等。有条件的进行严格的血清学检查，以免将疫病带入场内。进场后严格隔离观察，一旦发现疫情，立即进行处理。只有通过检疫和消毒，隔离饲养20～30天确认无病的鸡才准进入统舍。

2. 平时定期的检疫与监测

对危害较大的疫病，根据本场情况应定期进行监测。如常见的鸡新城疫、产蛋下降综合征可采用血凝抑制试验检测鸡群的抗体水平；马立克氏病、传染性法氏囊炎、鸡霍乱采用琼脂扩散试验检测；鸡白痢可采用平板凝集法和试管凝集法进行检测。种鸡群的检疫更为重要，是鸡群净化的一个重要步骤，如对鸡白痢的定期检疫，发现阳性鸡只立即淘汰，逐步建立无白痢的种鸡群。除采血进行监测之外，有实验室条件的，还可定期对网上粪便、墙壁灰尘抽样进行微生物培养，检查病原微生物的存在与否。

3. 有条件的可对饲料、水质和舍内空气进行监测

每批购进的饲料，除对其饲料能量、蛋白质等营养成分进行检测外，还应对其进行沙门菌、大肠杆菌、链球菌、葡萄球菌、霉菌及其有毒成分的检测；还有对水中细菌指数的测定；对鸡舍空气中的氨气、硫化氢和二氧化碳等有害气体的浓度的测定等。

四、药物预防

在我国饲养环境条件下，免疫和环境控制虽然是预防与控制疾病的主要手段，但在实际生产中，还存在着许多可变因素，如季节变化、转群、免疫等因素容易造成鸡群应激，导致生产指标波动或疾病的暴发。因此在日常管理中，养殖户需要通过预防性投药和针对性治疗，以减少条件性疾病的发生或防止继发感染，确保鸡群高产、稳产。

（一）用药目的

1. 预防性投药

当鸡群存在以下应激因素时需预防性投药。

（1）环境应激　季节变换，环境突然变化，温度、湿度、通风、光照突然改变，有害气体超标等。

（2）管理应激　包括限饲、免疫、转群、换料、缺水、断电等。

（3）生理应激　雏鸡抗体空白期、开产期、产蛋高峰期等。

2. 条件性疾病的治疗

当鸡群因饲养管理不善，发生条件性疾病，（如大肠杆菌病、呼吸道疾病、肠炎等）时，及时针对性投放敏感药物，使鸡群在最短时间内恢复健康。

3. 控制疾病的继发感染

任何疫病都是严重的应激危害因素，可诱发其他疾病同时发生。如鸡群发生病毒性疾病、寄生虫病、中毒性疾病等，易造成抵抗力下降，容易继发条件性疾病，此时

通过预防性药物，可有效降低损失。

（二）药物的使用原则

1.预防为主、治疗为辅

要坚持预防为主的原则。制定科学的用药程序，搞好药物预防、驱虫等工作。有的传染病只能早期预防，不能治疗，要做到有计划、有目的适时使用疫（菌）苗进行预防，及时搞好疫（菌）苗的免疫注射，搞好疫情监测。尽量避免蛋鸡发病用药，确保鸡蛋食用安全、无药物残留。必要时可添加作用强、代谢快、毒副作用小、残留低的非人用药品和添加剂，或以生物制剂作为治病的药品，控制疾病的发生发展。

要坚持治疗为辅的原则。确需治疗时，在治疗过程中要做到合理用药、科学用药，对症下药、适度用药、只能使用通过认证的兽药和饲料厂家生产的产品，避免产生药物残留和中毒等不良反应。尽量使用高效、低毒、无公害、无残留的“绿色兽药”，不得滥用。

2.确切诊断，正确掌握适应症

对于养鸡生产中出现的各种疾病要正确诊断，及时治疗，对因对症下药，标本兼治。目前养鸡生产中出现的疾病多为混合感染，极少是单一疾病，因此用药时要合理联合用药，除了用主药，还要用辅药，既要对症，还要对因。

对那些不能及时确诊的疾病，用药时应谨慎。由于目前鸡病太多、太复杂，疾病的临床症状、病理变化越来越不典型，混合感染、继发感染增多，很多病原体发生抗原漂移、抗原变异，病理材料无代表性，加上经验不足等原因，鸡群得病后不能及时确诊的现象比较普遍。在这种情况下应尽量搞清是细菌性疾病、病毒性疾病、营养性疾病还是其他原因导致的疾病，只有这样才能在用药时不会出现较大偏差。在没有确诊时用药时间不宜过长，用药3～4天无效或效果不明显时，应尽快停（换）药进行确诊。

3.适度剂量，疗程要足

剂量过小，达不到预防或治疗效果；剂量过大，造成浪费、增加成本、药物残留、中毒等；同一种药物不同的用药途径，其用药剂量也不同；同一种药物用于治疗的疾病不同，其用药剂量也应不同。用药疗程一般3～5天，一些慢性疾病，疗程应不少于7天，以防复发。

4.用药方式不同，其方法不同

饮水给药要考虑药物的溶解度、鸡的饮水量、药物稳定性和水质等因素，给药前要适当给鸡停水，有利于提高疗效；拌料给药要采用逐级稀释法，以保证混合均匀，以免局部药物浓度过高而导致药物中毒。同时注意交替用药或穿梭用药，以免病原产生耐药性。

5.注意并发症，有混合感染时应联合用药

现代鸡病的发生多为混合感染，并发症比较多，在治疗时经常联合用药，一般使用两种或两种以上药物，以治疗多种疾病。如治疗鸡呼吸道疾病时，抗生素应结合抗病毒的药物同时使用，效果更好。

6.根据不同季节、日龄与发育特点合理用药

冬季防感冒、夏季防肠道疾病和热应激。夏季饮水量大，饮水给药时要适当降低用药浓度；而采食量小，拌料给药时要适当增加用药浓度。育雏、育成、产蛋期要区别对待，选用适宜不同时期的药物。

7.接种疫苗期间慎用免疫抑制药物

鸡只在免疫期间，有些药物能抑制鸡的免疫效果，应慎用，如磺胺类、四环素类、甲砜霉素等。

8.用药时辅助措施不可忽视

用药时还应加强饲养管理，因许多疾病是因管理不善造成的条件性疾病，如大肠杆菌病、寄生虫病、葡萄球菌病等，搞好日常消毒工作，保持鸡舍良好的通风，适宜的密度、温度和光照，只有这样才能提高总体治疗效果。

9.根据养鸡生产的特点用药

禽类对磺胺类药的平均吸收率较其他动物要高，故不宜用量过大或时间过长，以免造成肾脏损伤。禽类缺乏味觉，故对苦味药、食盐颗粒等照食不误，易引起中毒。禽类有丰富的气囊，气雾用药效果更好。禽类无汗腺用解热镇痛药抗热应激，效果不理想。

10.对症下药的原则

不同的疾病用药不同，同一种疾病也不能长期使用同一种药物进行治疗，最好通过药敏试验有针对性地投药。

同时，要了解目前临床上的常用药和敏感药。目前常用药物有抗大肠杆菌、沙门菌药，抗病毒药，抗球虫药等，选择药物时应根据疾病类型有针对性使用。

（三）常用的给药途径及注意事项

1.拌料给药

给药时，可采用分级混合法，即把全部的用药量先拌加到少量饲料中（俗称“药引子”），充分混匀后再拌加到计算所需的全部饲料中，最后把饲料来回折翻最少五次，以达到充分混匀的目的。

拌料给药时，严禁将全部药量一次性加入需饲料中，以免造成混合不匀而导致鸡群中毒或部分鸡只吃不到药物。

2.饮水给药

选择可溶性较好的药物，按照所需剂量加入水中，搅拌均匀，让药物充分溶解后给鸡饮水。不容易溶解的药物可采用适当加热或搅拌的方法，促进药物溶解。

饮水给药方法简便，适用于大多数药物，特别是能发挥药物在胃肠道内的作用，药效优于拌料给药。

3.注射给药

注射给药分皮下注射和肌内注射两种方法。药物吸收快，血药浓度迅速升高，进入体内的药量准确，但容易造成组织损伤、疼痛、潜在并发症、不良反应出现迅速等，一般用于全身性感染疾病的治疗。

但应当注意，刺激性强的药物不能做皮下注射；药量多时可分点注射，注射后最好用手对注射部位轻度按摩；多采用腿部肌内注射，肌内注射时要做到轻、稳、不宜太快，用力方向应与针头方向一致，勿将针头刺入大腿内侧，以免造成瘫痪或死亡。

4.气雾给药

将药物溶于水中，并用专用的设备进行汽化，通过鸡的自然呼吸，使药物以气雾的形式进入体内。此方法对鸡舍环境条件要求较高，适合于急性、慢性呼吸道病和气囊炎的治疗。

因呼吸系统表面积大，血流量多，肺泡细胞结构较薄，故药物极易被吸收。特别是可以直接进入其他给药途径不易到达的气囊。

五、免疫预防

制定科学的免疫程序，定期接种疫（菌）苗，使蛋鸡产生特异性抵抗力，这也是综合性防治措施的一部分。

六、隔离和消毒

严格执行消毒制度，杜绝一切传染源是确保鸡群健康、防止鸡群生产性能低下的一项重要措施。随着鸡场建场时间的不断增加和实行高度集约化的饲养，自身的污染将会日趋严重，鸡场内部和外部环境之间的疾病传播也会大大增加，使得疫病很难防制。所以，这就要求鸡场内、外的卫生防疫消毒必须严格而周密，稍有疏忽，就会造成疾病发生，进而造成鸡场生产经营效益的重大损失。对此，要制定一套完整的消毒、卫生防疫程序和措施，与兽医防疫制度配合使用，要求全场干部职工认真贯彻执行。

鸡的疾病一般通过两种途径传播：一种是鸡与鸡之间的传播，称为水平传播，指病原微生物通过传播媒介在鸡群之间传播，传播媒介主要包括病鸡、被污染的饲料、垫草、饮水、空气（飞沫、尘埃）、老鼠、鸟类、人等，另一种是母鸡通过鸡蛋将病原体传播给子代，称为垂直传播。这些疾病包括鸡白痢、霉形体病等。鸡场消毒，就是通过消毒的方式，切断病原的传播途径、消除病原微生物，达到防病目的。

第二节　蛋鸡常见病毒病的防制

一、鸡新城疫

（一）发病情况

幼雏和中雏易感性最高，两年以上鸡易感性较低。本病的主要传染源是病鸡以及在流行间歇期的带毒鸡，受感染的鸡在出现症状前24小时，就可由口、鼻分泌物和粪便排出病毒。而痊愈鸡带毒排毒的情况则不一致，多数在症状消失后7天内就停止排毒。被病毒污染的饲料、饮水和尘土经消化道、呼吸道或结膜传染易感鸡。

本病一年四季均可发生，但以冬春寒冷季节较易流行。本病在易感鸡群中呈毁灭性流行，发病率和病死率可达95%或更高。近年来，由于免疫程序不当，或有其他疾病存在抑制鸡新城疫（ND）抗体的产生，常引起免疫鸡群发生非典型新城疫。一旦在鸡群建立感染，通过疫苗免疫的方法无法将其从鸡群中清除，而在鸡群内长期存在，当鸡群的免疫力下降时，就可能表现出症状。

（二）临床症状与病理变化

本病的潜伏期为2～14天，平均5～6天。发病的早晚及症状表现依病毒的毒力、宿主年龄、免疫状态、感染途径及剂量、有无并发感染、环境因素及应激情况而有所不同。根据病程长短和病势缓急可分为最急性型、急性型、亚急性型或慢性型。根据鸡症状和病变是否典型分为典型新城疫和非典型新城疫。

1.典型新城疫

（1）最急性型　突然发病，常无明显症状而迅速死亡。多见于流行初期和雏鸡。

（2）急性型　最常见。

① 病初体温升高达43～44℃，食欲减退或废绝，精神委顿，垂头缩颈（图4-3-1），眼半闭，状似昏睡，鸡冠及肉髯渐变暗红色或紫黑色。有的病鸡还出现神经症状，如翅、腿麻痹，头颈歪斜或后仰。

② 产蛋鸡产蛋量下降，畸形蛋增多（图4-3-2）。

图 4-3-1　精神委顿

图 4-3-2　畸形蛋增多

③ 随着病程的发展，病鸡咳嗽、呼吸困难，有黏液性鼻漏，常伸头，张口呼吸，并发出“咯咯”的喘鸣声。

④ 口角常流出大量黏液，为排出此黏液，病鸡常做摇头或吞咽动作。病鸡嗉囊内充满液体内容物，倒提时常有大量酸臭的液体从口内流出（4–3–3）。

⑤ 粪便稀薄，呈黄绿色或黄白色，后期排蛋清样的粪便（图4–3–4）。

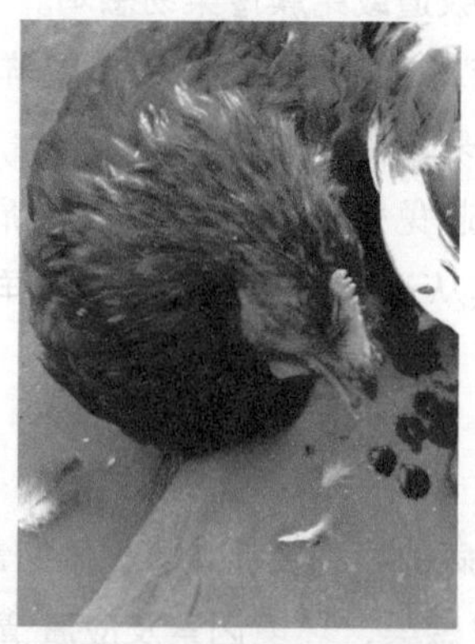
图 4-3-3　口中流出酸臭液体

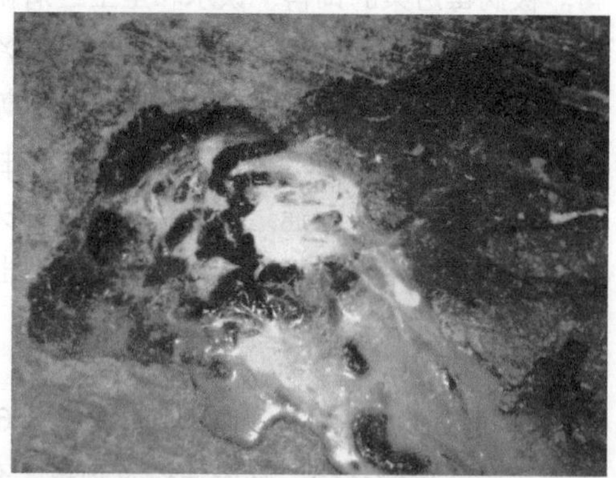
图 4-3-4　黄绿色稀粪

（3）亚急性型或慢性型　初期症状与急性型相似，不久后渐见减轻，但同时出现神经症状，患鸡翅、腿麻痹，跛行或站立不稳，头颈向后或向一侧扭转（图4–3–5）。有的病鸡貌似正常，但受到惊吓时，突然倒地抽搐，常伏地旋转，数分钟后恢复正常。病鸡动作失调，反复发作，最终瘫痪或半瘫痪，一般经10～20天死亡。此型多发生于流行后期的成年

图 4-3-5　扭颈瘫痪

鸡，病死率较低，但生产性能下降、慢性消瘦，有些病鸡因不能采食而饿死。

当非免疫鸡群或严重免疫失败鸡群受到速发型嗜内脏型和速发型肺脑型毒株攻击时，可引起典型新城疫暴发。

典型新城疫的主要病变为全身黏膜、浆膜出血和坏死，尤其以消化道和呼吸道最为明显。

最急性型：由于发病急骤，多数没有肉眼可见的病变，个别死鸡可见胸骨内面及心外膜上有出血点。

急性型：病变特征明显，口腔中有大量黏液和污物，嗉囊内充满酸臭液体和气体，在食管与腺胃和腺胃与肌胃交界处常见有条状或不规则出血斑，腺胃黏膜水肿，其乳头或乳头间有明显的出血点，或有溃疡和坏死，这是比较典型的特征性病变（图4-3-6）。肌胃角质层下也常见有出血点，有时形成溃疡（图4-3-7）。由小肠到盲肠和直肠黏膜有大小不等的出血点，肠黏膜上有纤维素性坏死性病灶，呈“岛屿状”凸出于黏膜表面，其上有的形成假膜，假膜脱落后即成溃疡，这亦是新城疫的一个特征性病理变化（图4-3-8）。盲肠扁桃体常见肿大、出血和坏死（枣核样坏死）（图4-3-9）。严重者肠系膜及腹腔脂肪上可见出血点。喉头、气管内有大量黏液，甚至形成黄色干酪样物，并严重出血（图4-3-10）。肺有时可见瘀血或水肿。心外膜、心冠脂肪有细小如针尖大的出血点。产蛋母鸡的卵泡和输卵管显著充血，卵泡膜极易破裂以致卵黄流入腹腔引起卵黄性腹膜炎。脾、肝、肾无特殊病变；脑膜充血或出血。

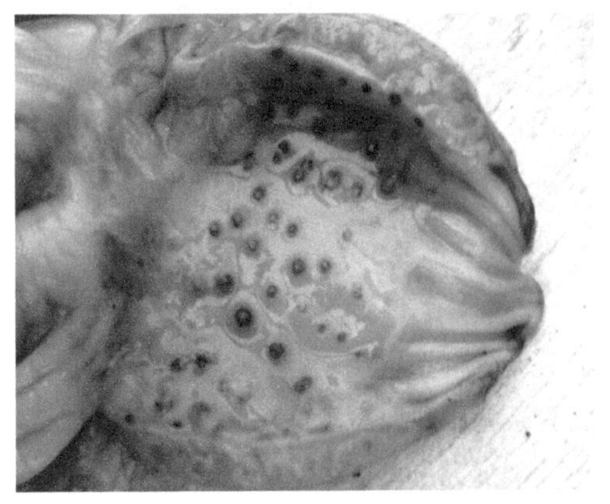
图 4-3-6　腺胃乳头水肿出血

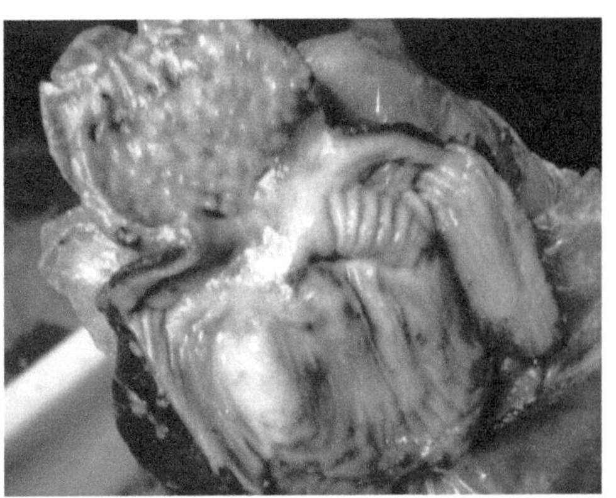
图 4-3-7　肌胃角质层下出血

图 4-3-8　小肠淋巴滤泡肿胀出血

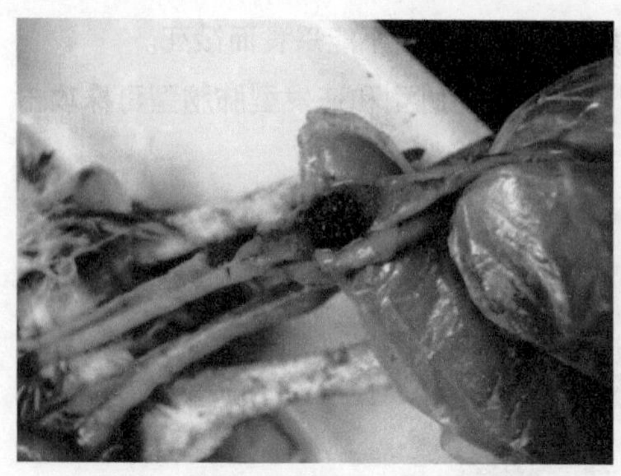

图 4-3-9　盲肠扁桃体出血坏死

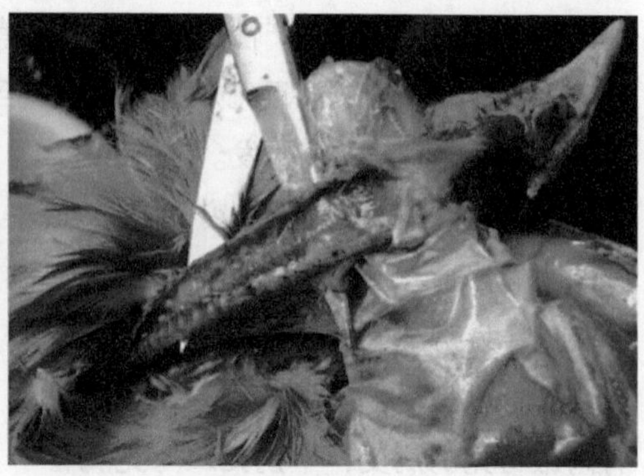

图 4-3-10　喉头、气管出血，有干酪样物

亚急性型或慢性型：剖检变化不明显，个别鸡可见卡他性肠炎，直肠黏膜、泄殖腔有条状出血，少量病鸡腺胃乳头出血。

2.非典型新城疫

中鸡常见于二次弱毒苗（Ⅱ系或Ⅳ系）接种之后表现非典型性，排黄绿色稀粪，呼吸困难，10%左右出现神经症状。

成鸡非典型新城疫很少出现神经症状，主要表现为产蛋明显下降，幅度为10%～30%，并出现畸形蛋、软壳蛋和糙皮蛋，排黄白或黄绿色稀粪，有时伴有呼吸道症状。

免疫鸡群发生新城疫时，其病变不很典型，仅见黏膜卡他性炎症、喉头和气管黏膜充血，腺胃乳头出血少见，但多剖检数只，可见有的病鸡腺胃乳头有少数出血点，直肠黏膜和盲肠扁桃体多见出血。

（三）防制措施

1.一般措施

建立严格的兽医卫生制度，防止一切带毒动物和污染物品进入鸡群，进入鸡场人员和车辆应该消毒，不从疫区引进种蛋和鸡苗，新购鸡必须接种新城疫疫苗，并隔离观察两周以上，证明健康者方可混群。

2.预防接种

（1）疫苗的种类及使用　目前鸡新城疫疫苗种类很多，但总体上分为弱毒活苗和灭活疫苗两大类。

目前国内使用的活疫苗有：Ⅰ系苗（Mukteswar株）、Ⅱ系苗（HBl株）、Ⅲ系苗（F株）、Ⅳ系苗（Lasota株）和Clone-30等。

Ⅰ系苗属中等毒力，在弱毒疫苗中毒力最强，一般用于2月龄以上的鸡，或经两次弱毒苗免疫后的鸡，幼龄鸡使用后可引起严重反应，甚至导致发病。Ⅰ系苗多采用肌内注射，接种后3～4天即可产生免疫，免疫期可达6个月以上，在发病地区常用作紧急接种，绝大多数国家已禁止使用，我国家禽及家禽产品出口基地应禁用Ⅰ系苗。

Ⅱ系苗、Ⅲ系苗、Ⅳ系苗和Clone-30都是弱毒疫苗，大小鸡均可使用，多采用滴鼻、点眼、饮水及气雾免疫。免疫后7～9天产生免疫力，免疫期3个月左右。目前应用最广的是Ⅳ系苗及其克隆株（Clone-30），可应用于任何日龄的鸡。Ⅲ、Ⅳ系苗对大群雏鸡可作饮水免疫，气雾免疫时鸡龄应在2月龄以上，以减少诱发呼吸道病。Ⅱ系苗是毒力最弱的一种，常用于雏鸡首次免疫。

灭活苗多与弱毒苗配合使用。灭活苗接种后21天产生免疫力，产生的抗体水平高而均匀，因不受母源抗体干扰，免疫力可持续半年以上。

（2）免疫程序　母源抗体对ND免疫应答有很大的影响。母鸡接种疫苗后，可将其抗体通过卵黄传给雏鸡，雏鸡在3日龄抗体滴度最高，以后逐渐下降。母源抗体既可使雏鸡具有一定的免疫力，但又对疫苗接种有干扰作用，因此多数人主张最好在母源抗体刚刚消失之前的7日龄时作第一次疫苗接种，在30～35日龄时作第二次接种，但在有本病流行的地区是不安全的，因为母源抗体不足以抵抗强毒感染。

有条件的鸡场，一般根据对鸡群HI抗体免疫监测结果确定初次免疫和再次免疫的时间，这是最科学的方法。对鸡群抽样采血作HI试验（血凝抑制试验），如果HI效价高于25时，进行首免几乎不产生免疫应答，一般当抗体水平在4lg2以下时免疫效果最好（主要是对活苗来讲）。产蛋鸡在（5～6）lg2时即可再次免疫。

（3）注意免疫抑制病的防治　一旦鸡患上免疫抑制性疾病，可引起免疫力下降，此时接种ND疫苗，产生抗体水平较低，严重的甚至无抗体产生。常见的免疫抑制性疾病有马立克氏病（MD）、传染性法氏囊炎（IBD）、白血病、网状内皮组织增生症。使用中等偏强毒力的IBD疫苗，亦可使ND的免疫应答受到严重抑制。因此在鸡群进行ND免疫时必须重视和加强对免疫抑制病的防治。

3.发生新城疫时的扑灭措施

新城疫是A类传染病，发生本病时应按《中华人民共和国动物防疫法》及其有关规定处理。发生本病后必须采取有效措施尽快将其扑灭或控制。主要措施有封锁鸡场，对受污染的用具、物品和环境进行彻底消毒，分群隔离。同时对全场鸡用Ⅰ系苗或Ⅳ系苗紧急接种，接种顺序为假定健康鸡群→可疑鸡群→病鸡群，一般注射后3天，饮水后5天可停止或减少死亡。在发病初期注射抗血清或卵黄抗体。病鸡和死鸡尸体深埋或焚烧。最后一只病鸡扑杀处理后2周，经严格消毒后，方可解除封锁。

二、低致病性禽流感

（一）流行情况

禽流感是由A型流感病毒引起的禽类的一种急性、热性、高度接触性传染病。临床症状复杂，对蛋鸡生产危害大，且人禽共患，被世界动物卫生组织列入A类传染病，我国将此病列入一类传染病。

根据流感病毒的血凝素（HA）和神经氨酸酶（NA）抗原的差异，将其分为不同的亚型。目前，已发现A型流感病毒的血凝素15种，神经氨酸酶9种，分别用H1～H15，N1～N9表示。临床最常见的是H5N1、H9N2亚型。

H9N2一般引起较为温和的临床症状。典型发病时，传播范围广且发病突然，感染率高；呈非典型发生时，通常不出现特征性的临床症状，但会造成免疫抑制，造成新城疫免疫失败，产蛋率下降，继发感染与死淘率升高。

（二）临床症状

低致病性禽流感因地域、季节、品种、日龄、病毒的毒力不同而表现出症状不同、轻重不一的临床变化。

① 精神不振，或闭眼沉郁，体温升高，发烧严重鸡将头插入翅内或双腿之间，反应迟钝（图4–3–11）。

② 拉黄白色带有大量泡沫的稀便或黄绿色粪便（图4–3–12），有时肛门处被淡绿色或白色粪便污染。

图4-3-11　病鸡精神沉郁，厌食扎堆

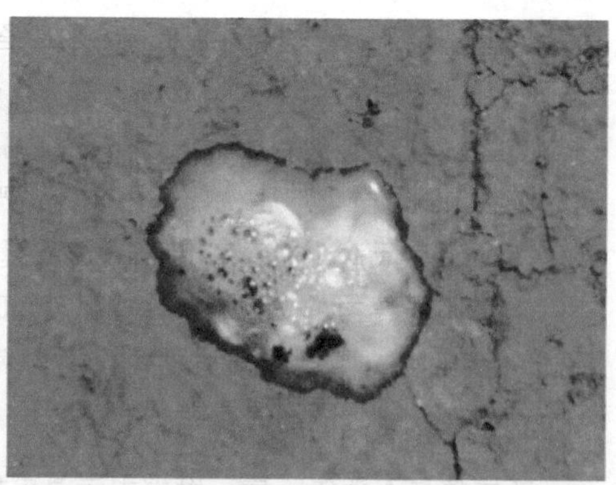
图4-3-12　病鸡排出带有大量黏液的黄绿色粪便

图4-3-13　呼吸困难

③ 呼吸困难（图4–3–13），打呼噜，呼噜声如蛙鸣叫，此起彼伏或遍布整个鸡群，有的鸡发出尖叫声。甩鼻，流泪，肿眼或肿头，肿头严重的鸡如猫头鹰状。下颌肿胀（图4–3–14）。

④ 鸡冠和肉髯发绀、肿胀，鸡脸无毛部位发紫；病鸡或死鸡全身皮肤发紫或发红（图4–3–15、图4–3–16）。

⑤ 继发大肠杆菌病、气囊炎后，造成较高的致死率（图4–3–17）。

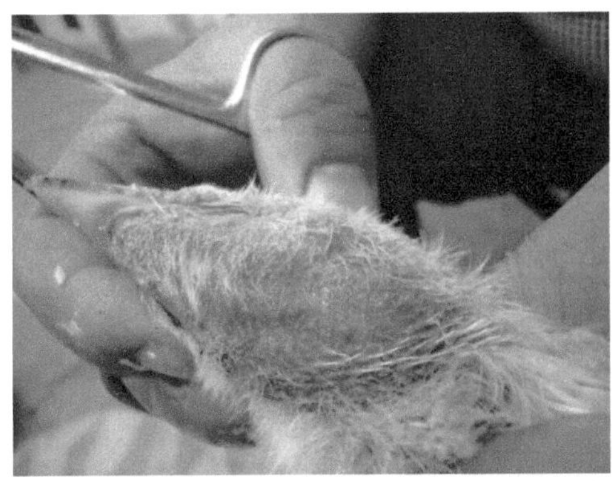
图 4-3-14　病鸡下颌肿胀、发硬

图 4-3-15　头部肿胀，鸡冠、肉髯发紫

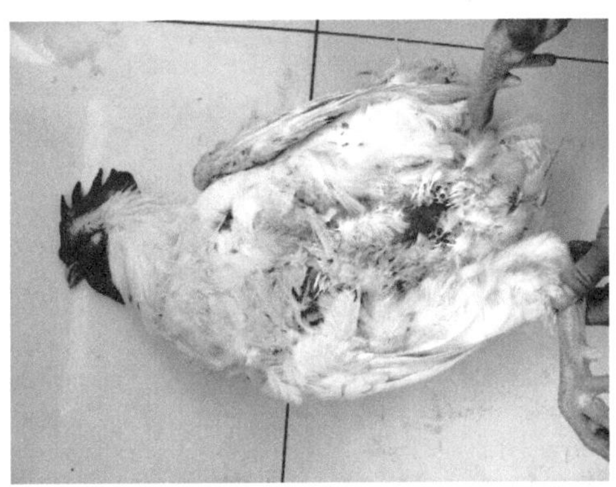
图 4-3-16　病死鸡全身发紫

图 4-3-17　继发大肠杆菌病后大批死亡，病死鸡鸡冠发绀

（三）病理变化

① 胫部鳞片下出血（图4–3–18、图4–3–19）。

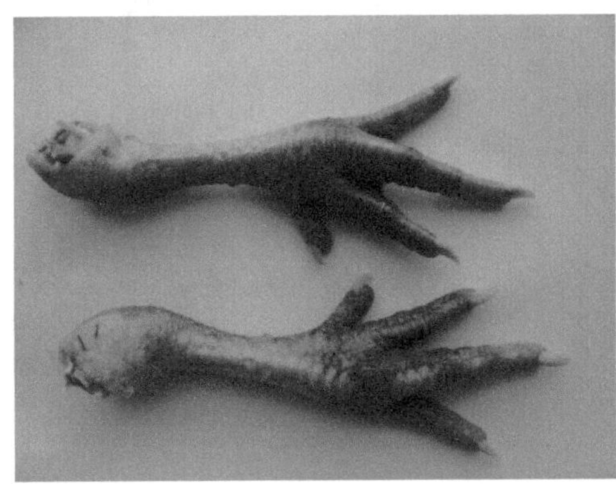
图 4-3-18　胫部鳞片下出血（一）

图 4-3-19　胫部鳞片下出血（二）

② 肺脏坏死，气管栓塞，气囊炎（图4–3–20～图4–3–26）。

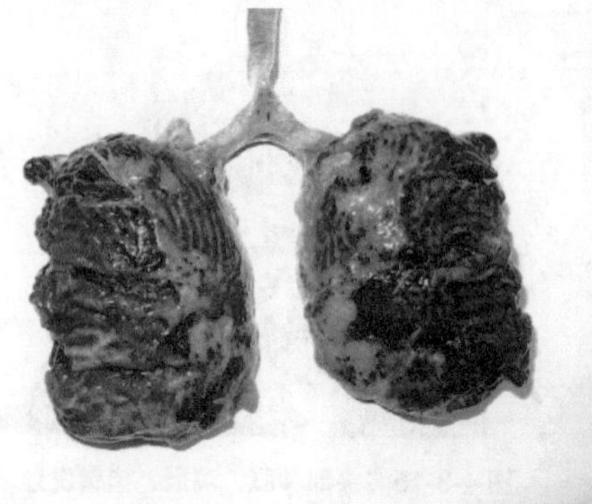

图 4-3-20　肺脏瘀血坏死

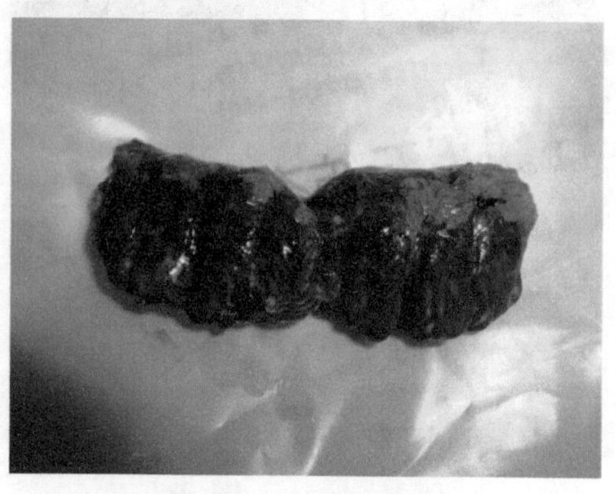

图 4-3-21　肺脏瘀血水肿

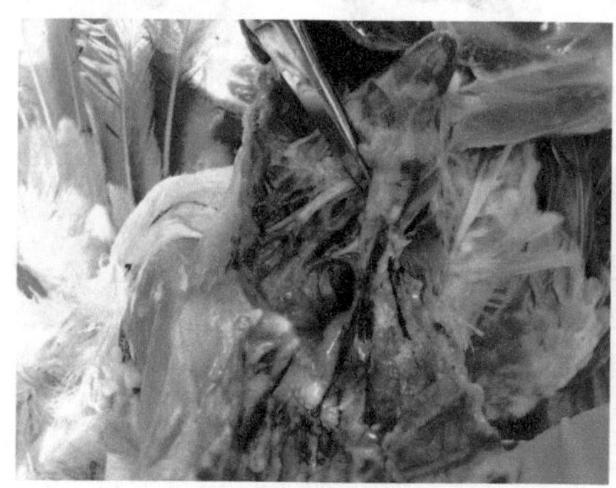

图 4-3-22　气管环状出血

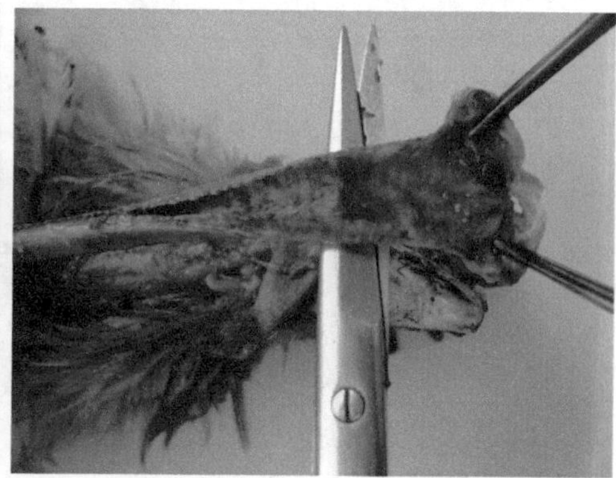

图 4-3-23　气管内黏液性渗出物

图 4-3-24　气管内黄色栓塞物

图 4-3-25　气管内黄色干酪样物

③ 肾脏肿大，紫红色，花斑样（图4–3–27）。

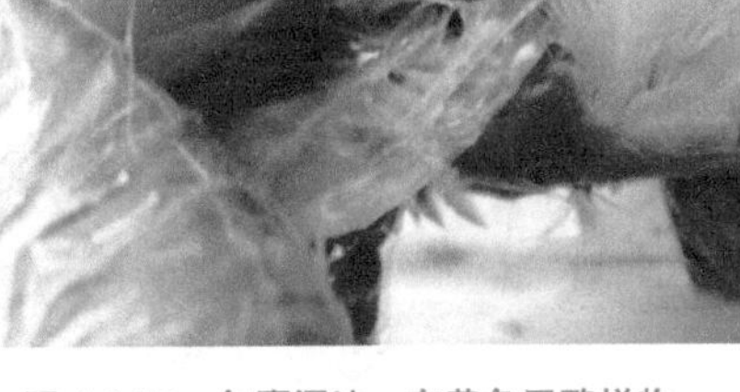

图 4-3-26 气囊浑浊，有黄色干酪样物

图 4-3-27 肾脏充血、肿胀，花斑肾

④ 皮下出血。病鸡头部皮下胶冻样浸润，剖检呈胶冻样（图4–3–28）；颈部皮下、大腿内侧皮下、腹部皮下脂肪等处，常见针尖状或点状出血（图4–3–29）。

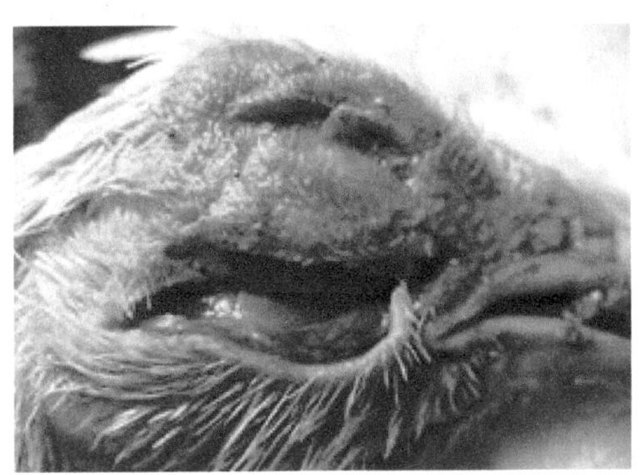

图 4-3-28 头部皮下胶冻样

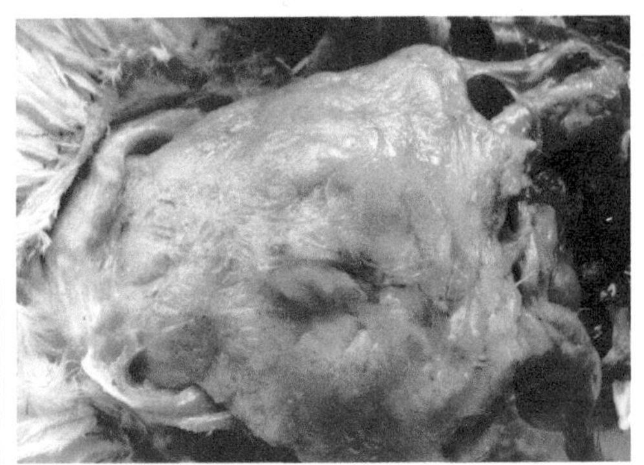

图 4-3-29 腹部皮下脂肪针尖状出血

⑤ 腺胃、肌胃出血。腺胃肿胀，腺胃乳头水肿、出血，肌胃角质层易剥离，角质层下往往有出血斑；肌胃与腺胃交界处常呈带状或环状出血（图4–3–30、图4–3–31）。

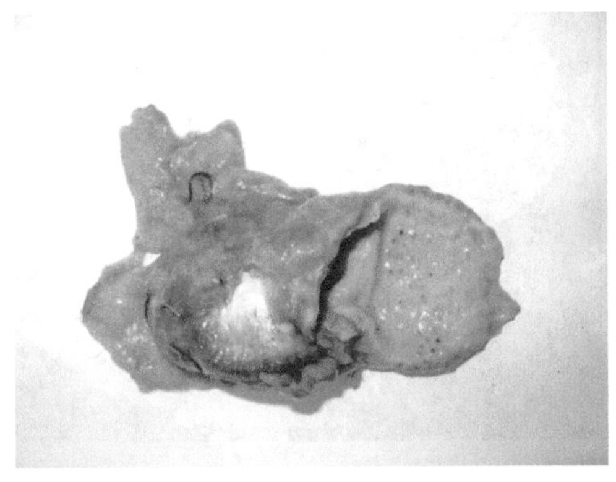

图 4-3-30 腺胃乳头出血

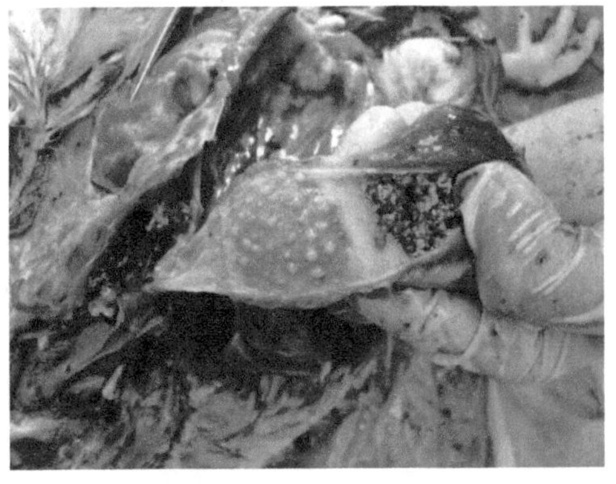

图 4-3-31 腺胃乳头水肿

⑥ 心肌变性，心内、外膜出血；心冠脂肪出血（图4-3-32～图4-3-35）。

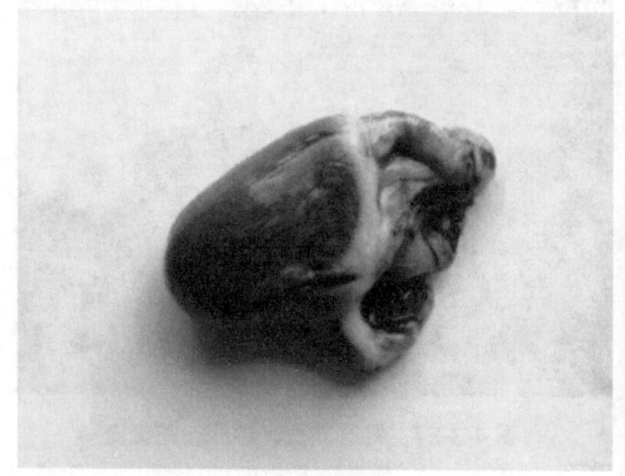

图 4-3-32　心肌变性、坏死

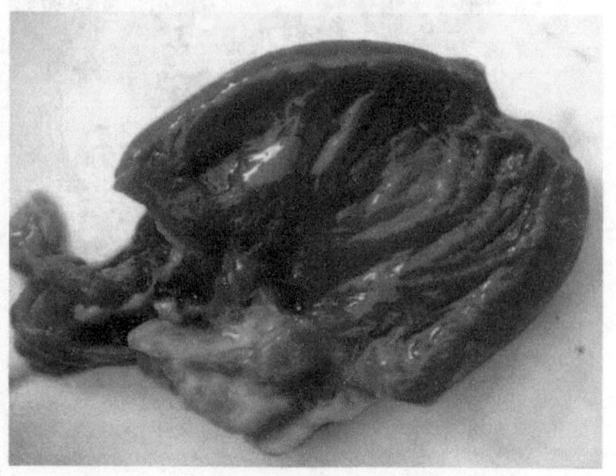

图 4-3-33　心内膜出血

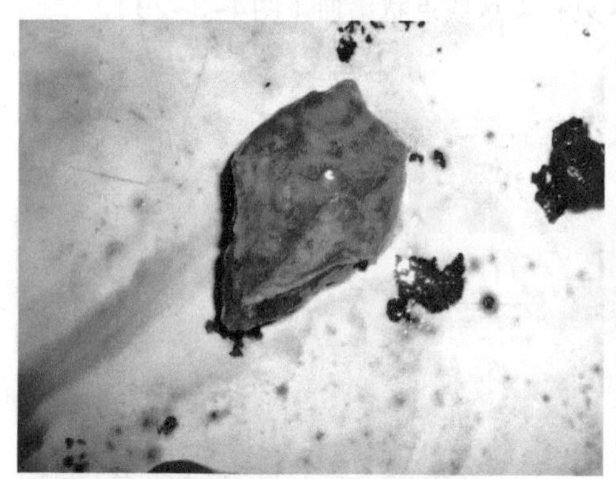

图 4-3-34　心外膜出血

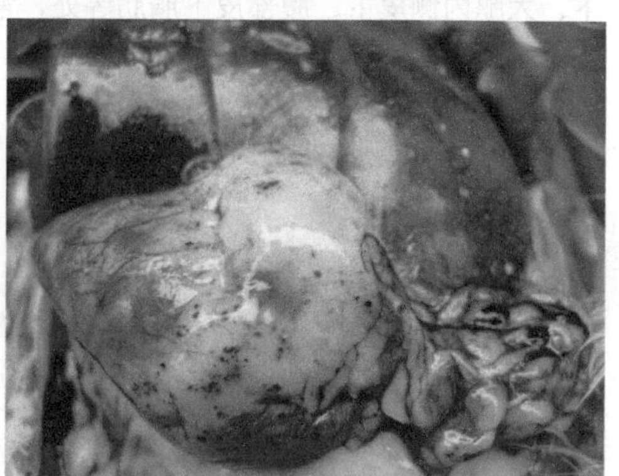

图 4-3-35　心冠脂肪出血

⑦ 肠臌气，肠壁变薄，肠黏膜脱落（图4-3-36）。

⑧ 胰脏边缘出血或坏死，有时肿胀呈链条状（图4-3-37～图4-3-41）。

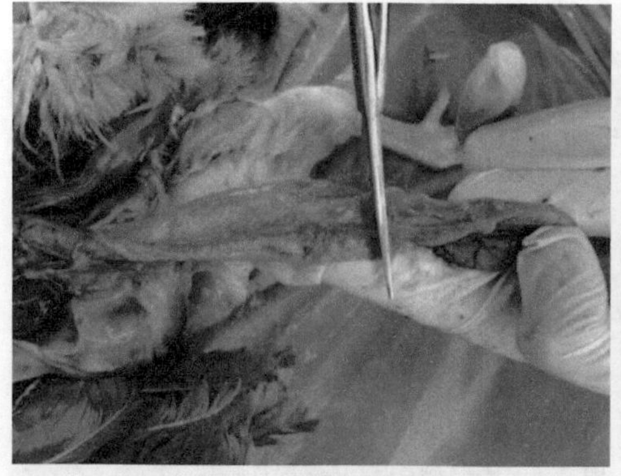

图 4-3-36　肠黏膜脱落

图 4-3-37　胰腺出血样坏死

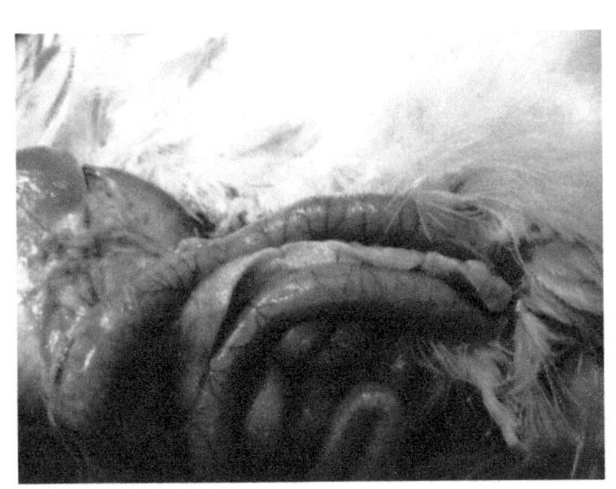

图 4-3-38 胰腺灰白色点状坏死

图 4-3-39 胰腺透明状坏死

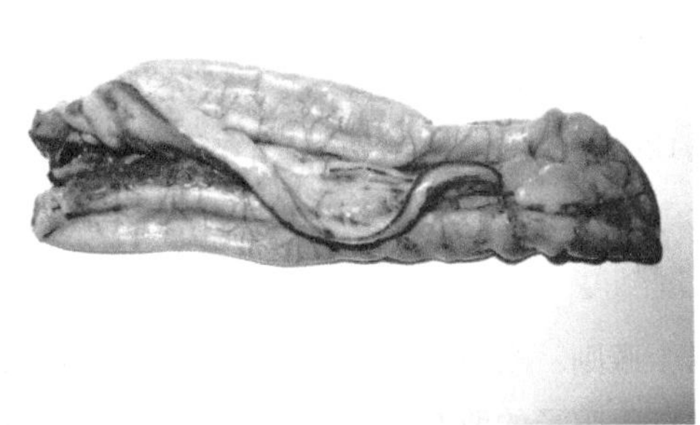

图 4-3-40 胰腺边缘出血

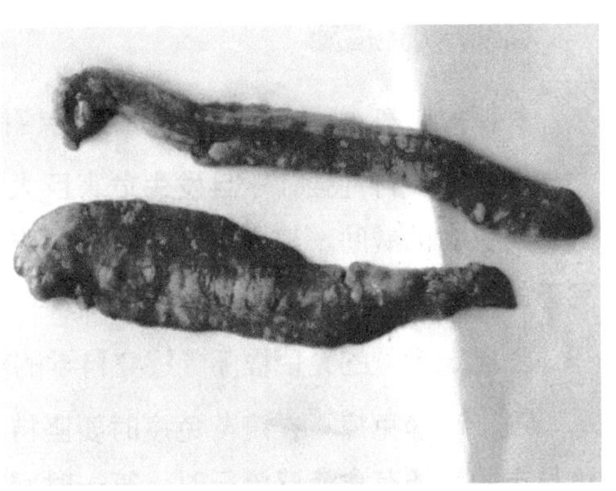

图 4-3-41 胰腺灰白色坏死

⑨ 脾脏肿大，有灰白色的坏死灶（图4-3-42、图4-3-43）。

图 4-3-42 脾脏肿大，有灰白色坏死灶

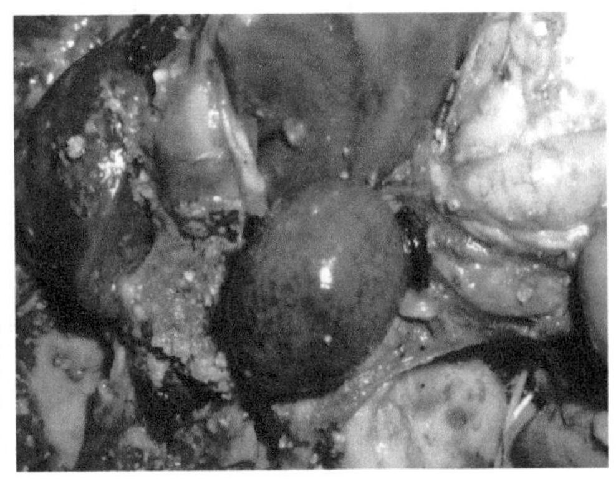

图 4-3-43 脾脏肿大坏死

⑩ 胸腺萎缩、出血（图4-3-44）。

⑪ 继发肝周炎、气囊炎、心包炎（图4-3-45）。

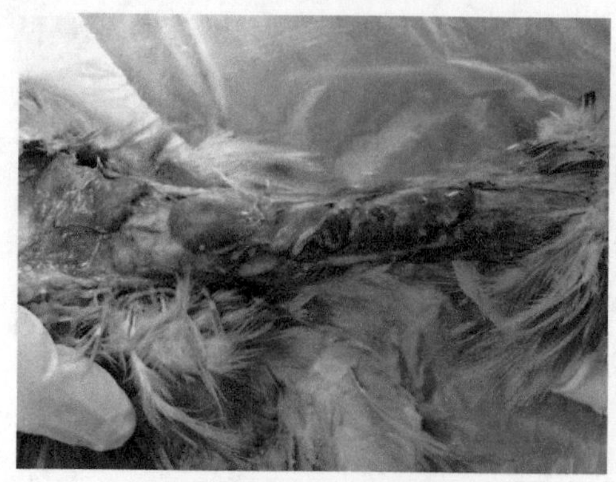

图 4-3-44 胸腺萎缩、出血

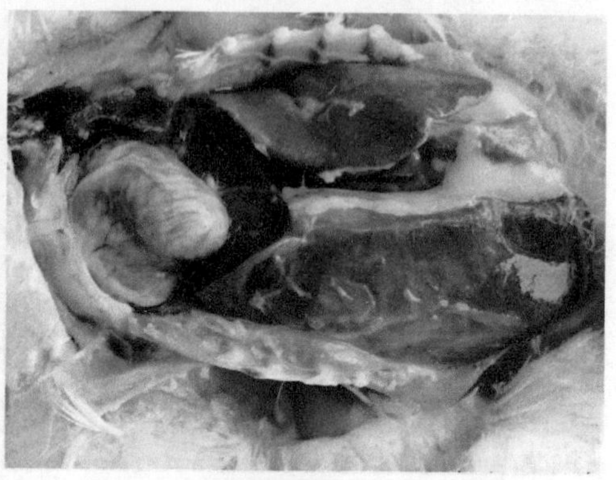

图 4-3-45 禽流感继发心包炎、肝周炎

（四）防控措施

1.加大对禽流感的监测力度，完善疫情上报制度

禽流感流行性强，一旦发生危害巨大。其中野鸟是主要的潜在病源，要努力减少野鸟对家禽的威胁。建立全国跨部门的野鸟迁移、带毒监测预警机制；养禽场要建立完善的综合生物安全措施并认真执行。

2.制定合理的免疫程序，建立科学的管理制度

（1）科学免疫　在疫苗免疫时要坚持四个原则：①做好预警性免疫接种，发现周边县市的鸡场有禽流感流行时，第一时间对自己鸡场的所有鸡，进行禽流感油苗的紧急免疫接种；② 一定选择使用有资质的大厂家研制的新流行毒株禽流感疫苗；③至少要选择三个厂家的疫苗，且交叉使用；④坚持禽流感H5每两个月免疫一次，坚持新城疫–H9（要特别注意免疫）每3个月注射免疫一次。

（2）坚持科学的管理　坚持“预防为主”的科学管理制度：①禽类的检疫、隔离；② 做好鸡场的防鸟、防暑工作；③做好鸡场的隔离，减少外界人员接触鸡群，若必须接触要认真彻底地消毒；④做好家禽的日常管理与定期消毒；⑤做好抗体的监测和免疫调整。

当发生高致病性禽流感时，因发病急、发病率和死亡率很高，目前尚无好的治疗方法。根据国家制定的《重大动物疫情应急条例》和《全国高致病性禽流感应急预案》规定，对高致病性禽流感的防控措施包括：疫情报告、疫情诊断、疫点疫区的划分和隔离封锁、扑杀、消毒、紧急免疫接种、紧急应急体系、经费来源和保证等。

扑杀疫区内所有家禽（疫点周围3千米半径范围内）；对受威胁区禽只观察或实施紧急免疫接种（疫区顺延5千米半径范围）；对疫区内禽舍、饲养管理用具等进行严格彻底消毒，污水、污物、粪便无害化处理。禽群处理后，禽场还要全面清扫、清洗、消毒，空舍至少3个月，最后一个病例扑杀后1个月解除封锁。

三、传染性支气管炎

鸡传染性支气管炎是由传染性支气管炎病毒引起的鸡的一种急性高度接触性呼吸道传染病。其临诊特征是呼吸困难、发出啰音、咳嗽、张口呼吸、打喷嚏。如果病原体不是肾病变型毒株或不发生并发病，死亡率一般很低。产蛋鸡感染通常出现产蛋量降低，蛋的品质下降。本病广泛流行于世界各地，是养鸡业的重要疫病。

（一）发病情况

传染性支气管炎病毒属于尼多病毒目、冠状病毒科、冠状病毒属、冠状病毒Ⅲ群的成员。本病毒对环境抵抗力不强，对普通消毒药过敏，对低温有一定的抵抗力。传染性支气管炎病毒具有很强的变异性，目前世界上已分离出30多个血清型。这些毒株中的多数能使气管产生特异性病变，也有些毒株能引起肾脏病变和生殖道病变。

本病主要通过空气传播，也可以通过饲料、饮水、垫料等传播。饲养密度过大、过热、过冷、通风不良等可诱发本病。1日龄雏鸡感染时使输卵管发生永久性的损伤，使其不能达到应有的产量。

本病感染鸡，无明显的品种差异。各种日龄的鸡都易感，但5周龄内的鸡症状较明显，死亡率可达15%～19%。发病多见于秋末至次年春末，但以冬季最为严重。环境因素主要是冷、热、拥挤、通风不良，特别是强烈的应激作用如疫苗接种、转群等可诱发该病。传播方式主要是通过空气传播。此外，人员、用具及饲料等也是传播媒介。本病传播迅速，常在1～2天内波及全群。一般认为本病不能通过种蛋垂直传播。

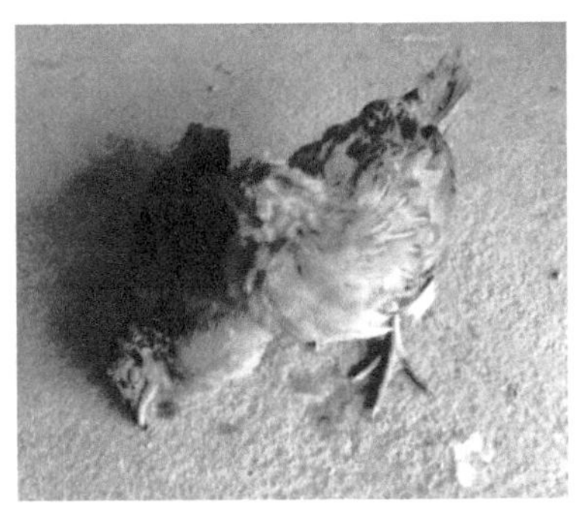

图 4-3-46 精神沉郁，羽毛不整

（二）临床症状与病理变化

本病自然感染的潜伏期为36小时或更长一些。本病的发病率高，雏鸡的死亡率可达25%以上，但6周龄以上的死亡率一般不高，病程一般多为1～2周。雏鸡、产蛋鸡、肾病变型的症状不尽相同，现分述如下。

1.临床症状

（1）雏鸡　无前驱症状，全群几乎同时突然发病。最初表现呼吸道症状，畏寒怕冷，精神沉郁，羽毛不整（图4-3-46），流鼻涕、流泪、鼻肿胀、咳嗽、打喷嚏、伸颈张口喘气（图4-3-47）。夜间能听到明显嘶哑的叫声。随着病情发展，

图 4-3-47 伸颈呼吸

症状加重，缩头闭目、垂翅挤堆、食欲不振、饮欲增加，如治疗不及时，有个别死亡现象。

（2）产蛋鸡　表现轻微的呼吸困难、咳嗽、气管啰音，有呼噜声。精神不振、减食、拉黄色稀粪，症状不是很严重，有极少数死亡。发病第2天产蛋开始下降，1～2周下降到最低点，有时产蛋率可降到原来的一半，并产软壳蛋和畸形蛋，蛋清变稀，蛋清与蛋黄分离，种蛋的孵化率也降低。产蛋量回升情况与鸡的日龄有关，产蛋高峰的成年母鸡，如果饲养管理较好，经两个月基本可恢复到原来水平，但老龄母鸡发生此病，产蛋量大幅下降，很难恢复到原来的水平，可考虑及早淘汰。

（3）肾病变型　多发于20～50日龄的幼鸡。在感染肾病变型的传染性支气管炎毒株时，由于肾脏功能的损害，病鸡除有呼吸道症状外，还可引起肾炎和肠炎。肾型支气管炎的症状呈二相性：第一阶段有几天呼吸道症状，随后又有几天症状消失的“康复”阶段；第二阶段就开始排水样白色或绿色粪便，并含有大量尿酸盐（图4-3-48）。病鸡失水，表现虚弱嗜睡，鸡冠褪色或呈紫蓝色。肾病变型传染性支气管炎病程一般比呼吸器官型稍长（12～20天），死亡率也高（20%～30%）。腿部干燥，无光泽，脚爪干瘪，脱水（图4-3-49）。

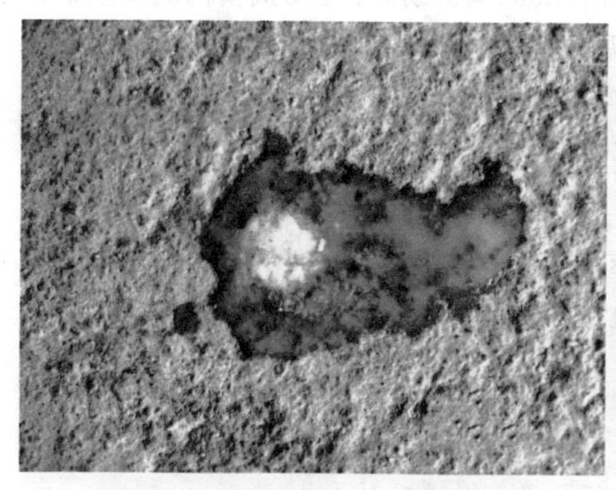

图4-3-48　病鸡水样下痢，有大量尿酸盐

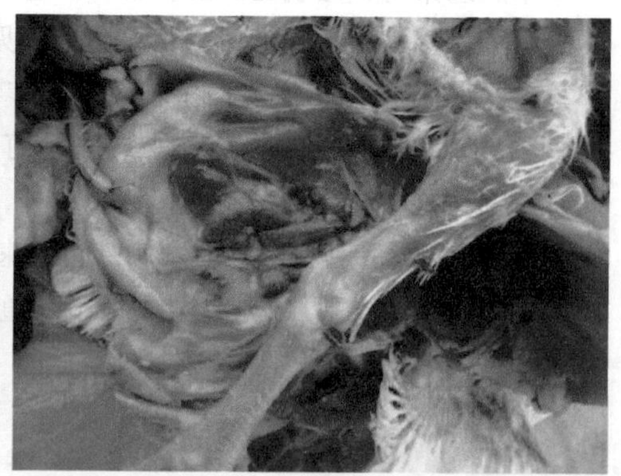

图4-3-49　腿部干燥无光，脚爪干瘪，脱水

2.病理变化

主要病变在呼吸道。在鼻腔、气管、支气管内，可见淡黄色半透明的浆液性、黏液性渗出物，气管环出血（图4-3-50），病程稍长的变为干酪样物质并形成栓子（图4-3-51）。气囊可能浑浊或含有干酪性渗出物（图4-3-52）。产蛋母鸡卵泡充血、出血或变形；输卵管短粗、肥厚，局部充血、坏死。雏鸡感染本病则输卵管损害是永久性的，长大后一般不能产蛋。肾病变型支气管炎除呼吸器官病变外，还可见肾肿大、苍白，肾小管内尿酸盐沉积而扩张，肾呈花斑状，输尿管尿酸盐沉积而变粗（图4-3-53、图4-3-54），心、肝表面也有沉积的尿酸盐，似一层白霜。有时可见法氏囊有炎症和出血症状。

病鸡胸肌脱水，干瘪，弹性降低（图4–3–55）。

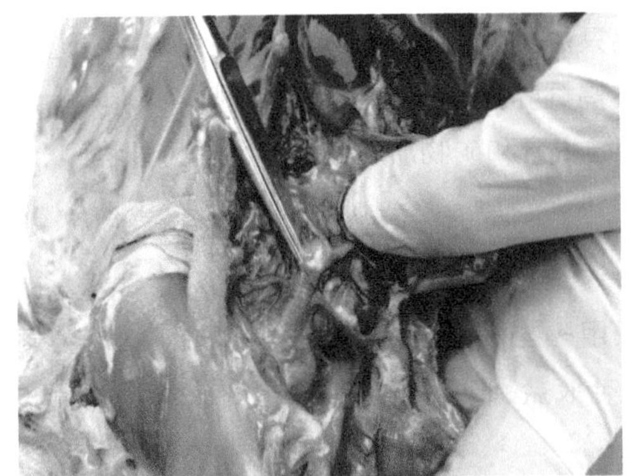
图 4-3-50 气管环出血

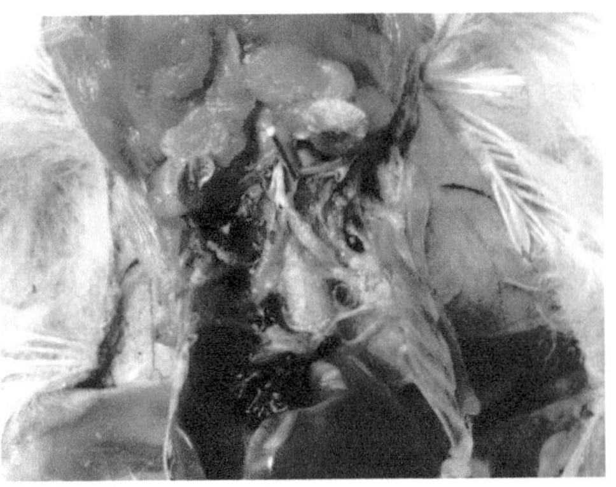
图 4-3-51 气管内黄色栓子

图 4-3-52 气囊浑浊，有干酪性渗出物

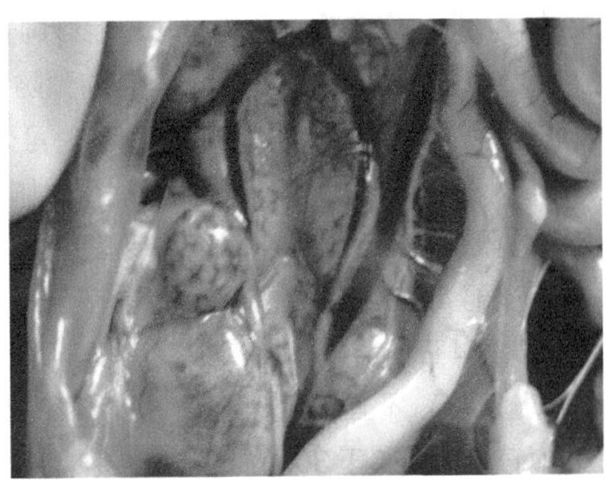
图 4-3-53 输尿管内有大量尿酸盐（一）

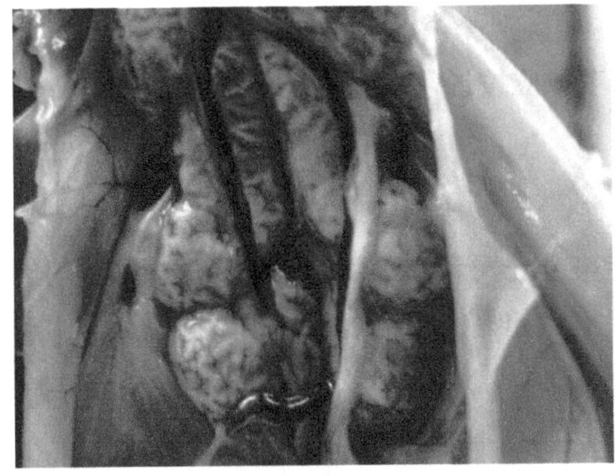
图 4-3-54 输尿管内有大量尿酸盐（二）

图 4-3-55 胸肌脱水，干瘪，弹性降低

（三）防控措施

1.预防

本病预防应考虑减少诱发因素，提高鸡只的免疫力。清洗和消毒鸡舍后，引进无传染性支气管炎病疫情鸡场的鸡苗，搞好雏鸡饲养管理，鸡舍注意通风换气，防止过于拥挤，注意保温，适当补充雏鸡日粮中的维生素和矿物质，制定合理的免疫程序。

2.治疗

传染性支气管炎目前尚无有效的治疗方法，人们常用中西医结合的对症疗法。由于实际生产中鸡群常并发细菌性疾病，故采用一些抗菌药物有时显得有效。对患肾病变型传染性支气管炎的病鸡，有人采用口服补液盐、0.5%碳酸氢钠、维生素C等药物投喂的方法起到了一定的效果。

（1）发病时用中药止咳平喘　金银花、连翘、板蓝根、甘草、杏仁、陈皮等中草药配合在一起治疗，有一定的效果。用抗菌药物防止继发感染。饲养管理用具及鸡舍要进行消毒。病愈鸡不可与易感鸡混群饲养。

（2）疫苗接种　疫苗接种是目前预防传染性支气管炎的一项主要措施。目前用于预防传染性支气管炎的疫苗种类很多，可分为灭活苗和弱毒苗两类。

① 灭活苗。采用本地分离的病毒株制备灭活苗是一种很有效的方法，但由于生产条件的限制，灭活菌目前未被广泛应用。

② 弱毒苗。单价弱毒苗目前应用较为广泛的是从荷兰引进的H120、H52株。H120对14日龄雏鸡安全有效，免疫3周保护率达90%；H52会使14日龄以下的鸡产生严重反应，不宜使用，但对30～120日龄的鸡却安全，故目前常用的程序为H120于10日龄、H52于30～45日龄接种。

新城疫-传染性支气管炎的二联苗由于存在着传染性支气管炎病毒在鸡体内对新城疫病毒有干扰的问题，所以在理论上和实践上对此种疫苗的使用价值一直存有争议，但由于使用上较方便，并节省资金，故应用者也较多。

以上各疫苗的接种方法、剂量及注意事项，应按说明书严格进行操作。

四、传染性法氏囊炎

传染性法氏囊炎又称甘保罗病，是由传染性法氏囊病毒引起的主要危害幼龄鸡的一种急性、接触性、免疫抑制性传染病。除可引起易感鸡死亡外，早期感染还可引起严重的免疫抑制。

（一）发病情况

自然情况下，本病只感染鸡，白来航鸡比重型品种鸡易感，肉鸡比蛋鸡易感。主要发生于2～15周龄鸡，3～6周龄最易感。感染率可达100%，死亡率常因发病年龄、有无继发感染而有较大变化，多在5%～40%，因传染性法氏囊病毒对一般消毒药和外界环境抵抗力强，污染鸡场难以净化，有时同一鸡群可反复多次感染。

目前，本病流行情况发生了许多变化。主要表现在以下几点。

① 发病日龄范围明显变宽，病程延长。

② 临床可见传染性法氏囊炎最早可发生于1日龄幼雏。

③ 免疫鸡群仍然发病。该病免疫失败越来越常见，而且在我国肉鸡养殖密集区出现一种鸡群在21～27日龄进行过法氏囊疫苗二免后几天内暴发法氏囊炎的现象。

④ 出现变异毒株和超强毒株。临床和剖检症状与经典毒株存在差异，传统法氏囊疫苗不能提供足够的保护力。

⑤ 并发症、继发症明显增多，间接损失增大。在传染性法氏囊炎发病的同时，常见新城疫、支原体、大肠杆菌、曲霉菌等并发感染，致使死亡率明显提高，高者可达80%以上，有的鸡群不得不全群淘汰。

（二）临床症状与病理变化

① 潜伏期2～3天，易感鸡群感染后突然大批发病，采食量急剧下降，翅膀下垂，羽毛蓬乱，怕冷，在热源处扎堆（图4-3-56）。

② 饮水增多，腹泻，排出米汤样稀白粪便或白色、黄色、绿色水样稀便（图4-3-57），肛门周围羽毛被粪便污染，恢复期常排绿色粪便。

图 4-3-56 精神萎靡，羽毛蓬乱

图 4-3-57 排出米汤样稀白粪便

③ 发病后期如继发鸡新城疫或大肠杆菌病，可使死亡率增高。

④ 耐过鸡贫血消瘦，生长缓慢。

⑤ 病死鸡脱水，皮下干燥，胸肌和两腿外侧肌肉条纹状或刷状出血（图4-3-58～图4-3-60）。

⑥ 法氏囊内部有黄色胶冻样渗出物（图4-3-61），囊浑浊，囊内皱褶出血，严重者呈紫葡萄样外观（图4-3-62～图4-3-64）。

⑦ 肾脏肿胀，花斑肾，肾小管和输尿管有白色尿酸盐沉积（图4-3-65）。

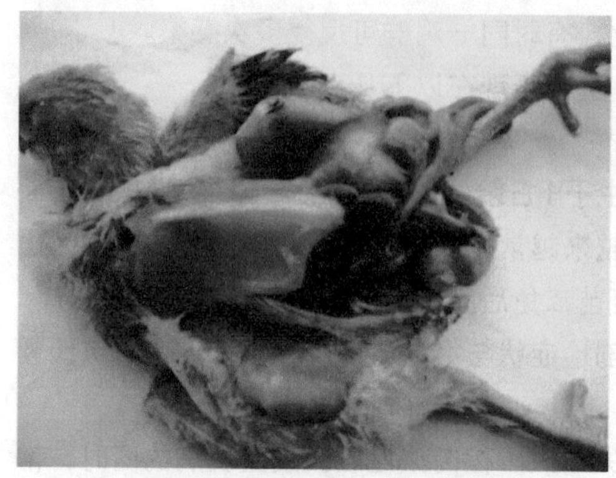
图 4-3-58　胸肌脱水干瘪，无光泽

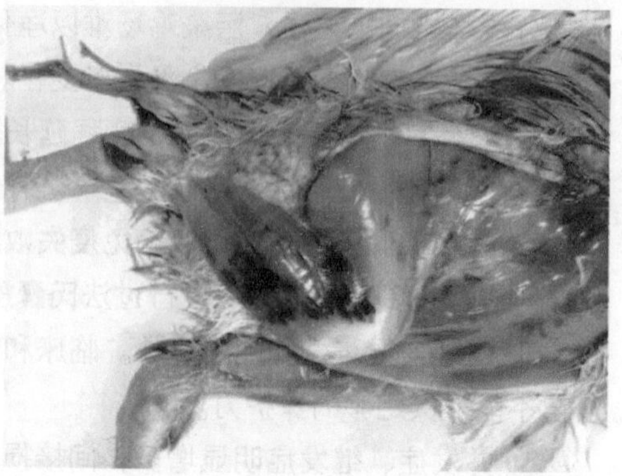
图 4-3-59　腿部肌肉刷状出血

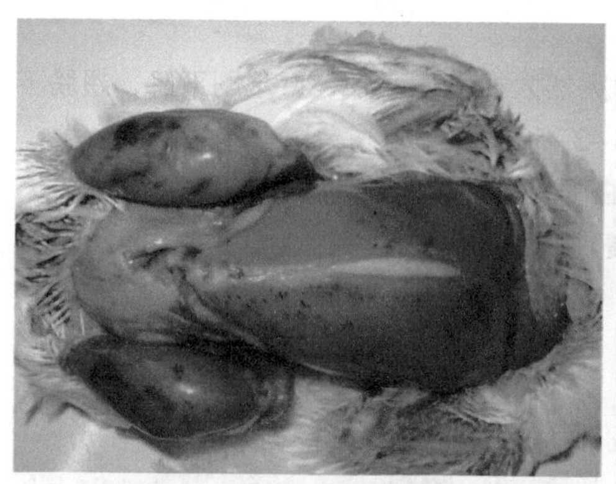
图 4-3-60　胸肌和两腿肌条纹状或刷状出血

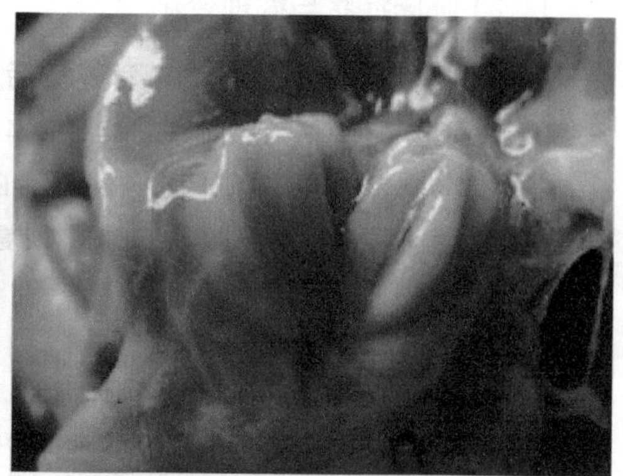
图 4-3-61　法氏囊内部黄色胶冻样渗出物

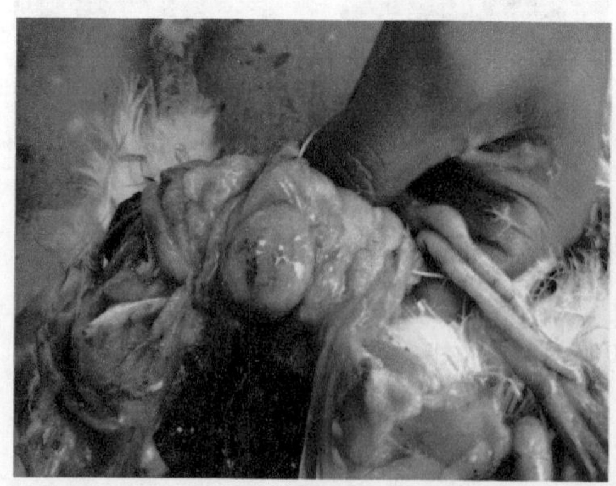
图 4-3-62　法氏囊出血肿大

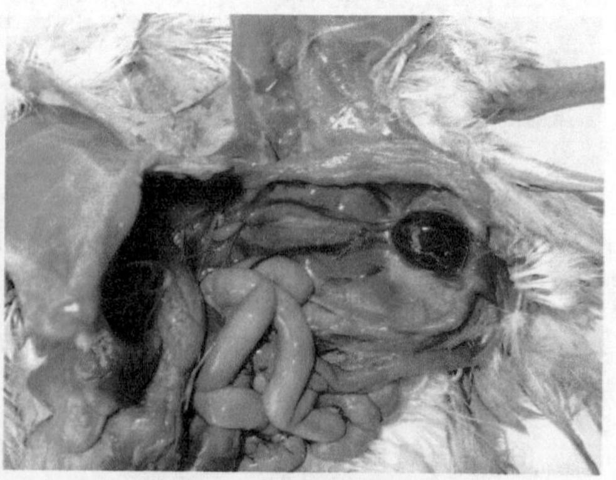
图 4-3-63　法氏囊呈紫葡萄样

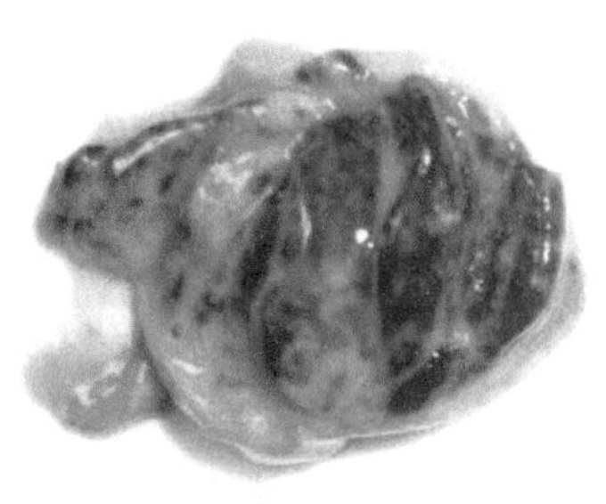

图 4-3-64 剖开的法氏囊皱褶出血

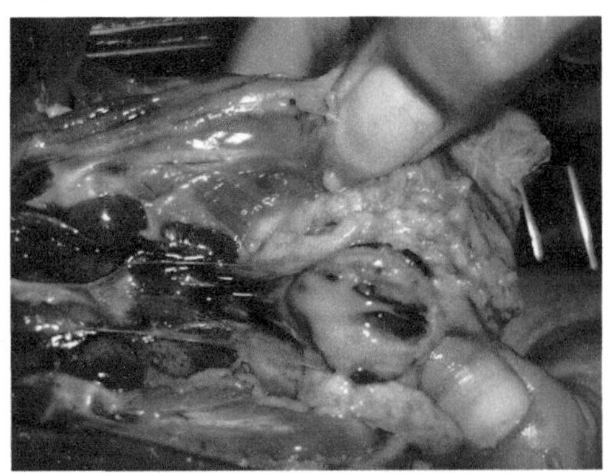

图 4-3-65 花斑肾，有尿酸盐沉积

（三）防制措施

1.对发病鸡群及早注射高免卵黄抗体

制作法氏囊卵黄抗体的抗原最好来自本鸡场，每只鸡肌内注射1毫升。板蓝根10克，连翘10克，黄芩10克，海金沙8克，诃子5克，甘草5克制成药剂，每只鸡0.5～1克拌料，连用3～5天。如能配合补肾、通肾的药物，可促进机体尽快恢复。使用敏感的抗生素，防止继发大肠杆菌病等细菌病。

2.疫苗免疫是目前控制传染性法氏囊炎最经济最有效的措施

按照毒力大小，传染性法氏囊炎疫苗可分为三类。一类是温和型疫苗，如D78、LKT、LZD228、PBG98等，这类疫苗对法氏囊基本无损害，但接种后抗体产生慢，抗体效价低，对强毒的传染性法氏囊炎感染保护力差；二类是中等毒力的活苗，如B87、BJ836、细胞苗IBD-B2等，这类疫苗在接种后对法氏囊有轻度损伤，接种72小时后可产生免疫活力，持续10天左右消失，不会造成免疫干扰，对强毒的保护力较高；三类是毒力中等偏强型疫苗，如MB株、J-Ⅰ株、2512毒株、288E等，对雏鸡有一定的致病力和免疫抑制力，在传染性法氏囊炎重污染地区可以使用。

一般采取14日龄法氏囊冻干苗滴口，28日龄法氏囊冻干苗饮水。在容易发生法氏囊炎的地区，14日龄法氏囊炎的免疫最好采用进口疫苗，每只鸡1羽份滴口，或2羽份饮水。必要时，28日龄二免，可采用饮水法免疫，但用量要加倍。

3.落实各项生物安全措施，严格消毒

进雏前，要对鸡舍、用具、设备进行彻底清扫、冲洗，然后使用碘制剂或甲醛、高锰酸钾熏蒸消毒。进雏后坚持使用1∶600倍的聚维酮碘溶液带鸡消毒，隔日一次。

五、鸡痘

鸡痘是由鸡痘病毒引起的一种接触性传染病，以体表无毛、少毛处皮肤出现痘疹

或上呼吸道、口腔和食管黏膜的纤维素性坏死形成假膜为特征的一种接触性传染病。

（一）发病情况

各种年龄的鸡均可感染，但主要发生于幼鸡。主要通过皮肤或黏膜的伤口感染而发病，吸血昆虫，特别是吸血蚊虫（库蚊、伊蚊和按蚊），在本病中起着传播病原体的重要作用。

一年四季均可发生，但以秋季和冬季多见。秋季和初冬多见皮肤型，冬季多见黏膜型。

蚊子吸取过病鸡的血液，之后即带毒长达10～30天，其间易感染的鸡就会通过蚊子的叮咬而感染；鸡群恶癖、啄毛、造成外伤，营养不良，鸡群密度大、通风不良，鸡舍内阴暗潮湿，均可成为本病的诱发因素。没有免疫鸡群或者免疫失败鸡群高发。

（二）临床症状与病理变化

根据症状和病变以及病毒侵害鸡体部位的不同，分为皮肤型、黏膜型、混合型三种类型。开始以个体皮肤型出现，发病缓慢不被养殖户重视，接着出现眼流泪，有泡沫，个别出现鸡只呼吸困难，喉头现黄色假膜，造成鸡只死亡现象。

1.皮肤型鸡痘

特征是在鸡体表面无毛或少毛处，如鸡冠、肉髯、嘴角、眼睑、耳球、腿脚、泄殖腔和翅的内侧等部位形成一种特殊的痘疹（图4-3-66、图4-3-67）。痘疹开始为细小的灰白色小点，随后体积迅速增大，形成如豌豆大黄色或棕褐色的结节。

图4-3-66 鸡冠、肉髯、嘴角等处的痘疹

图4-3-67 皮肤型鸡痘在头部形成的痘疹

一般无明显的全身症状，对鸡的精神、食欲无大影响。但感染严重的病例、体质衰弱者，则表现出精神萎靡、食欲不振、体重减轻、生长受阻现象。

皮肤型鸡痘一般很难见到明显的病理变化。

2.黏膜型鸡痘

黏膜型鸡痘也称白喉型鸡痘。痘疹主要出现在口腔、咽喉、气管、眼结膜等处的黏膜上，痘疹堵塞喉头，往往使鸡窒息死亡（图4–3–68、图4–3–69）。

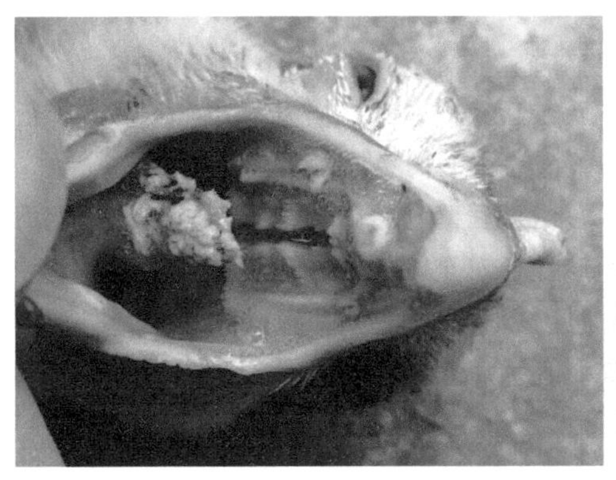

图 4-3-68 喉头上出现痘疹堵塞喉头

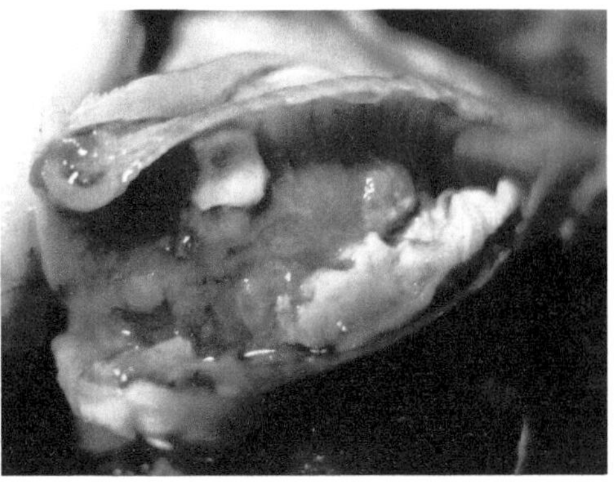
图 4-3-69 气管内形成的痘疹及黄色干酪样物

表现为病鸡精神委顿、厌食，眼和鼻孔流出液体。2～3天后，口腔和咽喉等处的黏膜发生痘疹，初呈圆形的黄色斑点，逐渐形成一层黄白色的假膜，覆盖在黏膜上面。吞咽和呼吸受到影响，发出“嘎嘎”的声音，痂块脱落时破碎的小块痂皮掉进喉和气管内，形成栓塞，呼吸困难，甚至窒息死亡。

3.混合型鸡痘

病禽皮肤和口腔、咽喉同时受到侵害，发生痘疹。病情严重，死亡率高。

（三）防制措施

1.预防

预防鸡痘最有效的方法是接种鸡痘疫苗。夏秋流行季节，建议于5～10日龄接种鸡痘鹌鹑化弱毒冻干疫苗，200倍稀释，摇匀后用消毒过的刺种针或笔尖蘸取，在鸡翅膀内侧无血管处进行皮下刺种，每只鸡刺种一下。刺种后3～4天，抽查10%的鸡作为样本，检查刺种部位，如果样本中有80%以上的鸡在刺种部位出现痘肿，说明刺种成功，否则应查找原因并及时补种。

经常清除鸡舍周围的杂草，填平臭水沟和污水池，并经常喷洒杀蚊蝇剂，消灭和减少蚊蝇等昆虫危害；改善鸡群饲养环境。

2.治疗

发病后，皮肤型鸡痘可以用镊子剥离痘痂，然后用碘甘油或龙胆紫涂抹。黏膜型鸡痘可以用镊子小心剥掉假膜后喷入消炎药物，或用碘甘油或蛋白银溶液涂抹。眼内可用双氧水消毒后滴入氯霉素眼药水。

大群用中西药抗病毒、抗菌消炎，控制继发感染。饲料中添加维生素A有利于本病的恢复。

六、病毒性关节炎

（一）发病情况

鸡病毒性关节炎是由呼肠孤病毒引起的鸡的传染病，又名腱滑膜炎。本病的特征是胫跗关节滑膜炎、腱鞘炎等，可造成死淘率增加、生长受阻，饲料报酬低。

本病仅见于鸡，可通过种蛋垂直传播。多数鸡呈隐性经过，急性感染时，可见病鸡跛行，部分鸡生长停滞；慢性病例，跛行明显，甚至跗关节僵硬，不能活动。有的患鸡关节肿胀、跛行不明显，但可见腓肠肌腱或趾屈肌腱部肿胀，甚至腓肠肌腱断裂，并伴有皮下出血，呈现典型的蹒跚步态。死亡率虽然不高，但出现运动障碍，产蛋量下降10%～15%。

（二）临床症状与病理变化

病鸡食欲不振，消瘦，不愿走动，跛行（图4–3–70）；腓肠肌断裂后，腿变形，顽固性跛行，严重时瘫痪。

剖检，鸡趾屈腱及伸腱发生水肿，腓肠肌腱粘连、出血、坏死或断裂。跗关节肿胀、充血或有点状出血，关节腔内有大量淡黄色、半透明渗出物（图4–3–71）。慢性病例，可见腓肠肌腱明显增厚、硬化、断裂（图4–3–72）。出现结节状增生，关节硬固变形，表面皮肤呈褐色。腱鞘发炎、水肿、粘连，肌腱坏死（图4–3–73～图4–3–75）。有时可见心外膜炎，肝、脾和心肌上有小的坏死灶。

图4-3-70　病鸡跛行

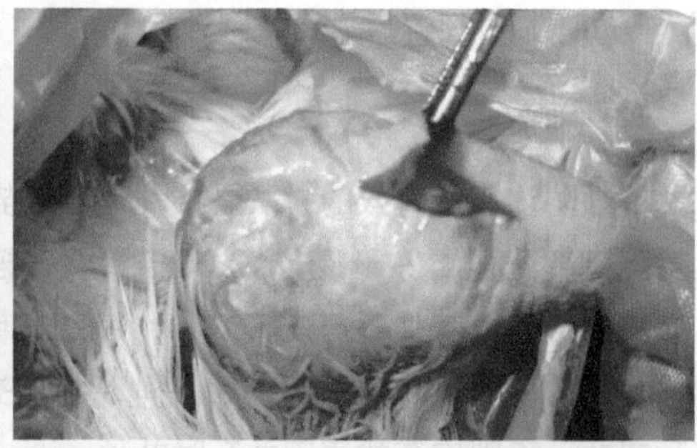

图4-3-71　跗关节肿胀，腔内有分泌物

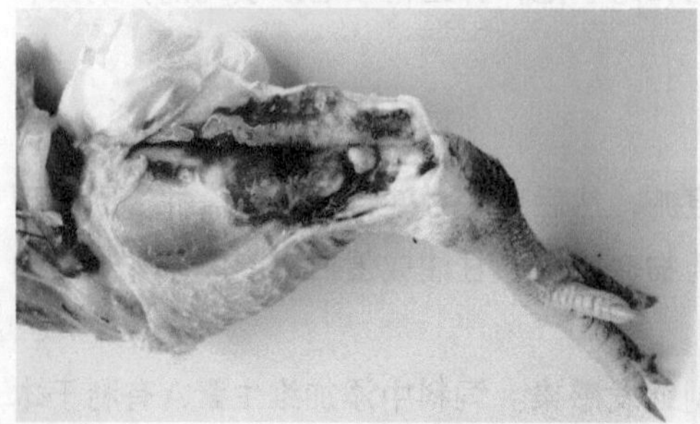

图4-3-72　腓肠肌腱断裂

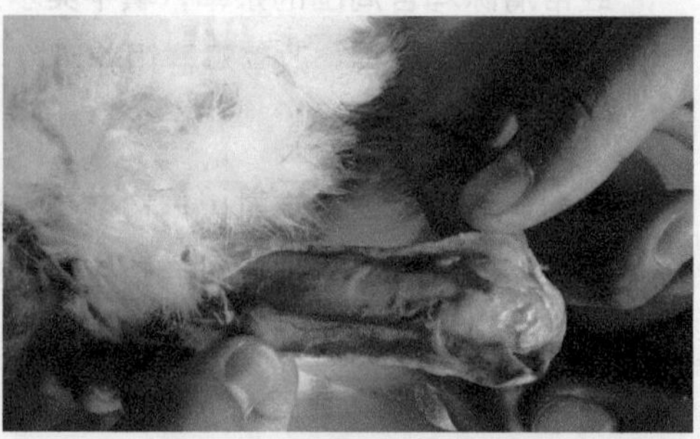

图4-3-73　腱鞘发炎、水肿

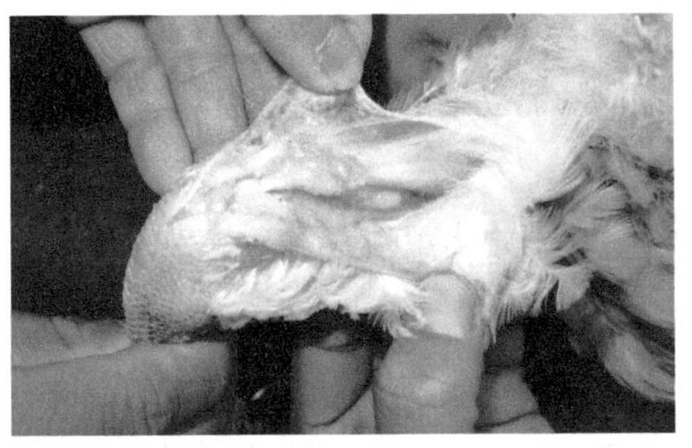
图 4-3-74 腱鞘粘连

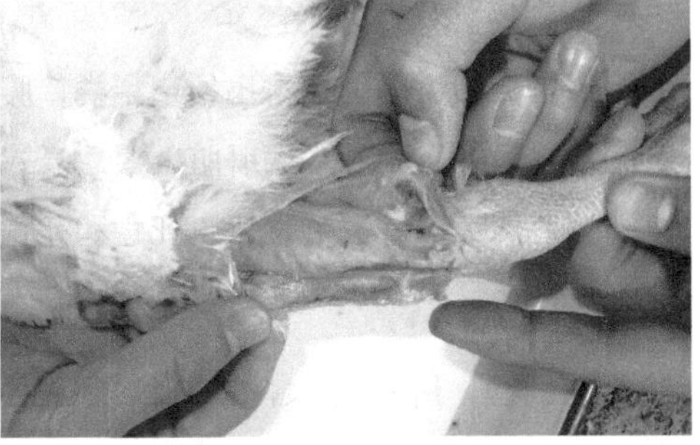
图 4-3-75 肌腱水肿、坏死

（三）防制措施

1.预防

（1）加强饲养管理 注意蛋鸡舍及周围环境，从无病毒性关节炎的蛋鸡场引种。坚持执行严格的检疫制度，淘汰病蛋鸡。

（2）免疫接种 目前，实践应用的预防病毒性关节炎的疫苗有弱毒苗和灭活苗两种。种鸡群的免疫程序是：1～7日龄和4周龄各接种一次弱毒苗，开产前接种一次灭活苗，减少垂直传播的概率。但应注意不要和马立克氏病疫苗同时免疫，以免产生干扰现象。

2.治疗

目前对于发病鸡群尚无有效的治疗方法。可试用干扰素、白介苗抑制病毒复制，用抗生素防止继发感染。

七、淋巴细胞性白血病

鸡白血病是由一群具有共同特性的病毒（RNA黏液病毒群）引起的鸡的慢性肿瘤性疾病，淋巴细胞性白血病是白血病中最常见的一种。

（一）发病情况

淋巴细胞性白血病病毒主要存在于病鸡血液、羽毛囊、泄殖腔、蛋清、胚胎以及雏鸡粪便中。该病毒对理化因素抵抗力差，对各种消毒药均敏感。

本病的潜伏期很长，呈慢性经过，小鸡感染大鸡发病，一般6月龄以上的鸡才出现明显的临床症状和死亡。主要通过垂直传播，也可通过水平传播。感染率高，但临床发病者很少、多呈散发。

（二）临床症状与病理变化

1.临床症状

① 在4月龄以上的鸡群中，偶尔出现个别鸡食欲减退，进行性消瘦，精神沉郁，

冠及肉髯苍白皱缩或暗红。

② 常见腹泻下痢，排出绿色稀粪，腹部膨大，站立不稳，呈企鹅姿势。

③ 手可触及到肿大的肝脏，最后衰竭死亡。

④ 临床上的渐进性发病、死亡和死亡率低是其特点之一。

2.病理变化

① 剖检，肝脏肿大，比正常肝脏大5～15倍不等，可延伸到耻骨前缘，充满整个腹腔，俗称“大肝病”。肝质地脆弱，并有大理石纹彩，表面有弥漫性肿瘤结节（图4–3–76～图4–3–78）。

② 脾脏肿胀，似乒乓球，表面有弥散性灰白色坏死灶（图4–3–79）。

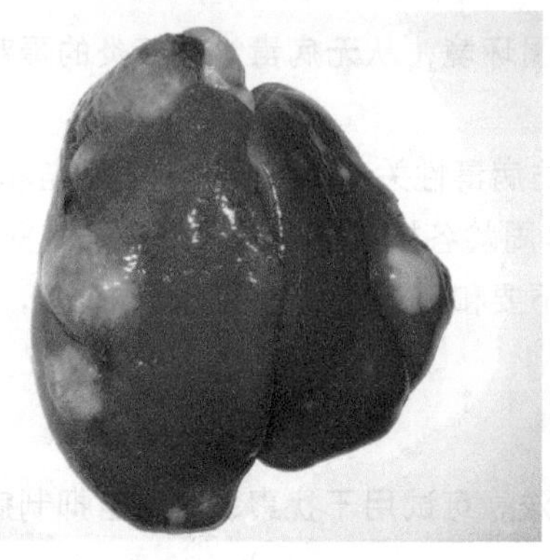

图 4-3-76　肝脏肿大，有蚕豆大肿瘤

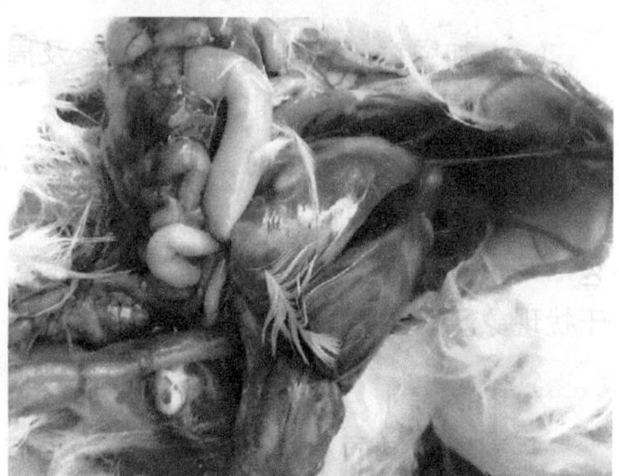

图 4-3-77　肝脏上有蚕豆大肿瘤

图 4-3-78　肝脏肿大、质脆，见灰白色肿瘤病灶

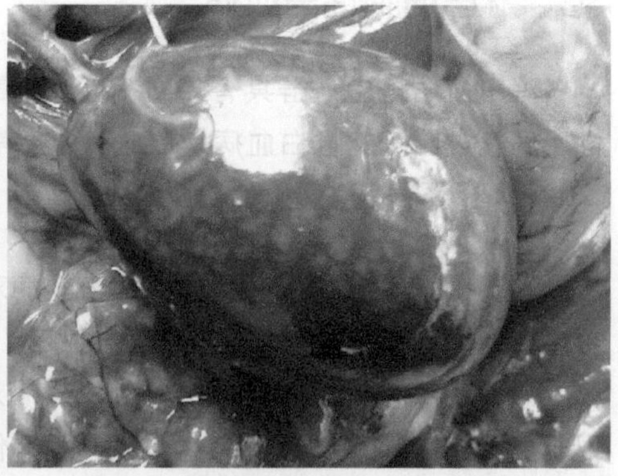

图 4-3-79　脾脏肿大，见灰白色坏死灶

③ 腔上囊肿瘤性增生，极度肿胀。

④ 肾脏可见肿瘤。

⑤ 骨髓褪色，呈胶冻样或黄色脂肪浸润。

⑥ 病鸡其他多个组织器官也有肿瘤。

（三）防制措施

目前无有效治疗方法。患淋巴细胞性白血病的病鸡没有治疗价值，应该着重做好疫病防制工作。

① 鸡群中的病鸡和可疑病鸡，必须经常检出淘汰。

② 淋巴细胞性白血病可以通过鸡蛋传染，孵化用的种蛋和留种用的种鸡，必须从无白血病鸡场引进。孵化用具要彻底消毒。种鸡群如发生淋巴细胞性白血病，鸡蛋不可再作种。

③ 幼鸡对淋巴细胞性白血病的易感性最高，必须与成年鸡隔离饲养。

④ 通过严格的隔离、检疫和消毒措施，逐步建立无淋巴细胞性白血病的种鸡群。

八、传染性喉气管炎

传染性喉气管炎是由传染性喉气管炎病毒引起的一种急性高度接触性呼吸道传染病。本病特征是呼吸困难，咳嗽和咳出含有血液的渗出物，喉头、气管黏膜肿胀、出血，甚至黏膜糜烂和坏死，蛋鸡产蛋率下降，死亡率高。

（一）发病情况

传染性喉气管炎病毒主要存在于病鸡的气管及其渗出物中，肝、脾和血液中较少见。病毒抵抗力中等，55℃存活10～15分钟，37℃存活22～24小时，直射阳光下存活7小时。对一般消毒剂敏感，如3%来苏尔、1%火碱，1分钟即可将病毒杀死。病禽尸体内的病毒存活时间较长，在−18℃条件下能存活7个月以上。病毒冻干后，在冰箱中可存活10年。经乙醚处理24小时后，即失去传染性。

在自然条件下，本病主要侵害鸡，不同品种、性别、日龄的鸡都易感，但以4～10月龄的成年鸡症状最为明显。病鸡及康复后的带毒鸡是主要传染源，病毒存在于气管和上呼吸道分泌物中，通过咳出的黏液和血液及鼻腔排出的分泌物经上呼吸道及眼结膜传播，亦可经消化道传播。污染的垫料、饲料和饮水等也可成为传播媒介。约有2%耐过鸡带毒并排毒，带毒时间长达2年，从而使感染过本病的鸡场年年发病。种蛋也能传播病毒，是否垂直传播尚不明确。易感鸡群与接种了活疫苗的鸡长时间接触，也可感染发病。

本病在易感鸡群内传播速度很快，感染率可达90%～100%，病死率可达50%～70%。在产蛋高峰期病死率较高。

本病一年四季都能发生，但以冬春季节多见。鸡群拥挤、通风不良、饲养管理不善、维生素A缺乏、寄生虫感染等，均可促进本病的发生。

（二）临床症状与病理变化

1.临床症状

本病自然感染的潜伏期为6～12天，人工气管内接种为2～4天。由于病毒的毒力不同、侵害部位不同，临床表现不同。

（1）急性型（喉气管型） 由高度致病性病毒株引起。主要发生于成年鸡，短期内全群感染。病初精神沉郁，食欲减少或废绝，有时排绿色稀便。鼻孔有分泌物，流泪，随后表现特征性呼吸症状，咳嗽和喘气，并发出响亮的喘鸣声，呼吸时抬头伸颈，表情极为痛苦，有时蹲伏，身体随着一呼一吸而呈波浪式的起伏；严重病例高度呼吸困难，咳嗽或摇头时，咳出血痰，在鸡舍走道、墙壁、水槽、食槽或鸡笼上甩有血样黏条（图4-3-80），个别鸡的喙角有血染。将鸡的喉头用手向上顶，令鸡张开口，可见喉头部黏膜有泡沫状液体或淡黄色凝固物附着，不易擦去，喉头出血。病鸡迅速消瘦，鸡冠发绀，衰竭而死。病程一般为10～14天，有的康复鸡成为带毒者。产蛋鸡的产蛋量下降。

（2）温和型（结膜型） 由毒力较弱的毒株引起，呈比较缓和的地方流行性，其症状为生长迟缓，产蛋减少、畸形蛋增多，流泪、结膜炎，严重病例见眶下窦肿胀，持续性鼻液增多和出血性结膜炎。一般发病率多在5%以内，病程短的1周，最长可达4周，多数病例可在10～14天恢复。

2.病理变化

（1）喉气管型 特征性病变为喉头和气管黏膜肿胀、充血、出血甚至坏死（图4-3-81），鼻窦肿胀，内有黏液（图4-3-82），喉和气管内有血凝块或纤维素性干酪样渗出物或气管栓塞，气管上部气管环出血。鼻腔和眶下窦黏膜也发生卡他性或纤维素性炎。产蛋鸡卵巢异常，卵泡变软、变形、出血等。十二指肠内有病毒斑，盲肠淋巴结出血明显（图4-3-83）。

图4-3-80 咳出的血样黏条

图4-3-81 喉头肿胀，气管出血

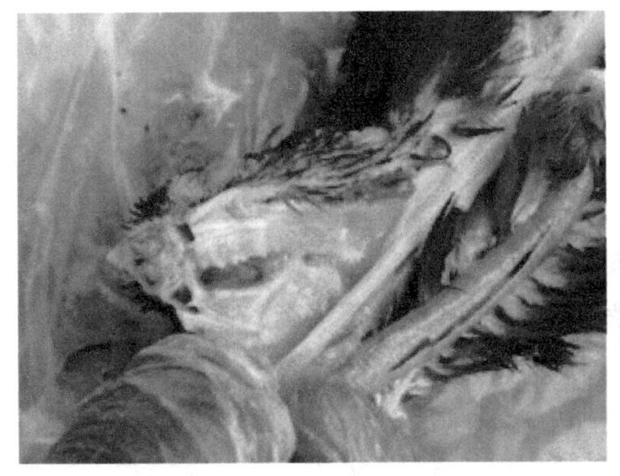

图 4-3-82　鼻窦肿胀，腔内有黏液

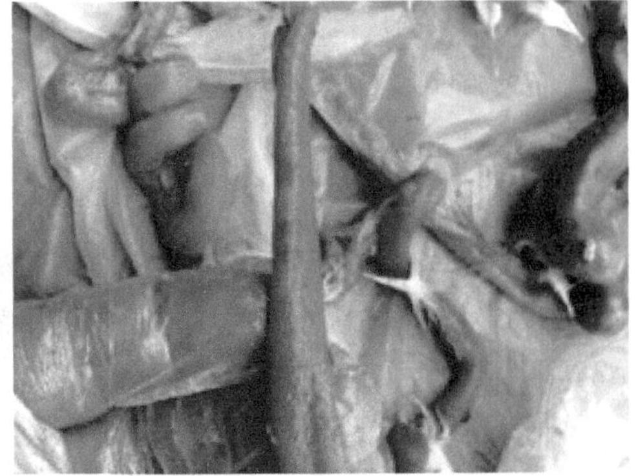

图 4-3-83　十二指肠内有病毒斑

（2）结膜型　有的病例单独侵害眼结膜，有的则与喉、气管病变合并发生。结膜主要病变是浆液性结膜炎，表现为结膜充血、水肿，有时有点状出血。有些病鸡的眼睑，特别是下眼睑发生水肿，而有的则发生纤维素性结膜炎，角膜溃疡。

（三）防制措施

1.严格坚持隔离消毒制度

由于带毒鸡是本病的主要传染源之一，因此坚持隔离、消毒是防止本病流行的有效方法。故有易感性的鸡切不可和病愈鸡或来历不明的鸡接触。新购进的鸡必须用少量的易感鸡与其做接触感染试验，隔离观察2周，易感鸡不发病，证明不带毒，此时方可合群。病愈鸡不可与易感鸡混群饲养，耐过的康复鸡在一定时期内带毒、排毒，所以要严格控制易感鸡与康复鸡接触，最好将病愈鸡淘汰。

2.免疫预防

在本病流行的地区可接种疫苗，目前使用的疫苗有两种。一种是弱毒苗，是在细胞培养上继代致弱的，或在鸡胚中继代致弱的，或在自然感染的鸡只中分离的弱毒株。此类疫苗可用于14日龄以上的鸡，可经点眼、滴鼻、饮水免疫，一般较安全，用苗后7天产生免疫力。一般30日龄时进行首免，间隔5周后再免疫一次。若60～70日龄首免，经2～3个月再次免疫，免疫期达6个月以上。注意弱毒疫苗点眼后可引起轻度的结膜炎。另一种是强毒疫苗，打开泄殖腔，用牙刷蘸取少量疫苗涂擦在泄殖腔黏膜上，注意绝不能将疫苗接种到眼、鼻、口等部位，否则会引起该病的暴发。涂擦后3～4天，泄殖腔出现潮红、水肿或出血性炎症反应，表示有效，1周后产生坚强的免疫力，能抵抗病毒的攻击。

不论强毒疫苗还是弱毒疫苗，只能在疫区或发生过该病的地区使用，而且要将未接种疫苗的鸡与接种疫苗的鸡严格隔离，因为接种上述疫苗可造成病毒的终生潜伏，偶尔活化和散毒。

目前应用生物工程技术生产的亚单位疫苗、基因缺失疫苗、活载体疫苗、病毒重组体疫苗将具有广阔的应用前景。

3.发病时的措施

本病要早防早治，以预防为主。虽然本病的死亡率不高，但传播速度快，发病率高，鸡群一旦发生本病，就会波及全群。对患病鸡进行隔离，防止未感染鸡接触感染很重要。鸡舍内外环境用0.3%过氧乙酸或菌毒净（1∶1500）稀释液消毒，每天1～2次，连用10天。对尚未发病的鸡用传染性喉气管炎弱毒疫苗滴眼接种。对发病鸡群采用中西医结合对症治疗。

① 投服清热解毒、镇痛、祛痰平喘、止咳化痰的中药，板蓝根1000克、金银花1000克、射干600克、连翘600克、山豆根800克、地丁800克、杏仁800克、蒲公英800克、白芷800克、菊花600克、桔梗600克、贝母600克、麻黄350克、甘草600克，将上述中药加工成细粉，每只鸡每天2克，均匀拌入饲料，分早、晚喂服，连用3天。

② 在饲料中加入敏感抗生素和多种维生素，以防止继发感染和提高机体的抵抗力，连续用药4天。

③ 个别喉头处有伪膜的病鸡，可用小镊子将伪膜剥离取出，然后向病灶上吹上少许“喉正散”或“六神丸”，每天每只鸡2～3粒，每天一次，连用3天即可。

九、禽脑脊髓炎

禽脑脊髓炎又名流行性震颤，是由禽脑脊髓炎病毒引起的一种急性、高度接触性传染病。以共济失调和快速震颤特别是头颈部震颤和非化脓性脑炎为主要特征。主要侵害幼龄鸡，并表现明显的临床症状，成年鸡多为隐性感染。

（一）发病情况

禽脑脊髓炎病毒属小RNA病毒科中的肠道病毒，无囊膜，对乙醚、氯仿、酸、胰酶、胃蛋白酶等有抵抗力。大部分野毒株都为嗜肠性，当家禽被感染后，病毒自粪便中排出，经口感染。也有少部分是嗜神经性的，可使雏鸡产生严重的神经症状。

自然感染见于鸡、雉、火鸡、鹌鹑、珍珠鸡等，鸡对本病最易感。各种日龄均可感染，但雏禽易感，尤以12～21日龄雏鸡最易感。1月龄以上的鸡感染后不表现临床症状，产蛋鸡有一过性产蛋下降。

此病具有很强的传染性，既可水平传播也可垂直传播。直接接触和间接接触均可感染而进行水平传播。幼雏感染后，可经粪便排毒达2周以上，3周龄以上雏鸡排毒仅持续5天左右，病毒可在粪便中存活4周以上，当易感鸡接触被污染的垫料、饲料、饮水时可发生感染。垂直传播是造成本病流行的主要因素，产蛋种鸡感染后，一般无明显临床症状，但在3周内所产的蛋均带有病毒，这些蛋在孵化过程中一部分死亡，另一部分孵出病雏，病雏又可导致同群鸡发病。种鸡感染后可逐渐产生循环抗体，一般在感染后4周，种蛋就含有高滴度的母源抗体，既可保护雏鸡在出壳后不再发病，同时种鸡的带毒和排毒也减轻。

本病一年四季均可发生，以冬春季节稍多。雏鸡发病率一般为40% ～ 60%，死亡率为10% ～ 25%，甚至更高。

（二）临床症状与病理变化

经胚胎感染的雏鸡，1 ～ 7天发病。经接触或经口感染的雏鸡在11日龄以后发病。病初雏鸡表现目光呆滞，行为迟钝，头颈部可见阵发性震颤（图4–3–84），这是发病的先兆，继而出现共济失调（图4–3–85），两腿无力，不愿走动而蹲坐在自身的跗关节上，强行驱赶时可勉强走动，但步态不稳。一侧腿麻痹时，走路跛行；双侧腿麻痹则完全不能站立，双腿呈一前一后的劈叉姿势，或双腿倒向一侧。病鸡受惊扰，如给水、加料、倒提时，在腿、翼，尤其是头颈部出现更明显的阵发性震颤，并经不规则的间歇后再次发生。有些病例仅出现颤抖而无共济失调。共济失调发展到不能行走，之后是疲乏、虚脱，最终死亡。部分存活鸡可见一侧或两侧眼的晶状体浑浊或浅蓝色褪色，眼球增大，失明。

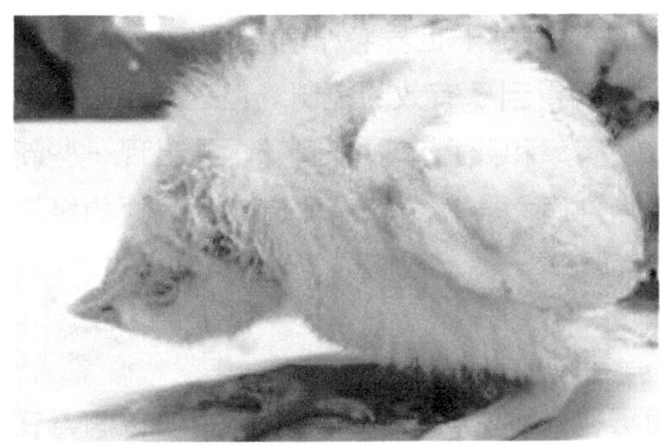
图 4-3-84　头颈震颤

图 4-3-85　共济失调

本病有明显的年龄抵抗力。1月龄以上的鸡受感染后，除出现血清学阳性外，无任何明显的临床症状和病理变化。产蛋鸡感染可发生1 ～ 2周内暂时性产蛋下降（5% ～ 10%），孵化率下降10% ～ 35%，但不出现神经症状。

病鸡剖检可见的肉眼变化是胃肌层有细小的灰白区，是由浸润的淋巴细胞团块组成的，这种变化不很明显，易忽略。个别雏鸡可发现小脑水肿。主要组织变化在中枢神经系统和某些内脏器官，中枢神经系统的病变为散在的非化脓性脑脊髓炎和背根神经节炎，脊髓根中的神经元周围有时聚集大量淋巴细胞。内脏组织学变化是淋巴细胞积聚，腺胃肌层密集淋巴细胞灶也具有诊断意义，肌胃肌层也有类似变化。

（三）防制措施

1.加强消毒与隔离

防止从疫区引进种蛋与种鸡，种鸡感染后1个月内所产的蛋不能用于孵化。

2.免疫接种

① 雏鸡群已确认本病时，凡出现症状的雏鸡都应立即淘汰、深埋，保护其他雏鸡。

② 在本病流行的地区，种鸡应于100～120日龄接种鸡脑脊髓炎疫苗，有较好的效果。

3.发病时的措施

本病尚无有效的治疗方法，一般应将发病鸡群扑杀并做无害化处理。如有特殊需要，也可将病鸡群隔离，给予舒适的环境，提供充足的饮水和饲料，饲料和饮水中添加维生素E、维生素B_1、维生素B_2，避免能走动的鸡践踏病鸡等，可减少发病与死亡。

十、鸡马立克氏病

马立克氏病是由马立克氏病病毒引起的一种淋巴组织增生性疾病。其特征是外周神经、性腺、虹膜、内脏器官、肌肉和皮肤等发生淋巴样细胞浸润和形成肿瘤性病灶。本病传染性强，传播速度快、范围广，广泛发生于世界各个养禽国家。自20世纪70年代广泛使用火鸡疱疹病毒疫苗以来，该病得到了有效的控制。但近几年来，世界各地相继发现毒力极强的马立克氏病毒，发病率和死亡率显著回升，并出现一些新特点，该病再度成为危害养鸡生产最严重的传染病之一，给养鸡业造成了巨大的经济损失。

（一）发病情况

马立克氏病病毒属于细胞结合型疱疹病毒科B亚群，分为三个血清型。该病毒在鸡体内有两种存在形式：一种是无囊膜的裸体病毒，存在于感染细胞的细胞核中，属于严格的细胞结合病毒，当细胞破裂死亡时，其传染性随之显著下降或丧失，即与细胞共存亡，因此在外界很容易死亡；另一种是有囊膜的完全病毒，主要存在于羽毛囊的上皮细胞中，非细胞结合型，可脱离细胞而存活。从感染鸡羽毛囊随皮屑排出的游离病毒，对外界环境的抵抗力很强，室温下其传染性可保持4～8个月。

本病毒对理化因素，如热、酸、有机溶剂及消毒药的抵抗力均不强。5%福尔马林、3%来苏尔、2%火碱等常用消毒剂均可在10分钟内杀死该病毒。

鸡是最重要的自然宿主，其他禽类如火鸡、野鸡、鹌鹑也可感染，但相当少见，其他动物不感染。不同品种、年龄、性别的鸡均能感染。不同品种或品系易感性有差异。母鸡易感性略高于公鸡。鸡的年龄对发病有很大影响，年龄越小越易感，特别是出雏和育雏室的早期感染可导致发病率和死亡率都很高。年龄大的鸡感染，病毒可在体内复制，并随脱落的羽毛和皮屑排出体外，但大多不发病。自然感染最早出现症状为3周龄的鸡，一般为2～5月龄。病鸡和带毒鸡是主要的传染源。病鸡和带毒鸡的排泄物、分泌物及鸡舍内垫草均具有很强的传染性。很多外表健康的鸡可长期持续带毒排毒，使鸡舍内的灰尘成年累月保持传染性，因此鸡场一旦感染病毒，本病即能在鸡群中广泛传播，至性成熟时几乎全部感染，并持续终身。本病发病率相差很大，可由10%以下到50%～60%，大多数发病鸡都以死亡为转归，只有极少数能康复。鸡群个体的相互接触是主要传播方式，主要通过呼吸道感染，也可经消化道和吸血昆虫叮咬感染。本病经种蛋垂直传播的可能性很小。饲养密度越高，感染的机会越多。

（二）临床症状与病理变化

本病是一种肿瘤性疾病，潜伏期较长。受病毒的毒力、剂量、感染途径和鸡的遗传品系、年龄和性别的影响，潜伏期长短可存在很大差异。以2～5月龄发病最常见，种鸡和产蛋鸡常在16～20周龄出现临诊症状，迟可至24～30周龄或60周龄以上。根据临床症状和病变发生部位的不同可分为神经型、内脏型、眼型和皮肤型4种，有时混合感染。

1. 神经型

神经型又称古典型，常侵害外周神经。由于侵害神经的部位不同，症状也不同。一般病鸡出现共济失调，发生单侧或双侧性肢体麻痹。最常见的为坐骨神经受到侵害，病初步态不稳，逐渐发展为一侧或两侧腿麻痹，严重时瘫痪不起，典型症状是一腿伸向前方，另一腿伸向后方，形成“劈叉姿势”（图4-3-86）。病侧肌肉萎缩，有凉感，爪子多弯曲；臂神经受害时，一侧或两侧翅膀下垂（俗称“穿大褂”）；颈肌神经受侵害时，病鸡头下垂或头颈歪斜；迷走神经受害时，可以引起嗉囊膨胀（俗称“大嗉子”）、失声及呼吸困难。

图 4-3-86 病鸡劈叉

最恒定的病变部位是外周神经，以腹腔神经丛、前肠系膜神经丛、臂神经丛、坐骨神经丛和内脏大神经最常见。受害神经呈弥漫性或局灶性增生，病变神经横纹消失，失去洁白色的光泽，而呈灰白色或黄白色，有时呈水肿样外观。局部弥漫性增粗，可达正常的2～3倍。病变常为单侧性，将两侧神经对比，易于观察。

2. 内脏型

内脏型又称急性型，此型临床常见，多发于2～3月龄的鸡。缺乏特征性症状，病鸡呆立、迟钝，羽毛松乱、无光泽，行动迟缓，常缩颈蹲在墙角下。冠和肉髯苍白、萎缩，渐进消瘦，腹泻，病程较长，最后衰竭死亡。

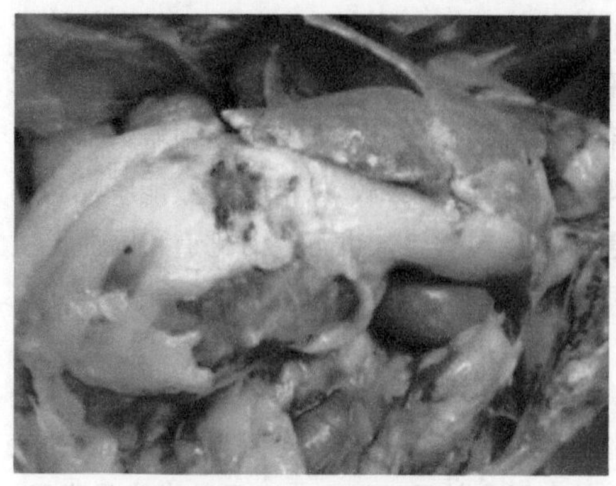

图 4-3-87　肝上的肿瘤块

主要表现为肝、卵巢、脾、肾、心、肺、胰、腺胃、肠壁和肌肉等器官和组织中可见大小不等、质地坚硬而致密的灰白色肿瘤块（图4-3-87～图4-3-91），有时肿瘤呈弥漫性使整个器官变得很大。卵巢肿大4～10倍不等，呈菜花状。肝脏肿大、质脆，有时为弥漫性肿瘤，有时见粟粒大至黄豆大的灰白色瘤，几个至几十个不等，肿瘤稍突出于肝表面，有时肿瘤如鸡蛋黄大小。腺胃肿大、增厚、质地坚实，浆膜苍白，切开后可见黏膜出血或溃疡。脾脏肿大3～7倍不等，表面可见呈针尖大小或米粒大的肿瘤结节。法氏囊通常萎缩，极少数情况下发生弥漫性增厚的肿瘤变化。心外膜见黄白色肿瘤，常突出于心肌表面，米粒大至黄豆大。肺脏在一侧或两侧见灰白色肿瘤，肺脏呈实质性，质硬。肌肉肿瘤多发生于胸肌，呈白色条纹状。

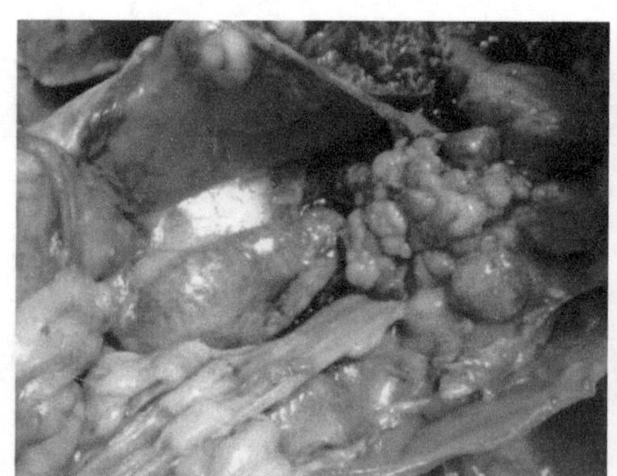

图 4-3-88　卵巢上的肿瘤块

图 4-3-89　心脏上的肿瘤块

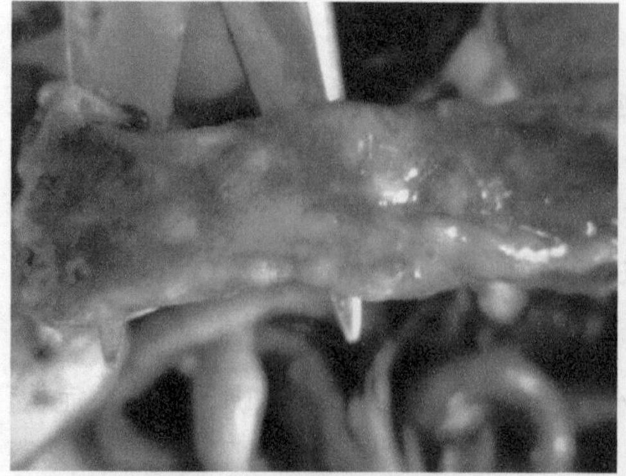

图 4-3-90　肠黏膜上的肿瘤块

图 4-3-91　气管壁上的肿瘤块

3.眼型

眼型很少见到。病鸡虹膜受害时，表现一侧或两侧虹膜正常色素消失，由正常的橘红色变为同心环状或斑点状以至于弥漫的灰白色，因此又叫“灰眼病”“银眼病”。瞳孔边缘不整齐呈锯齿状，严重时，瞳孔只剩针尖大的小孔，视力减退或丧失。

剖检，见虹膜褪色，瞳孔缩小、边缘不整齐，有时偏向一侧。

4.皮肤型

皮肤型较少见。此型缺乏明显的临床症状。主要表现为羽毛囊肿胀，形成淡白色小结节或瘤状物。肿瘤结节呈灰黄色，突出于皮肤表面，有时破溃。此病变常见于大腿部、颈部及躯干背面生长粗大羽毛的部位。

病变常与羽毛囊有关。在皮肤的羽毛囊出现小结节或瘤状物，病变可融合成片。特别在换羽期的鸡最常见。

有时可见混合型、两型或三型症状同时存在。

诊断时，要注意与淋巴细胞性白血病的区别（表4–3–1）。

表 4-3-1　鸡马立克氏病与淋巴细胞性白血病的区别

病名	马立克氏病	淋巴细胞性白血病
病原	疱疹病毒	禽 C 型致瘤病毒
传播方式	水平传播	垂直传播
开始发病年龄	发病和死亡早，一般在 60 ～ 150 日龄	发病和死亡晚，一般在 150 日龄以上
麻痹或不全痹	经常出现	无
虹膜浑浊	可能出现	极少
外周神经和神经节受侵害	经常出现	无
法氏囊	一般不引起肿瘤，常萎缩	常形成结节状肿瘤
对各脏器的影响	所有脏器都会引起肿瘤	主要对肝、脾、肾等引起肿瘤
皮肤和肌肉肿瘤	可能出现	无
浸润细胞类型	成熟与未成熟淋巴细胞	主要为淋巴细胞

（三）防制措施

1.一般措施

坚持自繁自养，执行全进全出的饲养制度，避免不同日龄鸡混养；实行网上饲养和笼养，减少鸡只与羽毛、粪便等接触。严格执行卫生消毒制度，尤其是种蛋、出雏器和孵化室的消毒。消除各种应激因素，注意对传染性法氏囊炎、鸡白血病、鸡网状内皮组织增生症等的免疫与预防；加强检疫，及时淘汰病鸡和阳性鸡。

2.接种疫苗

在进行疫苗接种的同时，鸡群要封闭饲养，尤其是育雏期间应搞好封闭隔离，可降低本病的发病率。

疫苗接种应在1日龄进行，有条件的鸡场可进行胚胎免疫，即在18日胚龄时进行鸡胚接种。接种时注意疫苗现用现配，稀释液内不能添加任何药物，稀释后的疫苗必须于1小时内用完。

改进免疫程序，把过去的“常规剂量，一次免疫”改为“倍量注射，二次免疫”。即雏鸡出壳后24小时内注射1.5～2倍剂量的疫苗，以补偿因母源抗体中和作用所消耗的疫苗量，12～21日龄再进行第二次免疫，以激发第一次免疫已致敏的免疫细胞更强烈的免疫应答。实践证明，进行二次免疫接种保护率可提高13.8%，显著高于一次免疫。

3.发病时的措施

鸡群中发现疑似马立克氏病病鸡应立即剔出隔离，确诊后扑杀深埋，并增加带鸡消毒的次数，对未出现症状的鸡采用大剂量马立克氏病疫苗进行紧急接种，以干扰病毒传播，使未感染鸡产生免疫抗体，抵御马立克氏病强毒侵袭。

十一、产蛋下降综合征

产蛋下降综合征也称减蛋综合征，是由一种腺病毒引起的病毒性传染病，病鸡其他方面没有明显症状，而以产蛋量骤然下降、蛋壳异常（薄壳蛋、软壳蛋）、蛋体畸形、蛋质低劣和蛋壳颜色变淡为特征。

（一）发病情况

产蛋下降综合征病毒属于禽腺病毒科、腺病毒属禽腺病毒Ⅲ群的病毒，在50℃条件下，对乙醚、氯仿不敏感。对不同范围的pH值性质稳定，如在pH值为3～10的环境中能存活。加热到56℃可存活3小时，60℃加热30分钟丧失致病力，70℃加热20分钟则完全灭活。在室温条件下至少存活6个月以上，0.3%甲醛24小时、0.1%甲醛48小时可使病毒完全灭活。

本病毒的易感动物主要是鸡。其自然宿主是鸭、鹅、野鸭和多种野禽。鸭感染后虽不发病，但长期带毒，带毒率可达85%以上。

不同品种的鸡对本病毒的易感性有差异，产褐壳蛋母鸡最易感。任何年龄鸡均可感染，幼龄鸡感染后不表现症状，血清中也查不出抗体，只有在性成熟开始产蛋后，产蛋鸡血清才转为阳性。本病毒主要侵害26～32周龄的鸡，35周龄以上的鸡较少发病。

本病主要经过垂直传播，带病毒的种蛋孵出的雏鸡在肝脏中可回收到本病毒。水平传播也不可忽视，因为从鸡的输卵管、泄殖腔、粪便、肠内容物都能分离出病毒，病毒可通过这些途径向外排毒，污染饲料、饮水、用具、种蛋等经水平传播使其他鸡感染。此外病毒也可通过交配传播。病毒侵入鸡体后，在性成熟前对鸡不表现致病性，在产蛋初期由于应激反应，致使病毒活化而使产蛋鸡发病。

（二）临床症状与病理变化

感染鸡无明显临诊症状，通常是在26～32周龄产蛋鸡突然出现群体性产蛋下降，产蛋率比正常下降20%～30%，甚至达50%。病初蛋壳色泽变淡，紧接着产出软壳蛋、薄壳蛋、无壳蛋、小蛋、畸形蛋，蛋壳表面粗糙，蛋白水样，蛋黄色淡，或蛋白中混有血液、异物等。异常蛋可占产蛋量的15%以上。蛋的破损率可达40%左右。种蛋受精率和孵化率降低。病程一般可持续4～10周，以后逐渐恢复，但难以达到正常水平。

本病一般不发生死亡，无明显的病理变化。剖检可见子宫和输卵管黏膜发炎、水肿、萎缩（图4-3-92），卵巢萎缩（图4-3-93）或有充血，卵泡充血、变形或发育不全。有的肠道出现卡他性炎症。

图 4-3-92 输卵管萎缩

图 4-3-93 卵巢萎缩

（三）防制措施

1.杜绝病毒的传入

本病主要经垂直传播，所以应从非疫区鸡群中引种，引进种鸡群要严格隔离饲养，产蛋后须经HI监测，只有HI阴性的鸡才可留作种用。产蛋下降期的种蛋不能留种用。

2.严格执行兽医卫生措施

应做好鸡舍及周围环境和孵化室的消毒工作，粪便无害化处理，防止饲养管理用具混用和人员串走，以防水平传染。

3.免疫预防

免疫接种是预防本病最主要的措施。疫苗可采用产蛋下降综合征油乳剂灭活苗、产蛋下降综合征与ND二联油乳剂灭活苗或ND-IB-EDS-76三联油乳剂灭活菌苗。商品蛋鸡或蛋用种鸡，于110～120日龄每只肌内注射0.5～0.7毫升。

4.本病尚无有效治疗方法

鸡群发病后适当应用抗生素以防继发感染；发病鸡群亦可在饮水中加入禽用白细

胞干扰素、补充电解多维，连用7天，可促进病鸡康复。

十二、鸡传染性贫血

鸡传染性贫血是由鸡传染性贫血病毒引起的以雏鸡发生再生障碍性贫血、皮下和肌肉出血、全身性淋巴组织萎缩为主要特征的免疫抑制病，又称出血性综合征或贫血性皮炎综合征。

（一）发病情况

鸡传染性贫血病毒，属于圆环病毒科螺线病毒属唯一成员，只有一个血清型。病毒呈球形，无囊膜，无血凝性，单链环形DNA病毒。

本病毒对氯仿和乙醚有抵抗力，能耐受50%氯仿处理15分钟，50%乙醚处理18小时。pH值为3时处理3小时不死，100℃加热15分钟可以灭活。5%次氯酸钠37℃作用2小时可使其失去感染力。福尔马林和含氯制剂可用于消毒。

自然条件下只有鸡对本病易感，所有年龄的鸡都可感染本病。自然发病多见于2～4周龄内的雏鸡，1～7日龄雏鸡最易感。但随着年龄增加，鸡的易感性明显降低。

1～7日龄鸡感染后发生贫血，并引起淋巴组织和骨髓肉眼可见病变，感染后12～16天病变最明显，第12～28天出现死亡，死亡率一般为10%～50%。2周龄以上的鸡感染而不发病；有母源抗体的雏鸡可被感染，但不发病。

本病主要通过种蛋垂直传播，母鸡感染后3～4天内种蛋带毒，带毒的鸡胚出壳后发病死亡。本病也可通过消化道和呼吸道水平传播，但水平传播一般不发病。

（二）临床症状与病理变化

潜伏期8～12天。本病的临床特征是贫血，一般在感染后10～12小时症状表现最明显，病鸡表现精神沉郁、消瘦，鸡冠、肉髯、皮肤和可视黏膜苍白，早期翅部皮下出血（图4-3-94）最常见。其他部位如头颈部、胸部及腿部皮下也有出血、水肿，病变部位最终破溃，并继发细菌感染，导致严重的坏疽性皮炎。发病后5～6天开始死亡，呈急性经过，死亡率通常为10%～50%。发病后20～28天的存活鸡逐渐康复，但大多生长迟缓，成为僵鸡。若继发感染细菌、病毒等则可加重病情，阻碍康复，死亡率可增大至60%。

血液学检查，感染鸡血液稀薄如水，血凝时间延长，血细胞容积可降低到20%以下，红、白细胞数量减少。

剖检可见全身贫血，血液稀薄，凝固不良。肌肉、内脏器官广泛性出血。胸腺明显萎缩（图4-3-95），可能导致完全退化；有时出血，呈深红褐色。骨髓萎缩最具有特征性，表现为股骨骨髓由正常的深红色变为淡黄红色，导致再生障碍性贫血和全身淋巴组织萎缩。部分病例法氏囊萎缩。肝肿大发黄，或有坏死点。腺胃黏膜出血并有灰白色脓性分泌物。

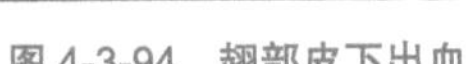

图 4-3-94　翅部皮下出血

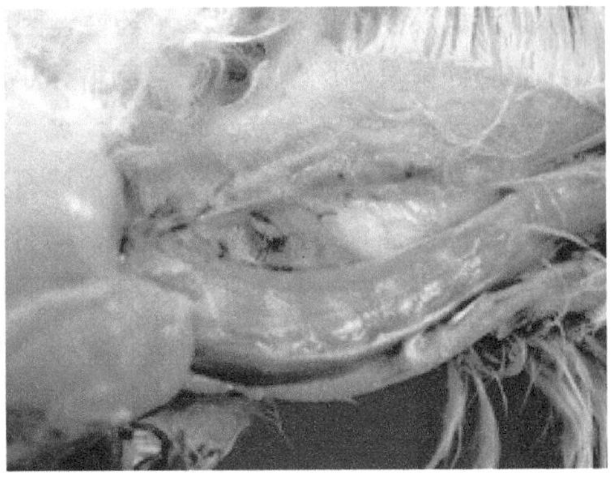

图 4-3-95　胸腺萎缩

（三）防制措施

1. 加强检疫

防止从外地引入带毒鸡，以免将本病传入健康鸡群。重视日常的饲养管理和兽医卫生措施，严防由环境因素及其他传染病导致的免疫抑制。

2. 切断鸡传染性贫血的垂直传播途径

对基础种鸡群施行普查，了解鸡传染性贫血病毒的分布以及隐性感染和带毒状况，淘汰阳性鸡只，切断鸡传染性贫血的垂直传播源。

3. 免疫接种

用鸡传染性贫血弱毒冻干苗对12～16周龄种鸡饮水免疫，能有效抵抗鸡传染性贫血病毒攻击，在免疫后6周产生坚强免疫力，并持续到60～65周龄。种鸡免疫6周后所产的蛋可留作种蛋用。也可用病雏匀浆提取物饲喂未免疫种鸡，或将鸡传染性贫血病毒耐过鸡的垫料掺合于未免疫青年种鸡的垫料中进行人工感染，均可取得满意的免疫效果。鸡传染性贫血病毒的母源抗体极易产生，并对子代鸡免疫保护。

第三节　常见细菌病

一、大肠杆菌病

（一）发病情况

本病是由大肠杆菌的某些致病性血清型引起的疾病。多呈继发或并发。由于大肠杆菌血清型众多，且容易产生耐药性，因此治疗难度比较大，发病率和死亡率高。

大肠杆菌是鸡肠道中的正常菌群，平时，由于肠道内有益菌和有害菌保持动态平衡状态，因此一般不发病。但当环境条件改变，蛋鸡遇到较大应激，或在病毒病发作时，都容易继发或随病毒病等伴发大肠杆菌病。本病可通过消化道、呼吸道、污染的种蛋等途径传播，不分年龄、季节，均可发生。饲养管理和环境条件越差，发病率和死亡率就越高。如污秽、拥挤、潮湿、通风不良的环境，过冷过热或温差很大的气候变化，有毒有害气体（氨气或硫化氢等）长期存在，饲养管理不良，营养失调（特别是维生素的缺乏）以及病原微生物（如支原体及病毒）感染所造成的应激等，均可促进本病的发生。

（二）临床症状与病理变化

① 精神不振，常伏卧或呆立一侧，羽毛松乱，两翅下垂（图4-3-96、图4-3-97）。

图 4-3-96　病鸡精神差，乍毛，腹泻

图 4-3-97　伏卧，拉白色稀粪

② 食欲减退，冠发紫，排白色、黄绿粪便（图4-3-98、图4-3-99）。

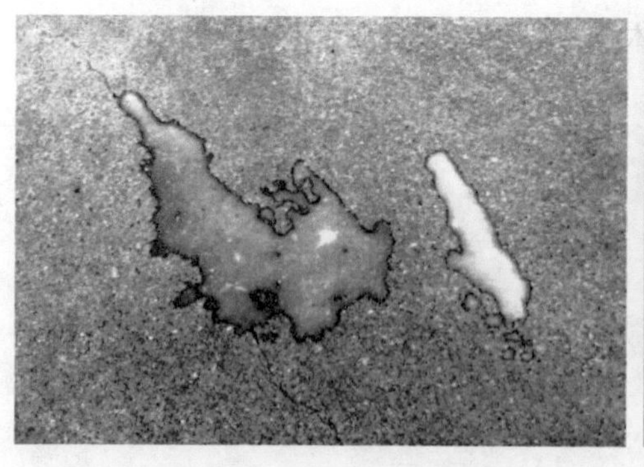

图 4-3-98　排出白色稀薄粪便

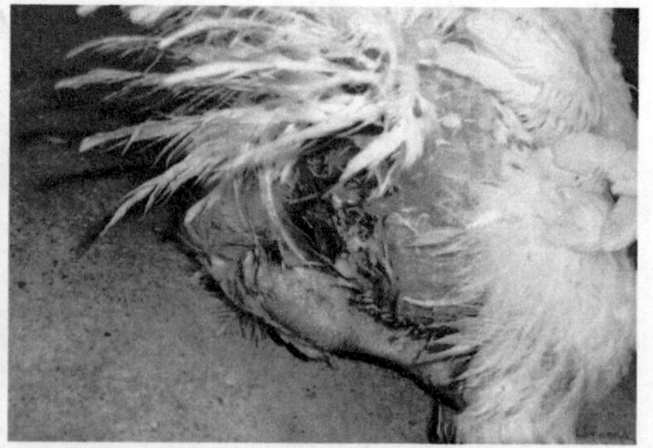

图 4-3-99　白色稀粪污染泄殖腔周围羽毛

③ 当大肠杆菌和其他病原（如支原体、传染性支气管炎病毒等）合并感染时，病鸡多有明显的气囊炎。临床表现呼吸困难、咳嗽。

④ 剖检时有恶臭味儿。病理变化多表现为：心包炎，心包积液，有炎性分泌物；肝周炎，肝肿大，肝表面形成干酪物，或有包膜，或有黄色纤维素状渗出；气囊浑浊、增厚，有干酪物；有些蛋鸡群鸡只头部皮下有胶冻状渗出物；腹膜炎，雏鸡有卵黄收缩不良、卵黄性腹膜炎等变化，中大鸡发病有的还表现为腹水征（图4-3-100～图4-3-108）。

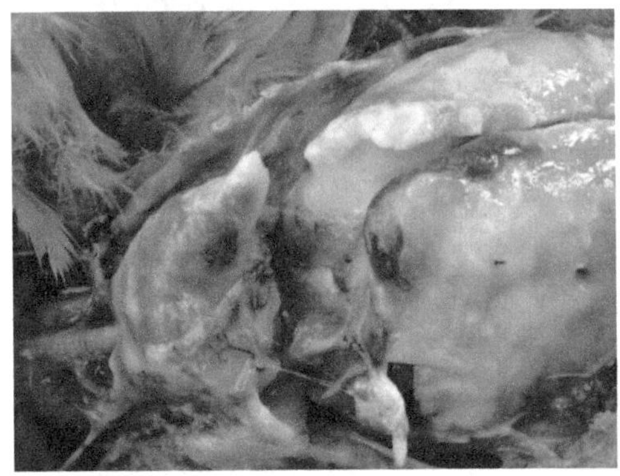
图 4-3-100　心包炎、肝周炎

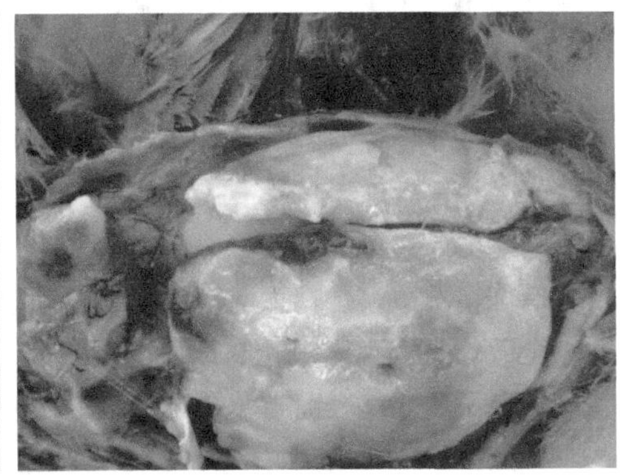
图 4-3-101　肝脏表面形成的干酪物

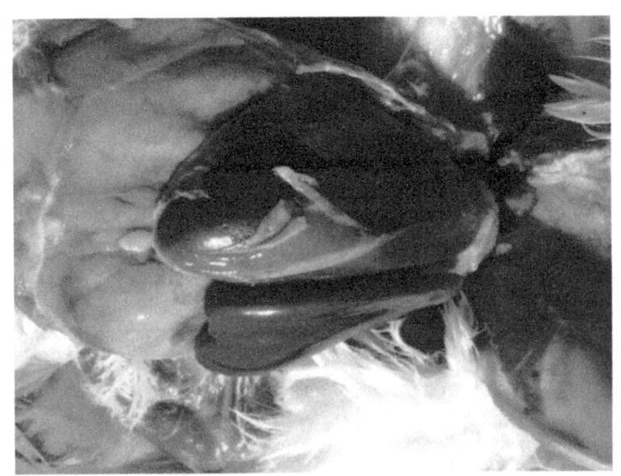
图 4-3-102　肝脏表面形成包膜

图 4-3-103　肝脏表面黄色纤维蛋白渗出

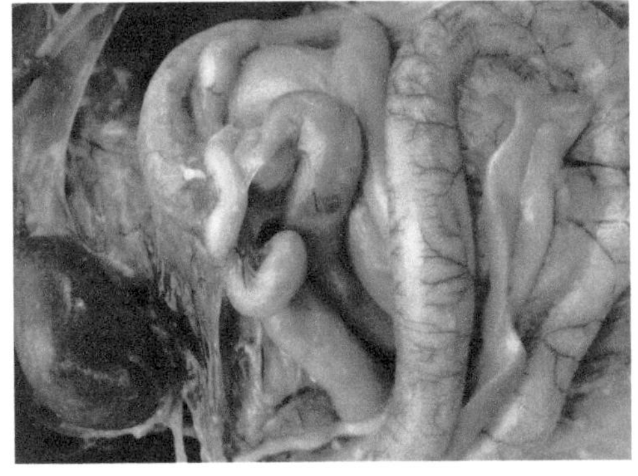
图 4-3-104　气囊炎、腹膜炎

图 4-3-105　病鸡前胸气囊黄色干酪物

图 4-3-106　腹膜炎

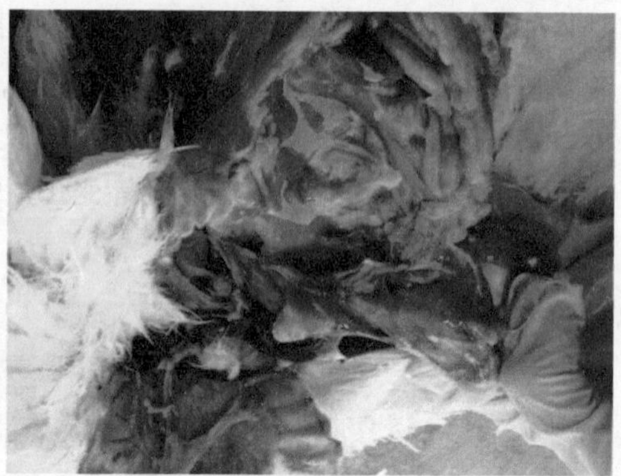
图 4-3-107　卵黄性腹膜炎

有些情况下，蛋鸡大肠杆菌病还表现以下不同类型。

全眼球炎表现为眼睑封闭，外观肿大，眼内蓄积大量脓性或干酪样物质。眼角膜变成白色不透明，表面有黄色米粒大的坏死灶（图4–3–109）。内脏器官多无变化。

大肠杆菌性肉芽肿（图4–3–110、图4–3–111），在病鸡的小肠、盲肠、肠系膜及肝脏、心脏等表面形成典型的肉芽肿，外观与结核结节及马立克氏病相似。

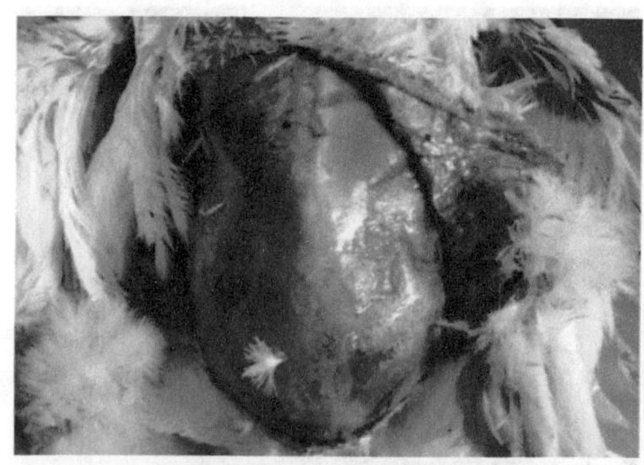
图 4-3-108　引起腹水征

图 4-3-109　大肠杆菌性全眼球炎，结膜囊内有脓性渗出物

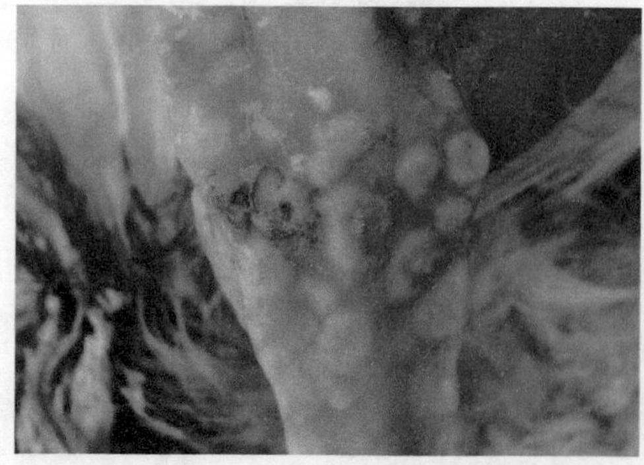
图 4-3-110　大肠杆菌性肉芽肿（一）

图 4-3-111　大肠杆菌性肉芽肿（二）

（三）防治

1.预防

① 选择质量好、健康的鸡苗，这是保证后期大肠杆菌病少发的一个基础。

② 大肠杆菌是条件性致病菌，所以良好的饲养管理是保证该病少发的关键。例如温度、湿度、通风换气、圈舍粪便处理等都与大肠杆菌病的发生息息相关。

③ 适当的药物预防。药物可根据鸡只的不同日龄多听从兽医专家的建议进行选择，切不可滥用。

2.治疗

① 弄清该鸡群发生的大肠杆菌病是原发病还是继发病，是单一感染还是和其他疾病混合感染，这是成功治疗本病的关键。积极治疗原发病。

② 通过细菌培养和药敏试验选择对大肠杆菌高敏的药物作为首选药物。

③ 饲料、饮水中增加维生素的添加剂量，提高机体抵抗力。

④ 改善圈舍条件，提高饲养管理水平。

二、鸡巴氏杆菌病

又称鸡霍乱、鸡出血性败血症，是由多杀性巴氏杆菌引起的主要侵害鸡、火鸡等禽类的一种接触性传染病。急性病例主要表现为突然发病、下痢、败血症状及高死亡率，剖检特征是全身黏膜、浆膜小点性出血，出血性肠炎及肝脏有坏死点；慢性病例的特点是鸡冠、肉髯水肿，关节炎，病程较长，但死亡率较低。

（一）发病情况

多杀性巴氏杆菌是条件性致病菌，平时鸡体内都有存在。当饲养管理不当、鸡群抵抗力下降时易发生本病。多种家禽和野鸟都可感染，但鸡、鸭、鹅和火鸡最易感。雏禽有免疫力，很少发病，主要是3～4月龄的鸡和成年鸡易感染发病。本病一年四季都可发生和流行，但在春秋季多见。主要通过呼吸道、消化道和皮肤创伤感染。

（二）临床症状与病理变化

1.临床症状

临床上可分为最急性、急性和慢性3种类型。

（1）最急性型　常发生在暴发的初期，特别是成年产蛋鸡，没有任何症状，突然倒地死亡。

（2）急性型　最为常见，表现体温升高，少食或不食，精神不振，呼吸急促，鼻和口腔中流出混有泡沫的黏液，拉黄色、灰白色或淡绿色稀粪。鸡冠、肉髯青紫色，肉髯常发生肿胀，发热和有痛感，最后出现痉挛、昏迷甚至死亡。

（3）慢性型　多见于流行后期或常发地区，病变常局限于病鸡身体的某一部位，如有些鸡一侧或两侧肉髯明显肿大；有些引起关节肿胀或化脓，出现跛行；有些呈现呼吸道症状，鼻流黏液，鼻窦肿大，喉头分泌物增多，病程长达一个月以上。

2.病理变化

① 最急性型病例，剖检无明显病变，死亡鸡只鸡冠、肉髯呈黑紫色，心外膜有少许出血点。

② 心冠脂肪出血（图4–3–112），心包有黄色积液，充满纤维素状渗出物。

③ 肝脏肿大、质脆、色变淡，表面有很多针尖大小的灰白色或灰黄色坏死点（图4–3–113）。

④ 肌胃出血显著，肠道尤其是十二指肠呈卡他性出血性炎症，肠内容物含有血液，黏膜上覆盖一层黄色纤维素样沉淀物。

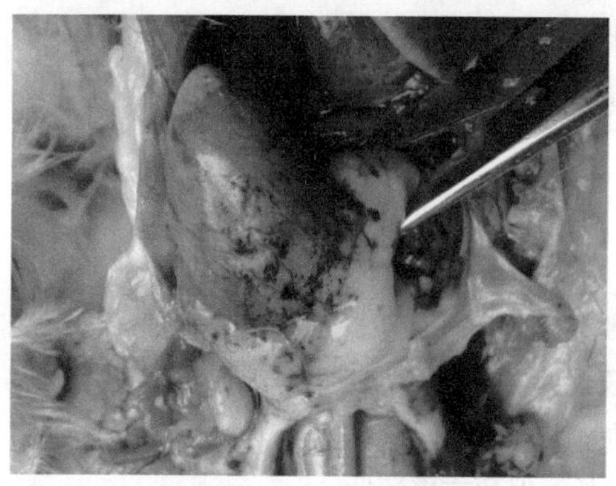
图 4-3-112　心冠脂肪出血

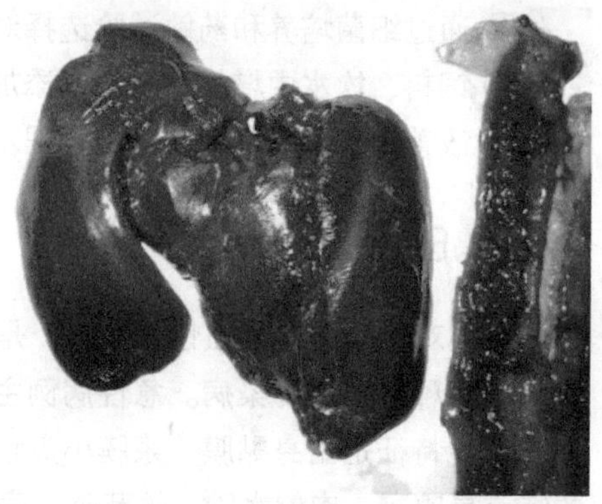
图 4-3-113　肝肿质脆，表面布针尖大坏死点

⑤ 皮下（图4–3–114）、腹脂、肠系膜、浆膜有出血，呼吸道有炎症，分泌物增多，肉髯水肿或坏死，有关节炎者关节肿大、化脓或干酪样坏死。

⑥ 蛋鸡卵泡严重充血、出血，卵泡变形，呈半煮熟样，有卵黄性腹膜炎。

⑦ 肺有充血或出血点（图4–3–115）。

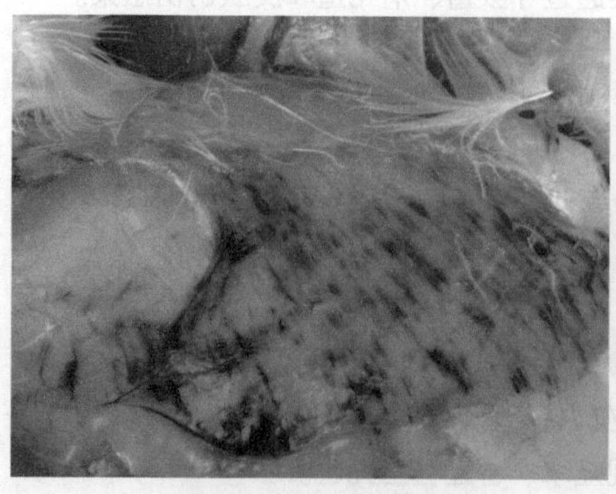
图 4-3-114　皮下脂肪出血

图 4-3-115　肺脏出血

（三）防治

在流行区可注射菌苗（以禽霍乱蜂胶苗为好），种鸡及产蛋鸡在产前接种。鸡场不随便引进鸡苗，必须引进需隔离饲养，观察无病后方可合群。加强环境卫生消毒。

发病鸡群采用药物治疗：可选用0.1%增效磺胺饮水3～4天，或用喹乙醇25～35克/吨均匀拌料，疗程不超过3天，有很好的防治效果。

三、坏死性肠炎

坏死性肠炎又称肠毒血症，是由魏氏梭菌（A型产气荚膜梭菌）引起的一种急性传染病。主要表现为病鸡排出黑色间或混有血液的粪便，病死鸡以小肠后段黏膜坏死为特征。

（一）发病情况

自然条件下仅见鸡发生本病，肉鸡、蛋鸡均可发生，尤以平养鸡多发，育雏和育成鸡多发。一年四季均可发生，但在炎热潮湿的夏季多发。该病的发生多有明显的诱因，如鸡群密度大，通风不良；饲料的突然更换且饲料蛋白质含量低；不合理地使用药物添加剂；球虫病的发生等均会诱发本病。一般情况下该病的发病率、死亡率不高。

（二）临床症状与病理变化

病鸡精神沉郁，羽毛粗乱，食欲减退或废绝，发病早期表现为水泻，随着病情的加重，排黄白色稀粪或黄褐色糊状粪便，粪臭；有时排红色乃至黑褐色煤焦油样粪便，有的粪便混有血液或白色肠黏膜组织；多数病雏不显任何症状而突然死亡；产蛋鸡多于夜间急性死亡。慢性病例生长迟缓，排石灰水样稀便，肛门周围常被粪便污染。

病变主要在小肠，尤其是空肠和回肠部分。小肠显著肿粗至正常的2～3倍，扩张、充满气体（图4-3-116）。肠壁坏死，出血，呈紫红色（图4-3-117），或因附着黄褐色伪膜（图4-3-118）而肥厚、脆弱。肠内容物少，消化差，常可见到未被消化

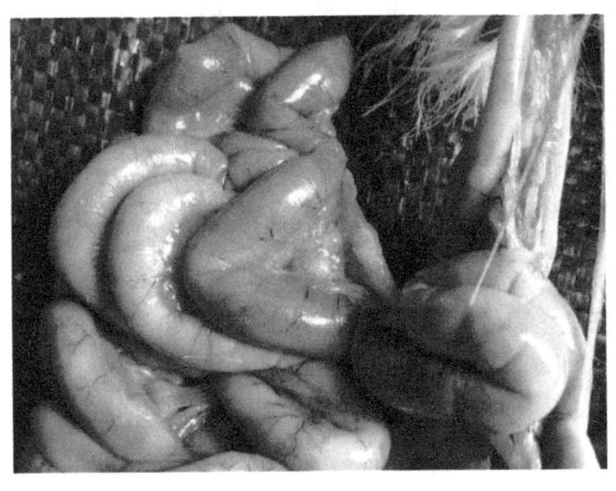
图4-3-116　小肠壁变薄，肠腔胀气增粗

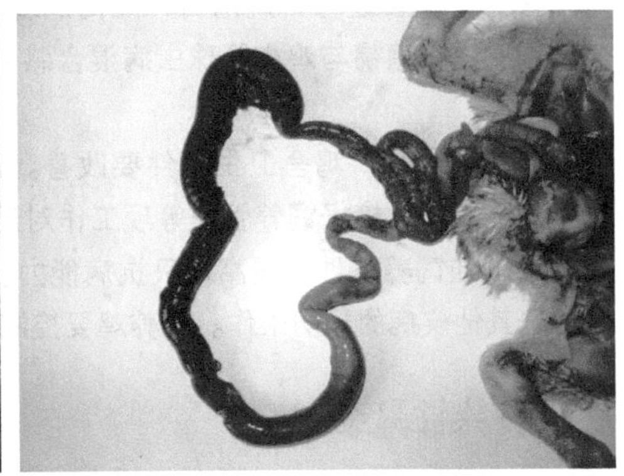
图4-3-117　空肠坏死，出血，呈紫红色

的饲料残渣（图4-3-119）。肠黏膜有卡他性炎症到坏死性炎症，肠黏膜脱落、出血、坏死（图4-3-120、图4-3-121）。早期感染病例只能见到回肠、直肠段肠黏膜有米粒大小、似痱子状坏死灶，这类鸡主要表现为水泻。

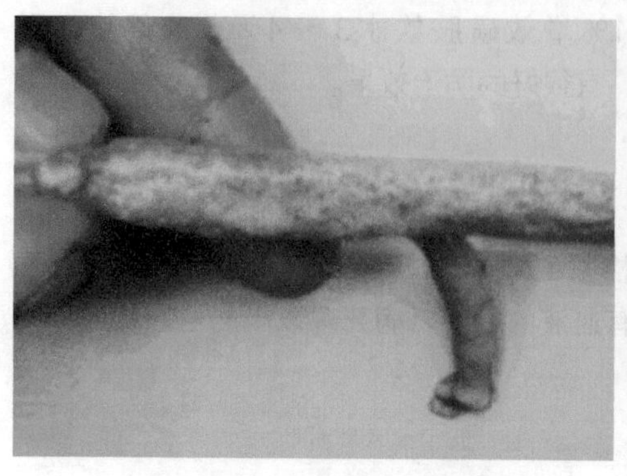
图 4-3-118　肠黏膜附着致密伪膜

图 4-3-119　回肠中有未消化的饲料颗粒

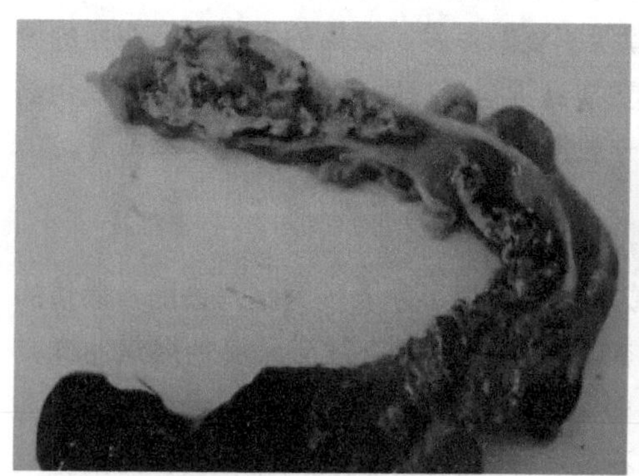
图 4-3-120　肠黏膜脱落、坏死

图 4-3-121　肠黏膜脱落、出血、坏死

（三）防治

首先对鸡舍进行常规消毒，隔离病鸡。选择敏感抗菌药物，全群饮水或混饲给药。因肠道梭菌易与鸡小肠球虫病混合感染，故一般在治疗过程中，要适当加入一些抗球虫药。

治疗的同时，鸡舍卫生条件要改善。认真做好兽医卫生消毒工作，减小养殖密度，加强通风，搞好饲养管理等项工作对迅速控制本病是非常重要的。对本病的预防主要是加强饲养管理，提高鸡只抗病能力。采取有效措施减少各种应激因素的影响，并做好其他疾病的预防工作。平养鸡要控制球虫病的发生，对防治本病有重要意义。

四、传染性鼻炎

鸡传染性鼻炎是由副鸡嗜血杆菌引起的一种急性呼吸道传染病，多发生于阴冷潮湿季节。主要通过健康鸡与病鸡接触或吸入了被病菌污染的飞沫而迅速传播，也可通过被污染的饲料、饮水经消化道传染。

（一）发病情况

副鸡嗜血杆菌对各种日龄的鸡群都易感，但雏鸡很少发生。在发病频繁的地区，发病正趋于低日龄，多集中在35～70日龄。一年四季都可发生，以秋冬季、春初多发。可通过空气、飞沫、饲料、水源传播，甚至人员的衣物鞋子都可作为传播媒介。一般潜伏期较短，仅1～3天。

（二）临床症状及病理变化

① 传染性鼻炎主要特征症状有喷嚏、发烧、鼻腔流黏液性分泌物、流泪、结膜炎、颜面和眼周围肿胀和水肿。病鸡精神不振，食欲减退，病情严重者引起呼吸困难和啰音（图4–3–122）。

② 眼部经常可见卡他性结膜炎（图4–3–123）。

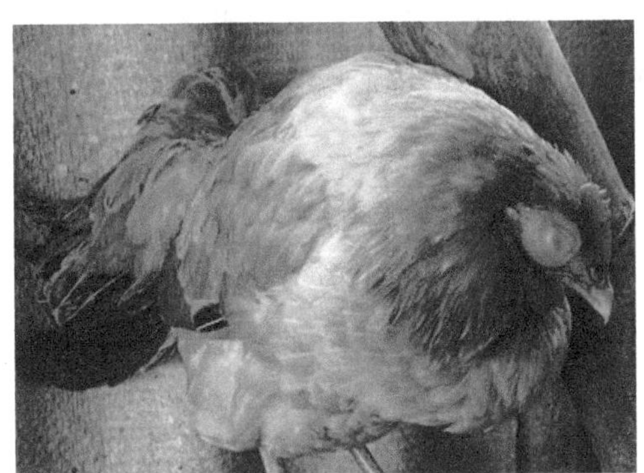

图 4-3-122　精神不振

图 4-3-123　眼部肿胀、卡他性结膜炎

③ 鼻腔、窦黏膜和气管黏膜出现急性卡他性炎症，充血、肿胀、潮红，表面覆有大量黏液，窦腔内有渗出物凝块或干酪样坏死物（图4–3–124、图4–3–125）。

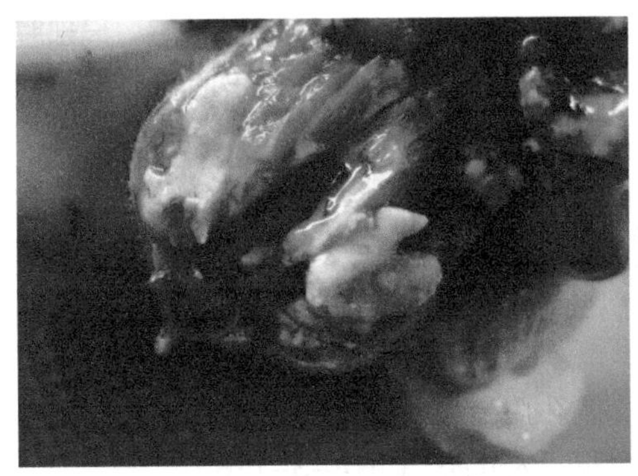

图 4-3-124　窦腔内渗出物凝块

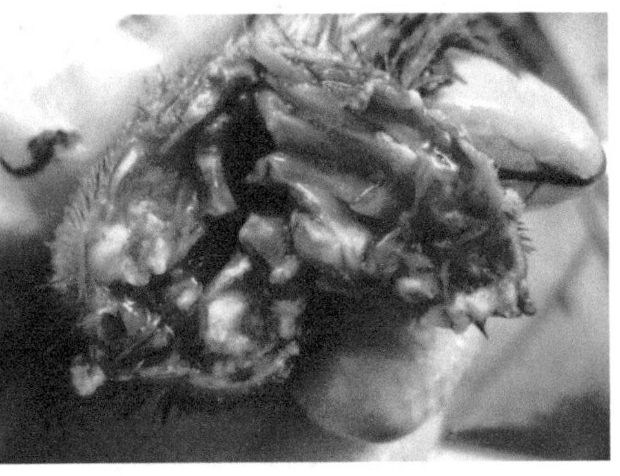

图 4-3-125　窦腔内干酪样坏死物

（三）防治

1.预防

加强饲养管理，搞好卫生消毒，防止应激，搞好疫苗接种。根据本场实际情况选择适合厂家的传染性鼻炎灭活疫苗，问题严重时可利用本场毒株制作自家苗有的放矢地进行预防。

2.治疗

本病治疗的基本原则是抗菌消炎，清热通窍。磺胺类药物是首选，大环内酯类、链霉素、庆大霉素有效。

五、鸡葡萄球菌病

鸡葡萄球菌病是由金黄色葡萄球菌或其他葡萄球菌感染所引起的鸡的急性败血症或慢性关节炎、脐炎、眼炎、肺炎传染病。其临床表现为急性败血症、关节炎、雏鸡脐炎、皮肤坏死和骨膜炎。雏鸡感染后多为急性败血症的症状和病理变化；中雏病为急性或慢性；成年鸡多为慢性。雏鸡和中雏病死率较高，因而该病是集约化养鸡场中危害严重的疾病之一。

（一）发病情况

金黄色葡萄球菌在自然界中分布很广，皮肤、羽毛、肠道等处存在着大量细菌，当鸡体受到创伤时感染发病，雏鸡的脐带感染最常见。一年四季都可发病，在阴雨潮湿季节、饲养管理不善时多发，40～60日龄的鸡，特别是肉鸡发病最多。

（二）临床症状与病理变化

1.临床症状

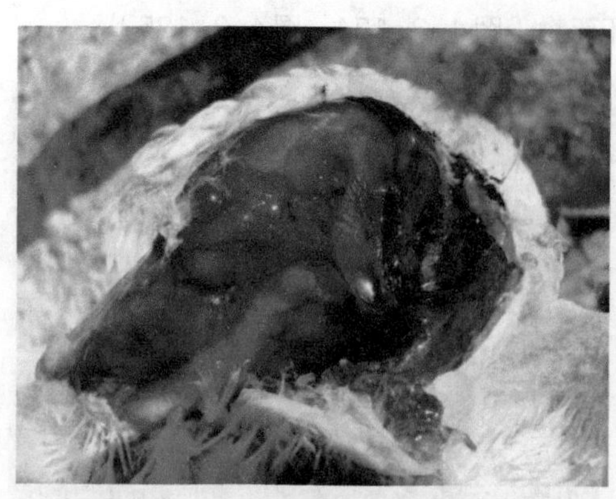
图4-3-126　皮下胶冻样水肿液

① 翅部出血坏死；胸、腹部皮肤发生炎症，皮下有紫色和紫黑色胶冻样水肿液（图4-3-126），有波动感，局部脱毛，有些自然破溃，流出的液体粘连周围羽毛。

② 关节肿胀，呈紫黑色，触及有波动感，出现跛行，有的脚底肿大、化脓（图4-3-127）。

③ 雏鸡脐带愈合不良，出现脐炎，脐孔周围发炎肿大，变紫黑、质硬，俗称“大肚脐”（图4-3-128）。

图 4-3-127　脚底肿大、化脓

图 4-3-128　雏鸡“大肚脐”

④ 眼部发病出现流泪，眼肿，分泌物增多，失明。

2. 病理变化

（1）急性败血型　表现胸、腹、脐部肿胀，黑紫，剪开后出现皮下出血，有大量胶冻样粉红色水肿液，肌肉有出血斑或条纹。

（2）关节炎型　关节肿胀处皮下水肿，关节液增多，关节腔内有白色或黄色絮状物。

（3）内脏型　肝脏肿大呈紫红色，肝、脾及肾脏有白色坏死点或脓疱，心包积液呈红色、半透明状。腺胃黏膜有弥漫性出血和坏死。

（4）皮肤型　体表不同部位见皮炎、坏死甚至坏疽变化。

（三）防治

1. 预防

防止外伤。断喙、剪趾、注射和刺种时注意消毒，防止孵化污染，做好饲养管理工作。

2. 治疗

抗菌消炎，对症处理，改善环境，消除诱因。多种抗生素治疗有效。

六、沙门菌病

雏鸡沙门菌病是由沙门菌属引起的一组传染病，主要包括鸡白痢、鸡伤寒和鸡副伤寒。

（一）发病情况

1. 鸡白痢

鸡白痢是雏鸡的一种急性、败血性传染病。2 周龄以内的雏鸡发病率和死亡率都很高，成年鸡多呈慢性经过，症状不典型，但带菌种鸡可通过种蛋垂直传播给雏鸡，还可通过粪便水平传播。大多通过带菌的种蛋进行垂直传播。如果孵化了带菌的种蛋，雏鸡出壳1周内就可发病死亡，对育雏成活率影响极大。育成期虽有感染，但一般无明显临床症状，种鸡场一旦被污染，很难根除。

感染种蛋孵化时，一般在孵化后期或出雏器中可见到已死亡的胚胎和垂死的弱雏。

2.鸡伤寒

鸡伤寒主要发生于育成鸡和产蛋鸡。4～20周龄的青年鸡，特别是8～16周龄最易感。带菌鸡是本病的主要传染源。主要通过粪便感染，通过眼结膜或其他介质机械传播，也可通过种蛋垂直传播给雏鸡。

3.鸡副伤寒

鸡副伤寒是由鼠伤寒、肠炎等沙门菌引起的疾病的总称。主要发生于4～5日龄的雏鸡，可引起大批死亡。以下痢、结膜炎和消瘦为特征。人吃了被病菌污染的食物后易引起食物中毒，应引起重视。主要通过消化道和种蛋传播，也可通过呼吸道和皮肤伤口传染，一般多呈地方性流行。雏鸡多呈急性败血症经过，成年鸡多呈隐性感染。

（二）临床症状与病理变化

1.鸡白痢

（1）临床症状　早期急性死亡的雏鸡，一般不表现明显的临床症状；3周以内的雏鸡临床症状比较典型，表现为怕冷、尖叫、两翅下垂、反应迟钝、减食或废绝（图4-3-129）；排出白色糊状或白色石灰浆状的稀粪（图4-3-130），有时粘附在泄殖腔周围。因排便次数多，肛门常被粘糊封闭，影响排粪，常称“糊肛”（图4-3-131），病雏排粪时感到疼痛而发出尖叫声。鸡白痢病鸡还可出现张口呼吸症状（图4-3-132）。

图4-3-129　病鸡羽毛蓬乱、缩头、无神

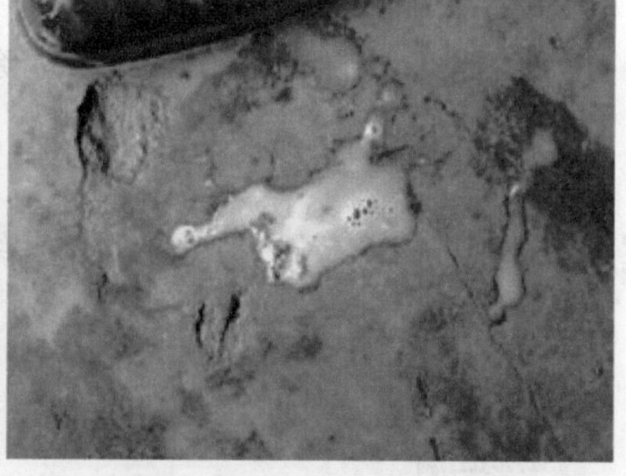

图4-3-130　病鸡排出石灰浆样稀粪

图 4-3-131　糊肛

图 4-3-132　病雏张口呼吸

（2）病理变化

① 心肌变性，心脏上有黄白色、米粒大小的坏死结节（图4-3-133～图4-3-135）。

② 病鸡瘦弱，肝脏上有密集的灰白色坏死点（图4-3-136、图4-3-137）；肺瘀血、肉变、出血坏死（图4-3-138～图4-3-140）。

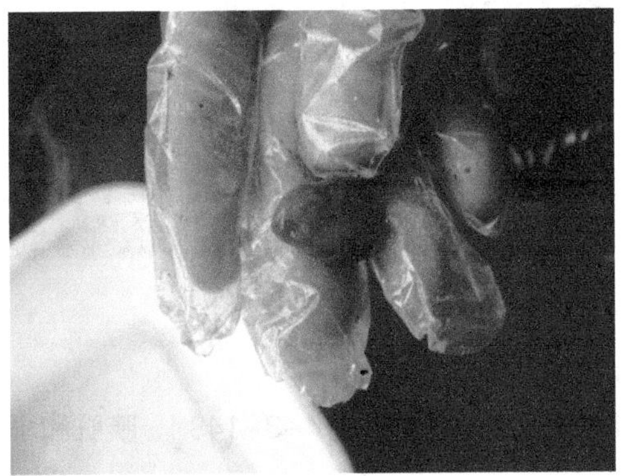

图 4-3-133　心肌变性

图 4-3-134　心脏上的黄白色米粒大小的坏死结节

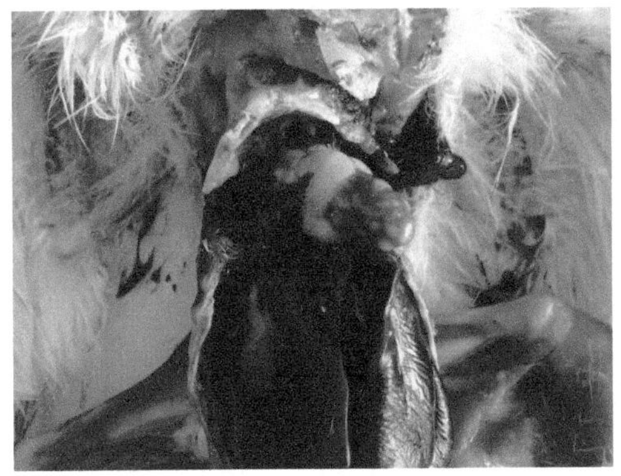

图 4-3-135　心脏肉芽肿、变性

图 4-3-136　病鸡瘦弱，肝脏上有密集的灰白色坏死点

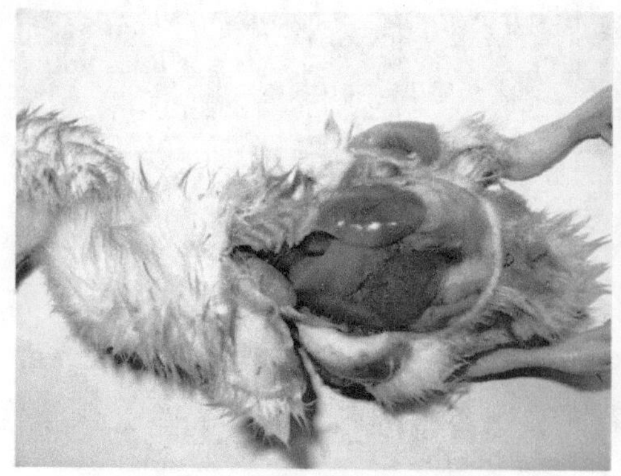
图 4-3-137　肝脏表面的灰白色坏死灶

图 4-3-138　肺瘀血、肉变

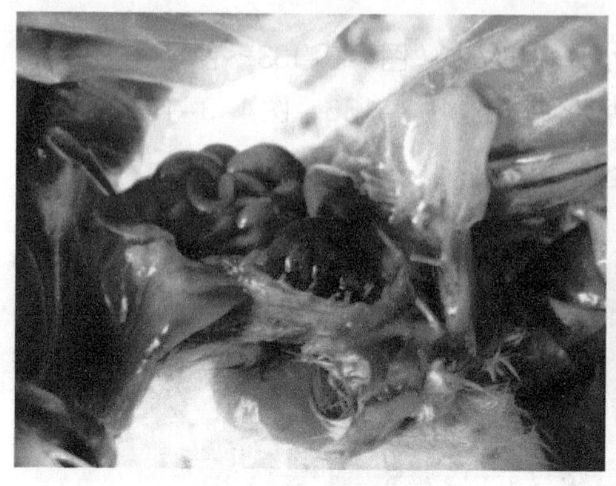
图 4-3-139　肺脏出血

图 4-3-140　肺坏死性结节

③ 脾脏肿胀、出血、坏死（图4-3-141）。

④ 慢性鸡白痢引起盲肠肿大，形成肠芯（图4-3-142、图4-3-143）。胰脏和小肠外形成肉芽肿（图4-3-144）。

⑤ 卵黄吸收不完全（图4-3-145）。

图 4-3-141　脾脏肿胀、出血、坏死

图 4-3-142　慢性鸡白痢引起盲肠肿大，形成肠芯

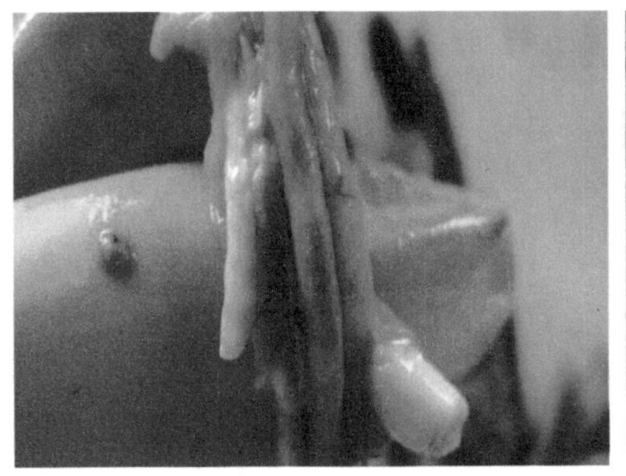
图 4-3-143　慢性鸡白痢引起盲肠肿大，内有干酪样物

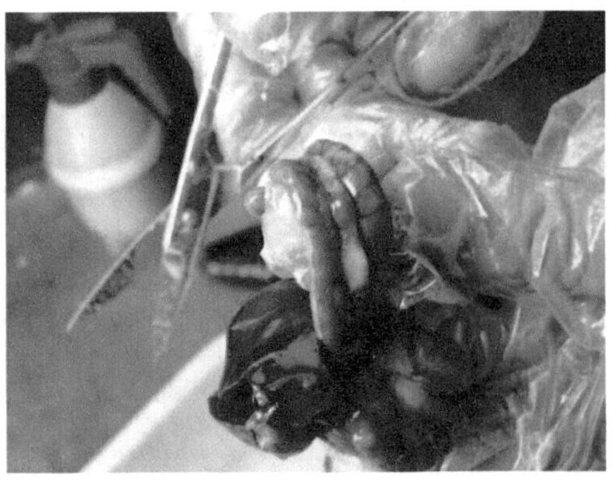
图 4-3-144　胰脏和小肠外形成肉芽肿

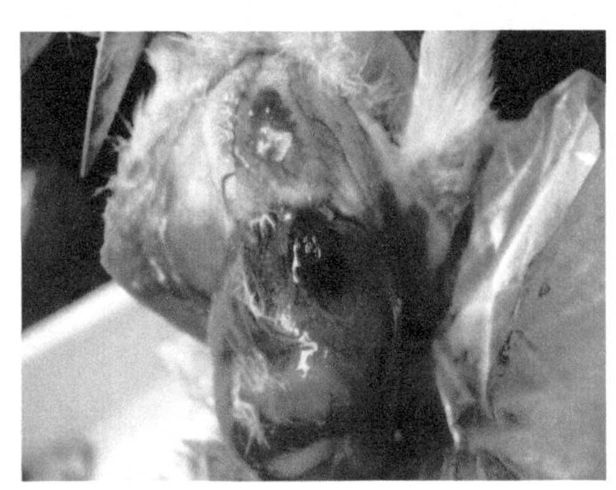
图 4-3-145　卵黄吸收不完全

2.鸡伤寒

（1）临床症状　病鸡精神差，贫血，冠和肉髯苍白皱缩，拉黄绿色稀粪。雏鸡发病与鸡白痢基本相似。

（2）病理变化

① 肝肿大，呈浅绿、棕色或古铜色，质脆，表面有坏死灶。胆囊充盈膨大（图4-3-146～图4-3-148）。

② 肺瘀血（图4-3-149）。

③ 肠道有卡他性炎症，肠黏膜有溃疡，以十二指肠较严重，内有绿色稀粪或黏液（图4-3-150）。

④ 雏鸡病变与鸡白痢基本相似。

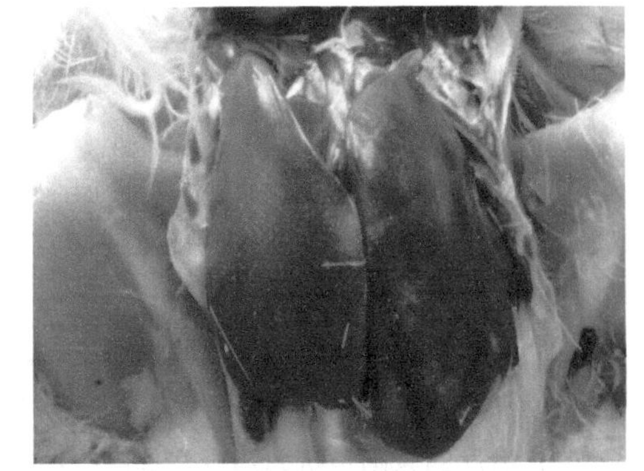
图 4-3-146　伤寒引起的肝脏肿大，青铜肝

图 4-3-147　肝脏肿大，表面有坏死灶

图 4-3-148　肝脏表面布满坏死灶

图 4-3-149　伤寒引起肺部瘀血

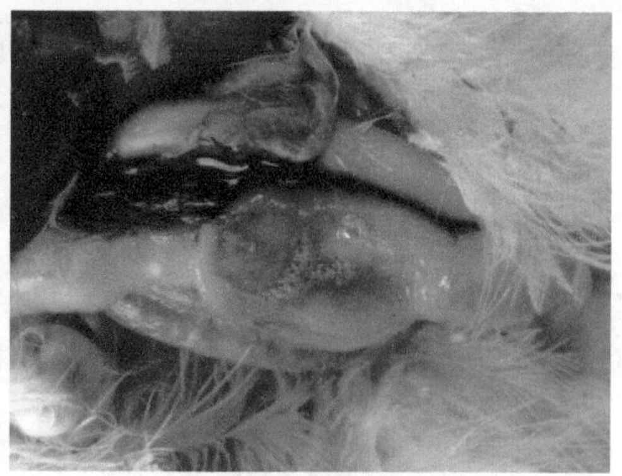
图 4-3-150　肠黏膜溃疡

3.鸡副伤寒

（1）临床症状　病雏嗜眠，畏寒，严重水样下痢，泄殖腔周围有粪便粘污。

（2）病理变化　急性死亡的病雏鸡病理变化不明显。病程稍长或慢性经过的雏鸡，呈现出血性肠炎。肠道黏膜水肿、局部充血和点状出血，肝肿大，青铜肝，有细小灰黄色坏死灶。

（三）防治

① 对雏鸡（开口时）可选用敏感的药物加入饲料或饮水中进行预防，防止早期感染。

② 保证鸡群各个生长阶段、生长环节的清洁卫生，杀虫灭鼠，防止粪便污染饲料、饮水、空气、环境等。

③ 育雏舍要实行全进全出的饲养模式，推行自繁自养的管理措施。

④ 加强育雏期的饲养管理，保证育雏温度、湿度和饲料的营养。

⑤ 治疗的原则是抗菌消炎，提高抗病能力。可选择敏感抗菌药物预防和治疗，防止扩散。

⑥ 在饲料中添加微生态制剂，利用生物竞争排斥的现象预防鸡白痢。常用的商品制剂有促菌生、强力益生素等，可按照说明书使用。

⑦ 使用本场分离的沙门菌制成油乳剂灭活苗，做免疫接种。

⑧ 种鸡场必须适时地进行检疫，检疫的时机以140日龄左右为宜，及时淘汰检出的所有阳性鸡。种蛋入孵前要熏蒸消毒，同时要做好孵化环境、孵化器、出雏器及所有用具的消毒。

七、曲霉菌病

曲霉菌病又称霉菌性肺炎。病原主要是烟曲霉和黄曲霉。烟曲霉菌菌落初长为白色致密绒毛状，菌落形成大量孢子后，其中心呈浅蓝绿色，表面呈深绿色、灰绿色甚至为黑色丝绒状。

（一）发病情况

曲霉菌病是平养蛋鸡常见的一种真菌性疾病，由曲霉菌引起，常呈急性暴发和群发性发生。主要危害20日龄内雏鸡。多见于温暖多雨季节，因垫料、饲料发霉，或因雏鸡室通气不良而导致霉菌大量生长，雏鸡吸入大量霉菌孢子而感染发病。饲料的霉变多为放置时间过长、吸潮或鸡吃食时饲料掉到垫料中所引起，垫料的霉变更多的是木糠、稻壳等未能充分晒干吸潮而致。

（二）临床症状与病理变化

1.临床症状

① 20日龄内蛋鸡多呈暴发，成鸡多散发。

② 精神沉郁，嗜睡，两翅下垂，食欲减退或废绝。伸颈张口，呼吸困难，甩鼻，流鼻液，但无喘鸣声。个别鸡只出现麻痹、惊厥、颈部扭曲等神经症状（图4-3-151）。

图 4-3-151 呼吸困难，但无喘鸣声

2.病理变化

① 病变主要见于肺部和气囊，肺部见有曲霉菌菌落（图4-3-152）和粟粒大至绿豆大黄白色或灰白色干酪样、豆腐渣样坏死结节，其质地较硬，切面可见有层状结构，中心为干酪样坏死组织（图4-3-153、图4-3-154）。严重时，肺部发炎（图4-3-155）。

图 4-3-152　肺部形成的霉菌斑

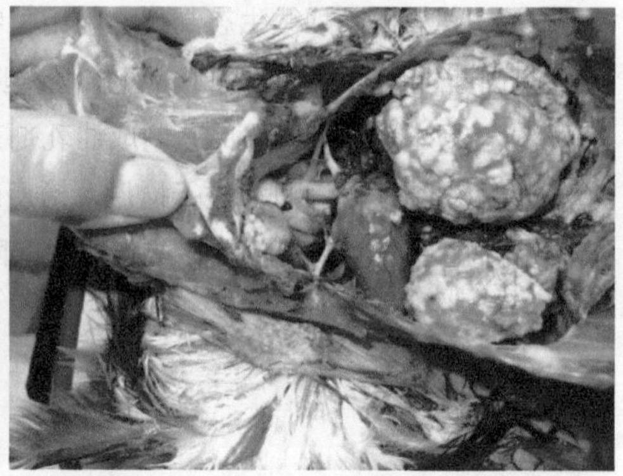

图 4-3-153　肺部形成豆腐渣样坏死灶（一）

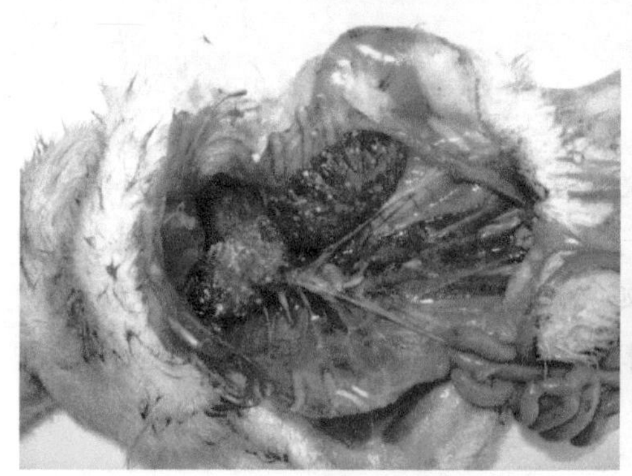

图 4-3-154　肺部形成豆腐渣样坏死灶（二）

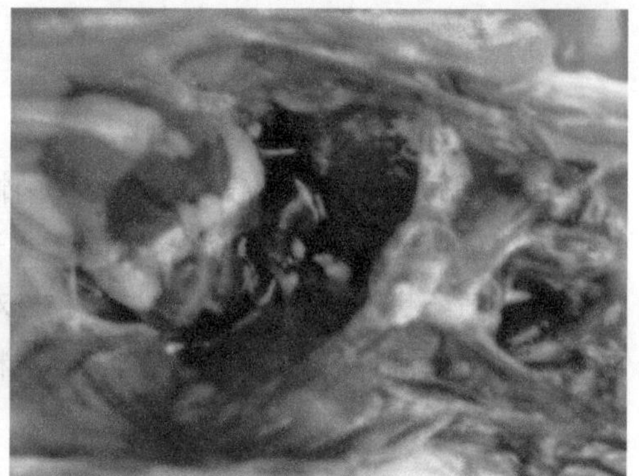

图 4-3-155　肺炎

② 食管形成假膜（图4–3–156），肌胃角质层溃疡、糜烂（图4–3–157）。

③ 心包积液（图4–3–158）。

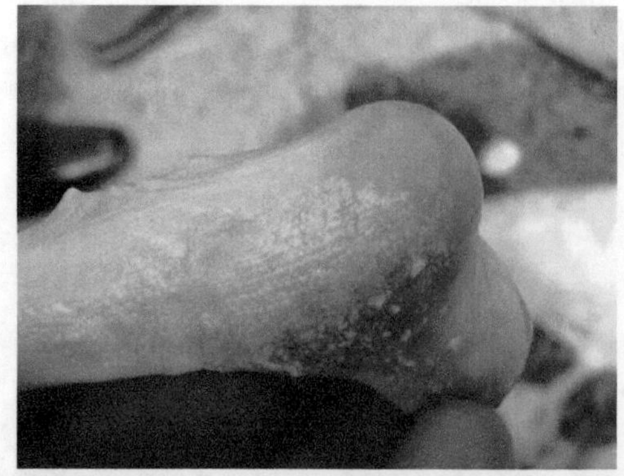

图 4-3-156　食管假膜

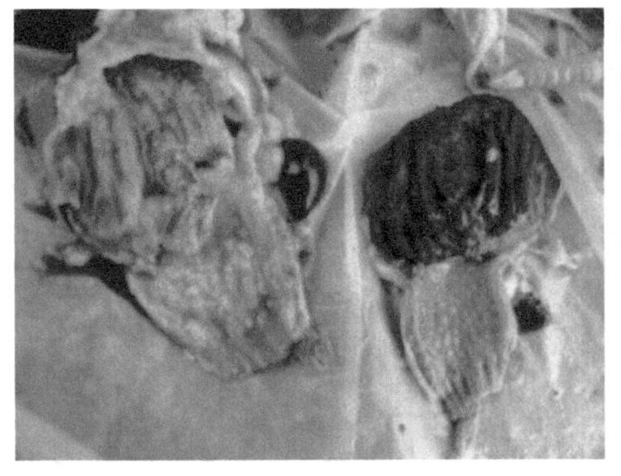

图 4-3-157　肌胃角质层溃疡、糜烂

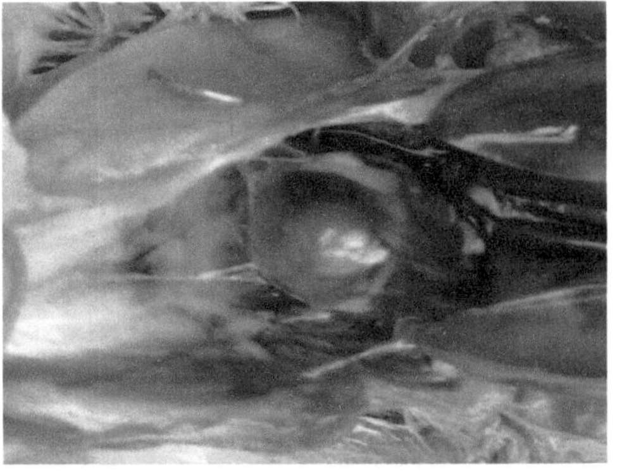

图 4-3-158　心包积液

（三）防治

1.预防

① 严禁使用霉变的米糠、稻草、稻壳等作垫料，防止使用发霉饲料，所取的饲料在一定的时间内鸡群要吃完（一般7天内），饲料要用木板架起放置防止吸潮。料桶要加上料罩防止饲料掉下；垫料要常清理，把垫料中的饲料清除。

② 严格做好消毒卫生工作，可用0.4%的过氧乙酸带鸡消毒。

2.治疗

治疗前，先全面清理霉变的垫料，停止使用发霉的饲料或清理地上发霉的饲料，用0.1%～0.2%的硫酸铜溶液全面喷洒鸡舍，换上新鲜干净的谷壳作垫料。饮水器、料桶等雏鸡接触过的用具全面清洗并用0.1%～0.2%的硫酸铜溶液浸泡。0.2%硫酸铜溶液、0.2%龙胆紫饮水或0.5%～1%碘化钾溶液饮水，制霉菌素（100粒/包）拌料，连用3天（每天一次）为一个疗程，连用2～3个疗程，每个疗程间隔2天。注意控制并发或继发其他细菌病，如葡萄球菌病等，可使用阿莫西林饮水。

八、鸡支原体病

鸡支原体病又名慢性呼吸道病，是由鸡毒支原体引起的蛋鸡的一种接触性、慢性呼吸道传染病。其特征是上呼吸道及邻近的窦黏膜炎症，常蔓延到气囊、气管等部位。表现为咳嗽、流鼻涕、气喘和呼吸杂音。本病发展缓慢，又称败血霉形体病。

（一）发病情况

本病的传播方式有水平传播和垂直传播。水平传播是病鸡通过咳嗽、喷嚏或排泄物污染空气，经呼吸道传染，也能通过饲料或水源由消化道传染，也可经交配传播。垂直传播是由隐性或慢性感染的种鸡所产的带菌蛋进行传播，可使14～21日龄的胚胎死亡或孵出弱雏，这种弱雏因带病原体又能引起水平传播。

本病在鸡群中流行缓慢，仅在新疫区表现急性经过，当鸡群遭到其他病原体感染或寄生虫侵袭时，以及影响鸡体抵抗力降低的应激因素如预防接种，卫生不良，鸡群过分拥挤，营养不良，气候突变等均可促使或加剧本病的发生和流行。带有本病病原体的幼雏，用气雾或滴鼻的途径免疫时，能诱发致病。若用带有病原体的鸡胚制作疫苗，则能造成疫苗的污染。本病一年四季均可发生，但以寒冷的季节流行较严重。

（二）临床症状与病理变化

1.临床症状

① 病鸡先是流稀薄或黏稠鼻液，打喷嚏，咳嗽，张口呼吸（图4–3–159），呼吸有气管啰音，夜间比白天听得更清楚，严重者呼吸啰音很大，似青蛙叫。

② 病鸡食欲不振，体重减轻消瘦。眼球受到压迫，发生萎缩和造成失明，可以侵害一侧眼睛，也可能两侧同时发生。

③ 易与大肠杆菌病、传染性鼻炎、传染性支气管炎病原混合感染，从而导致气囊炎、肝周炎、心包炎，增加死亡率。若无病毒和细菌并发感染，死亡率较低。

④ 滑液囊支原体感染时，关节肿大，病鸡跛行甚至瘫痪。

2.病理变化

① 鼻腔、气管、支气管和气囊中有渗出物，眶下窦黏膜发炎，气管黏膜常增厚。鼻窦、眶下窦卡他性炎症及黄色干酪样物（图4–3–160）。

图 4-3-159　精神沉郁，张口呼吸

图 4-3-160　鼻窦、眶下窦卡他性炎症及黄色干酪样物

② 肺脏出血性坏死（图4–3–161）；气囊膜浑浊、增厚，囊腔中含有大量泡沫状分泌物（图4–3–162）。与大肠杆菌混合感染时，可见纤维素性心包炎、肝周炎、气囊炎（图4–3–163）。

③ 气管栓塞，可见黄色干酪样物堵塞气管（图4–3–164）。

④ 支原体关节炎时，关节肿大，尤其是跗关节，关节周围组织水肿（图4–3–165、图4–3–166）。

图 4-3-161 肺脏出血性坏死

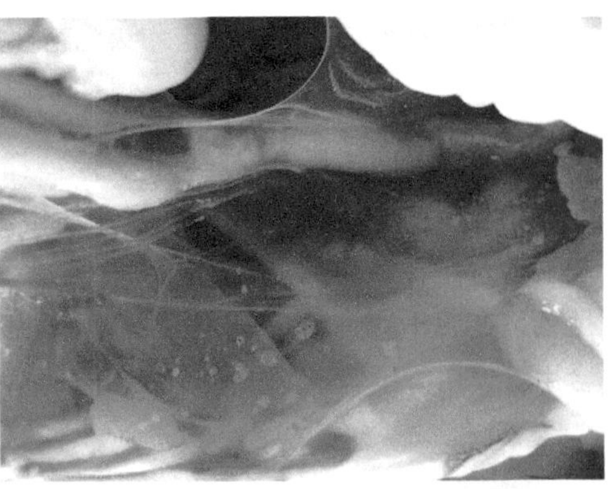
图 4-3-162 气囊泡沫状分泌物

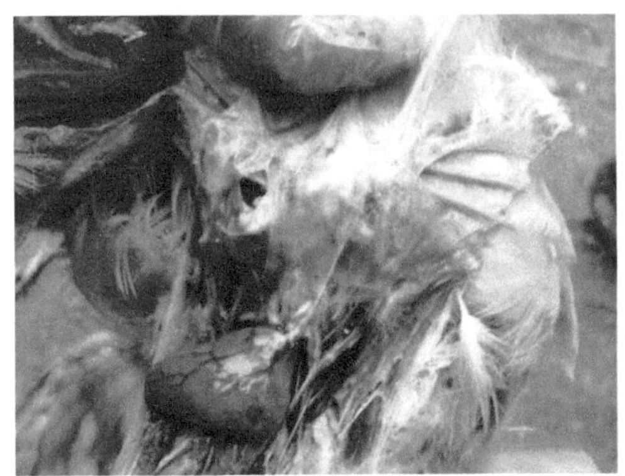
图 4-3-163 气囊炎

图 4-3-164 气管栓塞

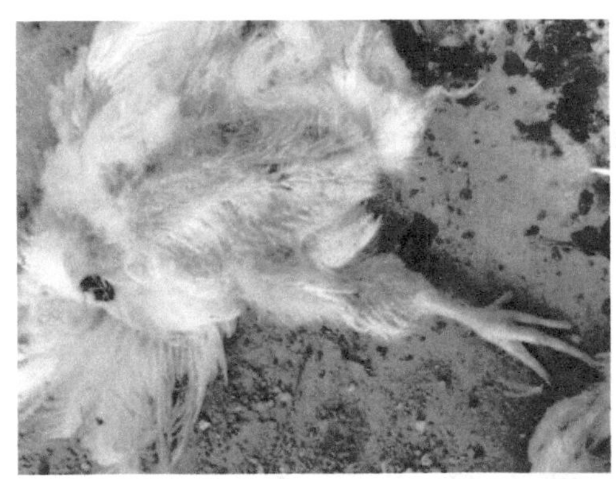
图 4-3-165 关节肿大（一）

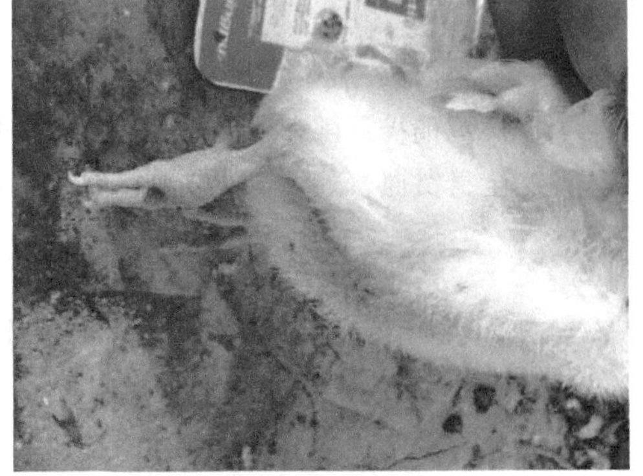
图 4-3-166 关节肿大（二）

（三）防治

1.预防

加强饲养管理，搞好卫生消毒，对种鸡群一定要定期进行血清学检查，淘汰阳性鸡；也可接种疫苗（有弱毒苗和灭活苗，按说明书使用）。

2.治疗

泰乐菌素、支原净等对鸡毒支原体都有效，但易产生耐药性。选用哪种药物，最好先做药敏试验，也可轮换或联合使用药物。使用泰乐菌素时，可通过鸡的饮水给药，用量是在每千克饮水中，兑入5～10克的泰乐菌素，或者通过鸡的饲料来给药，用量是在每千克饲料中，拌入10～20克的泰乐菌素。泰乐菌素不能与聚醚类抗生素合用。使用泰乐菌素+甘草合剂+维生素A，进行喷雾给药，效果好。

第四节 常见寄生虫病

一、鸡球虫病

（一）发病情况

鸡球虫病是由寄生在雏鸡体内的艾美耳属球虫引起的一种寄生类的传染性疾病。其中以柔嫩艾美耳球虫的致病能力最强，对雏鸡造成的危害最为严重。该种疾病的流行时间为每年的5～9月份，温暖潮湿季节最容易引起该种疾病暴发，一般为15～60日龄的雏鸡发病最为严重，其死亡率可以达到70%～90%。

（二）临床症状与病理变化

1.临床症状

① 病鸡精神沉郁，羽毛松乱，两翅下垂，闭眼似睡（图4-3-167）。

② 全身贫血，冠、髯、皮肤、肌肉颜色苍白（图4-3-168）。

图 4-3-167　病鸡精神不振，双翅下垂，闭目缩颈

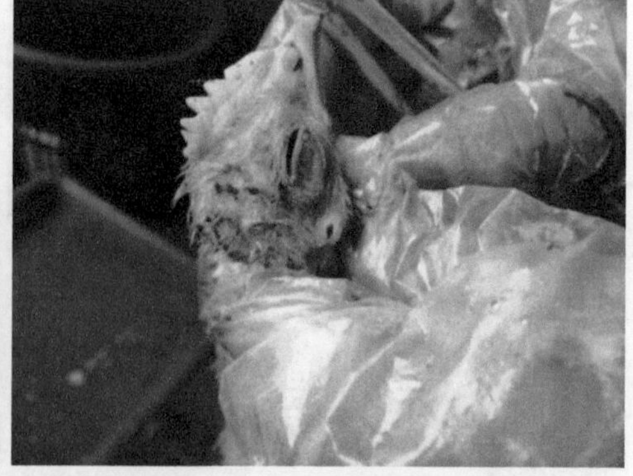

图 4-3-168　鸡冠、肉髯苍白贫血

③ 地面平养鸡发病早期偶尔排出带血粪便，并在短时间内采食加快，随着病情发展血粪增多，尾部羽毛被血液或暗红色粪便污染（图4–3–169）。

④ 笼养鸡、网上平养鸡常感染小肠球虫，呈慢性经过，病鸡消瘦，间歇性下痢，羽毛松乱，闭眼缩作一团，采食量下降，排出未被完全消化的饲料粪（料粪），粪便中混有血色丝状物或肉芽状物、胡萝卜丝样物，或排出西红柿样稀粪（图4–3–170～图4–3–173）。

图 4-3-169　幼鸡排出血便

图 4-3-170　料粪中带有血丝

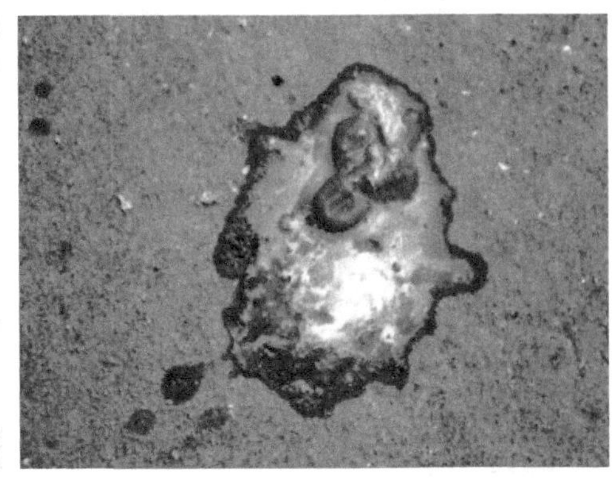

图 4-3-171　下痢，排出胡萝卜丝样物

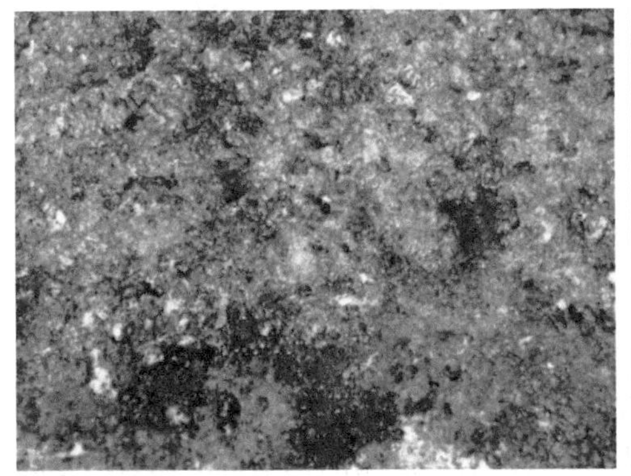

图 4-3-172　下痢，排出西红柿样稀粪

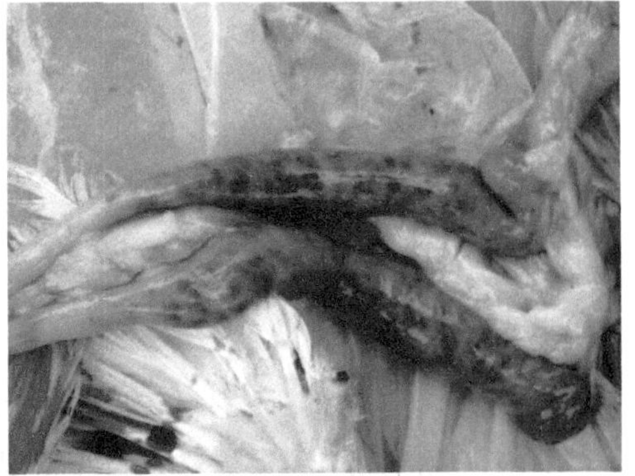

图 4-3-173　盲肠肿大，增粗，出血，暗红

2.病理变化

① 柔嫩艾美耳球虫感染时表现盲肠球虫。见两侧盲肠显著肿大，增粗，外观呈暗红色或紫黑色（图4–3–173），内为暗红色血凝块或血水，并混有肠黏膜坏死物质

（图4–3–174）。

② 毒害艾美耳球虫、巨型艾美耳球虫、堆型艾美耳球虫、哈氏艾美耳球虫感染时，主要损害小肠。小肠肿胀、出血，有严重坏死（图4–3–175）；肠黏膜上有致密的麸皮样黄色假膜，肠壁增厚，剪开自动外翻（图4–3–176）；肠浆膜面上有明显的淡白色斑点。有时可形成肠套叠（图4–3–177）。

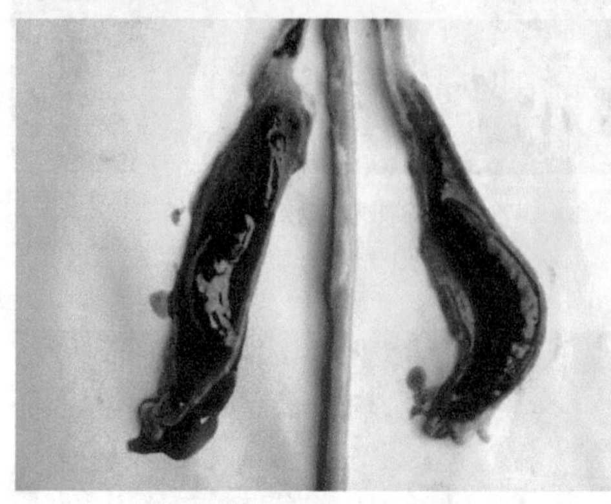

图 4-3-174　盲肠内暗红色血凝块

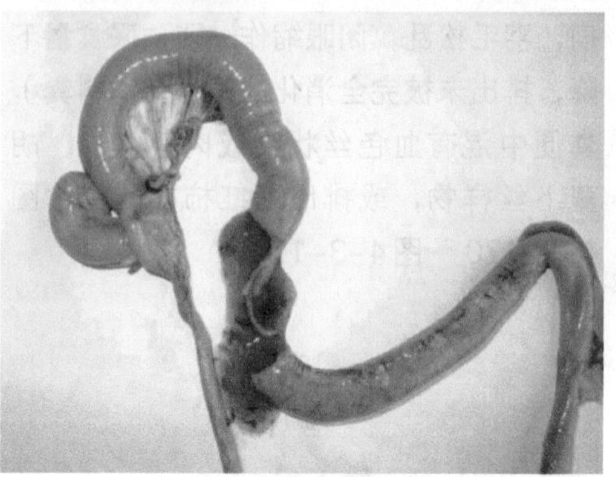

图 4-3-175　小肠肿胀出血，坏死

图 4-3-176　肠黏膜上有致密的麸皮样黄色假膜

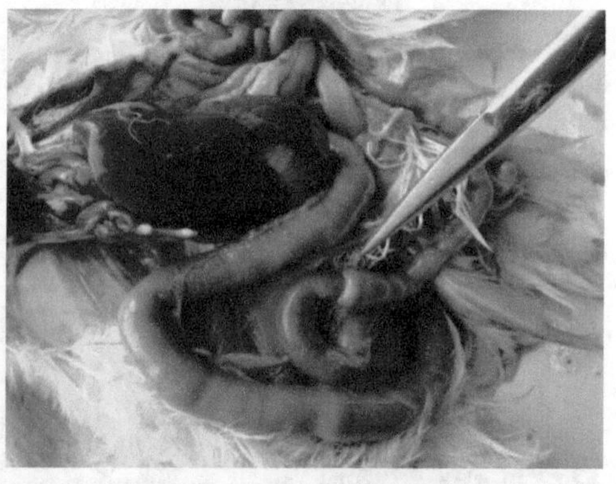

图 4-3-177　小肠肿胀，肠套叠

（三）防治

1.预防

（1）严格消毒　空鸡舍在进行完常规消毒程序后，应用酒精喷灯对鸡舍的混凝土、金属物件器具以及墙壁（消毒范围不能低于鸡群高度以上2米）进行火焰消毒，消毒时一定要仔细，不能有疏漏的区域。

木质、塑料器具用2%～3%的热碱水浸泡洗刷消毒。饲槽、饮水器、栖架及其他用具，每7～10天（在流行期每3～4天）要用开水或热碱水洗涤消毒。

（2）加强饲养管理　推广网上平养模式；加强对垫料的管理；保持鸡舍清洁干燥，搞好舍内卫生，要使鸡舍内温度适宜、阳光充足、通风良好；供给雏鸡富含维生素的饲料，以增强鸡只的抵抗力，在饲料或饮水内要增加维生素A和维生素K。

（3）做好定期药物预防　可以在雏鸡7日龄首免新城疫后，选择地克珠利、妥曲珠利配合鱼肝油，将球虫在生长前期杀死。如有明显肠炎症状，可用地克珠利、妥曲珠利配合氨苄西林钠、舒巴坦钠、肠黏膜修复剂等治疗。在二免新城疫之前，若鸡群中有球虫病，必须先治疗球虫病，再做新城疫免疫，防止引起免疫失败。10日龄前，也可不予预防性投药，待出现球虫后再做治疗，可以使蛋鸡前期轻微感染球虫，后期获得对球虫感染的抵抗力。

2.治疗

① 对急性盲肠球虫病的治疗，以30%的磺胺氯吡嗪钠为代表的磺胺类药物是治疗本病的首选药物。按鸡群全天采食量每100克饲料200克饮水，计算全天的饮水量，按每千克饮水300毫克磺胺氯吡嗪钠的比例，计算用药量。控水2小时后，将全部药量加入全天饮水量的2/3的水中，自由采食饮水4～5小时，饮完后，再添加剩余1/3的清水。连用3天。

② 对急性小肠球虫病的治疗，复合磺胺类药物是治疗本病的首选药物，另外加治疗肠毒综合症的药物同时使用，效果更佳。

③ 对慢性球虫病的治疗，以尼卡巴嗪、妥曲珠利、地克珠利为首选药物，配合治疗肠毒综合症的药物同时使用，效果更好。

④ 对混合球虫感染的治疗，以复合磺胺类药物配合治疗肠毒综合症的药物饮水，连用2天，晚上用健肾、护肾的药物饮水。

二、鸡组织滴虫病

（一）发病情况

鸡组织滴虫病又称盲肠肝炎、鸡黑头病，是由组织滴虫属的火鸡组织滴虫寄生于禽类的盲肠和肝脏引起的一种鸡的原虫病。本病特征是肝脏呈榆钱样坏死，盲肠发炎呈一侧或双侧肿大；多发于雏火鸡和雏鸡。该病常造成鸡头颈部瘀血而呈黑色，故称黑头病。

（二）临床症状与病理变化

① 病鸡精神不振，食欲减退，翅下垂，呈硫黄色、淡黄色或淡绿色下痢（图4-3-178）。

② 黑头，鸡冠、肉髯、头颈瘀血，发绀（图4-3-179）。

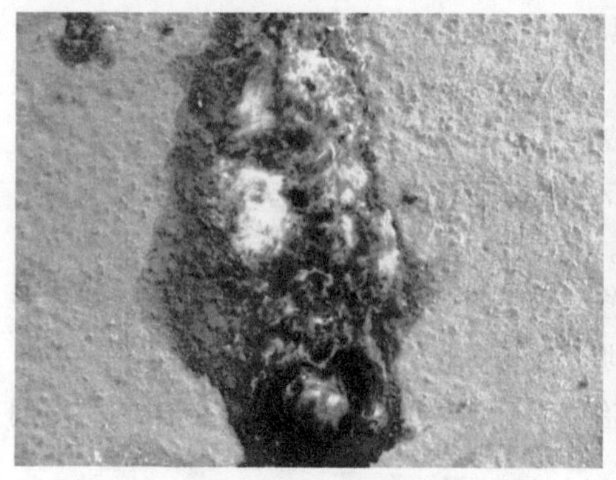
图 4-3-178　淡黄色或淡绿色下痢

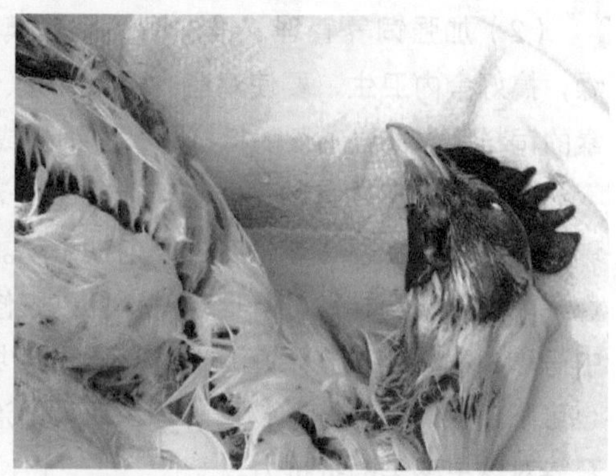
图 4-3-179　鸡冠、肉髯、头颈瘀血，发绀

③ 一侧或两侧盲肠肿胀发炎、坏死，肠壁增厚或形成溃疡，干酪样肠芯（图4-3-180～图4-3-183）。

图 4-3-180　盲肠肿胀

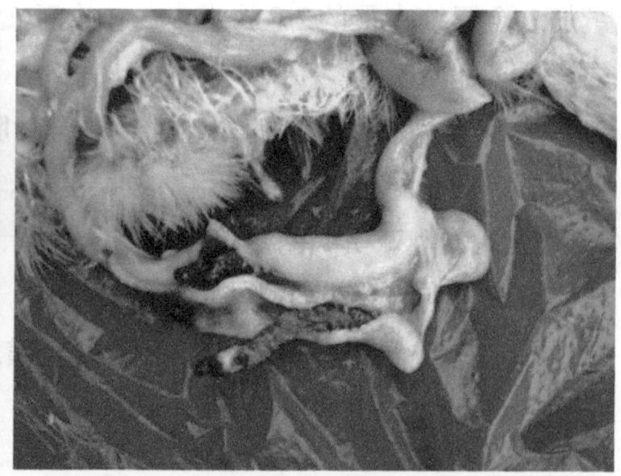
图 4-3-181　盲肠内形成的栓塞物

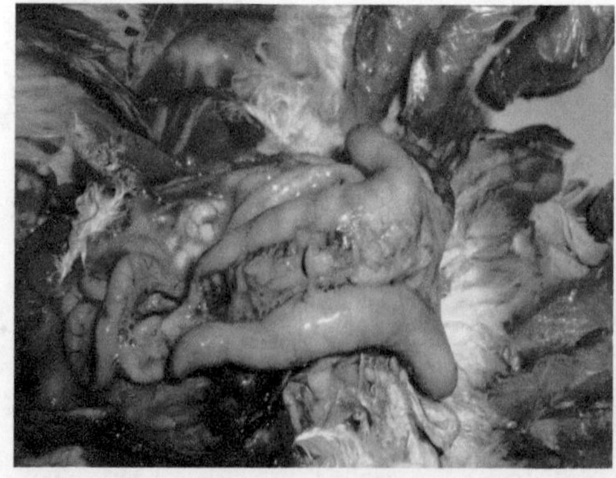
图 4-3-182　盲肠内形成黄色栓塞

图 4-3-183　盲肠壁增厚，内有干酪样栓塞

④ 肝脏肿大，表面有特征性扣状（榆钱样）凹陷坏死灶。肝出现颜色各异、不规整圆形稍有凹陷的溃疡灶，通常呈黄灰色或是淡绿色。溃疡灶的大小不等，一般为1～2厘米的环形病灶，也可能相互融合成大片的溃疡区（图4-3-184～图4-3-186）。

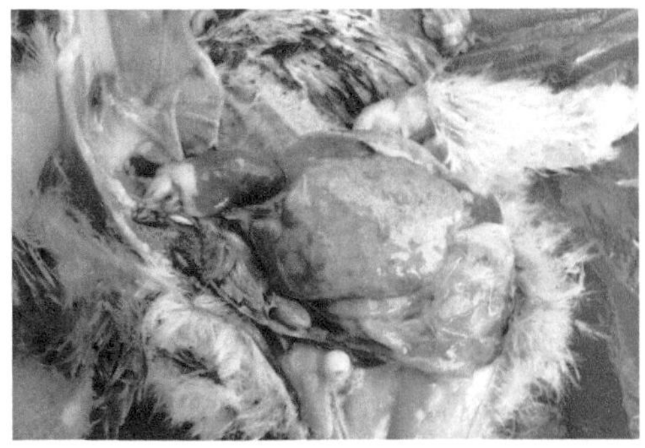
图 4-3-184　肝脏肿大，表面有扣状凹陷坏死灶

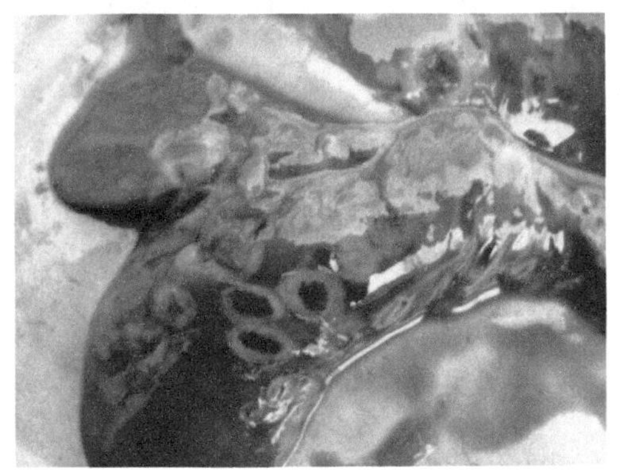
图 4-3-185　肝脏表面有榆钱样坏死灶

图 4-3-186　肝脏表面的黄灰色坏死灶

（三）防治

加强饲养管理，建议采用笼养方式。用伊维菌素定期驱除异刺线虫。发病鸡群用0.1%的甲硝唑拌料，连用5～7天有效。

三、鸡住白细胞原虫病

（一）发病情况

鸡住白细胞原虫病是由住白细胞原虫属的原虫寄生于鸡的红细胞和单核细胞内而引起的一种以贫血为特征的寄生虫病，俗称白冠病。主要由卡氏住白细胞原虫和沙氏住白细胞原虫引起。其中，卡氏住白细胞原虫危害最为严重。该病可引起雏鸡大批死亡，中鸡发育受阻，成鸡贫血。

该病的发生与蠓和蚋的活动密切相关。蠓和蚋分别是卡氏住白细胞原虫和沙氏住白细胞原虫的传播媒介，因而该病多发生于库蠓和蚋大量出现的温暖季节，有明显的季节性。一般气温在20℃以上时，蠓和蚋繁殖快、活动强，该病流行严重。我国南方地区多发生于4～10月份，北方地区多发生于7～9月份。

（二）临床症状与病理变化

1.临床症状

① 雏鸡感染多呈急性经过，病鸡体温升高，精神沉郁，乏力，昏睡；食欲不振，甚至废绝；两肢轻瘫，行走困难，运动失调；口流黏液，排白绿色稀便。

② 消瘦、贫血、鸡冠和肉髯苍白，有暗红色针尖大出血点（图4-3-187）。

③ 12～14日龄的雏鸡因严重出血、咯血（图4-3-188）和呼吸困难而突然死亡，死亡率高。血液稀薄呈水样，不凝固。

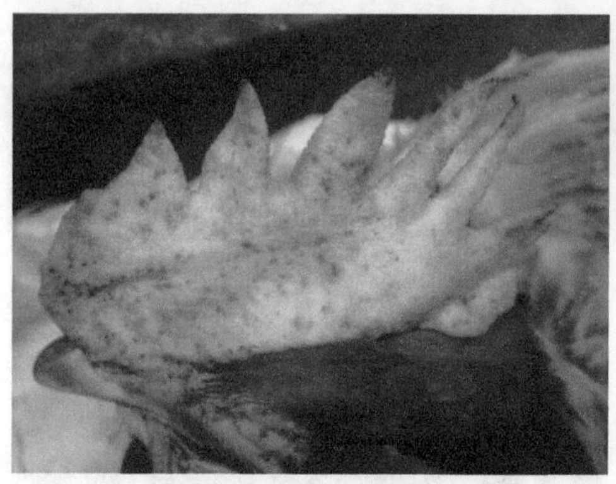
图 4-3-187　鸡冠苍白，有暗红色针尖大出血点

图 4-3-188　咯血

2.病理变化

① 皮下、肌肉，尤其胸肌和腿部肌肉有明显的点状或斑块状出血（图4-3-189～图4-3-192）。

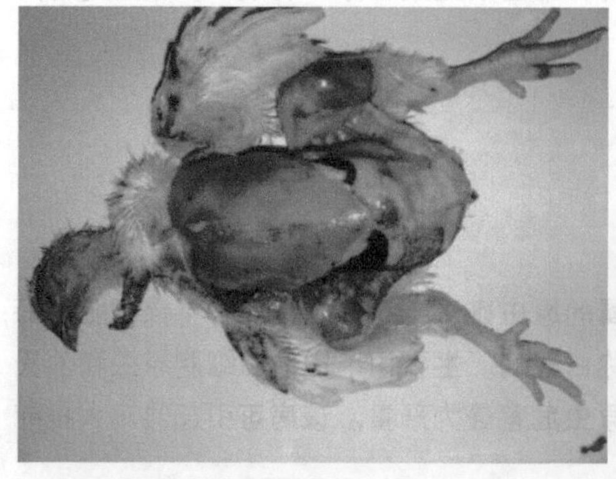
图 4-3-189　胸肌和腿肌上的点状或斑块状出血

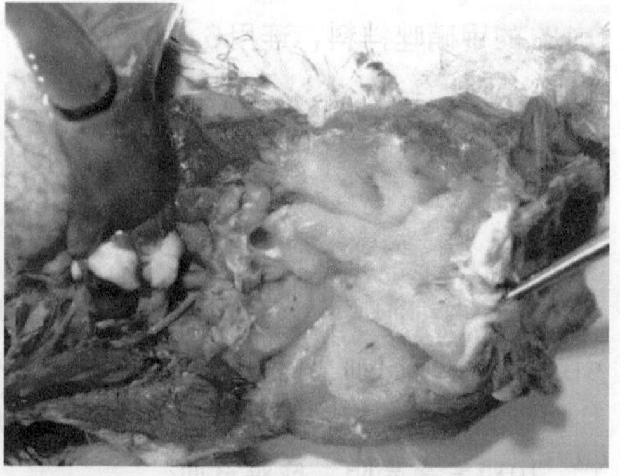
图 4-3-190　胸肌上有点状、隆起的出血

② 肠系膜、心肌、胸肌或肝、脾、胰等器官，出血，有住白细胞原虫裂殖体增殖形成的针尖大或粟粒大，与周围组织有明显界限的灰白色或红色小结节（图4-3-193～图4-3-198）。

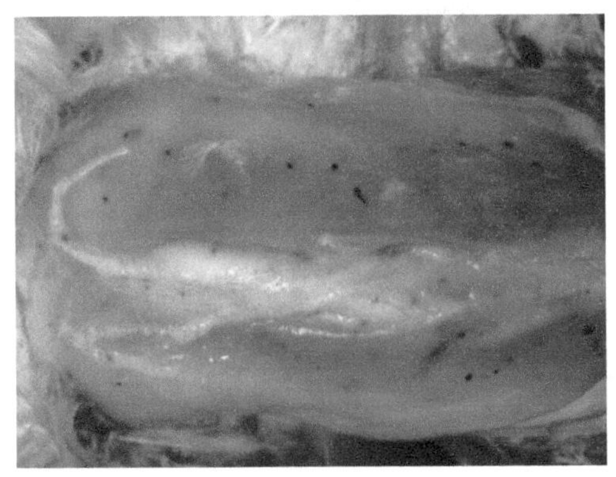
图 4-3-191　胸肌上的点状出血，贫血

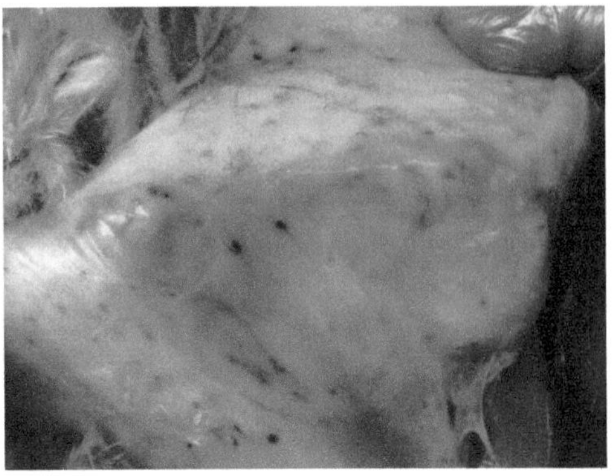
图 4-3-192　腿肌上的点状出血

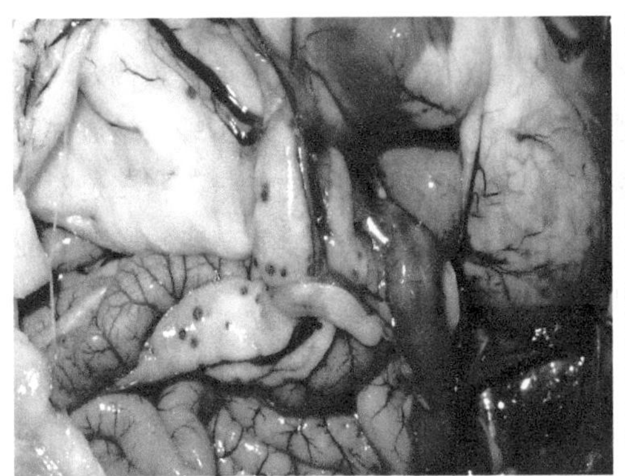
图 4-3-193　胰脏上隆起的结节性出血

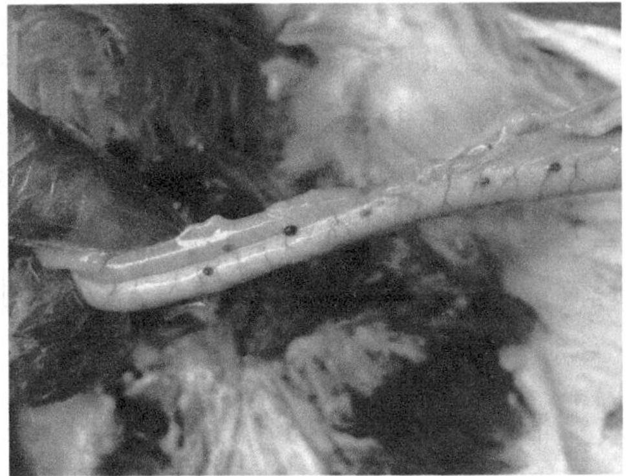
图 4-3-194　小肠浆膜面上隆起的结节性出血

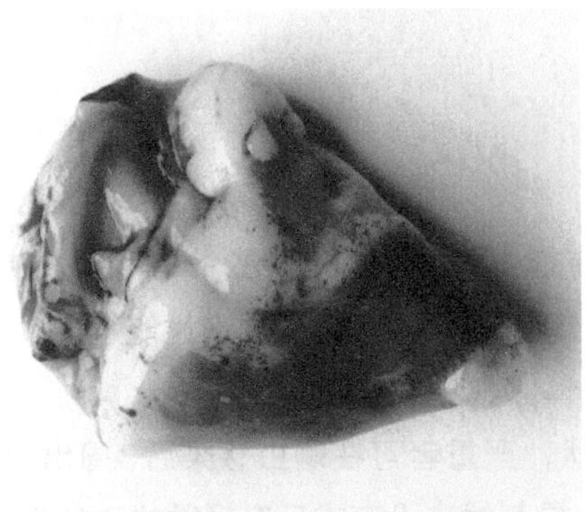
图 4-3-195　心尖上的灰白色结节

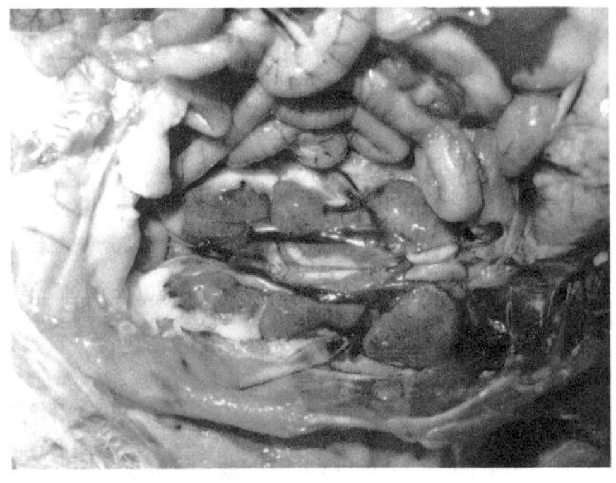
图 4-3-196　肾脏周围出血，不凝固

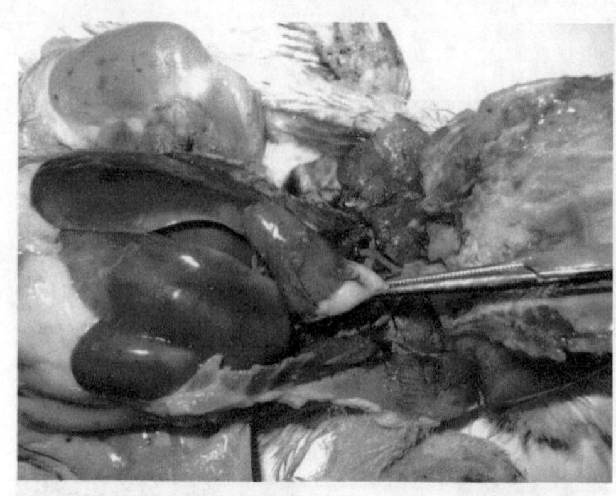

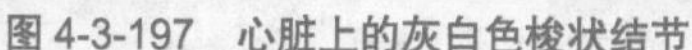

图 4-3-197　心脏上的灰白色梭状结节

图 4-3-198　肝脏上的出血

（三）防治

1.预防

消灭昆虫媒介，控制蠓和蚋是最重要的一环。要抓好三点：一是要注意搞好鸡舍及周围环境卫生，清除鸡舍附近的杂草、水坑、畜禽粪便及污物，减少蠓、蚋滋生繁殖与藏匿；二是蠓和蚋繁殖季节，给鸡舍装配细眼纱窗，防止蠓、蚋进入；三是对鸡舍及周围环境，每隔6～7天，用6%～7%的马拉硫磷溶液或溴氰菊酯、戊酸氰醚酯等杀虫剂喷洒一次，以杀灭蠓、蚋等昆虫，切断传播途径。

2.治疗

最好选用发病鸡场未使用过的药物，或同时使用两种有效药物，以避免病原有抗药性而影响治疗效果。可用磺胺间甲氧嘧啶钠按50～100毫克/千克饲料，并按说明用量配合维生素K_3混合饮水，连用3～5天，间隔3天，药量减半后再连用5～10天即可。

四、鸡蠕虫病

1.发病情况

鸡蠕虫病是鸡的常见寄生虫病，主要有蛔虫病（图4-3-199）、异刺线虫病、绦虫病（图4-3-200）等。鸡感染蠕虫后常出现生长发育迟缓、生产性能下降，从而降低生产效益。

鸡感染蛔虫时，常不表现任何临床症状，严重者可在蛔虫感染后3周出现死亡，死亡的原因是小肠被幼虫破坏或小肠堵塞。异刺线虫没有或只有轻微的致病性，但是可通过鸡蛋传播黑头病（组织滴虫病）。绦虫有体节结构，因此很容易识别。绦虫破坏肠道，当含有虫卵的绦虫片段通过粪便排到体外，虫卵被甲壳虫（包括垫料甲壳

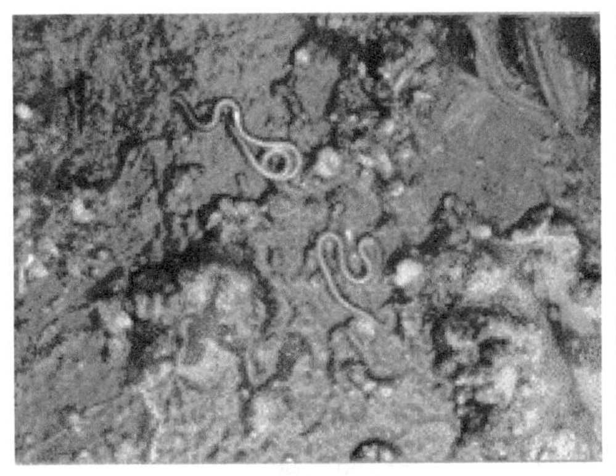
图 4-3-199　粪便中的蛔虫

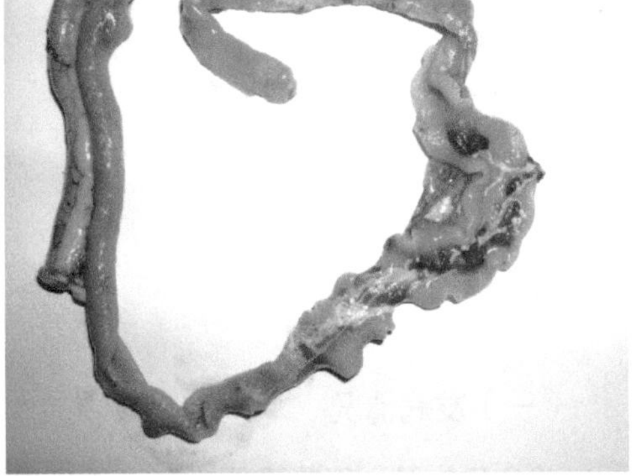
图 4-3-200　肠道内的绦虫

虫）和蚂蚁吃到，鸡通过吃这些绦虫的中间宿主而再次感染，感染后2周，更多含有虫卵的绦虫片段排泄到体外，又会开始下一个循环。

2.临床症状与虫卵检查

蠕虫病的主要临床症状有：病程发展较慢，即慢性感染；轻微的腹泻，体重减轻或生长迟缓；母鸡干瘪，鸡冠苍白萎缩，停止产蛋；持续严重感染时，表现鸡冠、肉髯苍白，乏力；青年鸡感染的症状比老年鸡的症状严重。

为了更好地了解蠕虫在鸡群中的感染情况，可以每6周数一次蠕虫卵。取20堆小肠粪和20堆盲肠粪混合。盲肠粪有时与小肠粪混合在一起，但是如果想把蛔虫和异刺线虫区分开来，必须单独收集两类粪便。异刺线虫寄生在盲肠，蛔虫寄生在小肠。粪便要尽量新鲜，样品需要冷藏，并在1周之内检测。当每克粪便中蛔虫卵数量超过1000个，线虫卵超过10个时，就有必要开始使用驱虫药进行驱虫了。

由于异刺线虫可通过鸡蛋传播组织滴虫病（黑头病），因此，如果鸡场附近有组织滴虫病，也应该检测异刺线虫。

3.防治

蠕虫病有多种处理方法：每6周驱虫一次，避免严重感染，每3周检查一次异刺线虫和绦虫；每6周进行一次粪便分析，死后剖检以便准确判断，基于这些分析进行治疗。

高效、广谱、安全的驱虫药有：左旋咪唑，剂量25～40毫克/千克体重，该药对毛细线虫、鸡蛔虫等均有很好的驱虫效果；丙硫苯咪唑，剂量15毫克/千克体重，对鸡绦虫等有特效，小群鸡驱虫时可制成丸状逐一投喂，如大群驱虫则可混料给药。

良好的卫生条件对防治蠕虫病相当重要。一般蠕虫的虫卵或幼虫都要在外界发育至一定阶段才具有感染力，因此，可以利用卫生措施，将存在于外界的病原体消除，以中断其生活史。另外，一些蠕虫的发育需要中间宿主参与，如果能使鸡不接触或减少与中间宿主接触，或者将中间宿主杀灭，对防治此类蠕虫病亦是行之有效的措施。

第五节 常见普通病

一、痛风

（一）发病情况

鸡痛风病是由于鸡机体内蛋白质代谢发生障碍，使大量的尿酸盐蓄积，沉积于内脏或关节而形成的高尿酸血症。当饲料中蛋白质含量过高，特别是动物内脏、肉屑、鱼粉、大豆和豌豆等富含核蛋白和嘌呤碱的原料过多时，可导致严重痛风，饲料中镁和钙过多或日粮中长期缺乏维生素A等，均可诱发本病。

（二）临床症状与病理变化

① 患病鸡开始无明显症状，以后逐渐表现为精神萎靡（图4–3–201），食欲不振，消瘦，贫血，鸡冠萎缩、苍白。

② 泄殖腔松弛，不自主地排白色稀便，污染泄殖腔下部羽毛。

③ 关节型痛风，可见关节肿胀，瘫痪。病鸡蹲坐或独肢站立，跛行（图4–3–202）。

图 4-3-201 病鸡精神萎靡

图 4-3-202 患有痛风的病鸡，爪部关节肿大

④ 幼雏痛风，出壳数日到10日龄，排白色粪便（图4–3–203）。

⑤ 脚垫肿胀，有白色尿酸盐沉积（图4–3–204）；关节内充满白色黏稠液体，严重时关节组织发生溃疡、坏死（图4–3–205）。

⑥ 病死鸡肌肉、心脏、肝脏、腹膜、脾脏、肾脏及肠系膜、浆膜面等覆盖一层白色尿酸盐，似石灰样白膜（图4–3–206 ～图4–3–210）。

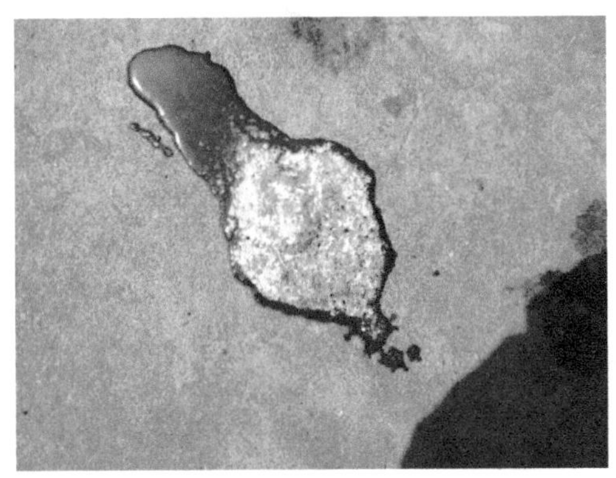
图 4-3-203　夹杂有白色尿酸盐的粪便

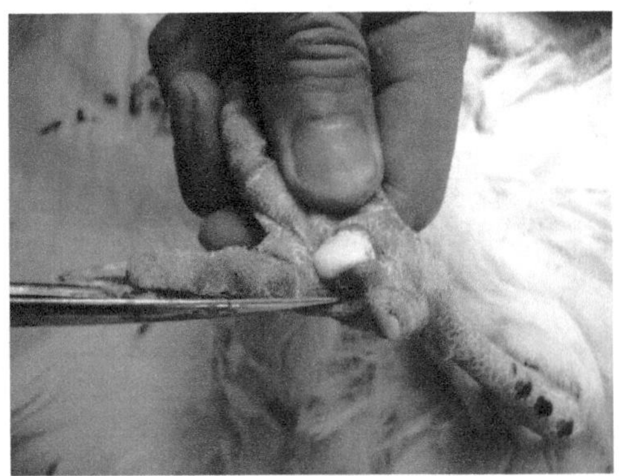
图 4-3-204　脚垫肿胀，有白色尿酸盐沉积

图 4-3-205　关节轻度肿胀，有白色尿酸盐沉积

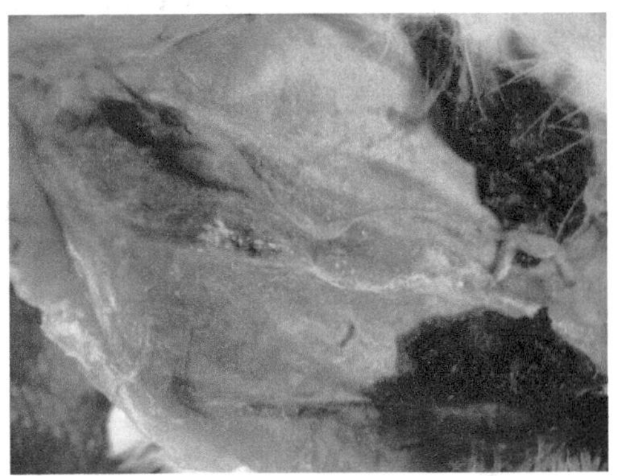
图 4-3-206　龙骨下大量尿酸盐沉积

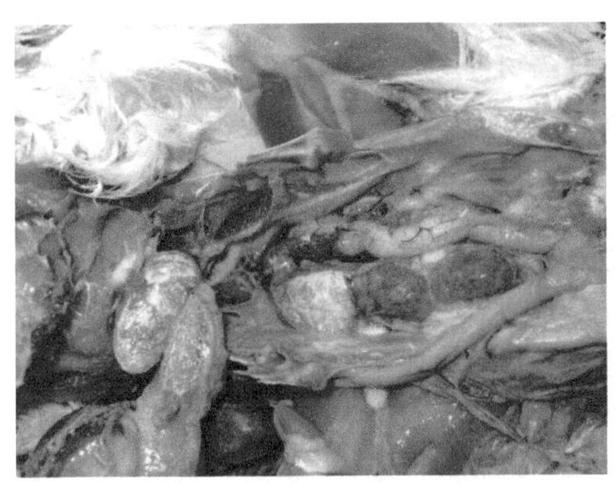
图 4-3-207　肾脏表面的尿酸盐沉积

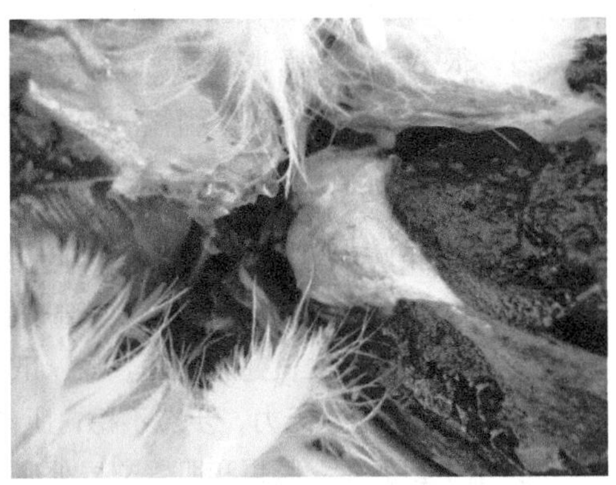
图 4-3-208　内脏表面大量尿酸盐沉积

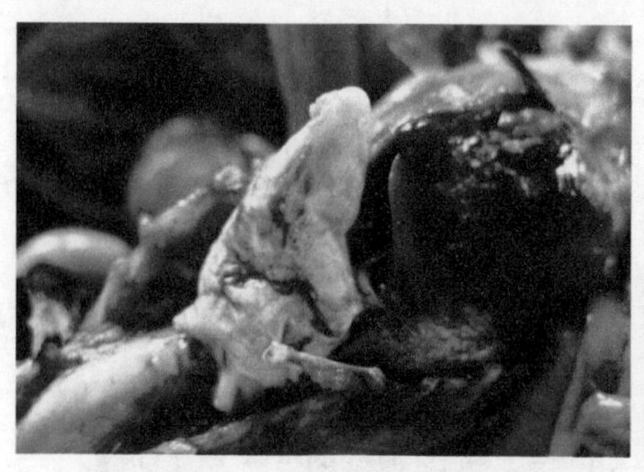

图4-3-209　心包内大量尿酸盐沉积（一）　　图4-3-210　心包内大量尿酸盐沉积（二）

（三）防治

加强饲养管理，保证饲料的质量和营养的全价，尤其不能缺乏维生素A；做好诱发该病的疾病的防治；不要长期使用或过量使用对肾脏有损害的药物及消毒剂，如磺胺类药物、庆大霉素、卡那霉素、链霉素等。

治疗过程中，降低饲料中蛋白质的水平，饮水中加入电解多维，给予充足的饮水。饲料和饮水中添加阿莫西林、人工补液盐等，连用3～5天，可缓解病情。使用清热解毒、通淋排石的中药方剂，也有较好疗效。

二、痢菌净中毒

（一）发病情况

痢菌净学名乙酰甲喹，为兽用广谱抗菌药物。由于其价格低廉，且对大肠杆菌病、沙门菌病、巴氏杆菌病等都有较好的治疗作用，故在养鸡生产中被广泛应用。

常见中毒的原因：一是搅拌不匀导致中毒，特别是雏鸡更为明显；二是计算错误或称重不准确，使药物用量过大而导致中毒；三是重复或过量用药，由于当前兽药品种繁多，很多品种未标明实有成分，致使两种药物合用加大了痢菌净的用量，造成中毒；四是个别养殖户滥用药，随意加大用药剂量导致中毒。

（二）临床症状与病理变化

① 乙酰甲喹中毒造成的死亡率可达20%～40%，有的甚至达90%以上，且鸡日龄越小，对药物越敏感，给养鸡业造成的损失也就越大。

② 病鸡缩颈呆立，翅膀下垂，喙、爪发绀，不喜活动，采食减少或废绝。个别雏鸡发出尖叫声，腿软无力，步态不稳，肌肉震颤，最后倒地抽搐而死。

③ 刚中毒的鸡，腺胃和肌胃交界处有暗褐色坏死。中毒死亡的鸡，腺胃肿胀，乳头出血，肌胃皮质层脱落、出血、溃疡；腺胃、腺胃与肌胃交界处陈旧性出血、糜烂（图4-3-211～图4-3-213）。

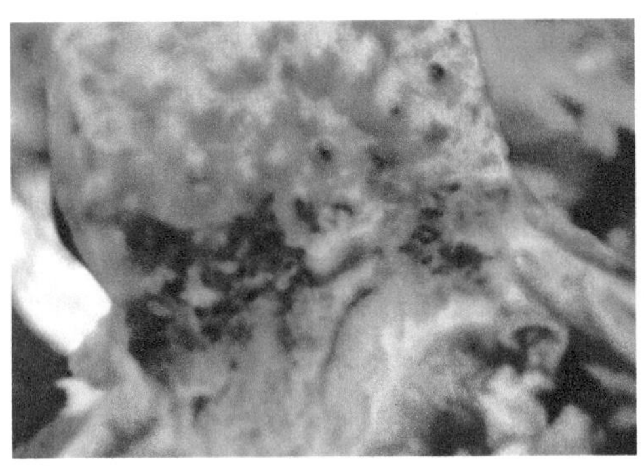

图 4-3-211　肌胃、腺胃交界处糜烂、出血

图 4-3-212　腺胃和肌胃交界处有暗褐色坏死的陈旧性出血、糜烂

④ 小肠中段、盲肠、结肠局灶性出血；盲肠、结肠内有血样内容物（图4–3–214、图4–3–215）。

⑤ 肝脏肿大，呈暗红色，质脆易碎；胆囊肿大（图4–3–216）。

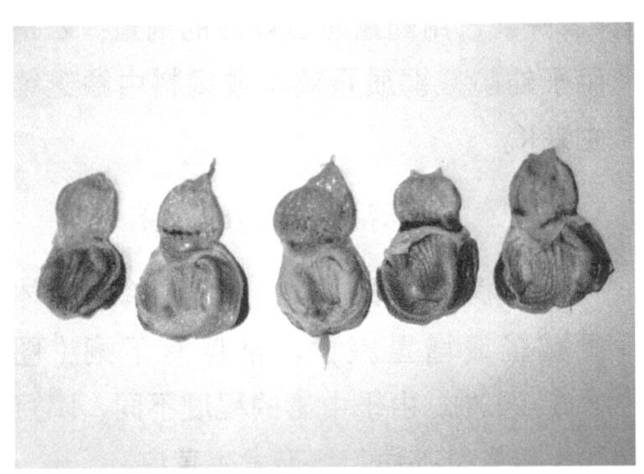

图 4-3-213　腺胃、腺胃和肌胃交界处

图 4-3-214　腺胃、腺胃与肌胃交界处陈旧性出血、糜烂；小肠中段局灶性出血；盲肠内有血样内容物

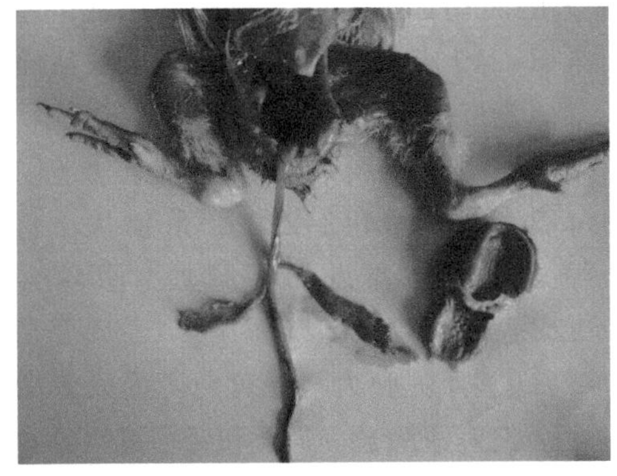

图 4-3-215　盲肠、结肠局灶性出血，腺胃、肌胃交界处陈旧性出血

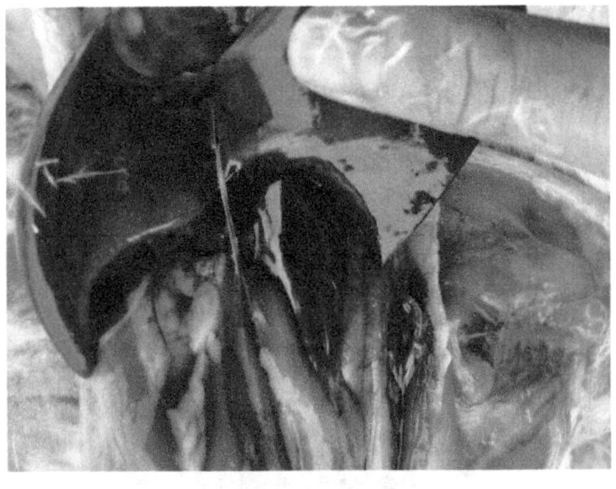

图 4-3-216　肝脏肿大，暗红色；胆囊肿大

（三）防治

迅速停用痢菌净或含有痢菌净成分的药物。治疗原则是解毒、保肝、护肝、强心脱水。首选药物为5%葡萄糖和0.1%维生素C，并且维生素C要在0.1%的基础上逐渐递减，同时要严禁用对肝和肾有不良反应的药物以及干扰素类生物制品。

生产中应用含有痢菌净成分的药物防治细菌性疾病时应特别慎重。

三、磺胺类药物中毒

（一）发病情况

磺胺类药物可分为三类：第一类是易于肠道内吸收的，第二类是难以吸收的，第三类是局部外用的。其中以第一类较易发生中毒，常见的药物有磺胺噻唑、磺胺二甲嘧啶等。

中毒原因：一是长时间、大剂量使用磺胺类药物防治鸡球虫病、鸡霍乱、鸡白痢等疾病；二是在饲料中搅拌不匀；三是由于计算失误，用药量超过规定的剂量；四是用于幼龄或弱质蛋鸡，或饲料中缺乏维生素K。

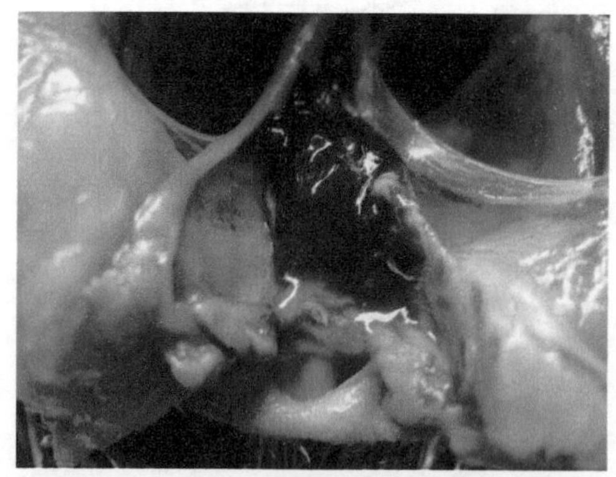

图4-3-217　中毒鸡下痢

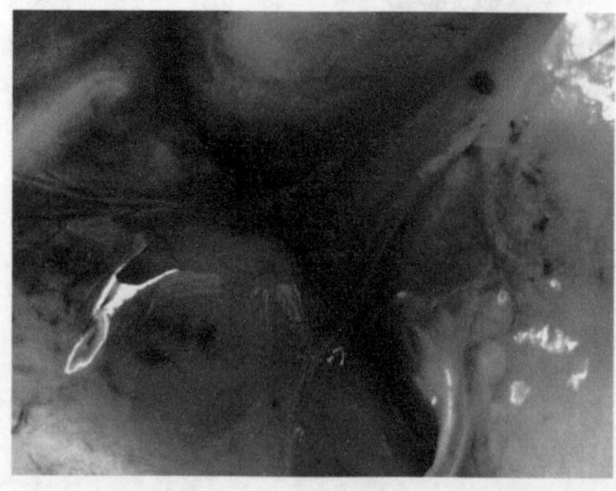

图4-3-218　皮下胶冻样，出血

（二）临床症状与病理变化

① 病鸡表现委顿、采食量减少、体重减轻或增重减慢，常伴有下痢（图4-3-217）。由于中毒的程度不同，鸡冠和肉髯先是苍白，继而发生黄疸。

② 皮下胶冻样，出血（图4-3-218）；肌肉和内部器官出血，尤以胸肌、大腿肌明显，呈点状或斑状出血（图4-3-219）；肠道可见点状和斑块状出血，盲肠内含有血液（图4-3-220）。

③ 腺胃和肌胃角质层可能出血（图4-3-221、图4-3-222）；肝肿大、色黄，常有出血点和坏死灶（图4-3-223）。

④ 肾脏肿大，土黄色；输尿管增粗，充满尿酸盐，肾盂和肾小管可见磺胺结晶。

⑤ 雏鸡比成年鸡更易中毒，常发

生于6周龄以下的蛋鸡群，可造成大量死亡。

（三）防治

使用磺胺类药物时用量要准确，搅拌要均匀；用药时间不应过长，一般不超过5天；雏鸡应用磺胺二甲嘧啶和磺胺喹噁啉时要特别注意；用药时应提高饲料中维生素K_3和B族维生素的含量；将2～3种磺胺类药物联合使用可提高防治效果，减慢细菌耐药性的产生。

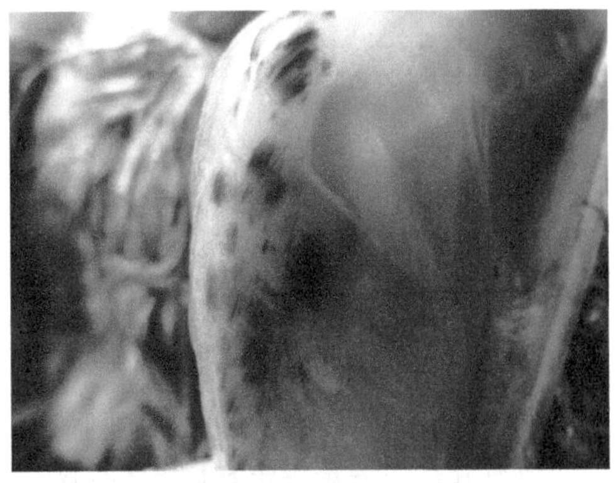
图 4-3-219 腿肌出血

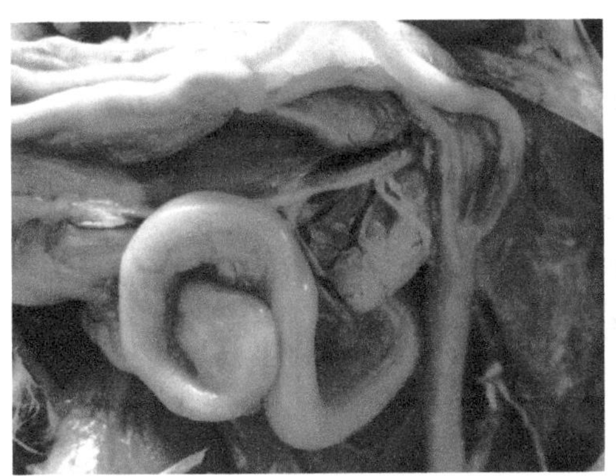
图 4-3-220 盲肠内出血

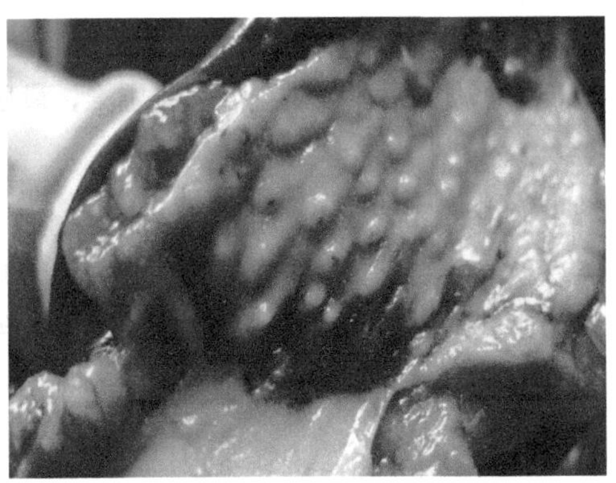
图 4-3-221 腺胃、肌胃交界处出血

图 4-3-222 肌胃角质层糜烂，出血

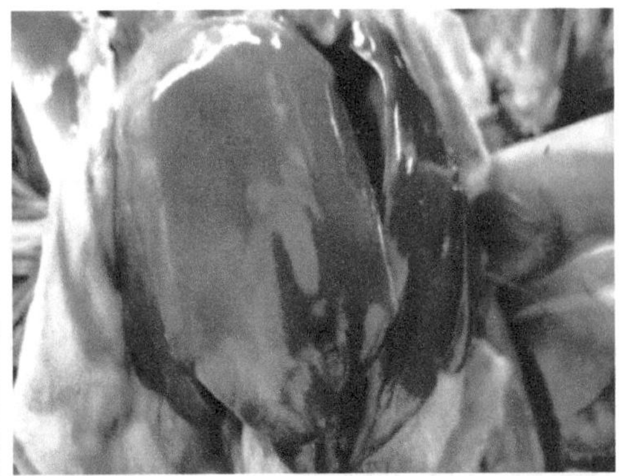
图 4-3-223 肝脏肿大，土黄色

发病的鸡立即停药，增加饮水量，在饮水中加入1%～2%的小苏打水和5%葡萄糖水，加大饲料中维生素K_3和B族维生素的含量；早期中毒可用甘草糖水进行一般性解毒，严重者可考虑通肾。

四、维生素E、硒缺乏症

雏鸡硒与维生素E缺乏症是一种营养病，是由于雏鸡体内的微量元素硒和维生素E缺乏而导致的。雏鸡患此病后会脑软化，并出现渗出性的素质，肌肉开始出现营养不良的状况，不利于雏鸡的健康生长。

（一）主要临床症状

1.脑软化症

脑软化症主要是维生素E缺乏所致的以雏鸡小脑软化为主要病变、共济性失调为主要症状的疾病，本病主要发生于2～7周龄的雏鸡。缺乏维生素E时，雏鸡发育不良、软弱、精神不振。特征性症状为运动障碍，头向下（图4-3-224）或向后弯曲挛缩，有时向一侧弯曲或向后仰，呈角弓反张状。两腿阵发性痉挛抽搐，不完全麻痹，行走不稳，最后瘫痪。由于采食困难，最后衰竭死亡。

2.渗出性素质

渗出性素质是由维生素E和硒同时缺乏所致。一般3～6周龄和16～40周龄的鸡群最易发生。其特征是毛细血管通透性增加，造成血浆蛋白和崩解红细胞释放的血红蛋白进入皮下，使皮肤呈淡绿色至淡蓝色。

3.白肌病（肌肉营养不良）。

（二）病理变化

两侧股内侧皮下有淡蓝色胶冻样渗出物（图4-3-225），胸部和大腿肌肉有大小形状不等的斑块状出血或带状出血；心冠脂肪弥漫性出血，心肌表面有出血斑，心肌质地松软，心包积液（图4-3-226）；脑膜充血、水肿，小脑柔软，小脑表面充血、出血，脑回平展（图4-3-227）。

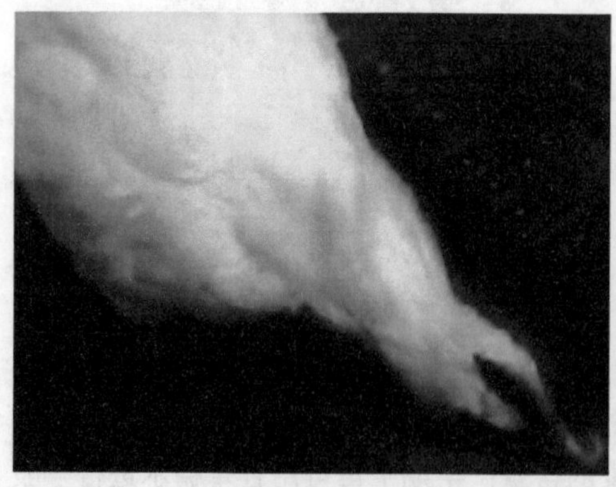

图 4-3-224　头向下

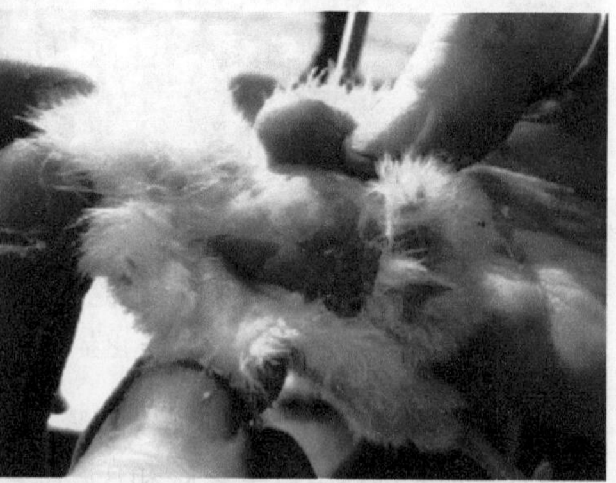

图 4-3-225　股内侧胶冻样渗出物

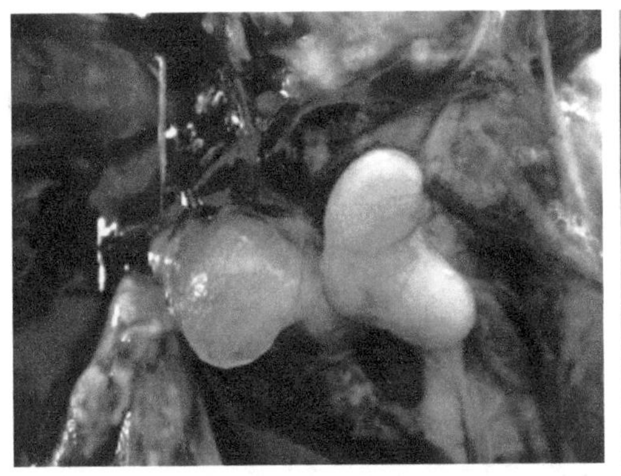
图 4-3-226 心包积液

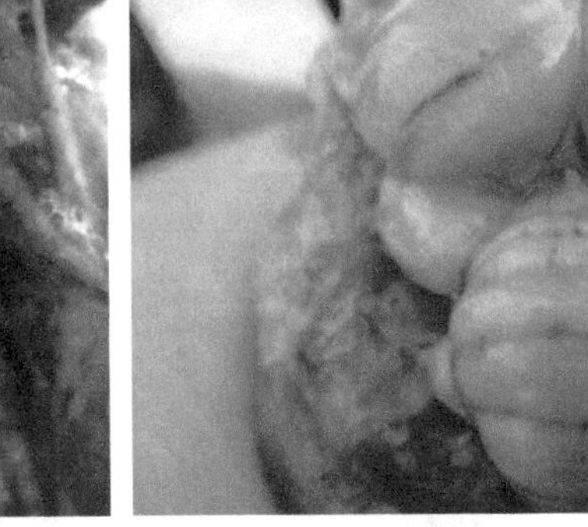
图 4-3-227 脑回平展

（三）防治

① 对病鸡用亚硒酸钠维生素E注射液（10毫升内含亚硒酸钠10毫克，含维生素E 500国际单位），每只鸡注射0.5～1.0毫升。

② 对全群鸡在日粮中添加亚硒酸钠维生素E粉，按每千克饲料拌入0.5克。在饮水中添加亚硒酸钠维生素E注射液，按每毫升混于100～200毫升水中，供鸡自由饮用。3天后，重病鸡明显好转；5天后，病鸡全部康复，全群鸡健康状况良好，无死亡。

③ 饲料储存时间不可过长，以免营养物质受到破坏。日粮中要保证供给足量的含硒和维生素E的添加剂。

硒与维生素E缺乏症主要发生在雏鸡身上，因为雏鸡抗病能力弱，因此养殖户一定要做好雏鸡硒与维生素E缺乏症的防治，避免带来经济上的损失。

五、维生素D缺乏症

（一）发病情况

鸡维生素D缺乏症是由于维生素D供应不足，或其他因素引起的，以骨骼、喙和蛋壳发育异常为特征的一种营养代谢性疾病。

鸡长时间得不到阳光照晒，且日粮中维生素D的供给不足时，很容易发生本病。鸡患胃肠疾病或肝、肾等疾病时，维生素D在体内的转化、吸收和利用受到阻碍，也可造成维生素D的缺乏。同时，饲料中无机锰的含量较多时，维生素D的作用也会受到一定的影响。

（二）临床症状与病理变化

雏鸡缺乏维生素D时，最早可在10日龄左右出现临床症状，但大多在3～4周龄后出现症状。表现为生长发育受阻，羽毛蓬乱无光，食欲尚好，但两腿无力，步态不稳，不爱走动或走路不稳，常以飞节着地行走，有时瘫痪（图4-3-228）；喙（图

4-3-229）和脚爪变软、弯曲、变形，腿骨变脆，易发生骨折。

图 4-3-228　行走不稳，瘫痪

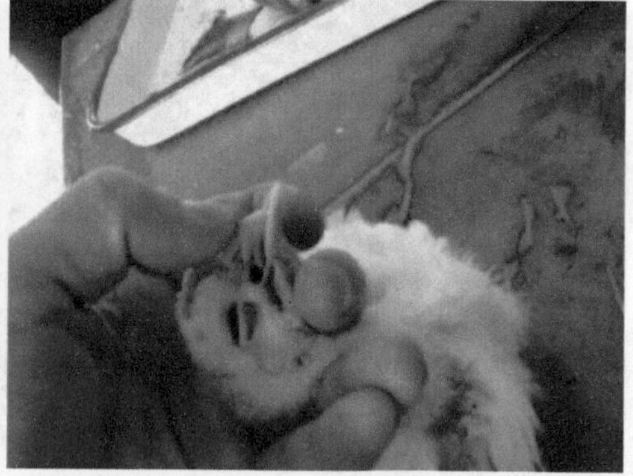
图 4-3-229　喙软变形

维生素D缺乏症的病理剖检变化主要表现在骨骼和甲状旁腺。甲状旁腺因为增生而体积变大。骨骼变软、变形，易于折断。胸骨呈S弯曲，与肋软骨连接处的肋骨内侧面明显肿大，形成数个圆形结节，似串珠状。椎骨和肋骨交接处也有类似情况。维生素D严重缺乏时，骨骼出现明显变形，胸骨在其中部急剧内陷，脊柱在荐骨与尾椎区向下弯曲，从而使胸腔体积变小。

（三）防治

1.预防

鸡维生素D缺乏症的主要预防措施是在饲料中按鸡不同发育阶段补给足量的维生素D；鸡饲料不要存放时间过长，并且注意锰的用量不能过多；同时防治好影响维生素D吸收、转化等的一些疾病；饲料中钙磷比例合适。

2.治疗

① 对病鸡治疗时，可在饲料中添加鱼肝油，浓度按10～20毫升/千克饲料，同时在饲料中适当多添加一些维生素，连用10～20天。

② 也可用维生素D_3注射液，按1万国际单位/千克体重一次，肌内注射，也有良好的疗效。

③ 病重瘫痪鸡，可肌内注射维丁胶酸钙，每日一次，每只1毫升，连用3天。

④ 保证饲料中维生素D_3含量。雏鸡饲料中每千克应含维生素D_3 220国际单位，尽量让鸡多晒太阳。

六、雏鸡锰缺乏症

（一）临床症状与病理变化

病雏鸡的特征症状是生长停滞、骨短粗症。胫－跗关节增大，胫骨下端和跖骨上端弯曲扭转，使腓肠肌腱从跗关节的骨槽中滑出而呈现脱腱症状（图4-3-230）。病鸡腿部变弯曲或扭曲，腿关节扁平而无法支持体重，将身体压在跗关节上（图4-3-231）。严重病例多因不能行动无法采食而饿死。

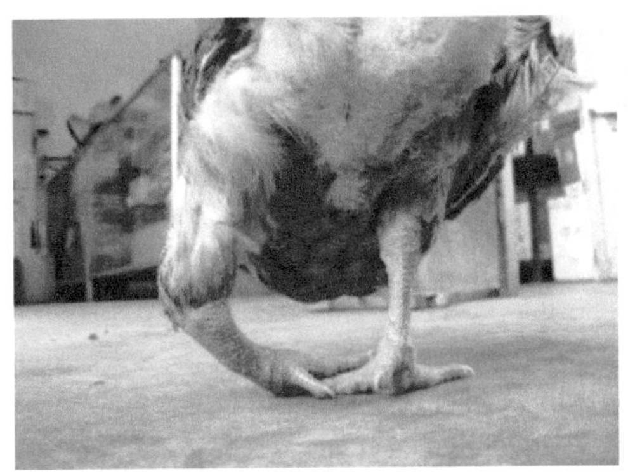
图4-3-230　脱腱症状

图4-3-231　腿关节无法支持体重

病死鸡骨骼短粗（图4-3-232），管骨变形，骺肥厚（图4-3-233），骨板变薄，剖面可见密质骨多孔，在骺端尤其明显。骨骼的硬度尚良好，相对重量未减少或有所增多。

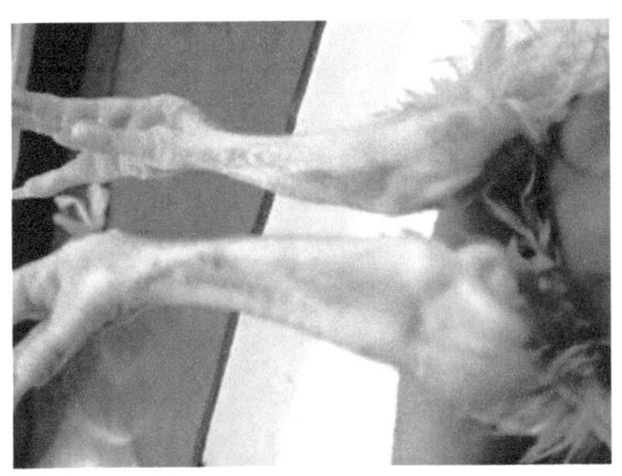
图4-3-232　骨骼短粗

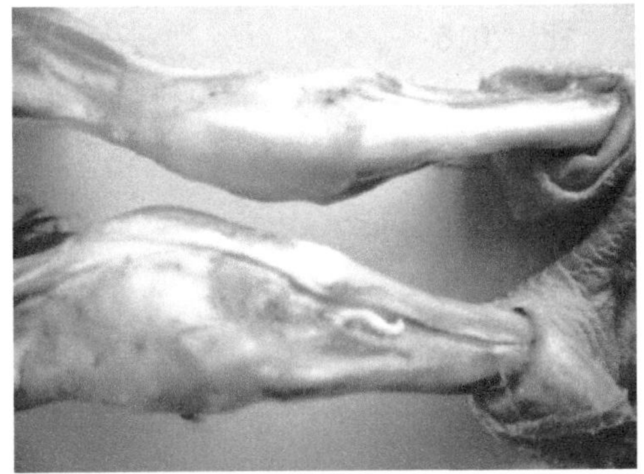
图4-3-233　管骨变形，骺肥厚

（二）防治

为防治雏鸡骨短粗症，可于100千克饲料中添加12～24克硫酸锰，或用1：3000高锰酸钾溶液作饮水，每日更换2～3次，保持溶液新鲜，连饮2天，停2天，再饮2天，如此反复几次。糠麸为含锰丰富的饲料，每千克米糠中含锰量可达300毫克左右，用此调整日粮也有良好的预防作用。

注意补锰时防止中毒，高浓度的锰（3×10^{-3}）可降低血红蛋白和红细胞压积以及肝脏铁离子的水平，导致贫血，影响雏鸡的生长发育。过量的锰对钙和磷的利用有不良影响。

参考文献

[1] 陈理盾，李新正，靳双星. 禽病彩色图谱[M]. 沈阳：辽宁科学技术出版社，2009.

[2] 李连任. 轻松学鸡病防治[M]. 北京：中国农业科学技术出版社，2014.

[3] 李连任. 图解蛋鸡的信号与饲养管理[M]. 北京：化学工业出版社，2015.